"十二五"国家重点图书出版规划项目

中国科学技术大学精品教材

中国古代科学思想二十讲

Twenty Lectures on Ancient Chinese Scientific Thoughts

胡化凯 著

中国科学技术大学出版社

内 容 简 介

　　本书重点阐述中国古人在长期的认识活动和生活实践中形成的各种科学思想、技术观念、逻辑理论及方法论思想等。全书共二十讲,分为六大部分,具体包括:一、基本概念和理论,即一至四讲的道概念、气学说、阴阳理论、五行学说;二、古人的自然观,即五至十讲的天人关系观念、宇宙演化思想、循环演化思想、自然化生观念、有机论宇宙观、自然感应观念、物质不灭思想、自然规律观念等;三、先秦诸子的技术观及自然资源保护思想,即十一至十五讲的内容;四、宋明理学的格物致知学说及明清时期的实学思潮,即十七、十八两讲;五、古人的逻辑思想及方法论思想,即十六、十九两讲。书中依据大量史料阐述了这五个方面的基本内容,分析了其历史意义。六、第二十讲,讨论了中国未能产生近代科学的主要原因。

　　本书可作为高等院校科技史专业、历史学专业或其他相关专业研究生的教材使用,也可作为大学生人文素质教育课的教材使用,同时还可以为从事科技史、中国古代史、中国文化史和中国哲学史等方面的研究者提供参考。

图书在版编目(CIP)数据

中国古代科学思想二十讲/胡化凯著.—合肥:中国科学技术大学出版社,2013.1
(中国科学技术大学精品教材)
"十二五"国家重点图书出版规划项目
ISBN 978-7-312-03064-2

Ⅰ.中…　Ⅱ.胡…　Ⅲ.科学技术—思想史—中国—古代—高等学校—教材
Ⅳ.N092

中国版本图书馆 CIP 数据核字(2012)第 238173 号

中国科学技术大学出版社出版发行
安徽省合肥市金寨路 96 号,230026
http://press.ustc.edu.cn
安徽省瑞隆印务有限公司印刷
全国新华书店经销

开本:710 mm×960 mm　1/16　印张:22.5　插页:2　字数:416 千
2013 年 1 月第 1 版　2013 年 1 月第 1 次印刷
印数:1—3000 册
定价:43.00 元

总　序

2008 年,为庆祝中国科学技术大学建校五十周年,反映建校以来的办学理念和特色,集中展示教材建设的成果,学校决定组织编写出版代表中国科学技术大学教学水平的精品教材系列。在各方的共同努力下,共组织选题 281种,经过多轮、严格的评审,最后确定 50 种入选精品教材系列。

五十周年校庆精品教材系列于 2008 年 9 月纪念建校五十周年之际陆续出版,共出书 50 种,在学生、教师、校友以及高校同行中引起了很好的反响,并整体进入国家新闻出版总署的"十一五"国家重点图书出版规划。为继续鼓励教师积极开展教学研究与教学建设,结合自己的教学与科研积累编写高水平的教材,学校决定,将精品教材出版作为常规工作,以"中国科学技术大学精品教材"系列的形式长期出版,并设立专项基金给予支持。国家新闻出版总署也将该精品教材系列继续列入"十二五"国家重点图书出版规划。

1958 年学校成立之时,教员大部分来自中国科学院的各个研究所。作为各个研究所的科研人员,他们到学校后保持了教学的同时又作研究的传统。同时,根据"全院办校,所系结合"的原则,科学院各个研究所在科研第一线工作的杰出科学家也参与学校的教学,为本科生授课,将最新的科研成果融入到教学中。虽然现在外界环境和内在条件都发生了很大变化,但学校以教学为主、教学与科研相结合的方针没有变。正因为坚持了科学与技术相结合、理论与实践相结合、教学与科研相结合的方针,并形成了优良的传统,才培养出了一批又一批高质量的人才。

学校非常重视基础课和专业基础课教学的传统,也是她特别成功的原因之一。当今社会,科技发展突飞猛进、科技成果日新月异,没有扎实的基础知识,很难在科学技术研究中作出重大贡献。建校之初,华罗庚、吴有训、严济慈等老一辈科学家、教育家就身体力行,亲自为本科生讲授基础课。他们以渊博的学识、精湛的讲课艺术、高尚的师德,带出一批又一批杰出的年轻教员,培养了一届又一届优秀学生。入选精品教材系列的绝大部分是基础课或专业基础课的教材,其作者大多直接或间接受到过这些老一辈科学家、教育家的教诲和影响,因此在教材中也贯穿着这些先辈的教育教学理念与科学探索精神。

改革开放之初,学校最先选派青年骨干教师赴西方国家交流、学习,他们在带回先进科学技术的同时,也把西方先进的教育理念、教学方法、教学内容等带回到中国科学技术大学,并以极大的热情进行教学实践,使"科学与技术相结合、理论与实践相结合、教学与科研相结合"的方针得到进一步深化,取得了非常好的效果,培养的学生得到全社会的认可。这些教学改革影响深远,直到今天仍然受到学生的欢迎,并辐射到其他高校。在入选的精品教材中,这种理念与尝试也都有充分的体现。

中国科学技术大学自建校以来就形成的又一传统是根据学生的特点,用创新的精神编写教材。进入我校学习的都是基础扎实、学业优秀、求知欲强、勇于探索和追求的学生,针对他们的具体情况编写教材,才能更加有利于培养他们的创新精神。教师们坚持教学与科研的结合,根据自己的科研体会,借鉴目前国外相关专业有关课程的经验,注意理论与实际应用的结合,基础知识与最新发展的结合,课堂教学与课外实践的结合,精心组织材料、认真编写教材,使学生在掌握扎实的理论基础的同时,了解最新的研究方法,掌握实际应用的技术。

入选的这些精品教材,既是教学一线教师长期教学积累的成果,也是学校教学传统的体现,反映了中国科学技术大学的教学理念、教学特色和教学改革成果。希望该精品教材系列的出版,能对我们继续探索科教紧密结合培养拔尖创新人才,进一步提高教育教学质量有所帮助,为高等教育事业作出我们的贡献。

中国科学技术大学校长

中国科学院院士

第三世界科学院院士

前　　言

目前，科学史界多数学者认为，一般意义上的科学思想包括自然观、方法论和科学观三方面的内容。

自然科学是人类对自然界认识结果的反映。人类在认识自然过程中，会形成各种观念。这些观念具有不同的层次，出自不同的领域，其中既有对自然界的普遍看法，也有对一些自然现象的规律性认识，前者属于一般意义上的自然观，后者属于各个认识领域的科学思想。自然观既是科学认识活动的产物，又对科学认识活动产生作用，是影响科学认识及其发展的重要思想观念。

人类对自然界的认识是一种长期的探索过程，需要运用各种方法，如逻辑方法、实验方法等等。不同的文明，或者同一文明的不同发展阶段，对于方法的认识和运用是有差别的。关于方法的作用及其性质的讨论，即是方法论。方法的不同，会影响人们对自然界认识活动的结果和水平。

人类为了更好地生存和发展，既需要运用各种科学知识指导自己的行动，也需要发明各种技术以解决实际应用问题。在运用科学技术过程中，人们会对其性质和作用等产生一些看法，形成一些认识，此即是科学观或科技观。在一定的历史阶段和一定的国度，人们对于科学技术的看法会影响其发展的水平和速度。

科学思想具有一般和个别两个层次。以上所说的自然观、方法论和科学观属于一般层次上的科学思想，对于科学认识活动具有普遍的意义。各个科学认识领域所形成的思想，如物理学思想、生物学思想等只分别适用于个别学科。

本书讨论中国古代的科学思想，即讨论中国古代科学思想发生和发展的历史，讨论一些思想的基本内容及其对古人认识活动所产生的影响。在中国古代科技文明中，属于科学思想的内容很多，农学、医学、天文、算学等领域都形成了一些富有特色的科学思想，这些思想可以放在各自的学科史中进行讨论。

本书是在一般层次上讨论中国古代的科学思想，内容包括：重要的概念或理论，如道、气、阴阳、五行；重要的自然观，如天人合一观念、自然感应观念、有机论宇宙观、自然规律观念等等；先秦儒家、道家和墨家的技术观；宋明理学的格物致知学说及明清实学思潮；古人的逻辑思想及科学认识方法等等。

　　人类对于自然界的认识是一个不断进步的历史过程,我国古人对自然界的认识也是如此。以现代的认识水平看,我国古人的许多认识都有局限性,甚至说是不正确的。但为了更好地理解历史,古人的这些认识活动及其形成的思想观念,仍然是值得研究的。研究历史,需要尊重历史,实事求是,尽量避免以今日的标准去评判过去。

　　《简明不列颠百科全书》(1974年英文版,1985年中译本)"科学史"条目说:"科学思想是环境(包括技术、应用、政治、宗教)的产物,研究不同时代的科学思想,应避免从现代的观点出发,而需力求确切地以当时的概念体系为背景。"

　　恩格斯在为马克思《资本论》第三卷写的"序"中也指出:"研究科学问题的人,最要紧的是对他所要利用的著作,需要照著者写这个著作的本来的样子去读,并且最要紧的是不把著作中没有的东西包括进去。"(1975年中译本第26页)。我们在探讨中国古代科学思想过程中,也应遵循这些原则。

　　由于历史资料缺失得太多,今天已不可能准确地还原古代各种科学思想形成的过程。因此,我们只能把研究放在表象的层面上,即考察古人形成了哪些重要的科学思想,分析这些思想的基本内涵,探讨其产生的历史影响。尽管史料有限,但我们仍然要以史料说话。因为,史料是历史信息的载体,以史料说话,最能接近真实的历史。

　　在解读历史过程中,尽管我们主观上应努力避免误解古人,但客观上恐怕还是难免会产生某种程度的误解。因为,对于史料的理解和取舍或多或少会受到当今思想文化背景的影响;对于古人认识结果的价值判断也难以完全避免"辉格式"[①]的影响。因此,意大利历史学家贝奈戴托·克罗齐(Benadetto Croce)认为:"一切历史都是当代史。"历史研究是对历史现象的重建过程。历史学家不仅要考订和阐释史料,而且要揭示史料蕴涵的信息,采取一定的方式重现历史的某些画面。这个过程不可能完全排除研究者主观因素的影响。

　　科学思想是一种抽象性的存在。为了避免写作中空发议论,同时也为了便于读者理解和把握,本书引用了大量的文献史料。尽管这样做会造成史料堆积的现象,但笔者认为这是必要的。理科的教科书中都有一些定理和公式,并有推理和证明过程,学生理解和记住这些东西,即把握了一门科学的主要内容。本书中的一些重要史料即相当于定理和公式,读者理解了它们,即把握了古代一些重要思想的基

---

　　① 科学史学科在形成之初时出现的一种现象:只是一味地按照对现代科学的建立所作贡献大小来评价历史上的科学研究工作和发展成果。这种做法,和19世纪初期英国辉格党的一些历史学家从辉格党的利益出发,依照现在来解释历史的做法相似。所以,这些科学史著述被称作"辉格式"的科学史。

本内容。同时,读者还可以根据这些史料做出自己的理解和判断,形成自己的认识。

　　笔者从 1995 年以来,每年都给中国科学技术大学科技史专业的研究生讲授"科学思想史"课程,本书即是在该课程讲稿基础上修改而成的。近二十年来,笔者发表了一些科学思想史方面的小文章,这些文章的一些主要内容也被吸收到了本书中来。同时,本书也参考了其他一些学者的研究成果,在书中相关之处都做了注明。

　　由于笔者水平有限,书中的缺点及错误在所难免,敬请读者批评指正。

胡化凯

2012 年 4 月 18 日

目　　录

第一讲　道

道、气、阴阳和五行是中国传统文化中四个最为重要的基本概念,各自都有丰富的内涵,它们共同决定了古代文化的基本特点及构架。古人用"道"表示宇宙万物的本原及其运动规律,用"气"表示宇宙万物的基本组成及其相互联系的中介,用"阴阳"表示事物的基本属性及辩证关系,用"五行"说明事物的相互作用及发展变化,将这四者结合起来,即可在思辨的层次上解释各种自然现象,满足古人的认识需要。正因如此,这些理论从先秦时期产生之后,经过不断发展和完善,直至清代后期西方文化传入之前,长期被古人普遍接受和广泛应用,对中国传统文化产生了深远的影响。只有对这四个概念的基本内涵有比较全面、深入的理解,才能认识中国传统思想文化的基本特征。

道是先秦道家提出的最高哲学范畴,既表示宇宙的本原,也表示万物的规律,是中国古代本体论和认识论的重要概念。

从先秦文献中道字的运用情况可以看出,这一概念的形成有一个发展变化过程。春秋末期,老子创立了道家学说,从而确立了道的哲学地位。在先秦诸子中,道家和儒家关于道的论述最具代表性,前者赋予了道本体论意义,并简单地讨论了道的自然规律(天道)及社会规范(人道)的内涵,后者着重讨论了道的社会规范内涵。由儒道两家的相关论述,可以比较全面地认识道概念的基本内涵。战国之后,这一概念被人们广泛运用于认识活动的各个方面,但其涵义并无多少变化。

一、道概念的产生及其内涵

道字本义是路径。东汉许慎《说文解字》释"道:所行道也。从辵从首。一达谓之道。"许慎给出的是道字的原始涵义。至于道字产生于何时,已无从考证。商殷甲骨文中未见道字,而商周金文中已有道字,因此,这个字的产生时间应不晚于西周时期。道字形成后,周代人在其原义基础上不断赋予新的内涵,至春秋末期已成为一个表示自然规律、宇宙本原及社会规范的重要概念。

根据道字在战国之前文献中的运用情况,可以看出其涵义的发展变化。

《诗经》是中国历史上最早的诗篇。孔子说:"《诗》三百,一言以蔽之,曰:'思无邪'。"①又说:"诗,可以兴,可以观,可以群,可以怨;"②"不学诗,无以言。"③《诗经》是反映周代思想文化的重要史料,其中使用的道字有多种涵义。例如:《国风·雄雉》说:"瞻彼日月,悠悠我思。道之云远,曷云能来。"《小雅·大东》说:"周道如砥,其直如矢。君子所履,小人所视。"这两首诗中的道均指道路。《大雅·生民》说:"诞后稷之穑,有相之道。"意思说,后稷经营庄稼,有一定的方法。其中的道,表示方法。《国风·墙有茨》说:"中冓之言,不可道也。所可道也,言之丑也。"意谓宫中的事,不可向外说,若说了,使人害羞。这里的道是言说之意。由此可见,《诗经》中的道,有道路、方法及言说之义。

《周易》是先秦时期的重要著作,包含《易经》和《易传》两部分。《易经》约成书于殷周之际,是一部占筮之书。据《周礼》记载,中国上古有《连山》、《归藏》、《周易》三种占筮方法,前两种早已失传,后一种即是《易经》记载的方法。春秋末及战国时期,孔子及其后学为《易经》作传,增加了《彖传》、《象传》、《文言传》、《系辞传》、《说卦传》等"十翼"内容,合称为《易传》。所以,《易经》是春秋以前的作品,而《易传》是战国时期的作品。

在《易经》卦爻辞中,道字凡四见。《小畜》卦初九爻辞云:"复自道,何其咎,吉。"意即从正道返回,没有咎害,吉祥。《履》卦九二爻辞曰:"履道坦坦,幽人贞,吉。"意谓行走在平坦的道路上,幽人只要守正,也能获得吉祥。《随》卦九四爻辞说:"有孚在道,以明,何咎。"孚是诚实。爻辞意思说,所思所行既诚实,又合于规范,何咎之有。《复》卦辞曰:"反复其道,七日来复,利有攸往。"复是返回。《复》卦象是一个阳爻在五个阴爻之下,是阴极而阳生之象。"反复其道",是说阴阳消长变化合乎其规律。

《易经》这四条资料,前两例道字指道路,后两例道字表示行为规范和事物变化的规律。道路供人行走。人要到达某个目的地,须循着某条路径行进。由此引申,古人也用道字表示行为规则和事物的规律。

---

① 孔子.论语·为政[M]//十三经注疏.北京:中华书局,1980.(本书中凡涉及《论语》的引文,未加注释者均引自《十三经注疏》中华书局1980年版。)

② 论语·阳货.

③ 论语·季氏.

《尚书》是记述上古夏、商、周三代的政治历史文献。西汉孔安国《尚书序》称：孔子"讨论坟典，断自唐虞以下，讫于周。芟夷烦乱，剪截浮辞，举其宏纲，撮其机要，足以垂世立教，典、谟、训、诰、誓、命之文凡百篇，所以恢弘至道，示人主以轨范也。"孔安国断定《尚书》为孔子编撰，证据不足。

一般认为，该书是春秋末期人根据以前流传的三代"典、谟、训、诰、誓、命之文"整理编纂而成。据南宋朱熹、明代梅鷟及清代阎若璩等学者考证，在唐代流传下来的《十三经注疏》本《尚书》58篇文献中，只有33篇是汉代之前的真《尚书》文献，即汉初五经博士伏生所传的今文《尚书》，其余25篇属于魏晋时期的伪作。这33篇文献可以作为战国之前的史料使用，其中关于道字的用义，可由以下几例看出。

据《康王之诰》载，周康王即位后，发布了第一篇诰辞，其中说："皇天用训厥道，付畀四方。"意思说，皇天根据文王、武王的德行，顺从规律，把天下交给他们治理。皇天之道，即上天运行的规律。

《洪范》篇是箕子向周武王讲述的治国方略，其中说："无有作好，遵王之道；无有作恶，尊王之路。无偏无党，王道荡荡；无党无偏，王道平平。"其中的王道，指国家的法度、规则等。

《康诰》是周公旦告诫康叔如何治理卫国的诰辞，其中说："乃有大罪，非终，乃惟眚灾；适尔，既道极厥辜，时乃不可杀。"意思说，一个人犯了大罪，但只要不是坚持不改，而是说清楚了自己的罪过，就不可以杀他。其中的道，是言说之义。

由这些引文可见，《尚书》中的道字，既有表示自然法则者，也有表示社会规范者，也有用于言说之义者。

《左传》和《国语》相传为春秋末期鲁国史官左丘明所撰，记载了周代和春秋时期各国的一些史事。这两部书同样用道字表示自然法则（天道）及社会规范（人道）。《左传》和《国语》中，关于"天道"的论述分别有九处和七处，以下略举几例。

《左传·昭公二十六年》记载，公元前516年，齐国出现彗星，齐侯主张以祭祀方式禳之。晏婴表示反对，他说："无益也，祇取诬焉。天道不谄，不贰其命，若之何禳之。"谄，是疑惑。晏子认为，天道不可怀疑，禳之无益。

《左传·哀公十一年》记载，伍子胥分析吴国由盛转衰的道理时说："盈必毁，天之道也。"意谓事物发展到极端，就会走向自己的反面，这是自然规律。

《左传·文公十五年》说："礼以顺天，天之道也。"《左传·襄公二十二年》说："忠信笃敬，上下同之，天之道也。"这两处是说人事应合于"天道"，道是法则、规律。

《国语·越语下》记载，越国范蠡主张"人事必将与天地相参，然后乃可以成功。"他与越王勾践谈论治国的道理时说："天道盈而不溢，盛而不骄，劳而不矜其功。夫圣人随时以行，是谓守时。"范蠡与勾践谈论用兵方法时说："天道皇皇，日月以为常,明者以为法,微者则是行。"《国语·晋语》说:"天道无亲,唯德是授。"《国语》这几处的"天道",都是指自然规律或自然法则。

从商周至春秋战国,古人有时候用天表示上帝,但更多的是用其表示与地对应的宇宙苍穹和与人类社会对应的自然界。上述《左传》和《国语》中的这些"天道",都是指自然之道,即自然法则。

《国语·晋语》说:"思乐而喜,思难而惧,人之道也;"又说:"报生以死,报赐以力,人之道也。"前句道字表示人的本性,后句道字表示人的行为准则。

《左传·僖公十三年》记载秦伯说:"天灾流行,国家代有,救灾恤邻,道也。行道有福。"这里的道是指社会规范或社会伦理。

《左传·昭公十八年》记载,郑国星占家裨灶预言郑将发生火灾,有人劝子产举行禳祭,以求免灾,子产说:"天道远,人道迩,非所及也,何以知之。"他认为,自然之理幽远,人世之理切近,两者无关,何以由天道而知人道。这里的道,指道理、法则。

由上述这些道字的运用情况可以看出,道之本意为道路,引申有规则、法则、规律、方法等涵义,也表示言说。

春秋末期,老子在《道德经》中借用道字表示宇宙演化的开端,代表宇宙的原初状态,赋予其宇宙本原涵义。道家学说的建立,使道字成为表示宇宙万物的本原和规律的重要哲学范畴。

二、道家论道

道家是先秦诸子中的重要学派之一。春秋末期老子创立道家后,战国时期庄子学派和黄老学派发展了老子的思想。

司马谈《论六家要旨》评论说:"道家使人精神专一,动合无形,赡足万物。其为术也,因阴阳之大顺,采儒、墨之善,撮名、法之要,与时迁移,应物变化,立俗施事,无所不宜,指约而易操,事少而功多。"司马谈认为,道家众采阴阳、儒、墨、名、法诸家之长,其学说比诸家具有更多的合理性。关于道家的学术思想,司马谈概括说:"道家无为,又曰无不为,其实易行,其辞难知。其术以虚无为本,以因循为用。无成势,无常形,故能究万物之情。不为物先,不为物后,故能为万物主。有法无法,因时为业;有度无度,因物与合。故曰:'圣人不朽,时变是守。虚者道之常也,因者君之纲也。'"司马谈的评论,主要是根据黄老道家思想而言的。道家提倡自然、无为,主张以虚无为本,以因循为用,其思想博大、深邃。

"道"是道家学说的最高范畴,也是中国古代哲学的最高范畴。如前所述,虽然在老子之前,古人已用道字表示自然万物的规律和人类社会的法则,但只有在老子所开创的道家学派建立之后,这个概念才真正成为受到诸子重视的哲学范畴。现存春秋战国时期的道家主要著作有《道德经》、《庄子》、《文子》、《黄老帛书》以及《管子》中的有关篇章等,这些著作对道都有深入的论述。

1. 老子论本原之道及规律之道

《道德经》共 81,其中有 37 章论及道,道字出现 74 次。综观老子的论述,道字的涵义主要包括两个方面,即宇宙的本原和万物的规律。

(1) 道是宇宙的本原

《道德经》第一章开头即说:"道可道,非常道;名可名,非常名。无,名天地之始;有,名万物之母。故常无,欲以观其妙;常有,欲以观其徼。此两者,同出而异名,同谓之玄。玄之又玄,众妙之门。"该章论述道的宇宙本原涵义。老子借用道字表示宇宙的最初状态。这个道并非人们通常所说的那个道。宇宙的最初状态无法用语言表达,也无法给予一般的名称,它是天地之始、万物之母,可以用"无"与"有"表示,可以从"常无"的状态感悟其奥妙,从"常有"的状态领悟其端倪。"无"和"有"两者同源而异名,都表示宇宙的最初状态,都是道的体现,是一切变化及奥妙之门。

老子借用道字表示天地万物的原始。在天地万物形成之前,宇宙是"无",但又不是绝对的"无",而是具有演化天地万物的潜在能力,所以又是"有"。因此,老子说:"天下万物生于有,有生于无。"[①]

对于宇宙最初这种亦"有"亦"无"的状态,《道德经》其他章节作了进一步论述。第四章说:"道冲而用之或不盈,渊兮似万物之宗,……湛兮似或存。吾不知谁之子,象帝之先。"冲,是空虚。道是空虚的,却用之不竭,是万物之宗。第二十一章说:"道之为物,惟恍惟惚。惚兮恍兮,其中有象;恍兮惚兮,其中有物。"恍惚,是若有若无之状。道恍恍惚惚,其中却有象有物。第二十五章说:"有物混成,先天地生,寂兮寥兮,独立而不改,周行而不殆,可以为天下母。吾不知其名,字之曰道,强为之名曰大。"道是一种混沌性的物质状态,先于天地而生,无声无息,独立存在,运行不息。第十四章说:"视之不见名曰夷,听之不闻名曰希,搏之不得名曰微,此三者不可致诘,故混而为一。一者[②],其上不皦,其下不昧,绳绳不可名,复归于无物。

---

① 老子.道德经·第四十章[M]//诸子集成.影印版.上海:上海书店,1986.(《道德经》也称《老子》,本书统称《道德经》。本书凡涉及《道德经》的引文,未加注释者均引自《诸子集成》上海书店 1986 年版。)

② 《道德经》通行本无"一者"二字,但马王堆汉墓出土帛书《老子》甲乙本有此二字,据以补充。

是谓无状之状,无物之象,是谓惚恍。"这里描述的也是道。道视之不见,听之不闻,搏之不得,无形无象,混而为一。老子用"夷"、"希"、"微"说明道的状态。这些关于道之性状的描述,都是对想像中的宇宙最初状态的描述。

老子设想,宇宙最初处于无形无象的混沌状态,并借用道字表示这种状态。从本体论来看,道是一个形而上的存在,与现实世界的任何事物都不相同,是一个没有形象的东西。所以,庄子说:"知形形之不形乎! 道不当名。"①

道是老子设定的宇宙演化起点,是天地万物的根源。由道如何生演天地万物? 《道德经》第四十二章说:"道生一,一生二,二生三,三生万物。万物负阴而抱阳,冲气以为和。"道从"混而为一"的状态演化出阴气和阳气,阴阳二气结合,形成天地万物。第三十九章说:"天得一以清,地得一以宁,神得一以灵,谷得一以盈,万物得一以生"。其中的"一"即指"道"。老子还强调:"大道泛兮,其可左右。万物恃之以生而不辞,功成而不名有。衣养万物而不为主,常无欲,可名于小。万物归焉而不为主,可名为大。"②道生养万物,而不主宰万物,为而不有,功成无欲。这是大自然造化万物过程所显示的本性,由此启发老子提出了道法自然、道常无为的哲学理念。

(2) 道是万物的规律

道作为形而上的万物本原,是不可名状、无以把握的,这是老子赋予道概念的重要内涵。另外,道作为事物的规律或法则概念,也具有丰富的内涵。在前人讨论天道及人道的基础上,老子也论述了自己所理解的天道与人道。

《道德经》第四十六章说:"天下有道,却走马以粪;天下无道,戎马生于郊。"这里说的是人类社会之道,即"人道"。第四十七章说:"不出户知天下。不窥牖见天道。"这里说的"天道",指自然界气候变化的规律。对于"人道"及"天道"的具体含义,老子论述得不多。老子认为,物极必反、原始返终是事物运动所遵循的一种基本之道。《道德经》第四十章说:"反者道之动,弱者道之用。"其中"反"有二义,一是相反,对立;二是返还,往复。事物都会向自己的对立面变化,这是普遍规律。第十六章说:"致虚极,守静笃。万物并作,吾以观复。夫物芸芸,各复归其根。归根曰静,是谓复命;复命曰常,知常曰明。不知常,妄作,凶。"常,指事物运动所遵守的不变规则。老子认为,万物的运动都会循环往复,回归本根,这是常道;明白这个道理,做事就会有根据;不明白这个道理,恣意妄为,就会招致失败。老子这里强调的是事物运动的循环往复之道。

---

① 庄子.庄子·知北游[M]//诸子集成.影印版.上海:上海书店,1986.(本书中凡涉及《庄子》的引文,未加注释者,均引自《诸子集成》上海书店1986年版。)

② 道德经·第三十四章.

事物的规律具有必然性，作为宇宙法则的天道尤其如此。老子说："天之道，不争而善胜，不言而善应，不召而自来，繟然而善谋。天网恢恢，疏而不失。"自然的法则，不争而善于取胜，不说而善于应验，不召唤而自己到来，坦然而善于谋划。这些都是说明天道具有超越人类的绝对能力，是不以人的意志为转移的。

先秦古人一般认为，天道是公平的，是与人为善的。老子也是这样认为。《道德经》第七十九章说："天道无亲，常与善人；"第八十一章说："天之道，利而不害；圣人之道，为而不争；"第七十七章说："天之道，其犹张弓与，高者抑之，下者举之，有余者损之，不足者补之。天之道，损有余而补不足。人之道则不然，损不足以奉有余。"这些论述都表达了老子的天道无私、天道助人思想。

老子在《道德经》中重点讨论了道与德两个概念，用它们表示宇宙万物生演变化所显示的性质。《道德经》第五十一章说："道生之，德畜之，物形之，势成之。是以万物莫不尊道而贵德。道之尊，德之贵，夫莫之命而常自然。故道生之，德畜之，长之育之，亭之毒之，养之覆之。生而不有，为而不恃，长而不宰。是谓玄德。"老子认为，道生万物，德养万物，道和德虽然生养万物，但对万物不加干预，而是任其自然。在老子的哲学体系中，道是本体，德是功用，无形的道在具体事物中的显现即是德，德是道的体现，服从于道，正所谓"孔德之容，惟道是从。"[①]

此外，老子明确主张"道法自然"及"道常无为"。《道德经》第二十五章说："人法地，地法天，天法道，道法自然。"三国魏国王弼注释说："法自然者，在方而法方，在圆而法圆，与自然无所违也。自然者，无称之言，穷极之辞也。"老子所说的"自然"，即自然而然之义。"道法自然"就是因任事物的自然本性，不妄加干预。《道德经》第三十七章说："道常无为，而无不为；"第三章说："为无为，则无不治。"《淮南子·原道训》解释说："所谓无为者，不先物为也；所谓无不为者，因物之所为。所谓无治者，不易自然也；所谓无不治者，因物之相然也。"老子所说的"无为"，是顺任自然，不作妄为。这些都是强调道具有因任自然、无为而治的内涵。老子说："从事于道者，同于道；德者，同于德。"[②]道法自然，道常无为，人依道行事，也应遵循自然、无为的原则。"自然"、"无为"是老子提出的重要哲学理念，是道家思想的核心。在本书第十二讲中将对这些内容做进一步讨论。

老子论述了道的本体论意义，以道表示事物的循环运动规律，强调了道的自然、无为内涵，或者说由道表达了自然、无为的理念，从而奠定了道家学说的理论基础。

---

① 道德经·第二十一章.
② 道德经·第二十三章.

2. 庄子论自然之道

司马迁说,庄子"其学无所不窥,然其要本归于老子之言"①。庄子继承和发展了老子的学说,形成了庄子学派。《庄子》分内篇、外篇和杂篇,内篇由庄子本人所作,外篇及杂篇多为庄子后学所作,全书集中表达了庄子及其后学的思想认识。

庄子学派继承了老子的道本体论思想。《庄子·大宗师》说:"夫道,有情有信,无为无形;可传而不可受,可得而不可见;自本自根,未有天地,自古以固存;神鬼神帝,生天生地;在太极之先而不为高,在六极之下而不为深,先天地生而不为久,长于上古而不为老。"其中"神"与"生"同义②。道虽无为无形,却真实存在,它有情有信,可以心传而不可以口授,可以心得而不可以目见;它自本自根,独立存在,产生宇宙间的一切,包括天地和鬼神;它高深久远,超越时空。所以,在庄子看来,道是天地万物的总根源,以超时空的形式存在,无所不能。

《道德经》第四十二章描述了道生演万物的过程,在此基础上,《庄子·天地》篇作了进一步阐述,其中说:"泰初有无,无有无名;一之所起,有一而未形。物得以生谓之德;未形者有分,且然无间谓之命;留动而生物,物成生理谓之形;形体保神,各有仪则谓之性。""泰初"即宇宙的原始,也即老子所说的道;"一"是宇宙"混而为一"的状态;"有分"即分化出阴阳二气。由道生出气,气形成有形之物,物各有其特性和仪则,由此构成了丰富多彩的物质世界。这比老子的"道生一,一生二,二生三"要具体得多。

《庄子·知北游》对于道生万物的功能也作了论述,其中说:"夫昭昭生于冥冥,有伦生于无形,精神生于道,形本生于精,而万物以形相生。故九窍者胎生,八窍者卵生。……天不得不高,地不得不广,日月不得不行,万物不得不昌,此其道欤!""昭昭"、"有伦",都是指有形的具体事物。"冥冥"、"无形",是指无形的道。道生出精神和万物,赋予其特质,然后万物代代相传。天之高,地之广,日月运行,万物昌盛,其"不得不"如此,都是由各自的本性所决定的,这就是道。

对于生化万物的道,庄子学派有时称之为"本根"。《知北游》说:"今彼神明至精,与彼百化。物已死生方圆,莫知其根也。扁然而万物,自古以固存。六合为巨,未离其内;秋豪为小,待之成体。天下莫不沉浮,终身不故。阴阳四时运行,各得其序。惛然若亡而存,油然不形而神。万物畜而不知,此之谓本根,可以观于天矣。"唐代道教学者成玄英《南华真经注疏》解释"本根"说:"亭毒群生,畜养万物,而玄功潜被,日用不知。此之其力,是至道一根本也。"《知北游》所言意思是说,万物都处

---

① 司马迁.史记·老庄申韩列传[M]//二十五史.上海:上海古籍出版社,上海书店出版社,1986.

② 陈鼓应.庄子今注今译[M].北京:商务印书馆,2009:199.

于生灭更替、形态变化之中，而不知其变化的根本是什么；万物悠然生长，自古如此，而不知其所以然；六合为大，超不出道的范围；秋毫为小，也赖道而成；万物升降沉浮，不断变化；四时寒暑交替，井然有序；道若亡若存，无形而神，生养万物而不知，这就是本根。

道生万物，也内涵于万物之中。《知北游》说，道"无所不在"，存在于蝼蚁内、稊稗内、瓦甓内，道"可以贵，可以贱，可以约，可以散"。《庄子·天道》说："夫道，于大不终，于小不遗，故万物备。"《庄子·天地》也说："通于天地者，德也；行于万物者，道也。"这些论述，都是强调道是普遍存在的。

庄子学派也发展了老子的无为之道。《庄子·至乐》说："天下是非果未可定也。虽然，无为可以定是非。至乐活身，惟无为几存。……天无为以之清，地无为以之宁。故两无为相合，万物皆化。芒乎芴乎，而无从出乎。芴乎芒乎，而无有象乎。万物职职，皆从无为殖。故曰天地无为也而无不为也。人也孰能得无为哉！"这话的意思是说：天下的是非本来是无法确定的，而以自然无为的态度处事，则可以定是非；以自然无为的方式生活，可以几近快乐；天自然无为而能清明，地自然无为而能宁静，天地无为而万物化生；万物茫昧，而不知源于何处何形；物类繁多，都是从自然无为中生出，所以天地无为而无不为。人谁又能学得这种自然无为精神呵！这是对老子"道常无为，而无不为"思想的进一步发挥。

《知北游》说："天地有大美而不言，四时有明法而不议，万物有成理而不说。圣人者，原天地之美而达万物之理。是故至人无为，大圣不作，观于天地之谓也。"意思是说，天地有无限的美景却不以言语炫耀，四时有明显的规律却不加以议论，万物有生成的道理却不予以说明，这些都是自然无为的表现，圣人取法于天地，也应顺任自然、不妄自造作。这同样是强调人道应效法无为的天道。

《庄子·在宥》讨论了天道与人道的区别："何谓道？有天道，有人道。无为而尊者，天道也；有为而累者，人道也。……天道之与人道也，相去远矣，不可不察也。"天道无为而尊，人道有为而累，道家提倡人道效法天道。

《庄子·天道》指出："夫帝王之德，以天地为宗，以道德为主，以无为为常。无为也，则用天下而有余；有为也，则为天下用而不足。故古之人贵夫无为也。"这里强调帝王治理国家应以自然无为为法则。无为，可任用天下而有余；有为，则无法满足天下的需要。《庄子·天地》也说："夫道，覆载万物者也，洋洋乎大哉！君子不可以不刳心焉。无为为之之谓天，无为言之之谓德……"意即道覆载万物，浩瀚广大，君子不可不剔除成见而融通于道；以无为的方式去做就是道，以无为的方式去表达就是德。

"道者，万物之所由也，庶物失之者死，得之者生。为事逆之则败，顺之则成。

故道之所在,圣人尊之。"①在庄子学派看来,自然之道是天地万物的基本法则,人类也应遵循这种法则行事。

3. 黄老道家论道

战国时期的黄老学说是借黄帝之名,以老子学说为主,兼采儒、墨、名、法、阴阳各家之长而形成的新道家思想。黄老道家发展了老子的思想。

战国中期,齐国稷下学宫聚集了慎到、田骈、环渊、彭蒙、接子、宋钘、尹文等著名学者,他们"皆学黄老道德之术,因发明序其指意"②,形成了富有影响的稷下黄老道家学派。《管子》是稷下学宫各家作述的集编,托名管仲所作,其中《内业》、《白心》、《心术》上和下四篇,以及《形势》、《宙合》、《枢言》、《水地》等篇都反映了黄老道家的思想③。

1973 年,长沙马王堆汉墓出土的帛书《老子》乙本卷前有四种古佚书,即《经法》、《十六经》(也称《十大经》)、《称》和《道原》。学术界认为此四篇文献是战国时期黄老道家的重要著作,可能就是《汉书·艺文志》所载的《黄帝四经》,因此学界有人称其为《黄帝四经》,但多数学者称其为《黄老帛书》。其中,《经法》篇讨论了道与法的关系,认为:"道生法。法者,引得失以绳,而明曲直者也。执道者,生法而弗敢犯也,法立而弗敢废。能自引以绳,然后见知天下而不惑矣。"法,是法家提倡的政治主张。《经法》将法归之于道的体现,从对道的遵守和体悟去论证守法的自觉性。《管子·心术上》也说:"事督乎法,法出乎权,权出乎道。"《管子·枢言》篇说:"法出于礼,礼出于治。法、礼,道也。"礼,是儒家提倡的政治主张。黄老道家将法与礼归于道,以道统一礼与法。这是黄老道家思想的特点之一。

老子和庄子都提倡人道取法天道,《黄老帛书·十六经》也强调遵守天道的重要性,其中说:"顺天者昌,逆天者亡。毋逆天道,则不失所守;""知此道,地宜天,鬼宜人。以居军强,以居国其国昌。古之贤者,道是之行。"遵循天道,则神鬼宜人,军强国盛;违背天道,就会自取败亡。

《黄老帛书·道原》篇对道的性质和作用作了精彩的论述,其中说:"恒无之初,迥同太虚。虚同为一,恒一而已。湿湿梦梦,未有明晦。神微周盈,精静不熙。故未有以,万物莫以。故无有形,大迥无名。天弗能覆,地弗能载。小以成小,大以成大,盈四海之内,又包其外。在阴不腐,在阳不焦。一度不变,能适蚑蛲。鸟得而飞,鱼得而游,兽得而走。万物得之以生,百事得之以成。人皆以之,莫知其名。人

① 庄子·渔父.
② 司马迁.史记·孟子荀卿列传[M]//二十五史.上海:上海古籍出版社,上海书店出版社,1986.
③ 陈鼓应.管子四篇诠释[M].北京:商务印书馆,2006:17.

皆用之，莫见其形。一者其号也，虚其舍也，无为其素也，和其用也。是故上道高而不可察也，深而不可测也，显明弗能为名，广大弗能为形，独立不偶，万物莫之能令。天地阴阳，四时日月，星辰云气，蚑行蟯动，戴根之徒，皆取生，道弗为益少；皆反焉，道弗为益多。坚强而不撌（鞼），柔弱而不可化。精微之所不能至，稽极之所不能过。"①这里讨论了道的形态、称号、功用、性质。道无形无名，天地不能覆载，四海不能容涵，高不可察，深不可测，鸟得之而飞，兽得之而走，万物得之以生，百事得之以成；一是其名号，虚无是其处所，无为是其根本，和合是其作用；从其资生出万物而其本身不会减少，万物归并于它而其本身也不会增多；再精微的东西也无法达到它的境界，再至极的东西也无法超越于它。在现存汉代之前的文献中，这是关于道范畴的最完整、最充分的论述。

《管子》对道的内涵也作了很好的阐述。老子说："道生之，德畜之。"《管子·心术上》进一步说："德者道之舍，物得以生生，知得以职道之精。故德者得也，得也者，其谓所得以然也。以无为之谓道，舍之之谓德。故道之与德无间，故言之者无别也。"其中，舍是寓所之意。德是道寓于物者，是物所得之道，是道的施用及体现，道与德没有本质的区别。正所谓"虚无无形谓之道，化育万物谓之德。"②这是对道与德概念最好的概括和区分。

老子用惚恍、窈冥形容道的幽隐无形。《管子·内业》篇说："夫道者，……冥冥乎不见其形，淫淫乎与我俱生。不见其形，不闻其声，而序其成，谓之道。"道虽杳然无形，但它却绵绵不断，与生命共存。尽管看不见其形体，听不到其声音，它却能有序地成就万物，这就是道。《庄子·知北游》说："道不可闻，闻而非也；道不可见，见而非也；道不可言，言而非也。"《管子·内业》篇也说："彼道之情，恶音与声，修心静意，道乃可得。道也者，口之所不能言也，目之所不能视也，耳之所不能听也，所以修心而正形也，人之所失以死、所得以生也，事之所失以败、所得以成也。凡道，无根无茎，无叶无荣，万物以生，万物以成，命之曰道。"道不可以语言表达，只有修心静意才可得之；道虽然不可见闻，但确实可以完善人的心身；人失去它即死，得到它即生；做事得之则成，失之则败；道虽无根无荣，万物却赖它而生而成。这是对道的性质及作用作了比较充分的论述。

老子强调"道法自然"。在此基础上，《管子·心术上》提出了"道贵因"思想。该篇说："因也者，舍己而以物为法者也；""道贵因，因者，因其能者，言所用也。"前

---

① 陈鼓应.黄帝四经今注今译[M].北京：商务印书馆，2007：440.

② 管子.管子·心术上[M]//诸子集成.影印版.上海：上海书店，1986.（本书凡涉及《管子》的引文，未加注释者，均引自《诸子集成》上海书店1986年版。）

句指出,因是泯除私见,以客观事物为准则;后句指出,因是顺任事物的本性,发挥其本能作用。"道贵因"思想,就是因时应物,顺任自然。此外,《心术上》还提出了"因之术":"无为之事,因也。因也者,无益无损也。以其形因为之名,此因之术也。"这是要求,对于客观事物,不要主观予以损益,应当因形赋名,以名谓形。《心术上》还说:"有道之君子,其处也若无知,其应物也若偶之。静因之道也。"有道之人,静处时,若一无所知;应物时,若自然契合,这就是虚静因循之道。排除主观成见,完全依照事物自身的本性行事,就可以做到"应物若偶"。"道贵因"和"因之术",都是强调遵循事物自然本性的重要性,具有一般认识论意义。

《汉书·艺文志》中道家类著作载有《文子》九篇,其条文下注曰:文子"老子弟子,与孔子同时,而称周平王问,似依托者也。"《隋书·经籍志》著录《文子》十二篇。以前有不少学者认为今本《文子》系汉唐之间的伪书,但1973年河北定县汉墓出土的竹简中,有《文子》的残简,其中与今本《文子》相同的文字有6章,不见于今本的还有一些内容,由此证明今本《文子》为西汉时已有的先秦古籍。

《文子》全书都是阐释老子的思想,其中《自然》篇论述了"因物而治"观念,文中说:"以道治天下,非易人性也,因其所有而条畅之,故因即大,作即小。古之渎水者,因水之流也;生稼者,因地之宜也;征伐者,因民之欲也。能因则无敌于天下矣。物必有自然,而人事有治也,故先王之制法,因民之性而为之节文。无其性,不可使顺教;无其资,不可使遵道。"这里强调,循道行事,就是因循事物的本性加以引导。治水,因水之性;植禾,因地之宜;征伐,随民之愿。事物都有自然本性,因而治之,即可收到事半功倍之效。道家提倡的贵因思想,具有一定的认识论及方法论意义,同时也是一种处理事情的智慧。

淮南王刘安组织门客所撰《淮南子》属于汉初黄老道家著作,其中《原道训》对道的本体论意义作了精彩的论述。文曰:"夫道者,覆天载地,廓四方,柝八极,高不可际,深不可测,包裹天地,禀授无形;原流泉渤,冲而徐盈,混混滑滑,浊而徐清。故植之而塞于天地,横之而弥于四海,施之无穷而无所朝夕,舒之幠于六合,卷之不盈于一握。约而能张,幽而能明,弱而能强,柔而能刚;横四维而含阴阳,纮宇宙而章三光。甚淖而滒,甚纤而微。山以之高,渊以之深,兽以之走,鸟以之飞,日月以之明,星历以之行。……夫太上之道,生万物而不有,成化像而弗宰;跂行喙息,蠉飞蠕动,待而后生,莫之知德;待之后死,莫之能怨。得以利者不能誉,用而败者不能非;收聚畜积而不加富,布施禀授而不益贫;旋县而不可究,纤微而不可勤;累之而不高,堕之而不下;益之而不众,损之而不寡;斲之而不薄,杀之而不残;凿之而不深,填之而不浅;忽兮怳兮,不可为象兮;怳兮忽兮,用不屈兮;幽兮冥兮,应无形兮;遂兮洞兮,不虚动兮;与刚柔卷舒兮,与阴阳俯仰兮。"这些论述与前述《道原》篇类似,是对先秦关于道的本体论学说的继承与发展。

老子、庄子及黄老道家对道的本体论意义和规律性内涵作了比较充分的阐述,由此确立了道范畴在中国古代学术和文化中的牢固地位。道家虽然也讨论人道,但强调更多的还是自然无为的天道。对于人道给予充分讨论的是先秦儒家学派。

三、儒家论道

《汉书·艺文志》说:"儒家者流,盖出于司徒之官,助人君顺阴阳、明教化者也。游文于六经之中,留意于仁义之际,祖述尧舜,宪章文武,宗师仲尼,以重其言,于道最为高。"儒家注重于人类社会的研究,提出了一系列政治主张和为君、为臣、为父、为子之道,对人道的内涵作了比较充分的论述。

1. 孔子论人道

孔子提倡"士志于道,而耻恶衣恶食者;"[1]主张"君子谋道不谋食","君子忧道不忧贫"[2]。他甚至认为,"朝闻道,夕死可矣。"孔子这里所说的道,不是天道,而是人道。子贡说:"夫子之文章,可得而闻也;夫子之言性与天道,不可得而闻也。"[3]孔子坚持"六合之外,存而不论",很少讨论天道。

孔子所说的人道,基本内涵是忠恕、礼、仁、中庸、孝悌等。

曾子说:"夫子之道,忠恕而已矣。"[4]忠君恕民是孔子的一贯主张。

在周代,礼是基本的社会制度。"礼,经国家,定社稷,序民人,利后嗣者也。"[5]同时,礼又包含一系列道德规范,即所谓"君令臣共,父慈子孝,兄爱弟敬,夫和妻柔,姑慈妇听,礼也。"[6]孔子对礼作了比较多的论述。他说:"道之以政,齐之以刑,民免而无耻;道之以德,齐之以礼,有耻且格;"[7]"君使臣以礼,臣事君以忠;"[8]"非

---

① 论语·里仁.
② 论语·卫灵公.
③ 论语·公冶长.
④ 论语·里仁.
⑤ 左丘明.左传·隐公十一年[M]//十三经注疏.北京:中华书局,1980.(凡本书涉及《左传》的引文,未加注释者均引自《十三经注疏》中华书局1980年版。)
⑥ 左传·昭公二十六年.
⑦ 论语·为政.
⑧ 论语·八佾.

礼勿视,非礼勿听,非礼勿言,非礼勿动。"①礼是儒家最为重视的行为规范和政治主张之一。

礼和仁是统一的。人人都以礼行事,天下即归于仁。所以,孔子强调:"克己复礼为仁。一日克己复礼,天下归仁焉。"②仁的本质是爱人。《国语》说:"爱亲之谓仁"③;"爱人能仁"④。"樊迟问仁。子曰:'爱人'。"⑤孔子说:"夫仁者,己欲立而立人,己欲达而达人。"⑥自己要站得住,同时也使别人站得住;自己要事事行得通,同时也使别人事事行得通⑦。这就是仁。由己及人,同立同达,强调的是博施济众,体现的是仁爱之心。具有这种心态和境界,才是君子。所以,孔子说:"君子去仁,恶乎成名?君子无终食之间违仁,造次必于是,颠沛必于是。"⑧

关于"中庸",孔子说:"中庸之为德也,其至矣乎!民鲜久矣。"⑨中,是中正,中和,不偏不倚,公允执中;庸,即用,平常。中庸,是以不偏不倚、公允执中的态度对待一切事物。孔子视"中庸"为最高的美德。子思对中庸作了比较充分的发挥,将之看作"圣人之道",主张君子"极高明而道中庸",把"中庸"归结为"致中和",认为"喜怒哀乐之未发,谓之中;发而皆中节,谓之和。中也者,天下之大本也;和也者,天下之达道也。致中和,天地位焉,万物育焉。"⑩中是平衡,和即和谐。子思将中看作事物的根本存在状态,将和看作人的最高道德规范,认为致中和是天地的本位、万物化育的基础。

以上这些论述,都属于孔子所说的人道范畴。此外,《论语》也讨论了孝悌的重要性,认为它是为仁的根本。《学而》篇说:"君子务本,本立而道生。孝悌也者,其为仁之本与!"孝悌,是孝顺父母,敬爱兄长。孔子说:"弟子入则孝,出则弟,谨而信,泛爱众,而亲仁。"⑪

孔子认为,忠恕、礼、仁、中庸、孝悌都是为人之本,是人应遵循的行为规范,依

---

① 论语·颜渊.

② 论语·颜渊.

③ 国语·晋语一[M].上海:上海古籍出版社,2007.

④ 国语·周语下[M].上海:上海古籍出版社,2007.

⑤ 论语·颜渊.

⑥ 论语·雍也.

⑦ 杨伯峻.论语译注[M].北京:中华书局,2004:65.

⑧ 论语·里仁.

⑨ 论语·雍也.

⑩ 孔子.礼记·中庸[M]//十三经注疏.北京:中华书局,1980.(本书凡涉及"礼记"的引文,未加注释者,均引自《十三经注疏》中华书局1980年版。)

⑪ 论语·学而.

照这些规范行事，就是遵守人道。

另外，孔子"不语怪、力、乱、神"①。子路向孔子请教事鬼神之事，孔子说："未能事人，焉能事鬼?"又问关于死的事，孔子说："未知生，焉知死?"②孔子主张"知之为知之，不知为不知"③，对于自己不明白的事情，不发表议论，这也可能是他很少谈论天道的原因。

孔子论述人道的内容很多，除上述之外还有其他一些。他说："富与贵是人之所欲也，不以其道得之，不处也；贫与贱是人之所恶也，不以其道得之，不去也。"④这里的道，指摆脱贫困、达到富贵的合理方式。孔子说："天下有道，则礼乐征伐自天子出；天下无道，则礼乐征伐自诸侯出；"⑤"天下有道则见，无道则隐；"⑥"邦有道则仕，邦无道则可卷而怀之。"⑦这些道，是指儒家追求的社会政治秩序。孔子主张，若政治清明，则出任官职，帮助君主治理国家；若政治腐败，则不出来做官，把自己的见解收藏起来。此即所谓"道不同，不相为谋。"⑧所以，孟子说："孔子之仕也，事道也。"⑨

孔子对于君子与小人处世之道的区别作过精辟的论述："君子易事而难说也。说之不以道，不说也；及其使人也，器之。小人难事而易说也。说之虽不以道，说也；及其使人也，求备焉。"⑩其中"说"即悦。这里的道，指人与人交往的正常方式。君子容易共事，但难以取悦于他；不以正常的方式取悦他，他不会欢欣；等到他用人时，会衡量德才而用之。小人难以共事，却容易取悦于他；不以正常的方式取悦他，他也会欢欣；等到他用人时，则会百般挑剔，求全责备。孔子认为"君子之道"有四："其行己也恭，其事上也敬，其养民也惠，其使民也义。"⑪

以上这些，都是孔子所提倡的人道的基本内涵。

---

① 论语·述而.
② 论语·先进.
③ 论语·为政.
④ 论语·里仁.
⑤ 论语·季氏.
⑥ 论语·泰伯.
⑦ 论语·卫灵公.
⑧ 论语·卫灵公.
⑨ 孟子·孟子·万章下［M］// 十三经注疏.北京:中华书局,1980.(本书凡涉及《孟子》的引文，未加注释者，均引自《十三经注疏》中华书局 1980 年版。)
⑩ 论语·子路.
⑪ 论语·公冶长.

2. 孟子论人道

继孔子之后,孟子从两个方面论述了人道。

一是仁之道。孔子提倡仁道,孟子继承了孔子的思想。孟子认为,凡治国之道可分为仁与不仁两类,以仁道治国,可以得天下,以不仁之道治国,则会失去天下。他说:"三代之得天下也以仁,其失天下也以不仁。国之所以废兴存亡者亦然。天子不仁,不保四海;诸侯不仁,不保社稷;卿大夫不仁,不保宗庙;士庶人不仁,不保四体。"①在孟子看来,大到治国,小至保身,都应以仁行事,仁是人的正确行为的根本。所以,他强调:"仁,人心也"②;"仁也者,人也。合而言之,道也。"③仁是人之所以为人的根本,以仁行事即合于人道。

《孟子·离娄上》有一段关于仁政与规矩的类比:"离娄之明、公输子之巧,不以规矩,不能成方圆;师旷之聪,不以六律,不能正五音;尧舜之道,不以仁政,不能平治天下。"在孟子看来,仁政对于治国,就像规矩对于制作方圆、律吕对于校正五音一样重要。他还强调说:"规矩,方圆之至也;圣人,人伦之至也。欲为君,尽君道;欲为臣,尽臣道。二者皆法尧舜而已矣。不以舜之所以事尧事君,不敬其君者也;不以尧之所以治民治民,贼其民者也。孔子曰:'道二,仁与不仁而已矣。'"尧舜是儒家推崇的圣明君主偶像。孟子认为,尧舜施行的治国之道就是仁道。他提倡法先王,就是效法尧舜之道。孟子还论证说:"桀纣之失天下也,失其民也;失其民者,失其心也。得天下有道:得其民,斯得天下矣;得其民有道:得其心,斯得民矣;得其心有道:所欲与之聚之,所恶勿施,尔也。民之所归仁也……"这里说的得民心之法也是仁道,也就是孔子所说的"己所不欲,勿施于人。"④

二是诚之道。孟子说:"居下位而不获于上,民不可得而治也。获于上有道,不信于友,弗获于上矣。信于友有道,事亲弗悦,弗信于友矣。悦亲有道,反身不诚,不悦于亲矣。诚身有道,不明乎善,不诚其身矣。是故诚者,天之道也;思诚者,人之道也。至诚而不动者,未之有也;不诚,未有能动者也。"⑤诚是真实无欺。许慎《说文》将诚与信互训:"诚,信也;""信,诚也。"孟子将诚看作自然界及人类社会的最高道德规范,认为它是交友、获信、立身的根本。

《礼记·中庸》有与孟子类似的论述,其中说:"诚者天之道也,诚之者人之道也。诚者,不勉而中,不思而得,从容中道,圣人也。"又说:"诚者物之终始,不诚无

---

① 孟子·离娄上.
② 孟子·尽心上.
③ 孟子·告子上.
④ 论语·卫灵公.
⑤ 孟子·离娄上.

物。"就是说,天道的根本内涵是诚,人由求诚而达到诚的境界,即与天合一。司马迁认为《中庸》为孔子之孙子思所著。如果司马迁所言属实,则孟子的上述关于诚之道的论述当源自《中庸》。

诚被先秦儒家作为天道及人道的重要内涵提出后,受到了历代儒家学者的重视和提倡,战国后期的荀子、唐代的李翱、北宋周敦颐及张载、南宋朱熹、明代王夫之等都对之做过论述,如荀子说:"诚心守仁则形,形则神,神则能化矣;诚心行义则理,理则明,明则能变矣。变化代兴,谓之天德。天不言而人推高焉,地不言而人推厚焉,四时不言而百姓期焉。夫此有常,以至其诚者也;""天地为大矣,不诚则不能化万物;圣人为知矣,不诚则不能化万民;""夫诚者,君子之所守也,而政事之本也。"①荀子以天地诚信有常的道理劝诫君子亦应以诚行事。

另外,如前所述,孔子提倡天下有道则进,无道则退。但,孟子提倡以身殉道。他说:"天下有道,以道殉身;天下无道,以身殉道。"②孟子主张,君子"居天下之广居,立天下之正位,行天下之大道;得志,与民由之;不得志,独行其道。富贵不能淫,贫贱不能移,威武不能屈,此之谓大丈夫。"③面对着"世衰道微,邪说暴行有作"的社会,这种为行大道可以以身殉道的大丈夫气慨,对于推动社会进步具有积极的意义,对于中华民族积极进取心理的塑造,也有重要作用。

3. 荀子论人道

战国后期,儒家的集大成者荀子讨论了为君之道、为臣之道,以及为父、为子之道等等。

他认为,"道者,非天之道,非地之道,人之所以道也,君子之所道也。"④何为君道?《荀子·君道》篇对之作了充分论述,其中说:"道者何也? 曰:君道也。君者何也? 曰:能群也。能群也者何也? 曰:善生养人者也,善班治人者也,善显设人者也,善藩饰人者也。善生养人者人亲之,善班治人者人安之,善显设人者人乐之,善藩饰人者人荣之。四统者具而天下归之,夫是之谓能群。"在荀子看来,为君之道,根本在于能驭人,即"能群"。这里说的"四善"都是实现"能群"的手段。群,是形成有组织的集体。

《荀子·王制》篇论述了人能够结成群体的道理,其中说:人"力不若牛,走不若马,而牛马为用,何也? 曰:'人能群,彼不能群也。'人何以能群? 曰:'分。'分何以

---

① 荀子.荀子·不苟[M]//诸子集成.影印版.上海:上海书店,1986.(本书中凡涉及《荀子》的引文,未加注释者,均引自《诸子集成》上海书店 1986 年版。)

② 孟子·尽心上.

③ 孟子·滕文公下.

④ 荀子·儒效.

能行？曰：'以义。'故义以分则和，和则一，一则多力，多力则强，强则胜物……。故人生不能无群，群而无分则争，争则乱，乱则离，离则弱，弱则不能胜物。……君者，善群也。"人之所以能群，是因为人知名分，明义理，守规矩，能分工协作。君子要做到"善群"，就要知人。所以《荀子·大略》篇说"主道知人，臣道知事。"所谓知人，就是了解人的本性及需求。

《君道》篇还强调："至道大形，隆礼至法则国有常，尚贤使能则民知方，纂论公察则民不疑，赏克罚偷则民不怠，兼听齐明则天下归之。然后明分职，序事业，材技官能，莫不治理，则公道达而私门塞矣，公义明而私事息矣。"这里提出的"隆礼至法"、"尚贤使能"等等，都是国君在知人的基础上所采取的治国措施。一个国家是一个有组织的群体，为君之道即是"善群"之道。

《荀子·君道》篇还讨论了君臣、父子、兄弟、夫妇之道，其中说，为人君要"以礼分施，均遍而不偏；"为人臣要"以礼侍君，忠顺而不懈；"为人父应"宽惠而有礼；"为人子应"敬爱而致文；"为人兄应"慈爱而见友；"为人弟应"敬诎而不苟；"为人夫应"致功而不流，致临而有辨；"为人妻应"夫有礼，则柔从听侍；夫无礼，则恐惧而自竦也。"荀子认为，这些都是为人之道，"此道也，偏立而乱，俱立而治，其足以稽矣。"

《荀子·臣道》篇集中讨论了为臣之道，将臣分为"态臣"、"篡臣"、"功臣"、"圣臣"四类，认为国家"用圣臣者王，用功臣者强，用篡臣者危，用态臣者亡。"

《荀子·子道》篇讨论了为子之道，认为"入孝出弟，人之小行也；上顺下笃，人之中行也；从道不从君，从义不从父，人之大行也。"荀子主张，作为臣，应"从道不从君"；作为子，应"从义不从父"，这才是明大道、持大义的正确行为。

以上是荀子关于人道的论述。

荀子在论述人道过程中，对于天道也有所涉及。他在《天论》篇中提出了"明於天人之分"的思想。作为自然界的天，有其固有的本性，人无法改变它，但人可以在认识了其本性或规律之后，更好地利用它。荀子强调，"天行有常，不为尧存，不为桀亡，应之以治则吉，应之以乱则凶；"人"强本而节用，则天不能贫，养备而动时，则天不能病；修道而不贰，则天不能祸；"而如果人"本荒而用侈，则天不能使之富；养略而动罕，则天不能使之全；倍道而妄行，则天不能使之吉。"所以，一切祸福都与人的自身行为有关，"不可以怨天，其道然也。"荀子主张，人应"明於天人之分"，"不与天争职"，"知其所为，知其所不为矣，则天地官而万物役矣。"

4. 《易传》和《礼记》论道

《易传》和《礼记》是先秦儒家的重要著作，其中对于道的内涵也作了一些讨论。

《易经》以阴爻和阳爻的排列组合构成不同卦象，古人根据这些卦象判断事物的吉凶。古人认为，《易经》反映了事物运动的规律性。孔子说："夫《易》何为者也？

夫《易》开物成务,冒天下之道,如斯而已者也。""开物",即创始。"成务",是完成。"冒",是覆盖、包括之义。孔子的意思是说,《易经》既能开物,又能成务,把天下之道全部包括了。所以,圣人能够据之"以通天下之志,以定天下之业,以断天下之疑。"①

《易传》是战国时期儒家对于《易经》中的微言大义所作的阐释。《易传》作者认为,先人"观变于阴阳而立卦",所编撰的《易经》包含了天地人三才之道。《系辞传上》说:"《易》与天地准,故能弥纶天地之道。仰以观于天文,俯以察于地理,是故知幽明之故;原始反终,故知死生之说;精气为物,游魂为变,是故知鬼神之情状。""准",是符合、一致。"弥纶",是涵盖、包括。"鬼",即归。"神",即伸。这里的"鬼神"指事物的屈伸、隐显变化。《系辞传下》说:"《易》之为书也,广大悉备。有天道焉,有人道焉,有地道焉。"《说卦传》也说:"是以立天之道曰阴与阳,立地之道曰柔与刚,立人之道曰仁与义。"这些都是说明《易经》包含了天、地、人之道。《易经》的"道"是由阴爻和阳爻的排列组合而显示的,因此,《系辞传上》说:"一阴一阳之谓道。"另外,《易传》的作者认识到,道作为事物的规律或法则,是形而上的东西,即"形而上者谓之道,形而下者谓之器。"②

《礼记·礼运》篇有一段关于孔子论述"大道"的内容:"孔子曰:大道之行也,与三代之英,丘未之逮也,而有志焉。大道之行也,天下为公,选贤与能,讲信修睦。故人不独亲其亲,不独子其子,使老有所终,壮有所用,幼有所长,矜、寡、孤、独、废、疾者皆有所养,男有分,女有归。货恶其弃于地也,不必藏于己;力恶其不出于身也,不必为己。是故谋闭而不兴,盗窃乱贼而不作,故外户而不闭。是谓大同。今大道既隐,天下为家,各亲其亲,各子其子,货力为己,大人世及以为礼,城郭沟池以为固,礼义以为纪。以正君臣,以笃父子,以睦兄弟,以和夫妇,以设制度,以立田里,以贤勇知,以功为己。故谋用是作,而兵由此起。禹、汤、文、武、成王、周公,由此其选也。此六君子者,未有不谨于礼者也。以著其义,以考其信,著有过,刑仁讲让,示民有常。如有不由此者,在势者去,众以为殃。是谓小康。""三代之英",指夏商周三代圣明之主,即禹、汤、文、武、成王、周公等人。"大人世及",指天子、诸侯、公卿世代承袭,父传子称世,兄传弟谓及。"大道"是儒家所追求的一种最理想的社会政治。大道之行,天下为公,建立的是"大同"社会。大道隐没,天下为家,统治者以礼义教化民众,以制度约束人的行为,建立的是"小康"社会。儒家描绘的"大同"

---

① 周易·系辞传上[M]//十三经注疏.北京:中华书局,1980.(本书凡涉及《周易》的引文,未加注释者均引自《十三经注疏》中华书局1980年版。)

② 周易·系辞传上.

社会,为人类设计了一种美好的理想境界。

由以上内容可以看出,儒家关心的是人道,而且对人道内涵的讨论侧重于如何治理国家。因此,儒家论述的人道,主要是治国平天下之道。

小　结

道在先秦时期作为一个重要概念使用后,被赋予了丰富的内涵。道之本义是形而下的路径,由此引申为形而上的法则、方法、规律、道理等涵义。先秦诸子对道都有所论述,相较而言,道家及儒家的论述最具代表性。

道家在赋予道的本体论意义和规律性内涵的同时,也讨论了道的性质。老子提出"道生万物"、"道法自然"、"道常无为"、"反者道之动"、"天道无亲"。庄子学派提出"道无所不在"、"道之所在圣人尊之"。黄老学派提出了"道贵因"思想。

儒家着重讨论了道的社会规范内涵,也即治国之道。孔子和孟子对"仁道"进行了充分的讨论。孔子提出"士志于道"、"君子忧道不忧贫"、"中庸之道"。孟子提出"诚者天之道,思诚者人之道";君子"行天下之大道";"天下有道,以道殉身;天下无道,以身殉道。"荀子提出"君道能群"、"明於天人之分"、"不与天争职"。《易传》提出"一阴一阳之谓道"、"形而上者谓之道"。《礼记》提出"大道之行,天下为公。"

道家和儒家的这些论述所表达的思想观念,在中国传统文化及学术思想中具有重要的地位,产生过广泛而持久的影响。

最后需要说明,道作为中国古代文化中表示规律或法则的概念,其所具有的规律或法则内涵,并不像现代文明所说的规律或法则概念那样准确或严格。自然界及人类社会都是极其复杂的认识对象,古人对自然规律的一些具体内容尚缺乏足够的认识,对社会发展、治国之道的认识也是见仁见智,因此,各家所称的天道及人道,既不具体,也不统一,只是一种笼统的表述。而且,在描述人道时,许多道字的含义与其说表示规律或法则,不如说表示某种规范、方式、方法或要求,具有很大的主观性。

第二讲 气

气是中国传统文化中的一个重要概念。它既表示空气、云烟、蒸汽之类的气态物质,也表示作为宇宙万物基本成分的宇宙本体以及传递物质相互作用的中介。它既是通常的物质概念,也是重要的本体论和自然观概念。古人在长期的生活实践和认识活动中,逐步从有关经验认识中抽象出"气"概念,用以说明自然万物的生演过程及其运动变化情况。

气概念的内涵,或者说古人赋予气的一些性质和作用,反映了古人对自然界的认识,体现了传统自然观的基本特点。

一、气概念的产生

气由普通的词语发展为内涵丰富的自然哲学概念,经历了漫长的过程。

气字产生很早。甲骨文中已有这个字,但仅作动词、副词使用,为乞求、迄、止之意,尚未作为名词使用。早期文献《诗经》、《易经》、《尚书》中也极少见到有作名词用的气字[①]。这说明,在春秋之前,气字很少被作为名词使用。春秋末期成书的《左传》、《国语》中大量使用了名词的气字。在战国时期的文献中,这种用法已相当普遍。《说文》释"气,云气也。象形。"气是象形字,其形"象"云气之貌。《说文》释"云,山川气也。"云与气互释,说明古人认为两者没有根本的区别。《说文》释雾:"地气发,天不应";释烟:"火气也"。云、烟、雾、气是常见的物质现象,都以飘忽不定、渺茫朦胧的状态存在,古人以"气"概括它们的共同特征。

从气字在先秦文献中的运用情况来看,它表示的事物或现象至少有三类:一是自然界某种物质存在形式或现象,如"天气"、"地气"、"阴气"、"阳气"、"水气"、"火

---

① 席泽宗.中国科学技术史:科学思想卷[M].北京:科学出版社,2001:107.

气"等;二是人的表情或行为所显示的某种精神状态,如"勇气"、"恶气"、"杀气"等;三是人体的生理功能和抵御疾病的能力,如"血气"、"营气"、"卫气"等。

《国语·周语上》记载,公元前780年西周三川发生了地震,伯阳父对此解释说:"夫天地之气,不失其序;若过其序,民乱之也。阳伏而不能出,阴迫而不能烝,于是有地震。"伯阳父认为,地震是由天地之气失序,导致阴阳失衡造成的。

《左传·昭公元年》记载,晋平公得了重病,秦国医和解释其病因时说:"天有六气,降生五味,发为五色,征为五声,淫生六疾。六气曰阴、阳、风、雨、晦、明也,分为四时,序为五节,过则为菑。阴淫寒疾,阳淫热疾,风淫末疾,雨淫腹疾,晦淫惑疾,明淫心疾。"医和认为,这六种气过分时,都可致使人产生疾病。

《左传·昭公二十五年》记载,子大叔向赵简子陈述礼的重要性时也提到了"六气":"夫礼,天之经也,地之义也,民之行也。天地之经,而民实则之,则天之明,因地之性,生其六气,用其五行,气为五味,发为五色,章为五声,淫则昏乱,民失其性。是故为礼以奉之。""五行"即木、火、土、金、水五种物质,五味、五色、五声是与五行相应的五种味、色、声。子大叔将六气与五行、五味、五色、五声并举,认为一旦过分,它们都可以使民众丧失本性,因此需要以礼加以约束、教化。

在春秋战国及秦汉时期的文献中,关于各种气的论述很多。如:《管子·水地》篇说:"欲上则凌于云气";《山海经·西山经》说:"槐江之山……南望昆仑,其光熊熊,其气魂魂";《国语·周语上》说:"古者,太史顺时觇土,阳瘅愤盈,土气震发,农祥晨正,";《庄子·逍遥游》说,真人"乘云气,御飞龙";《庄子·则阳》说:"四时殊气,天不赐,故岁成";《淮南子·天文训》说:"积阳之热气生火,火气之精者为日;积阴之寒气为水,水气之精者为月。"古人认为,天上有云气,地上有土气,山有山气,水有水气,火有火气,自然界一年四季也都有不同的气存在。

此外,物质燃烧,会产生烟气;金属冶炼,也会产生不同的气。《考工记·栗氏》描述古代冶金过程时说:"凡铸金之状,金与锡,黑浊之气竭,黄白次之;黄白之气竭,青白次之;青白之气竭,青气次之。然后可铸也。"在冶炼过程中,随着金属温度的升高,会散发出不同色泽的气,这是金属中不同杂质的升华排出现象。古人正是根据这些气的颜色判断金属冶炼的程度。这些论述,表达了古人对自然界存在的各种气的认识。

人的表情会显示某种精神状态,古人也以气予以表示。公元前648年,鲁庄公统领大军与齐国军队在长勺会战,在曹刿的指挥下,齐军大败。曹刿在总结战术时说:"夫战,勇气也。一鼓作气,再而衰,三而竭。"《孙子兵法》说:"三军可夺气,将军可夺心。是故朝气锐,昼气惰,暮气归。善用兵者,避其锐气,击其惰归,此治气者也。"①"勇气"、"锐气"都是表示兵士的战斗精神。《管子·内业》篇说:"善气迎人,亲于兄弟;恶气迎人,害于戎兵。""善气"、"恶气",是指人的情感状态。孟子说:"我善养吾浩然之气","其为气也,至大至刚,以直养而无害,则塞于天地之间。其为气也,配义与道;无是,馁也。"②孟子说的浩然之气,指人所具有的凛然正气。这些文献所说的气,并非某种物质存在,而是指人的精神或情感状态。

孔子说:"君子有三戒:少之时,血气未定,戒之在色;及其壮也,血气方刚,戒之在斗;及其老也,血气既衰,戒之在得。"③所谓"血气",指人体的生理功能。气是传统医学的重要概念,医家用其描述人体的生理功能及状态变化。《黄帝内经》说:"五藏者,所以藏精神魂魄者也。六府者,所以受水谷而行化物者也。其气内于五藏,而外络肢节。其浮气之不循经者,为卫气;其精气之行于经者,为营气。"④中医认为,五脏是储藏精、神、魂、魄的器官,六府是消化食物和化生气的地方。气向内输运到五脏,向外环绕至全身;游荡于经脉之外者谓之卫气,流动于经脉之中者谓之营气。营气提供营养,卫气负责保卫。"营气者,泌其津液,注之于脉,化以为血,以荣四末,内注五脏六府。"⑤当邪气侵犯人体时,则"卫气独卫其外"⑤,予以保护。

二、气的存在形式

古人认为,气是构成宇宙万物的基本物质,以精微无形、连续无间的状态存在。

1. 精微无形

《管子·内业》篇说:"凡物之精,此则为生,下生五谷,上为列星。流于天地之间,谓之鬼神,藏于胸中,谓之圣人。是故此气,杲乎如登于天,杳乎如入于渊,淖乎如在于海,卒乎如在于己。"又说:"精也者,气之精者也;""灵气在心,一来一逝,其细无内,其大无外。"其中的"物之精"即指细微无形的气,它不仅下生五谷、上为列星,而且形成鬼神,决定圣人的特质。这种气"细无内","大无外"。"无内",即无内

---

① 孙武. 孙子兵法·军争[M]//诸子集成. 影印版. 上海:上海书店,1986.(本书凡涉及《孙子兵法》的引文,未作注释者,均引自《诸子集成》上海书店出版社 1986 年版。)

② 孟子·公孙丑上.

③ 论语·季氏.

④ 史崧. 灵枢经·卫气[M]. 北京:学苑出版社,2008.

⑤ 史崧. 灵枢经·邪客[M]. 北京:学苑出版社,2008.

部结构,小到无法再小的程度;"无外",即无外部界限,大到无边无际。这是形容气精细无形、微不可察。

关于大和小的限度,《庄子·秋水》篇作过精辟的论述,说:"至精无形,至大不可围;……夫精,小之微也;……夫精粗者,期于有形者也;无形者,数之所不能分也;不可围者,数之所不能穷也。可以言论者,物之粗也;可以致意者,物之精也。"精,是"小之微";"至精",意谓小到极至,这便是"无形"。无形即无法以数量表示其大小,只可意会,无以言表。"不可围",是没有外部边界,即无限大。

战国后期成书的《鹖冠子·泰录》篇在论述宇宙万物演化时说:"精微者,天地之始也;"又说:"天地成于元气,万物乘于天地。"其中"精微者"即指元气。西汉《河图·括地象》说:"元气无形,汹汹隆隆"。东汉道教经典《太平经》说:"元气恍惚自然"。这些论述都是说明元气是精微无形的。

唐代道教学者成玄英对元气的存在状态描述得最为形象。他在《老子义疏》中写道:"元气太虚之先,寂寥何有?……元气者,无中之有,有中之无;广不可量,微不可察;氤氲渐著,混茫无倪,万象之端,兆朕于此。"元气"微不可察",寂寥无形,所以是"有中之无";但它是"万象之端",可生化万物,所以又是"无中之有"。

为了论证元气既细微无形,又客观存在,北宋学者张载提出了"虚空即气"的观点。他认为,宇宙中除了有形之物外,剩余的空间都是气的存在状态,都充满了气,即所谓"太虚无形,气之本体。"他指出,若"知虚空即气",则知事物的有与无,显与隐等都是气的不同存在形式①。无形之气聚集在一起,即形成有形之物;有形之物解体,即复归于无形之气。有与无,显和隐,都是对有形之物而言的,对于无形之气,不存在有无、显隐的说法。

明代学者发展了张载的"虚空即气"思想。王廷相明确指出:"有虚即有气,虚不离气,气不离虚。"②针对有人以气无形体为由而否定其存在,王廷相驳斥道:"气虽无形可见,却是实有之物,口可以吸而入,手可以摇而得,非虚寂空冥、无所索取者。"③明末王夫之进一步论述了气与万物的有与无、显与隐的辩证关系。他指出:"虚空者,气之量。气弥沦无涯而稀微不形,则人见虚而不见气。凡虚空皆气也,聚则显,显则人谓之有;散则隐,隐则人谓之无。"④此外,明代的宋应星、方以智等也都论述了气虽细微无形,但却真实存在的道理。

---

① 张载.张子正蒙·太和[M].上海:上海古籍出版社,1992.
② 王廷相.慎言·道体[M]//侯外庐,等.王廷相哲学选集.北京:中华书局,1965.
③ 王廷相.内台集·答何柏斋造化论[M]//侯外庐,等.王廷相哲学选集.北京:中华书局,1965.
④ 王夫之.张子正蒙注·太和[M].上海:上海古籍出版社,1992.

综上所述,从战国至明清,古人始终认为元气是微不可察的精细物质。

元气无形无象,却又实际存在;它自己没有形体,却能构成有形之物。气的这种存在状态无法直接验证,只可间接说明。由此可见,元气概念虽有一定的经验基础,但也有很大程度的思辨性。

其实,任何宇宙本体理论都有一定程度的思辨性。本体论在说明宇宙万物的演化过程时,要确定万物的统一本原。如何由一种或几种本原物质演化出形态各异、属性有别的万事万物,在逻辑上存在着从一到多的形体转化和属性转化的矛盾。把本原物质的形态及属性设定得越简单、越抽象,越有利于避免或减少这种矛盾。中国古人认为元气是宇宙的本原物质,它以无形无象的状态存在,聚而生成有形之物则显,散而归于太虚则隐。古人只用聚和散两种方式即可说明气与万物的相互转化,较好地解决了从一到多的形体转化矛盾。所以,古人认为气以精细无形的状态存在,不仅在一定程度上符合经验认识,而且在宇宙论意义上也有一定的合理性。

2. 连续无间

从战国开始,古人即认为气精细无形,微不可察。在此基础上,从宋代开始,古人进一步认为,气能贯穿一切有形和无形之物,以绝对连续的状态存在。连续是与间断相对立的空间概念。气绝对连续,是指其空间分布在宏观上和微观上都是不间断的。

宋明时期,不少学者都认为气有无限的穿透能力。朱熹说:“天地之气刚,故不论甚物事皆透过。”气本柔软无形之物,无刚强之性可言,但它细微精绝,朱熹即认为它至坚至刚,可以穿透任何东西。他举例说:“阳气发生,虽金石亦透过。”金石是古人认为最坚硬之物,既然气可透过金石,则无物不可透过。因此朱熹认为,从大范围看,气“包罗天地”,无处不有;从小范围看,气“入毫厘丝忽里去”,无孔不入[①]。明末方以智也对气的贯穿能力作过精辟的概括:气“充一切虚,贯一切实,更何疑哉。”[②]他认为,宇宙中无论虚空还是实物,都被气所充盈。

正因气贯通一切,无处不在,所以古人认为它以绝对连续的状态存在,在宏观和微观上都是连续的。

古人认为,宇宙中一切实物都是气的凝聚状态,一切虚空都是气的分散状态,整个宇宙是由气的不同疏密状态构成的统一连续体。朱熹指出:“气之流行,充塞

---

① 黎靖德.朱子语类·卷八[M].北京:中华书局,1986.(本书凡涉及《朱子语类》的引文,未加注释者均引自《朱子语类》中华书局1986年版。)

② 方以智.物理小识·卷一[M].北京:商务印书馆,1937.

宇宙；"①"天地之间，一气而已。"②南宋吕祖谦说："通天地一气，同流而无间。"③明代王廷相认为："天内外皆气，地中亦气，物虚实皆气，通极上下造化之实体也。"④明代黄宗羲也认为："大化流行只有一气，充周无间。"⑤明末王夫之也指出："太虚之为体，气也，……充周无间者皆气也。"⑥方以智同样认为："一切物皆气所为也，空皆气所实也。"⑦这些论述，表达的都是古人所形成的气在宏观上连续的观念。

明代不少学者认为"气无间隙"。无间隙，即无法相互分离。这说明气在微观尺度上也是连续的。宋应星说："气本混沌之物，莫或间之。"王廷相说："元气混涵，清虚无间。"④王夫之说："阴阳二气充满太虚，此外更无它物，亦无间隙；"气"升降飞扬而无间隙。"⑥这些论述，表达的都是古人关于气在微观上连续的观念。

方以智在解释声和光的传播时，运用了气的连续性观念。他在《物理小识》中写道："气凝为形，发为光声，犹有未凝形之空气与之摩荡嘘吸。故形之用，止于其分，而光声之用常溢于其余。气无空隙，互相转应也。"⑦在这里，方氏首先指出气与形的区别，"形"是指有形之物，有形之物具有一定的界限，彼此是不连续的，而"气无空隙"，是连续性的存在物；其次说明有形之物发出的光和声，之所以能向周围空间传播，是因为空间充满着连续的气，由于气无间隙，能把光和声由近及远地传播开来。在方以智看来，气的连续性是光和声传播的条件。方以智的学生揭暄在注释《物理小识》时，也对气的连续性作了阐述。他认为，"气既包虚实而为体，原不碍万物之鼓其中……天地之间岂有丝毫空隙哉。"无"丝毫空隙"，正说明了气的绝对连续性。

其实，前述《管子·内业》篇关于精气形态的描述，以及《庄子·秋水》篇对于"精"之涵义的强调，已经从根本上说明了气在微观上是连续的。因为，既然气小到没有形体和结构，就不可能以分离的微粒状态存在，只能以绝对连续的弥漫状态存在。

在古人看来，气精微无形，浑涵无间，以非粒子状态存在。中国古代元气的绝对连续性或非粒子性特征与西方古代原子论所强调的原子的间断性或粒子性特征具有明显的不同，由此也决定了中国古代以元气论为基础的自然观与西方以原子

① 朱熹.楚辞集注[M]//四库全书·集部楚辞类.
② 朱熹,蔡元定.易学启蒙·卷一[M]//朱子遗书重刻合编.
③ 吕祖谦.东莱先生左氏博议·卜筮[M]//丛书集成初编·史地类.
④ 王廷相.慎言·道体[M]//侯外庐,等.王廷相哲学选集.北京:中华书局,1965.
⑤ 黄宗羲.南雷文案·与友人论学书[M].四部丛刊·集部.
⑥ 王夫之.张子正蒙注·太和[M].上海:上海古籍出版社,1992.
⑦ 方以智.物理小识·卷一[M].北京:商务印书馆,1937.

论为基础的自然观的本质差别。以原子论观念看世界,宇宙中的一切都是以粒子为基元形态而存在,气也是由一个个小粒子组成的,尽管宏观上看它绵延不断,是连续的,但微观上却是相互分离的小颗粒,是不连续的。这与中国古人所认为的以非粒子状态存在的气是有本质区别的。这两种不同的自然观,决定了中国和西方古人以不同的方式看待事物及分析问题。中国古人习惯于以连续的观点、综合的方法看待事物,西方古人则习惯于以分离的观点、分析的方法看待事物,从而形成了不同的认识传统。

三、气的基本性质

古人认为,气作为宇宙本原物质,具有运动不息、不生不灭的性质。

1. 运动不息

在古人看来,气是变化无穷、运动不息的,正是气的运动变化形成了宇宙万物生生不息、运动不止的状态。

《庄子·秋水》篇指出:"物之生也,若骤若驰,无动而不变,无时而不移。"由此表明,至迟在战国时期,《秋水》篇的作者已认识到物质是处于不停的运动变化之中的。

随着认识的发展,古人把各种具体的物质运动现象归因于宇宙元气的运动,并认为这种运动是持续不停的。宋明时期,一批学者反复论述了气的永恒运动性。张载认为,"阴阳之气"具有"循环迭至"、"聚散相荡"、"升降相求"、"氤氲相揉"、"相兼相制"、"屈伸无方"等运动属性,并且认为气"运行不息,莫或使之"。[①] 张载强调气是自在自为的本体,其运动变化的属性是由自身本性决定的。正因如此,气的运动才是永不止息的。朱熹也明确指出:"一气之运,无顷刻停息。"[②]南宋陈亮也说:"阴阳之气,阖辟往来,间不容息。"[③]王廷相也认为:"太虚无形,气之本体……生生而不容以息也。"[④]王夫之也强调指出:"太虚者,本动者也。动以入动,不滞不息。"[⑤]"无顷刻停息"、"不容以息"、"间不容息"、"不滞不息"等等,都是强调气具有

---

①　张载.张子正蒙·参两[M].上海:上海古籍出版社,1992.
②　朱熹.延平答问[M]//四库全书·子部儒家类.
③　陈亮.龙川文集·与徐彦才大谏[M]//四库全书·集部别集类.
④　王廷相.慎言·乾运[M]//侯外庐,等.王廷相哲学选集.北京:中华书局,1965.
⑤　王夫之.周易外传·卷一[M].北京:中华书局,1977.

永恒运动的属性。

古人认为，气的运动形式大致有三种类型。

其一是聚散运动。弥漫无际、细微无形的气如何生成宇宙万物，古人用气的凝聚与分散加以说明。《庄子·知北游》最先提出元气聚散说，认为，"人之生，气之聚也；聚则为生，散则为死。"《淮南子·天文训》用气的聚散运动说明天地的生成，认为清阳之气"薄靡而为天"，重浊之气"凝滞而为地"。唐代成玄英进一步认为："清通澄朗之气浮而为天，浊滞烦昧之气积而为地，平和柔顺之气结为人伦，错谬刚戾之气散为杂类。自一气之所育，播万殊而种分。"[1]显然，成氏认为，不同事物是由不同属性的气凝聚而成。

宋明学者进一步发展了气的聚散运动决定万物生灭变化的思想。张载认为："太虚无形，气之本体，其聚其散，变化之客形尔。"[2]北宋理学家程颐明确指出："物生者，气聚也；物死者，气散也。"[3]王廷相也说："天地万物不越乎气机聚散而已。"[4]明代吕坤也强调："天地万物只是一气聚散，更无别个。"[5]由此可见，从战国至明代，古人一直认为自然万物的生灭变化是由气的聚散运动决定的。

其二是升降运动。宋明学者认为气有永不止息的升降飞扬运动。张载说："气坱然太和，升降飞扬，未尝止息。"[2]朱熹说："气之升降，无时止息。"王夫之也说：气"升降飞扬而无间隙。"[6]这些都是强调气的升降运动。

其三是流动。朱熹认为："一元之气，运转流通，略无停间。"[7]王夫之认为，气"有动者以流行，有静者以凝止"[6]。清代学者戴震也指出："气化流行，生生不息，是故谓之道。"[8]这些都是强调气运流不止。

有运动，就有静止。古人已认识到动与静是相对的和辩证的。气有运动，也有静止。古代不少人都对此作过讨论，其中明代王夫之的论述最具代表性。他指出："盖阴阳者，气之二体，动静者，气之二几，体同而用异，则相感而动，动而成象则静，动静之机，聚散、出入、形不形之从来也。"[9]此处"几"通"机"，相当于"机能"之意。王

---

① 成玄英.老子义疏[M].蒙文通《道藏》辑佚本。

② 张载.张子正蒙·太和[M].上海：上海古籍出版社，1992.

③ 河南程氏粹言·人物篇.二程集[M].北京：中华书局，2004.

④ 王廷相.慎言·乾运[M]//侯外庐，等.王廷相哲学选集.北京：中华书局，1965.

⑤ 吕坤.呻吟语·天地[M]//四库全书·子部儒家类.

⑥ 王夫之.张子正蒙注·太和[M].上海：上海古籍出版社，1992.

⑦ 朱子语类·卷二十一.

⑧ 孟子字义疏证·天道[M]//国粹丛书（第一集）.

⑨ 王夫之.张子正蒙·太和[M].上海：上海古籍出版社，1992.

夫之认为,动和静是气的两种机能,具有这两种机能,气才有聚散、升降等运动形式。

气或聚散,或升降,或运流,总是处于不停的运动状态。是什么因素决定气的运动? 唐代柳宗元认为,气"自动,自休,自峙,自流,"①亦即气的运动变化不需要外因的作用。张载也认为,气的运动是其固有属性的表现。他指出,气"运行不息,莫或使之"②;"气不能不聚而为万物,万物不能不散而为太虚。循是出入,是皆不得已而然也。"③"莫或使之","不得已而然",即本性如此。王夫之也指出,"气之聚散,物之生死,出而来,入而往,皆理势之自然,不能已止者也。"④"理势之自然",也是说明气的运动具有客观必然性。古人把元气运动变化的原因归之于其自身,这是一种内因论的认识论。

2. 不生不灭

古人认为,作为万物本体的气,其本身是不生不灭的。从汉代开始即有人讨论气的不灭性。王充认为,"人未生,在元气之中;既死,复归元气;""阴阳之气,凝而为人。年终寿尽,死还为气。"⑤

宋明时期,一批学者对气的不灭性作了更为充分的讨论。

张载从元气本体论出发,提出了"形散气不损"的著名论断。他指出:"太虚者,气之体……形聚为物,形溃反原";万物"形散而气不损"。⑥"不损"即数量上无减少,亦即气在生演万物过程中,其量值是不变的。指出气的量值不变性,具有重要的科学认识意义。由于古人把元气看作构造万物的基本质料,因此关于其量值不变性,既可以从宇宙总体上理解,也可以从各种物质的具体变化过程来理解;无论是从宇宙演化过程来说,还是对于单个事物的生灭变化来说,其中作为基本物质的元气都是无损益变化的。这是物质不灭思想的体现。

明代王廷相继承了张载的元气不灭思想。他指出,从气与万物的相互转化过程来看,"即其象,可称曰有;即其化,可称曰无;"但不论"有""无"如何相互转化,"而造化之元极实未尝泯"⑦。"造化之元极"即指元气。他并且举出雨水和草木的例子加以论证:雨水和草木原本由气凝聚而成,雨水遇火则蒸而为气,草木遇火则

①　柳宗元.柳河东集·卷四十四[M]//四部备要.集部唐别集。
②　张载.张子正蒙·参两[M].上海:上海古籍出版社,1992.
③　张载.张子正蒙·太和[M].上海:上海古籍出版社,1992.
④　王夫之.张子正蒙注·太和[M].上海:上海古籍出版社,1992.
⑤　王充.论衡·论死[M]//诸子集成.影印版.上海:上海书店,1986.(本书凡涉及《论衡》的引文,不加注释者,均引自《诸子集成》上海书店1986年版。)
⑥　张载.张子正蒙·乾称[M].上海:上海古籍出版社,1992.
⑦　王廷相.慎言·道体[M]//侯外庐,等.王廷相哲学选集.北京:中华书局,1965.

化而为烟。在这种变化过程中，若从雨水和草木的形体来看，它们都化为无；但若从雨水之气和草木之烟来看，它们均复归于太虚本然之气，并非化为乌有。经过对一系列经验事实的分析，王廷相得出了几点结论：其一，"气也者，乃太虚固有之物，无所有而来，无所从而去者；"[1]其二，"气出入于太虚，初未尝减也；"[2]其三，"气有聚散，无灭息。"[2]这三点概而言之，即气是自然界固有的物质存在形式，它以聚散方式生化万物，但数量上不会增减。

明代学者吕坤、湛若水和方以智等也都强调过气的不灭性。吕坤指出："元气亘万亿岁年终不磨灭，是形化气化之主也。"[3]湛若水也指出："宇宙间只有一气充塞流行，与道为体……虽天地弊坏，人物消尽，而此气此道亦未尝亡，未尝空也。"[4]方以智也说："考其实际，天地间凡有形者皆坏，惟气不坏。"[5]

明末清初，王夫之全面总结和发展了元气不灭思想。他指出：气聚而生成有形之物，散而归于太虚，但散归太虚并"非无固有之实"，而是"复其氤氲之本体，非消灭也。"[6]为了论证气的不灭性，他列举了下列经验事实：

其一，"以天运物象言之，春夏为生，为来，为伸；秋冬为杀，为往，为屈；而秋冬生气潜于地中，枝叶槁而根本固荣，则非秋冬之一消灭而更无余也。"[6]王夫之认为，植物春生夏长是由"生气"造成的；秋冬之时万物凋零，但生气并未消失，而是潜藏于地中，一旦春天到来，就会重新构成万物的萌生、繁荣。

其二，"车薪之火，一烈已尽，而为焰，为烟，为烬，木者仍归木，水者仍归水，土者仍归土，特希微而人不见尔。"[6]王夫之认为，柴薪经过燃烧，变为火焰、烟雾和灰烬。经过燃烧后柴薪不存在了，但构成它的木、水、土等基本物质并未消损，而是回归到它们原来的形态去了。

其三，"一甑之炊，湿热之气，蓬蓬勃勃，必有所归，若盒盖严密，则郁而不散。"[6]一锅水在不加盖密封条件下加热，会蒸发为气，回归其本然状态；若将其在密封条件下加热，则蒸汽会积郁不散，并不减少。

其四，"汞受火煎，无以覆之，则散而无有；盂覆其上，遂成朱粉。"[7]汞加热后，升华成水银气体，纷纷飞散，不知去向；若在密封状态下加热，则水银气体会聚集成

① 王廷相.雅述·上卷[M]//侯外庐,等.王廷相哲学选集.北京:中华书局,1965.
② 王廷相.慎言·道体[M]//侯外庐,等.王廷相哲学选集.北京:中华书局,1965.
③ 吕坤.呻吟语·天地[M]//四库全书.子部儒家类.
④ 湛若水.湛甘泉先生文集·寄阳明[M]//甘泉全集.清同治五年资政堂刻本.
⑤ 方以智.东西均·所以[M].北京:中华书局,1962.
⑥ 王夫之.张子正蒙注·太和[M].上海:上海古籍出版社,1992.
⑦ 转引自:张锡鑫.王夫之的物理思想[M]//科技史文集:第12辑.上海:上海科学技术出版社,1984:44.

红色粉末,不会消失。当然,当年的王夫之不可能知道那红色粉末是汞与氧的化合物,即氧化汞。

基于这些经验认识,王夫之得出结论:"有形者且然,况其氤氲不可像者乎?未尝有辛勤岁月之积,一旦悉化为乌有,明矣。"[1]有形有象之物毁灭后,尚且化归本原之气而存在,更何况原本就以无形无象状态存在的气,怎会消失乌有呢?所以他指出:"气自足也,聚散变化,而其本体不为之损益。"[1]"不为之损益",即气的量值不变。

张载的元气不灭思想曾受到过程颐的批评。针对张载"形溃反原"的观点,程颐反驳说:"凡物之散,其气遂尽,无复归本原之理。天地间如洪炉,虽生物销铄亦尽,况既散之气,岂有复在?天地造化又焉用此既散之气?其造化者,自是生气。"[2]程颐认为,自然界造化每种物体时,先生出相应的气,气聚生物,物死其气也随之散灭无存,不存在复归本原的道理;亦即气和具体物品一样,有生有死,不是永恒不灭的。

王夫之不同意这种观点。他说:"尝如散尽无余之说,则此太极混沦之内,何处为其翕受消归之府?又云造化日新而不用其故,则此太虚之内,亦何从得此无尽之储,以终古趋于灭而不匮邪?"[1]意谓如果认为万物解体后即化为乌有,那么构成这些物体的质料最终到哪里去了?宇宙间何处是它们的归宿所在?如果说自然界造化每种物体都用新的质料,那么随着万物永不停息的产生,将需要无穷无尽的物质,宇宙中何处能提供这些万古不竭的物质储备?王夫之运用逻辑推理方法从宇宙整体上论证了气的不灭性,具有很强的说服力。

四、气的基本作用

古人认为,气的主要作用有两个方面,一是它构成宇宙万物,二是它传递物质间的相互作用。

---

① 王夫之.张子正蒙注·太和[M].上海:上海古籍出版社,1992.
② 程颢,程颐.河南程氏遗书:卷十五[M]//二程集.北京:中华书局,2004.(本书凡涉及《河南程氏遗书》的引文,未加注释者,均引自《二程集》中华书局2004年版。)

1. 气是构成天地万物的质料

春秋战国时期,古人即认为气是构成自然万物的基本质料。老子说:"万物负阴而抱阳,冲气以为和。"①《管子·内业》篇认为,地上的五谷,天上的列星,都是由气生成的。《庄子·知北游》认为,人的生死是气之聚散的结果,"通天下一气耳"。《礼记》也认为,人是由"五行之秀气"所构成的②。荀子说:"水火有气而无生,草木有生而无知,禽兽有知而无义,人有气有生有知,亦且有义,故最为天下贵也。"③在荀子看来,水、火、草、木、禽、兽以及人均由气所构成,只是它们由低级到高级,具有不同的属性。这些论述表明,先秦的思想家们认为,宇宙中的一切都是由气生成的。

在这种认识基础上,战国后期及秦汉时期的思想家提出了"元气"概念,用以表示宇宙演化的原始物质,即万物的本原。成书于战国后期的《鹖冠子》即说:"天地成于元气,万物乘于天地。"④成书于西汉的《河图》也说:"元气无形,汹汹蒙蒙,堰者为地,伏者为天也。"西汉《礼统》也说:"天地者,元气之所生,万物之所自焉。"西汉杨雄《檄灵赋》也认为:"自今推古,至于元气始化。""元"是开始,是本原。"元者,万物之本。"⑤元气表示天地万物的本原之气,是古代的本体论概念。需要说明的是,古人在以元气概念论述宇宙万物的生演过程时,往往略去"元"字,而直接以"气"表示"元气";也就是说,古代许多讨论宇宙演化内容的文献中的气字实指元气。

西汉《淮南子》讨论宇宙的演化时,以气作为万物构成的质料。其中《天文训》说:"宇宙生气,气有涯垠。清阳者,薄靡而为天,重浊者,凝滞而为地;""积阳之热气生火,火气之精者为日;积阴之寒气为水,水气之精者为月;日月之淫气精者为星辰;""天地之偏气,怒者为风。天地之合气,和者为雨。阴阳相薄,感而为雷,激而为霆,乱而为雾。阳气胜,则散而为雨。阴气胜,则凝而为霜雪。"同书《精神训》也说:"烦气为虫,精气为人。"《淮南子》认为,天地、日月、星辰、风雨、雷电、霜雪、水火、动物及人,都是由气所构成。

汉代纬书《易纬·乾凿度》将宇宙初始的演化过程分为"太易"、"太初"、"太始"、"太素"几个阶段,认为"太易者,未见气也;太初者,气之始也;太始者,形之始也;太素者,质之始也。气、形、质具而未离,故曰浑沦。"此外,《列子·天瑞》篇、汉

---

① 道德经·第四十二章.

② 礼记·礼运.

③ 荀子·王制.

④ 鹖冠子·泰录[M].上海:上海古籍出版社,1990.

⑤ 董仲舒.春秋繁露·王道[M].上海:上海古籍出版社,1991.

代《孝经纬·钩命诀》及晋代皇埔谧《帝王世纪》也有与此类似的论述。这些著作认为，"太初"时，宇宙开始有气，由气演化出有形有象的具体事物。东汉王符也说："上古之世，太素之时，元气窈冥，未有形兆，万精合并，混而为一。"①东汉王充也认为，"天禀元气，人受元精；"②万物"俱禀元气，或独为人，或为禽兽"③。

汉代之后，古人无论是考察宇宙的起源，还是分析万物的构成，基本上都用气概念加以说明。宋明时期的一些著名学者几乎都论述过气生万物的观念。北宋周敦颐说：阴阳"二气交感，化生万物"。④张载说："太虚不能无气，气不能不聚而为万物，万物不能不散而为太虚。"⑤程颐强调："万物之始，皆气化。"⑥南宋朱熹认为，"天地初间只是阴阳之气"，气之"渣滓""结成个地在中央"，"气之清者便为天，为日月，为星辰；"⑦"天地之间，一气而已。"⑧明代罗钦顺说："盖通天地，亘古今，无非一气而已。"⑨王廷相也指出："元气化为万物，万物各受元气而生。"⑩此外，宋应星、王夫之、方以智等也都有类似的论述。

从春秋战国至明清时期，古人一直认为，气是构成宇宙万物的基本质料。这种元气本体论是我国古代最为流行的一元本体论。

2. 气是传递物质相互作用的中介

在古人看来，宇宙中，一切有形之物都是由气凝聚而成，物体之外的空间（古人所说的"虚空"）也充满了细微无形的气，气充虚贯实，弥沦无间，包容一切。以这种认识为基础，古人形成了自然感应观念，认为自然界许多物体的运动变化都是由物体之间的相互感应引起的，并且认为这种感应是通过气的中介作用而传递的。这种以气为中介的自然感应观念，对古代的科学认识活动产生过重要影响。

战国时期，古人用阳燧聚集日光取火，用方诸夜置户外承接露水，以满足某些特殊的需要。古人认为，阳燧所取之火来自太阳，方诸所取之水来自月亮。既然火和水分别来自日和月，它们远在天际，如何能跨越苍穹瞬间即至？对此，古人用气居间传递作用的观点予以说明。《淮南子·览冥训》说："阳燧取火于日，方诸取水

① 王符.潜夫论·本训[M]//诸子集成.上海：上海书店出版社，1986.
② 论衡·超奇.
③ 论衡·幸偶.
④ 周敦颐.周敦颐集·太极图说[M].北京：中华书局，2009.
⑤ 张载.张子正蒙·太和[M].上海：上海古籍出版社，1992.
⑥ 河南程氏遗书·卷五.
⑦ 朱子语类·卷一.
⑧ 朱熹，蔡元定.易学启蒙·卷一[M]//朱子遗书重刻合编.
⑨ 罗钦顺.困知记·卷二[M]//丛书集成初编.哲学类.
⑩ 王廷相.雅述·上卷[M]//侯外庐，等.王廷相哲学选集.北京：中华书局，1965.

于月,……引类于太极之上,而水火可立致者,阴阳同气相动也。"这就是说,是气的居间传递作用使得水火瞬间即至。东汉炼丹家魏伯阳对这类现象解释的更为明白。他指出:"阳燧以取火,非日不生光;方诸非星月,安能得水浆。二气玄且远,感化尚相通。"[①]"二气"指阴气及阳气。"阴阳同气相动"和"二气感化相通",都是说明在太阳与阳燧之间以及月亮与方诸之间分别有阳气及阴气在传递相互作用。在古人看来,由于宇宙中充满了气,两物虽然相距遥远,仍能通过气的中介作用而发生联系。正所谓"跨百里而相通者,气也。"[②]

古人对于磁石吸铁和玳瑁拾芥、琥珀拾芥等电磁吸引现象,也是用气的中介传递作用予以说明。东汉王充认为,玳瑁拾芥、磁石引针,是由于它们之间同气相互作用的结果;其它物体不发生这种作用,是由于"气性异殊,不能相感动也。"[③]此后,这种观点成为解释电磁吸引现象的基本理论,被后人广泛采用,如晋代郭璞、宋代张邦基、明代王廷相、王夫之等都作过类似的论述。王夫之说:"物各为一物,而神气之往来于虚者,原通一于氤氲之气,故施者不吝施,受者乐得其受,所以同声相应,同气相求,琥珀拾芥,磁石引铁,不知其所以然而感。"[④]古人认为,阳燧取火、电磁吸引等现象,都是无形的气在两物体之间传递相互作用而产生感应的结果。

中国古人对水生动物的生长发育与月相变化的关系进行过长期的观察和思考,总结出"月望则蚌蛤实、群阴盈,月晦则蚌蛤虚、群阴亏"等经验规律[⑤]。古人认为,水生动物与月亮同属阴类,月亮通过气的中介作用对水生动物施加影响,从而造成水生物的生理变化与月相变化同步的结果。

受认识水平所限,上述古人以气为中介对物质运动变化现象所作的解释不可能符合实际。尽管如此,这类认识还是有意义的。现代科学认为,透镜聚集日光取火、磁石引铁、琥珀拾芥,都属于各种场作用现象。如果把气看作各种场的存在形式,则古人的上述认识与现代物理学的认识即具有一定的相似性。针对中国古代以气为中介的相互作用理论,李约瑟(Joseph Needham)曾不无赞叹地说:中国古人"先验地倾向于场论","早在三国时代就存在着对于在没有任何物理接触的情况下而发生的跨越广阔空间距离的超距作用的卓越陈述。"[⑥]这种评价是有道理的。

---

① 魏伯阳.周易参同契[M]//丛书集成初编.哲学类.

② 吕祖谦.东莱先生左氏博议·秦晋迁陆浑[M]//丛书集成初编.史地类.

③ 论衡·乱龙.

④ 王夫之.张子正蒙注·动物[M].上海:上海古籍出版社,1992.

⑤ 吕不韦.吕氏春秋·精通[M]//诸子集成.影印版.上海:上海书店出版社,1986.

⑥ 李约瑟.中国科学传统的贫困与成就[J].科学与哲学,1982(1):11.

小　结

我国古人认为,气是构成天地万物的基本质料,以精微无形、绝对连续的状态存在,它运动不息,不生不灭,是自然万物相互作用的中介。由古人赋予气的这些性质与作用,可以看出中国古代自然观的基本内容和特点。古人以气为基础,形成了一副物质的、运动的、连续的、浑沦一体的宇宙图像。这是中国古人长期持有的基本自然观。

古人认为,"虚空即气",宇宙空间充满了无形的气态物质。这种虚空不空自然观与西方原子论自然观具有根本的差别。古希腊原子论认为,宇宙是由原子和虚空构成的。

古人认为,气精微无形,贯穿一切。就此而论,它类似于近代西方人所说的以太。以太是在电磁场理论建立之前,人们为了解释光在虚空中和透明物体中的传播现象,在古希腊以太概念基础上所设想的一种具有无限穿透能力和某些特殊性质的光传播介质。在细微无形、连续性和穿透能力方面,气与以太极为相似。以太概念虽然已被现代物理学所淘汰,但在经典物理学的建立和发展过程中发挥过积极的作用。

古人认为,气微不可察,绝对连续,是事物相互作用的中介。由此来看,气的存在形式类似于经典物理学中的场图像。由于中国古代的"气"与近代西方电磁场概念的类似性,使得清末学者翻译引进西方电磁学理论时,在"电"和"磁"字后面均加上"气"字,用气表示电磁场,如把"以太"译成"传光气",将"电荷"译成"电气",将"磁性"译成"磁气"或"吸铁气",将"电磁感应"译成"电磁气感应",将"起电机"译成"增电气器",等等。场是近现代物理学的重要概念,是与实物粒子相对应的另一类以空间连续状态存在的物质形式和能量状态。现代物理学认为,自然界存在的四种基本相互作用都是通过相应的场传递的,场是物体相互作用的中介。在现代科学认识活动中,场概念已被广泛应用于物理学以外的许多领域。中国古代气概念所表示的物质存在状态与场的类似性,显示了这一概念蕴含的科学思想价值。

日本著名物理学家汤川秀树在比较中西方传统科学文化的基本差异时指出,西方古代产生了原子论,中国则产生了元气论;与西方原子论相对应,中国古人"一谈到自然界的实体便使用了气这个概念。"①这种评价是符合实际的。元气论是中国古代应用最为广泛和持久的基本自然观。李约瑟也曾指出："中国和欧洲之间最深刻的区别也许是在于连续性和非连续性之间的重大争论方面。"②从现代科学认识来看,粒子和场是宇宙中物质存在的两种基本形式。原子论反映了自然界物质的粒子性和空间的间断性,元气论则反映了物质的非粒子性和空间的连续性,它们代表自然界两种互补的图像。中国古人用气概念建立了一幅连续的、整体的自然图像,它与西方古代的原子论自然图像有着根本的差异。这种自然观的差异,决定了中西方两种传统文化在思维方式、认识方法等方面也存在着一定程度的差异性。

---

① 汤川秀树,薮内清.中国科学的特点[J].科学史译丛,1981(2):2.
② 李约瑟.中国科学传统的贫困与成就[J].科学与哲学,1982(1):8.

第三讲　阴　阳

英国科学史家李约瑟（Joseph Needham）说："中国人的科学或原始科学的思想包含着宇宙间的两种基本原理或力量，即阴和阳，以及构成一切过程和一切物质的五行。"①他并且认为，阴阳"是古代中国人能够构想的最终原理"①。有学者认为，"'五四'以前的中国固有文化，是以阴阳五行作为骨架的。阴阳消长，五行生克的思想，弥漫于意识的各个领域，深嵌到生活的一切方面。如果不明白阴阳五行图式，几乎就无法理解中国的文化体系。"②这种认识是正确的。

阴阳和五行是两种理论，二者对中国传统科学文化有过广泛而持久的影响。五行学说是中国古人创造的一种具有内在结构的理论模式，被用于描述事物内部及事物之间的相互作用关系，反映了有机论思想。阴阳学说是中国古代重要的自然哲学理论，反映了古人对于事物对立统一性的认识。具体而言，古人用阴阳概念表示事物相反相成的对立属性，对事物进行两元化分类，说明事物之间及其内部对立统一的两个方面所具有的互根、互制、互动、互感、消长、转化等关系。阴阳学说力图以阴阳交感、对立统一观念阐明宇宙万物运动变化的原因。

一、阴阳概念的形成

在殷商和西周时期，阴和阳本是表示暗与明的两个普通词语，经过长期的发展之后才成为一对内涵丰富的哲学范畴。

1. 阴阳概念的提出及其原始含义

甲骨文中有阳字，表示日光照射之处，即明亮。至于其中是否有阴字，尚不确

---

① 李约瑟.中国科学技术史:第二卷[M].北京:科学出版社,上海古籍出版社,1990:302—303,245.
② 庞朴.阴阳五行探源[J].中国社会科学,1984(3).

定。金文中阳和阴二字都有,阳与甲骨文同意,阴表示日光照不到之处,即幽暗。《说文解字》释"阳,高明也;"释"阴,暗也。水之南,山之北也。"由此可见,阳和阴作为普通词语,本义表示明与暗。

《诗经》、《尚书》和《易经》是中国上古较早的文献,由这些典籍中阴阳二字的运用情况,可以看出其早期的涵义。

《诗经》中阴字凡十见,阳字二十见,阴阳合用一见。其中阴字表示阴霾、暗淡,多与阴雨天气相关,如《小雅·黍苗》说:"芃芃黍苗,阴雨膏之;"《邶风·终风》说:"曀曀其阴,虺虺其雷;"《邶风·谷风》说:"习习谷风,以阴以雨。"阳字表示明亮、温暖、向阳之处,如《大雅·皇矣》说:"度其鲜原,居歧之阳;"《豳风·七月》说:"春日载阳,有鸣仓庚;"《秦风·渭阳》说:"我送舅氏,曰至渭阳。"阴阳合用见《大雅·公刘》:"既景乃冈,相其阴阳。"阳指山冈南麓,阴指山冈北麓,分别表示与日向背。

《尚书》中阴阳出现的次数不多,且未见二字连用。《尚书·禹贡》篇有"岷山之阳","荆及衡阳"之语。其中阳也是指山的南面。《禹贡》有"阳鸟攸居"。阳鸟,即喜欢温暖、向阳的鸟。《尚书·洪范》说:"惟天阴骘下民,相协厥居。"阴骘,是暗中保佑、庇护。这里的阴表示隐蔽,不张扬。《洪范》成文于春秋末期或战国时期,阴的这种用意多见于战国时期的文献中。

《易经》中阴字一见。《中孚》九二爻辞曰:"鸣鹤在阴,其子和之。"此处的阴,指阳光照耀不到之处。

以上这些文献中的阳和阴基本上都是指向日和背日之处,表示明和暗、暖与冷、晴与雨等自然现象。

2. 阴阳概念内涵的扩大

成书于春秋后期的《左传》和《国语》中有不少运用阴阳的词句,从其用意来看,内涵已有明显的扩展。

《国语》记载,周幽王二年(公元前780年),王畿西部的泾水、渭水和洛水流域发生了地震。周大夫伯阳父解释地震原因时说:"夫天地之气,不失其序,若过其序,民乱之也。阳伏而不能出,阴迫而不能烝,于是有地震。今三川实震,是阳失其所镇阴也。阳失而在阴,川源必塞。源塞,国必亡。"[①]伯阳父所说的阴阳概念,指自然界的两种气。他认为,天地阴阳之气,不能失序,如果失序,两者相互胁迫,即会发生地震。伯阳父使用的阴阳概念,既不表示明与暗,也不表示温暖与寒冷,而是代表自然界两种对立的因素。

《左传·僖公十六年》载,公元前644年春,天上落下五颗陨石,六只鸟从宋国

----

① 国语·周语上[M].上海:上海古籍出版社,2007.

都城上空退着飞过。宋襄公认为这是某种吉凶征兆，即问周内史叔兴："是何祥也？吉凶焉在？"叔兴回答说："是阴阳之事，非吉凶所生也。"叔兴认为，小鸟退飞，是由阴阳之气形成的风引起的，不是吉凶之兆。

公元前 550 年，谷水泛滥，溢入洛水，危及王宫。周灵王准备筑坝拦截谷水，太子晋予以劝阻，认为不能用堵塞的方式治水，应当采用疏导的方法。他援引大禹治水的例子说，禹"疏川导滞，……合通四海。故天无伏阴，地无散阳，水无沈气，火无灾燀……"①大禹疏江导河，排除淤塞，使得自然界一切运行正常，水火无灾。这里，阴阳也是指自然界的两种气。

《左传·昭公元年》记载，公元前 541 年，晋侯生病，请秦国的医和去诊断，医和认为晋侯的病因是"近女室，疾如蛊"。他解释说："天有六气，降生五味，发为五色，征为五声，淫生六疾。六气，曰阴、阳、风、雨、晦、明也。分为四时，序为五节，过则为灾。阴淫寒疾，阳淫热疾，风淫末疾，雨淫腹疾，晦淫惑疾，明淫心疾。""六气"可以使人产生"六疾"，阴阳是其中导致寒疾和热疾的两种气。在古人看来，阴阳二气，不仅可以引发地震、影响气候变化，还可以使人产生疾病。

公元前 538 年春天，鲁国下冰雹，季武子问大夫申丰："雹可御乎？"申丰解释冰雹成因时说："夫冰以风壮，而以风出，其藏之也周，其用之也遍，则冬无愆阳，夏无伏阴，春无凄风，秋无苦雨，雷出不震，无菑霜雹，疠疾不降，民不夭札。"申丰所说的阴阳，指阴气和阳气形成的冷暖气候。

《国语·越语下》记载了越国政治家范蠡的一些言论，其中所用阴阳概念的内涵已有明显的变化。范蠡与越王勾践谈论治国之道时说："因阴阳之恒，顺天地之常，柔而不屈，强而不刚，德虐之行，因以为常。"意谓治国要因循阴阳变化的规律，顺应天地自然之道，外柔内刚，强而不狂，生杀予夺，以天地为法。这里的阴阳，既可以认为是阴阳二气，也可以认为是宇宙中两种相互制约的因素。范蠡与勾践谈论用兵之道时说："天道皇皇，日月以为常，明者以为法，微者则是行。阳至而阴，阴至而阳；日困而还，月盈而匡。古之善用兵者，因天地之常，与之俱行。后则用阴，先则用阳；近则用柔，远则用刚。后无阴蔽，先无阳察，用人无艺，往从其所。"其中，"阳至而阴，阴至而阳"，是说阴阳二气达到极至时即会相互转化；"后则用阴，先则用阳"，是说被动时采取柔弱之策，主动时运用刚强之术；"后无阴蔽，先无阳察"，是说虽然被动示弱，但不可退却不前；虽然主动进攻，但不可彰显暴露自己。这里的阴和阳，已具有柔弱与刚强、退却与进攻、隐蔽与彰显之义。

《论语》和《道德经》可以认为是春秋末期的著作。前者不见阴字，阳字用于人

① 国语·周语下［M］.上海：上海古籍出版社，2007.

名,如“阳货”。后者有“万物负阴而抱阳,冲气以为和。”老子所说的阴阳,指阴气和阳气。

以上是战国之前一些主要典籍中阴阳二字的基本运用情况。由此可以看出,阴阳概念由最初的表示背日与向日、幽暗与光明之义,逐步发展成表示具有重要作用的阴气和阳气,也表示柔与刚、退与进、隐与显、冷与暖等等。因此,春秋末期,阴阳概念已经成为一对内涵丰富的自然哲学范畴,被用于解释自然、社会、疾病、灾异等各种现象。尽管古人运用阴阳概念对各种事物或现象所做的解释未必正确,但其中很少有神鬼迷信色彩,反映了思想认识的进步。

综合秦汉之前阴阳概念的运用情况,可以归纳出其基本含义如下:阴表示静、屈、柔弱、雌性、内向、退让、消极、隐蔽、下降、寒冷、冷淡、晦暗、向下、偶数、柔软等等,阳表示动、伸、刚强、雄性、外向、进取、积极、彰显、上升、温暖、热情、明亮、向上、奇数、坚硬等等。

二、阴阳与事物的分类

阴阳概念形成之后,古人用其对各种事物进行分类,形成了中国古代特有的两元化分类体系。

马王堆汉墓出土的《黄老帛书》属于先秦文献,其中《称》篇有一段对事物进行阴阳分类的文字,文曰:“凡论必以阴阳明大义。天阳地阴,春阳秋阴,夏阳冬阴,昼阳夜阴。大国阳,小国阴。重国阳,轻国阴。有事阳,无事阴。伸者阳而屈者阴。主阳臣阴,上阳下阴,男阳女阴,父阳子阴,兄阳弟阴,长阳少阴,贵阳贱阴,达阳穷阴。娶妻生子阳,有丧阴。制人者阳,制于人者阴。客阳主人阴,师阳役阴,言阳默阴,予阳受阴。诸阳者法天,天贵正,过正则诡……。诸阴者法地,地之德安徐正静,柔节先定,善予不争。”[①]先秦文献中有大量关于事物阴阳分类的内容,马王堆帛书这段分类理论具有很好的代表性。古人根据阴阳概念的内涵,对事物进行分类,凡是阳类事物都遵循天道,刚健强劲;凡是阴类事物都效法地道,柔顺安静,好施,不争。

《鬼谷子》是战国纵横家鬼谷子所撰,现存有唐代尹知章注释本,其中《捭阖》篇

① 陈鼓应.黄帝四经今注今译[M].北京:商务印书馆,2007:439—440.

有一段关于阴阳的论述,文曰:"捭之者,开也,言也,阳也;阖之者,闭也,默也,阴也。阴阳其和,终始其义。故言长生、安乐、富贵、尊荣、显名、爱好、财利、得意、喜欲,为'阳',曰始。故言死亡、忧患、贫贱、苦辱、弃损、亡利、失意、有害、刑戮、诛罚,为'阴',曰终。诸言法阳之类者,皆曰始,言善以始其事。诸言法阴之类者,皆曰终,言恶以终其谋。捭阖之道,以阴阳试之。故与阳言者,依崇高;与阴言者,依卑小。以下求小,以高求大。由此言之,无所不出,无所不入,无所不可。可以说人,可以说家,可以说国,可以说天下。为小无内,为大无外;益损、去就、倍反,皆以阴阳御其事。阳动而行,阴止而藏;阳动而出,阴隐而入;阳还终始,阴极反阳。以阳动者,德相生也。以阴静者,形相成也。以阳求阴,苞以德也;以阴结阳,施以力也。阴阳相求,由捭阖也。此天地阴阳之道,而说人之法也。为万事之先,是谓圆方之门户。""捭"是开放,"阖"是关闭。该篇强调:"捭阖者,天地之道。捭阖者,以变动阴阳,四时开闭,以化万物。""捭阖"是战国时期纵横家的游说、谋略之术,是"说人之法"。鬼谷子论述"捭阖"之术运用的阴阳概念及其对事物的分类,反映了纵横家对阴阳的认识。

战国时期,古人运用阴阳概念几乎对各种事物都给予了分类。例如:将时间分为阳与阴两类,如春与秋、夏与冬、昼与夜、上午与下午、生长阶段与衰萎阶段等等;将空间分为阳与阴两类,如上与下、前与后、左与右、南与北、东与西、外与内等等;将自然事物或现象分为阳与阴两类,如天与地、日与月、明与暗、晴与雨、火与水、牡与牝、气与形、实与虚、有与无、动物与植物、飞鸟与走兽等等;将事物的运动变化情况分为阳与阴两类,如动与静、伸与屈、升与降、出与入、进攻与防守、兴旺与衰败、积极与消极、生长与收藏等等;将人及其状况和行为分为阳与阴两类,如男与女、父与子、君与臣、富与贫、贵与贱、善与恶、强健与病弱、多言与少语等等。古人对于人体也作阴阳分类,《素问·金匮真言论》说:"夫言人之阴阳,则外为阳,内为阴。言人身之阴阳,则背为阳,腹为阴。言人身之藏府中阴阳,则藏者为阴,府者为阳。肝、心、脾、肺、肾五藏皆为阴,胆、胃、大肠、小肠、膀胱、三焦六府皆为阳。"

古人认为,宇宙中的所有事物不属于阴,即属于阳,都可以分为阴阳两类。而且,阴阳之中可以再分阴阳,即所谓阴中有阴,阴中有阳,阳中有阴,阳中有阳,阴阳之中复有阴阳。如以昼夜分阴阳,则昼为阳,夜为阴,而昼夜之中还有阴阳,"平旦至日中,天之阳,阳中之阳也;日中至黄昏,天之阳,阳中之阴也;合夜至鸡鸣,天之阴,阴中之阴也;鸡鸣至平旦,天之阴,阴中之阳也。"[①]对于人体的阴阳分类也如

---

①　孟景春,王新华.黄帝内经素问译释·金匮真言论[M].4版.上海:上海科学技术出版社,2009.(本书以下凡引自《黄帝内经素问译释》未加注释者为上海科学技术出版社2009年版。)

此。《黄帝内经》说:"故背为阳,阳中之阳,心也;背为阳,阳中之阴,肺也;腹为阴,阴中之阴,肾也;腹为阴,阴中之阳,肝也;腹为阴,阴中之至阴,脾也。此皆阴阳表里、内外、雌雄相输应也,故以应天之阴阳也。"[①]中医认为,体表的组织皆属阳,皮肤为阳中之阳,筋骨为阳中之阴;体内的脏腑皆属阴,五脏为阴中之阴,六腑为阴中之阳。五脏之中,又可以再分阴阳。心及肺居上属阳,其中心为阳中之阳,肺为阳中之阴;肝与肾位下属阴,其中肝为阴中之阳,肾为阴中之阴。具体到每一脏,又可进一步分阴阳,如心有心阴、心阳,肝有肝阴、肝阳等等。

对于动物而言,天上的飞鸟属阳,地上的走兽属阴。但是,同样是地上的走兽,陆生的动物属阳,水生的动物属阴;而同样是水生的动物,游动的鱼类属阳,不游动的贝类则属阴。

"阴阳者,数之可十,推之可百,数之可千,推之可万,万之大不可胜数。"[②]古人认为,事物的阴阳分类可以无穷无尽,宇宙中的一切,有形的,无形的,具体的,抽象的,都可以阴阳分类、用阴阳代表。

对事物进行分类,需要对其基本属性有所了解。因此,古代的阴阳分类理论也反映了古人对于事物基本性质的一定认识。

三、阴阳与万物的生成及变化

宇宙万物生生不息,变化不止。上一讲已经讨论,古人用气说明天地万物的生成,但气只是物质概念,古人可以用其解释万物的构成,却无法说明万物的变化及其属性。而阴阳既可以表示事物的属性,也可以说明事物之间的相互作用。因此,古人将其与气结合起来,以说明万物的生成及变化。

如前所述,周代后期,古人即已认为自然界存在着阴气与阳气。《国语》记载伯阳父对地震原因的解释,《左传》记载叔兴对小鸟退飞现象的解释,以及医和对晋侯病因的解释等等,都反映了这种认识。老子将阴气及阳气概念用以解释万物的生成。

《道德经》说:"道生一,一生二,二生三,三生万物。万物负阴而抱阳,冲气以为

---

① 黄帝内经素问译释·金匮真言论.
② 黄帝内经素问译释·阴阳离合论.

和。""一"表示道独一无偶，"二"指阴气和阳气，"三"是阴阳二气的和合状态。老子认为，由道生出阴阳二气，二气调和而生天地万物。老子的这种观点对后人产生了广泛的影响。

《庄子·田子方》篇说："至阴肃肃，至阳赫赫。肃肃出乎天，赫赫出乎地，两者交通成和而物生焉，或为之纪而莫见其形。"

《荀子·天论》篇说："阴阳大化，风雨博施，万物各得其和以生。"

《礼记·礼运》篇说："故人者，其天地之德，阴阳之交，鬼神之会，五行之秀气也。故天秉阳，垂日星；地秉阴，窍于山川。播五行于四时，和而后月生也。"

《素问·阴阳应象大论》说："故积阳为天，积阴为地。阴静阳躁，阳生阴长，阳杀阴藏。阳化气，阴成形……清阳为天，浊阴为地。"

《吕氏春秋·恃君览》说："凡人、物者，阴阳之化也。阴阳者，造乎天而成者也。"

《淮南子·天文训》说："宇宙生气。气有涯垠，清阳者薄靡而为天，重浊者凝滞而为地。……天地之袭精为阴阳，阴阳之专精为四时，四时之散精为万物。"

明代医家张介宾说："天地之道，以阴阳二气而造化万物；人生之理，以阴阳二气长养百骸。"[①]

清代医家徐大椿说："阴阳者，天地之纲纪，万物之化生，人身之根本也。"[②]

如此等等。这些都是以阴阳二气说明天地万物的生成及变化。古人认为，"生之本，本于阴阳"[③]，是阴阳二气决定了宇宙中一切事物的生灭变化。

古人不仅将阴阳与气结合起来说明万物的生成，五行说流行后，也将其与五行结合起来说明万物的演化过程。这种情况在宋代表现的最为突出。北宋理学家周敦颐构造了一幅宇宙演化的太极图。他解释此图说："无极而太极。太极动而生阳，动极而静，静而生阴，静极复动。一动一静，互为其根；分阴分阳，两仪立焉。阳变阴合，而生水、火、木、金、土。五气顺布，四时行焉。五行，一阴阳也；阴阳，一太极也；太极，本无极也。"[④]就是说，由太极生出阴阳二气，由阴阳之气演化出水、火、木、金、土五气，由五行之气演化万物。

朱熹解释周敦颐的《太极图》时说："太极，形而上之道也；阴阳，形而下之器也；""五行者，质具于地，而气行于天者也；""盖五行异质，四时异气，而皆不能外乎阴阳。"[⑤]这里的阴阳，指阴阳之气，所以朱熹称其为"形而下之器"。朱熹也认为，

---

①　张景岳.类经附翼·医易义[M]//张景岳医学全书.北京:中国中医药出版社,2002.

②　徐灵胎.杂病源·阴阳[M]//徐灵胎医学全书.上海:上海广益书局.

③　黄帝内经素问译释·生气通天论.

④　周敦颐.周敦颐集·太极图说[M].北京:中华书局,2009.

⑤　周敦颐.周敦颐集·太极图说解[M].北京:中华书局,2009.

五行本质上归于阴阳二气。他还说:"天地之所以生物者,不过乎阴阳五行,而五行实一阴阳也;"①"阴阳二气,截做这五个,不是阴阳之外另有五行;"②"五行阴阳滚合,便是生物底材料。"③宋代理学家在论述宇宙万物的演化时,多将气、阴阳、五行三者结合起来加以讨论,以上周敦颐和朱熹的论述是其代表。

古人不仅用气的阴阳调和说明万物的生成,而且把事物变化的原因也归之于阴阳作用。《管子》把阴阳看作天地万物运动变化的最大道理,认为"阴阳者,天地之大理也"④。《黄老帛书》把阴阳看作万物变化的根据,认为"阴阳备物,化变乃生"。⑤《黄帝内经》把阴阳看作万物呈现不同形态的根据及变化的原因,强调"阴阳者万物之能始也",⑥"阴阳相错而变由生也"⑦。文子说:"天地之气莫大于和,和者阴阳调,日夜分。故万物春分而生,秋分而成,生与成,必得和之精。故积阴不生,积阳不化,阴阳交接,乃能成和。"⑧意思是说,阴阳调和决定四时运行、万物生化的秩序。荀子也说:"天地合而万物生,阴阳接而变化起。"⑨这些论述都是强调:阴阳是一切事物变化的根据。

古人很早即认识到,季节的变化,万物的生长,都是有规律的,正所谓"天不变其常,地不易其则,春秋冬夏不更其节,古今一也。"⑩并且认为,一年四季气候的变化及万物的生衰,都是由阴气和阳气的周期性消长变化所决定的。

《管子》说:"春秋冬夏,阴阳之推移也;时之短长,阴阳之利用也;日夜之易,阴阳之化也;"⑪"春者,阳气始上,故万物生;夏者,阳气毕上,故万物长;秋者,阴气始下,故万物收;冬者,阴气毕下,故万物藏。故春夏生长,秋冬收藏,四时之节也。"⑫阳气主万物的生长,阴气主万物的肃杀,阴阳消息决定万物的生衰变化,这是古人形成的一种自然观。

古代表述这种观念的文献很多,除《管子》之外,典型者还如《吕氏春秋》"十二

---

① 朱熹.孟子或问·卷一[M]//朱子遗书重刻合编.
② 朱子语类·卷一.
③ 朱子语类·卷九十四.
④ 管子·四时.
⑤ 陈鼓应.黄帝四经今注今译[M].北京:商务印书馆,2007:429.
⑥ 黄帝内经素问译释·阴阳应象大论.
⑦ 黄帝内经素问译释·天元纪大论.
⑧ 文子.文子·上仁[M].上海:上海古籍出版社,1993.
⑨ 荀子·礼论.
⑩ 管子·形势.
⑪ 管子·乘马.
⑫ 管子·形势解.

纪"、《礼记·月令》《淮南子·时则训》等。《吕氏春秋》"十二纪"用阴阳之气的消长变化说明各个季节的气候特点和事物的盛衰变化,其中说,孟春之月,"天气下降,地气上腾,天地和同,草木繁动";季春之月,"生气方盛,阳气发泄,生者毕出,萌者尽达";仲夏之月,"日长至,阴阳争,死生分";季夏之月,"草木盛满,阴将始刑";仲秋之月,"杀气漫盛,阳气日衰,水始涸,日夜分";孟冬之月,"天气上腾,地气下降,天地不通,闭而成冬";仲冬之月,"日短至,阴阳争,诸生荡"。

中医认为,人需根据一年四季阴阳的变化,适时调养身体,以利于防病强身。《黄帝内经》对此作了充分的论述,其中说:"夫四时阴阳者,万物之根本也。所以圣人春夏养阳,秋冬养阴,以从其根,故与万物沉浮于生长之门。逆其根,则伐其本,坏其真矣。故阴阳四时者,万物之终始也,死生之本也。逆之则灾害生,从之则苛疾不起,是谓得道。道者,圣人行之,愚者悖之。从阴阳则生,逆之则死;从之则治,逆之则乱。"①这里说的养生之道,就是顺应自然界的四季阴阳变化,调理人体内的阴阳平衡,使之与外界协调一致。

"阴阳者,有名而无形。"②阴阳是一对自然哲学概念,古人用其说明宇宙中各种事物的生演变化情况,从传统的思维习惯来看,它说明了一些道理,具有一定的合理性。不过,在大多数情况下,由于阴阳本身是指称不明或含义不确定的,因此古人用其所做的表述也是含糊不清的,具有一定的思辨性。

四、阴阳相互作用理论

"阴阳者,天地之道也,万物之纲纪,变化之父母,生杀之本始,神明之府也。"③古人认为,阴阳是宇宙的一般法则,是一切事物的纲纪、万物变化的根本。因此,古人不仅用阴阳概念表示事物的基本属性及其生演变化,而且用阴阳相互作用理论说明事物运动变化的内在原因。古人认为,一切事物的运动变化都是由阴阳相互作用决定的。

古人所认为的阴阳相互作用,主要有以下几个方面。

---

① 黄帝内经素问译释·四气调神大论.
② 史崧.灵枢经·阴阳系日月[M].北京:学苑出版社,2008.
③ 黄帝内经素问译释·阴阳应象大论.

1. 阴阳互根

阴阳互根,指阴阳两者相互依赖,相互以对方为自己存在的根据,任何一方都不能脱离另一方而单独存在。唐代王冰在注《素问·四气调神大论》时说:"阳气根于阴,阴气根于阳。无阴则阳无以生,无阳则阴无以化。"北宋学者邵雍说:"阳不能独立,必得阴而后立,故阳以阴为基;阴不能自见,必待阳而后见,故阴以阳为唱。"①北宋医家朱肱说:"阳根于阴,阴根于阳。无阴则阳无以生,无阳则阴无以化。"②金代医家刘完素说:"阴中有阳,阳中有阴。孤阴不长,独阳不成。"③明代医家张景岳说:"阴根于阳,阳根于阴;""盖阴不可无阳,非气无以生形也;阳不可以无阴,非形无以载气也。"④清代医家徐灵胎也说:"阴阳各互为其根,阳根于阴,阴根于阳;无阳则阴无以生,无阴则阳无以化。"⑤这些都是表达古人对阴阳相互依存的认识,正所谓"阴不离于阳,阳不离于阴,曰道"。⑥上为阳,下为阴,无上也就无所谓下。热为阳,寒为阴,无热也就无所谓寒。阴阳每一方都以对方的存在为自身存在的条件,这种现象是普遍存在的。

阴阳互根的另一层含义是阴阳的相互为用,即在阴阳相互依存的基础上,产生阴阳相互资生、相互促进的作用。这种观念在古代医家对人体生命现象的解释中表现得相当明显。

2. 阴阳互制

阴阳互制,指阴阳之间的相互制约关系。古人认为,正是由于阴阳的相互制约,使得阴阳双方的运动变化保持在一定的限度内,不至于过分或不及。阴阳互制,包含阴阳的对立与制约,古人以此说明性质相反的两种事物或现象之间的相互排斥与约束关系。西汉董仲舒说:"阴与阳,相反之物也;"⑦"阳气暖,阴气寒,……阳气生而阴气杀。"⑧阴阳互制现象是相当普遍的,自然界的气候变化,人体的生命活动,都是如此。

古人认为,四季气候之所以出现正常的温热寒凉更替,是阴阳二气相互制约而保持平衡的结果。《黄帝内经》说:"是故冬至四十五日,阳气微上,阴气微下;夏至

① 邵雍. 皇极经世·观物外篇[M]//四库全书·子部数术类.
② 朱肱. 类证活人书·序[M]//丛书集成初编·应用科学类.
③ 刘完素. 素问玄机原病式·火论[M]. 北京:中国中医药出版社,2007.
④ 张景岳. 景岳全书·卷三[M]//四库全书. 子部医家类.
⑤ 徐灵胎. 医贯砭·阴阳论[M]//徐灵胎医学全书. 上海:上海广益书局.
⑥ 王廷相. 慎言·乾运[M]//侯外庐,等. 王廷相哲学选集. 北京:中华书局,1965.
⑦ 董仲舒. 春秋繁露·天道无二[M]. 上海:上海古籍出版社,1991.
⑧ 董仲舒. 春秋繁露·天道通三[M]. 上海:上海古籍出版社,1991.

四十五日,阴气微上,阳气微下。"①冬至一阳生,从冬至到立春四十五日,阳气逐渐趋于强盛,阴气被抑制而逐渐减弱,故气温渐高;至夏至则阳气盛极,阴气伏藏,气候炎热。夏至一阴生,从夏至到立秋四十五日,阴气逐渐趋于强盛,阳气被抑制而逐渐减弱,故气温渐低;至冬至则阴气盛极,阳气潜伏。如此胜复循环,年复一年。阴阳一旦失去平衡,在自然界即表现为气候的异常变化。

同样,人体之所以能进行正常的生命活动,也是体内阴阳相互制约、保持平衡的结果。《素问·生气通天论》说:"凡阴阳之要,阳密乃固。两者不和,若春无秋,若冬无夏;因而和之,是谓圣度。故阳强不能密,阴气乃绝;阴平阳秘,精神乃治;阴阳离决,精气乃绝。"人体中的阴阳双方,若有一方过于强盛,则对另一方过度抑制,可致其不足;若一方过于虚弱,则对另一方的抑制不足,可致其偏亢。如此,则表现为生理活动失常而处于疾病状态,即所谓"阴胜则阳病,阳胜则阴病"②。

3. 阴阳交感

阴阳交感,指阴阳之间发生相互作用。古人认为,只有阴阳双方发生相互作用,事物才得以顺利产生和发展变化。

庄子说:"至阴肃肃,至阳赫赫,肃肃出乎天,赫赫出乎地,两者交通成和而物生焉。"③荀子说:"天地合而万物生,阴阳接而变化起。"④《淮南子·天文训》强调:"阴阳合和而万物生。"汉代道教著作《太平经》也说:"有阳无阴,不能独生,治亦绝灭;有阴无阳,亦不能独生,治亦绝灭;有阴有阳而无和,不能传其类,亦绝灭。"这些都是强调阴阳之间发生相互作用的重要性。《周易·大象传》解释"泰"卦说:"天地交,泰";解释"否"卦说:"天地不交,否"。这里的天地即指阴阳。泰卦(☷☰)坤在上,乾在下,坤阴向下,乾阳向上,能够实现阴阳交接,产生相互作用,因此事情的发展会很顺利;否卦(☰☷)乾在上而坤在下,阴阳相互背离,不能实现交接,无法产生相互作用,因此事情不会有好的结果。阴阳交感,万物即会安泰;阴阳不交,即会发生不正常现象。古人所说的阴阳交感,泛指阴阳之间的相互作用,阴阳的对立制约、互根互用、消长、转化等都是交感的具体形式。

4. 阴阳消长

古人认为,阴阳双方总是此消彼长,处于不停的运动变化之中。《太平经》指出:"阴之于阳,乃更相反,阳兴则阴衰,阴兴则阳衰。"⑤北宋张载说:"阴阳两端循

---

① 黄帝内经素问译释·脉要精微论.
② 黄帝内经素问译释·阴阳应象大论.
③ 庄子·田方子.
④ 荀子·礼论.
⑤ 太平经·乐怒吉凶诀[M]//道藏·太平部.

环不已者,立天地之大义。"①这些都是强调阴阳的消长变化。在古人看来,阴阳消长有两种情况:一是阴阳此消彼长,此长彼消;另一是阴阳皆消或阴阳皆长。如果阴阳的消长是在一定限度内进行的,则事物在总体上仍呈现相对稳定的状态,其运动变化仍可以顺利进行。此时的阴阳消长,是消而不偏衰,长而不偏亢。这种情况在自然界表现为四时气候的正常变化,在人体则表现为生理活动的正常运行。

阴阳处于不停的消长变化之中,二者达到和谐,事物即处于正常状态。东晋炼丹家葛洪说:"阴阳调和,无热无寒。"②唐代道教学者成玄英说:"阴生阳降,二气调和,故施生万物。"③这些论述表达的都是同一认识。传统医学把维持人体阴阳平衡,看作治疗的根本目的。《素问·生气通天论》说:"阴平阳秘,精神乃治;阴阳离决,精气乃绝。"《素问·至真要大论》强调:"谨察阴阳所在而调之,以平为期。正者正治,反者反治。"清代医家章楠指出:"天地之大德曰生者,得中和之道也。中和者,阴阳两平,不偏不倚;""终归阴阳平和,方为至理。"④这些论述表达了古代医家对人体阴阳平衡重要性的认识。

5. 阴阳转化

古人认为,阴阳双方在一定条件下可以向其对立面转化,阳可以转化为阴,阴可以转化为阳,事物的性质因此而发生变化。《太平经》指出:"夫阳极者能生阴,阴极者能生阳,此两者相传,比若寒尽反热,热尽反寒,自然之术也。"⑤《灵枢·论疾诊尺》也说:"四时之变,寒暑之胜,重阴必阳,重阳必阴。故阴主寒,阳主热。故寒甚则热,热甚则寒。故曰:寒生热,热生寒,此阴阳之变也。"《素问·阴阳应象大论》也强调:"重阴必阳,重阳必阴","寒极生热,热极生寒"。这里的"重"和"极"指阴阳达到了极端状态。事物发展到极端就会走向自己的反面,阴阳发展到极点就会发生转化。"阳不极则阴不萌,阴不极则阳不芽"。⑥明代吕坤用阴阳转化理论解释天气晴雨变化时说:"大抵阴阳之气,一偏必极,势极必反。阴阳乖戾而分,故孤。阳亢而不下阴,则旱;无其极,阳极必生阴,故久而雨;阴阳合和而留,故淫;阴升而不舍阳,则雨,无其极,阴极必生阳,故久而晴。……天道、物理、人性自然如此,是一定的。"⑦

①　张载.张子正蒙·太和[M].上海:上海古籍出版社,1992.
②　葛洪.枕中书[M].增订汉魏丛书(乾隆本).
③　成玄英.南华真经注疏·天运[M]//道藏·洞神部玉诀类.
④　章楠.医门棒喝·论景岳书[M].
⑤　太平经·守三实法[M]//道藏·太平部.
⑥　杨雄.太玄经[M]//四部丛刊·子部.
⑦　吕坤.呻吟语·天地[M]//四库全书·子部儒家类.

　　阴阳双方之所以能够相互转化,是因为双方存在着相互依存、相互为用的内在联系。古人认为,任何事物都有阴阳两个方面,阴阳的孰主孰次决定了事物的主要特征。不过,事物的阴阳主次是处于不停的消长变化之中的,一旦变化达到一定阈值,即有可能导致阴阳属性的转化。如果说阴阳消长是一个量变过程,那么,阴阳转化即是在量变基础上发生的质变过程。

　　阴阳作用理论的基本内涵主要有以上几个方面。在古人看来,这种理论揭示了事物最一般的联系和最深刻的本质,反映了事物运动变化的普遍规律。

五、阴阳理论在医学中的运用

　　阴阳学说对古代科学认识活动有过重要影响,被广泛运用于各个领域。以下参考孙广仁主编《中医基础理论》的相关内容[①],对其在医学中的运用情况作一简单介绍。

　　古代医家在理论思维、临床诊断及疾病治疗过程中都运用了阴阳理论,主要体现在以下几个方面。

　　1. 对人体组织结构进行分类

　　中医学认为,人体是一个有机整体,人体内部充满了阴阳对立统一关系。《黄帝内经》说:“人生有形,不离阴阳。”[②]人体的一切组织结构,既是有机联系的,又可以划分为相互对立的阴阳两部分。由于划分的层次不同,人体脏腑的阴阳所指亦有所不同,具体情况已如前所述。另外,分布于全身的经络,亦有阴阳之分。由于脏为阴、腑为阳,故隶属于脏的经脉称为阴经,隶属于腑的经脉称为阳经。由于外为阳,内为阴,上为阳,下为阴,所以分布于体表及身体上部的络脉称为阳络;分布于内脏、肢体深层及身体下部的络脉称为阴络。古代医家认为,人体组织结构的上下、内外、表里、前后各个部分,内脏以及经络,都可以区分出阴阳,各部分之间都存在着阴阳对立统一关系。

　　2. 说明人体的生理活动机制

　　中医学认为,人体的生理活动是由阴阳相互作用维持的。人体内阴阳的对立

---

①　孙广仁.中医基础理论[M].北京:科学出版社,1996:68—75.

②　黄帝内经素问译释·宝命全形论.

制约作用,使阴阳双方保持相对平衡,从而维持正常的生命活动。如果阴阳失去平衡与协调,则会有疾病发生。如人体内的各种生理功能活动属阳,物质基础属阴,它们之间存在着对立统一关系:人的生理活动以物质为基础,没有物质的运动,就无以产生生理功能,而生理活动的结果,又促进着物质的新陈代谢,有助于物质的摄入和能量的储藏。人体在进行各种功能活动中,必然消耗一定的营养物质,这是阴消阳长、阴渐转为阳的过程;反之,营养物质的摄入必然消耗一定的能量,这是阳消阴长、阳渐转阴的过程。因此,人体内阴阳的对立制约、互根互用,以及在此基础上和在一定限度内的相互消长、相互转化,共同维持着阴阳的动态平衡与协调,使生命过程得以持续进行。

　　3. 说明疾病的病理变化

　　古代医家认为,疾病是由邪气作用于人体正气而表现为阴阳平衡失调、脏腑组织损伤以及生理功能失常的生命过程。邪气可分为阴邪、阳邪两类,如六淫中的寒、湿为阴邪,暑、火为阳邪;人体正气亦可分阴阳,阳气与阴液就是相互对立的两个方面。疾病的发生,是邪气侵入人体而引起邪正斗争的结果。若用阴阳学说解释,即是引起了阴液与阳邪、阳气与阴邪的相互作用、相互斗争。斗争则有胜负,因而导致机体阴阳失去平衡而出现偏盛、偏衰、互损、格拒等各种病理变化。

　　阴阳偏胜,是指阴或阳中的某一方过于亢盛的病理变化。阴阳中某一方偏胜,必然制约另一方而使之偏衰。《黄帝内经》所说"阴胜则阳病,阳胜则阴病"[①],指的即是这类情况。

　　阳偏胜,一般是指阳邪致病而引起的体内阳气的亢盛。由于阳邪的性质为热,故"阳胜则热",临床上表现为亢奋有余的实热性病证。由于阴液与阳邪之间有着明显的对立制约关系,阳邪亢盛每每要耗伤体内阴液,引起人体阴液的不足,即所谓"阳胜则阴病",临床上出现实热兼阴虚的病证。

　　阴偏胜,一般是指阴邪致病而引起的体内阴气的亢盛。由于阴邪的性质为寒,故"阴胜则寒",临床上表现为实寒证。由于阴邪与阳气之间存在着明显的对立制约关系,阴邪亢盛必然耗伤体内的阳气,导致阳气不足,即所谓"阴胜则阳病",临床上表现为实寒兼阳虚的病证。

　　阴阳偏衰,是指阴或阳中的某一方低于正常水平的病变。阴或阳的某一方不足,不能制约另一方,必然导致另一方的相对偏亢。一种情况是阳偏衰,即体内的阳气虚损,推动与温煦能力明显下降。阳虚不能制约阴,则阴相对偏盛而出现寒象,即所谓"阳虚则寒",临床上表现为虚寒性病证。另一种情况是阴偏衰,即体内

―――――――――――――

　　① 黄帝内经素问译释·阴阳应象大论.

的阴液亏少,滋润濡养作用明显不足。阴虚不能制约阳,则阳相对偏亢而出现热象,即所谓"阴虚则热",临床表现为虚热性病证。

总之,阴阳偏胜与偏衰阴阳是临床疾病的病理变化,也是阴阳失调病机的重要组成部分,故中医学把"阳胜则热,阴胜则寒,阳虚则寒,阴虚则热"称为疾病的病理总纲。

阴阳互损,指阴阳双方中任何一方虚损到一定程度而致使另一方也不足的病理变化。阴阳是互根互用的,若其中一方虚损,因不能资助另一方或促进另一方的化生,必然导致另一方也不足。如阳虚至一定程度时,因"无阳则阴无以生",故致使阴精化生不足而同时出现阴虚的现象,称为"阳损及阴";阴虚至一定程度时,因"无阴则阳无以化",故致使阳气生化不足而同时出现阳虚的现象,称为"阴损及阳"。阳损及阴和阴损及阳,最终皆可导致阴阳两虚。

人体阴阳所表现出的病理现象,可以在一定条件下相互转化,不论是阳热证还是阴寒证,疾病发展到一定程度,都可向其反面转化而产生质的改变。阳热至极,可以转化为阴寒证;阴寒至极,亦可转化为阳热证。阴阳转化是阴阳盛极在一定条件下所产生的本质的变化,如阳热证转为阴寒证,疾病的性质已发生了根本的变化。

阴阳格拒,是指阴阳双方中的一方偏盛至极而盘踞于内,而将另一方排斥于外,致使阴阳双方不能平衡协调的病理变化。例如阴寒盛极,壅聚于内,而将阳气格拒于外,致使阴阳不能相互维系,浮阳外越,形成内有真寒而外见假热征象的"真寒假热"证。阳热盛极,郁闭于内,而将阴气排斥于外,致使阴阳二气不能内外相互透达,形成内有真热而外见假寒征象的"真热假寒"证。

4. 指导临床诊断

由于中医认为疾病的基本病理是阴阳失调,所以各种疾病的临床表现尽管错综复杂,但大都可以用阴阳予以概括说明。诊察疾病时,如果善于运用阴阳分析,就能抓住疾病的关键,即所谓"善诊者,察色按脉,先别阴阳。"[①]

在诊察疾病时,审辨阴阳,大则可以判断整个病证的基本属性是阳证还是阴证,小则可以分析四诊中的某个具体症状和体征属阴还是属阳。如在辨证方面,虽有阴、阳、表、里、寒、热、虚、实八纲,但八纲中又以阴阳作为总纲:表、实、热属阳,里、虚、寒属阴。在临床辨证中,分清证候的阴阳属性是关键。只有这样,才能抓住疾病的本质,做到执简驭繁。如在分析具体症状或体征时,可用阴阳来概括色泽、声音、呼吸、脉象等。色泽鲜明为病在阳分,色泽晦暗为病在阴分。声音高亢洪亮、

---

① 黄帝内经素问译释·阴阳应象大论.

多言而躁动者,多属实、属热而为阳;声音低微无力,少言而沉静者,多属虚、属寒而为阴。呼吸微弱,动辄气喘,多属阴;呼吸有力,声高气粗,多属阳。脉象也分阴阳:以部位分,则寸为阳,尺为阴;以脉动过程分,则至者为阳,去者为阴;以迟数分,则数者为阳,迟者为阴;以形态分,则浮大洪滑为阳,沉小细涩为阴。《黄帝内经》说:"微妙在脉,不可不察,察之有纪,从阴阳始。"①只有辨明了症状和体征的阴阳属性,才能断定疾病的病机是何种形式的阴阳失调,进而确立证候的性质,为治疗提供确切的依据。因此,明代张介宾说:"凡诊病施治,必先审阴阳,乃为医道之纲领。"②

5. 指导疾病的治疗

阴阳学说用于指导疾病的治疗,主要体现在确定治疗原则及归纳药物性能两个方面。

由于阴阳失调是疾病的基本病机,因而调整阴阳,补其不足,泻其有余,使阴阳恢复平衡,是治疗疾病的基本原则,即所谓"谨察阴阳所在而调之,以平为期。"③对于阴阳偏胜,采用"损其有余"的原则。对于阴阳偏衰,采用"补其不足"的原则。

治疗疾病,不但要有正确的诊断和治疗,而且还须掌握药物的性能。中医对药物的性能,主要从气、味和升降浮沉等方面加以分辨,而药物的气、味和升降浮沉都借用了阴阳学说予以归纳说明。

药性主要有寒、热、温、凉四种,称为"四气"。其中寒、凉属阴,温、热属阳。能减轻或消除热证的药物,一般属于凉性或寒性;能减轻或消除寒证的药物,一般属于温性或热性。故临床上治疗热证,一般用寒凉性质的药物;治疗寒证,一般用温热性质的药物。

中医将药分为辛、甘、酸、苦、咸五味,其中辛、甘味属阳,酸、苦、咸味属阴。

升降浮沉是指药物进入人体后的作用特点。升即药性上升,降即药性下降,浮即药性发散,沉即药性镇敛。凡具有升阳发表、祛风散寒、涌吐、开窍等功效的药物,大多药性上行向外,或升或浮,或兼见两者,故属阳;凡具有泻下、清热、利尿、重镇安神、潜阳息风、消导积滞、降逆止呕、收敛散气等功效的药物,大多药性下行向内,或沉或降,或兼见两者,故属阴。

中医治疗疾病,主要根据病证的阴阳盛衰情况确定治疗原则,再结合药物的阴阳属性选择适当的药物,辨证施治,以纠正人体的阴阳失调,达到治愈疾病的目的。

---

① 黄帝内经素问译释·脉要精微论.
② 张景岳.景岳全书·卷三[M]//四库全书·子部医家类.
③ 黄帝内经素问译释·至真要大论.

小　结

古人认为,阴阳代表了包括人类在内的宇宙万物所具有的两种基本属性或本质,阴阳的相互作用与消长变化决定万物的运动变化。在今天看来,这种认识具有一定的合理性,也有很大的局限性。事物都有对立的两个方面,二者的互制、互用,决定着事物的发展与变化,因此,古代的阴阳理论具有一定的合理性。但是,阴阳理论对事物的描述是笼统的、模糊的,有一定的思辨性,因而具有明显的局限性。

另外,阴阳概念类似于唯物辩证法的矛盾概念,但与矛盾又有所不同。矛盾概念是辩证法的基本范畴,指事物内部或事物之间所具有的既相互排斥又相互依存、既对立又统一的关系。就这层含义而言,阴阳与矛盾具有类似性。不过,矛盾仅代表事物的对立双方,而不表示双方的性质,对矛盾的对象不加限定,一方既可以称为矛,也可以称为盾,另一方亦然,亦即矛盾所指称的双方可以互换。但,阴阳概念不仅表示事物的对立属性,也表示事物的确定性质,所指称的双方不可以互换,如称火为阳,水为阴,这是固定的,不可以反称。所以,阴阳概念与矛盾概念是有差别的。

此外,唯物辩证法的矛盾论,通过对矛盾的普遍性和特殊性、矛盾的同一性和斗争性的阐述,说明对立统一规律是宇宙万物的基本规律。由前面所述的内容可以看出,阴阳理论与对立统一规律具有一定的类似性,但也有一定的差别。对立统一规律认为,事物对立面的斗争和统一决定事物的发展变化,这种现象具有普遍性。这一规律还认为,对于任何事物来说,对立面的统一是有条件的、暂时的、相对的,而对立面的斗争则是绝对的。而阴阳理论虽然认为阴阳的制约与调和决定事物的发展与变化,但不认为阴阳双方的对立及斗争具有绝对性。古人关于阴阳之间的斗争性讨论得不多,而强调更多的是两者的调和。这是阴阳理论与对立统一规律的明显差别。李约瑟说:"阴阳理论在中国所获得的巨大成功,证明了中国人倾向于在一切事物中寻求一种根本的调和与统一,而不是斗争与混乱。"[①]这种评价是正确的。

---

① 李约瑟.中国科学技术史:第二卷[M].北京:科学出版社,上海古籍出版社,1990:301.

第四讲　五　　行

　　五行说是中国古代一种重要的哲学理论,对古代科学文化有过广泛而持久的影响。历史学家顾颉刚说:"五行是中国人的思想律,是中国人对于宇宙系统的信仰。"①齐思和说:"吾国学术思想,受五行说之支配最深,大而政治、宗教、天文、舆地,细而堪舆、占卜,以至医药、战阵,莫不以五行说为之骨干。士大夫之所思维,常人之所信仰,莫能出乎五行说范围之外。"②这些都是对五行说历史影响的正确评价。

　　五行学说孕育于商周时期,形成于春秋战国时代,被长期运用于古代社会的思想、文化、政治、学术、科学认识、术数活动等方方面面,直至清代末期随着西学的兴起而逐渐退出历史舞台。经过长期的运用和认同,五行说已渗透到古人认识活动及思想观念的各个方面,成为一种支配古代社会心理的基础文化。

一、五行概念的形成

　　关于五行说的起源问题,尽管学术界已经进行了长期的探讨,但至今仍未形成一致的认识。由于大量历史信息的缺失,我们今天已不可能确切地知道五行说是如何产生的。根据目前所能见到的有关文献资料,我们只能对其形成的思想文化背景作一粗略的考察。

　　1."尚五"观念的演进

　　在春秋末期及战国时期的文献中,有大量以"五"字组成的专有词语,如五行、五色、五声、五味、五方、五虫、五脏、五谷、五气、五种、五地、五岳、五数、五神、五帝、

---

① 顾颉刚.五德终始说下的政治和历史[M]//古史辨:第五册.上海:上海古籍出版社,1982:404.
② 齐思和.中国史探究[M].北京:中华书局,1981:193.

五祀、五刑、五戒、五教、五玉、五器、五宫、五爵、五典、五品、五服、五官、五兵、五材、五福、五常、五礼、五仪、五情、五义、五志、五齐等等。这些词语的内容涉及声音、色彩、味觉、空间、人体、禽兽、鬼神、官制、刑法、礼教、伦理、情志、福禄、器用、地理、山川、农业、军事等社会活动的各个方面，反映了古人的一种思想观念。对于各种自然存在的事物，古人从每类中选择五个成员代表该类全体；对于典章制度、文化观念、日用器物之类的事情，古人以五为度加以设定，五元一组，用以代表该类全体，由此形成了涵盖自然现象及社会活动各方面内容的大量"五"字词语，每个词语都表示由五个基元代表的一类事物，如五色：青、赤、黄、白、黑；五声：宫、商、角、徵、羽；五脏：肝、心、脾、肺、肾。这种文化现象具有鲜明的时代特征，表明先民们对数字"五"的偏爱或崇尚，可以称之为"尚五"观念。五行说的产生，很可能与这种观念的影响有关。由于史料的缺失，我们已无法准确了解"尚五"观念的形成过程，只能根据现有文献粗略地考察一下与其相关的一些情况。

（1）甲骨卜辞反映的殷商占卜制度

考古出土的甲骨文是真实反映商代人思想认识的原始资料。历史学家对殷墟甲骨卜辞的研究表明，殷人龟卜以五为度。他们占卜一件事情，多用五龟一组同卜。1956 年，张秉权对殷墟卜龟腹甲的序数进行考察后发现："殷人用龟的习惯，除了贞一事于一龟或数龟而外，还有用成套龟甲来贞卜一事或数事的，……殷代的成套腹甲，便是以五块组成一套的。"①

1959 年，饶宗颐进一步指出："似殷人通制，卜用五龟。唯考之周之礼制，则通常卜用三龟。"② 1987 年，宋镇豪经过研究发现："殷人在同一天内占卜同一件事项于龟甲上者，往往是以五块腹甲组成一套；""武丁时盛行龟卜，常一次卜用五龟，至廪辛、庚丁、武乙、文丁时骨卜盛行，常卜用三骨。"③殷人的占卜次数非五即三，这意味着什么？表达了什么观念？《尚书·洪范》说："卜五，占用二，衍忒。立时人作卜筮，三人占，则从二人之言。"《公羊传·僖公三十一年》说："求吉之道三。"汉代何休对此注释道："三卜吉凶，必有奇者可以决疑，故求吉必三卜。"卜以决疑。在占卜操作过程中，只有次数为奇才便于做出决断，而五和三均为奇数。占卜次数为奇数，只需操作一轮即可决定结果。所以，殷人将占卜次数确定为五或三，是有客观原因的。

另外，殷人还赋予了五和三这两个数字特殊的涵义。张秉权考察了甲骨文中

① 张秉权.卜龟腹甲的序数[J].中央研究院历史语言研究所集刊：第 28 本上册，1956：255.
② 饶宗颐.殷代贞卜人物通考：上册[M].香港：香港大学出版社，1959：66.
③ 宋镇豪.殷代习卜和有关占卜制度的研究[J].中国史研究，1987(4).

数字的意义后指出,殷人常以虚数"五"或"三"代表多数,即殷人有用"五"或"三"数字来表达"极多"的观念①。这可能正是殷人卜用五龟所隐含的思想认识。在先民们看来,用五龟或三龟占卜,即表示许多神灵都参与了所卜之事的决断,因而结果是可信的。商代的占卜制度被周代所沿用,殷人以"五"或"三"代表"多数"的观念可能也被周人所继承。

《左传·僖公十五年》载韩简说:"龟,象也;筮,数也。物生而后有象,象而后有滋,滋而后有数。"据此,唐代贾公彦疏《周礼·天府》条时说:"龟象,筮数,则龟自有一、二、三、四、五生数之鬼神。"周代,"凡国之大事,先筮而后卜;"国家设有专司卜筮的官员,称为"占人"和"筮人"。"占人掌占龟,以八筮占八颂,以八卦占筮之八故,以视吉凶;""筮人掌三易,以辨九筮之名。"②"三易"即《连山》、《归藏》、《周易》,是上古时期的三种筮法。周代对于重大事情卜筮并用,卜用五或三,筮用八、七、九、六。古人认为,龟卜之数属于生数,占筮之数属于成数。生数从一至五,大于五的数由之而生。八、七、九、六由生数构成,故称为成数。饶宗颐认为:"从甲骨文了解到,龟卜一般止于五卜,可看出殷人已有'龟属生数'的观念。"③由这些内容可以看出,三和五为生数的观念与殷人视三或五代表"多数"的观念是一致的。

虽然殷人用五代表多数,把五看作生数,但商代尚未形成对数字"五"特别偏爱的观念,这由甲骨文资料可以得到证明。在殷墟出土的十余万片甲骨文资料中,除了偶然出现"帝五丰臣"和"帝五臣正"等卜辞之外,并无由"五"字组成的词语或名词,其中有"四方"、"四土"等概念,而无"五方"之说。这说明,甲骨文中没有将数字"五"神圣化的迹象④。

(2)《诗经》、《尚书》及《逸周书》反映的思想认识

在现存《诗经》305篇诗文中频频出现"四方"一词,而没有出现以"五"称谓的词语。在《国风·召南·羔羊》和《国风·召南·驺虞》中虽然出现了几个"五"字,但《羔羊》中的"五"是交午之意,并非表示数字,《驺虞》中的"五豝"、"五豵"分别指五只母猪及五只小猪,而不是一般名词。从《诗经》的整个内容来看,至少西周时期的诗作尚未表现出明显的"尚五"意识。

《尚书》包括《虞书》、《夏书》、《商书》及《周书》四部分,在33篇真文献中有《虞书》4篇,《夏书》2篇,《商书》7篇,《周书》20篇。考察这些文献中以"五"字组成的

① 张秉权.甲骨文中所见的数[J].中央研究院历史语言研究所集刊:第46本第3分册,1975:16.
② 周礼·春官·筮人.
③ 饶宗颐.殷代易卦及有关占卜诸问题[J].文史,第20辑.
④ 范毓周.五行说起源考论[M]//艾兰,等.中国古代思维模式与阴阳五行说探源.南京:江苏古籍出版社,1998:120.

词语出现的情况,可以了解一些相关信息。

《虞书》4 篇中,《尧典》无"五"字组成的词语,《舜典》有"五瑞"、"五礼"、"五玉"、"五器"、"五刑"、"五品"、"五服"、"五流"、"五宅",《皋陶谟》有"五辰"、"五典"、"五惇"、"五礼"、"五服"、"五章"、"五刑"、"五用",《益稷》有"五采"、"五色"、"五声"、"五言"、"五服"、"五长"。《夏书》的《禹贡》和《甘誓》属于真文,前者有"五色",后者有"五行"。《商书》中,7 篇真文和 10 篇伪文均无"五"字组成的词语。《周书》20 篇真文中,《洪范》有"五行"、"五事"、"五纪"、"五福",《多方》有"五祀",《吕刑》有"五刑"、"五过"、"五罚"、"五辞"、"五极"。这些内容表明,《虞书》中《舜典》、《皋陶谟》和《益稷》,以及《周书》中的《洪范》和《吕刑》,都有不少以"五"字构成的词语,反映了这些文献作者对"五"的特殊偏爱。但是,结合《诗经》以及其他史料所反映的思想认识来看,在东周之前,先民们尚未形成对数字"五"的崇尚。因此,这些"五"字词语的存在表明,这几篇文献很可能是春秋战国时期形成的,虽然它们属于西汉初伏生所传今文《尚书》内容,但这些"五"字词语并不反映这些文献所标定的年代即上古早期的真实认识。事实上,史学界多数学者认为《皋陶谟》和《洪范》等成书于战国早期。所以,《尚书》中的一系列"五"字词语,主要反映的是春秋末期或战国早期的思想认识。

《逸周书》是《尚书》以外的十部周代历史文献汇编,其中《世俘》、《克殷》、《度邑》、《皇门》、《祭公》、《芮良夫》以及《作雒》等,基本是西周文献①。这些文献中很少有以"五"字组成的词语,不过《作雒》篇中一段记述周代封国建候制度的文字与五行思想有关。其中说:"封人社壝,诸侯受命于周,乃建大社于国中。其壝东青土、南赤土、西白土、北骊土,中央叠以黄土。将建诸侯,凿取其方一面之土,燾以黄土,苴以白茅,以为土封,故曰受列土于周室。""骊",是纯黑色的马,也表示黑色。在周代礼制中,"封人"属地官,负责举行授土封侯的仪式。"封人掌诏王之社壝,为畿封而树之。凡封国,设其社稷之壝,封其四疆。造都邑之封域者亦如之。"②当任命一方诸侯时,即从社壝相应一方的墙上取出一些象征该方的土,再从社壝中央取一些黄土与之掺和,用白茅包裹,赐给被封诸侯。诸侯领受此土,到达受封之国后,也建大社于国中,将所受之土安放在祭坛之上。社稷象征国家政权。赐土即赐国,有此土即有此国。掺合中央黄土,表示中央政权的承认③。

这里已将五色青赤黄白黑与五方东南中西北对应。作为一种封建制度,这种

---

① 陈高华,陈志超,等.中国古代史史料学[M].天津:天津古籍出版社,2006:43.

② 周礼·地官·封人.

③ 陈戍国.中国礼制史:先秦卷[M].长沙:湖南教育出版社,2002:211.

观念对于社会的影响应是比较大的。后来流行的五行与五方、五色等对应配属观念是与此一致的。

另外,《墨子·贵义》篇载:"子墨子北之齐,遇日者。日者曰:'帝以今日杀黑龙于北方,而先生之色黑,不可以北。'子墨子不听,遂北至淄水,不遂而反焉。日者曰:'我谓先生不可以北。'子墨子曰:'南之人不得北,北之人不得南,其色有黑者,有白者,何故皆不遂也?且帝以甲乙杀青龙于东方,以丙丁杀赤龙于南方,以庚辛杀白龙于西方,以壬癸杀黑龙于北方,若用子之言,则是禁天下之行者也,是围心而虚天下也,子之言不可用也。'""日者"是古代从事占卜活动的人。墨翟驳斥日者的一番话,把青赤白黑四色龙与东南西北四方对应,并用表示时间的天干与之分别对应,如果再补充上"以戊己杀黄龙于中方",即是完整的五时、五色、五方对应体系。如果上述《作雒》篇五色封土的内容确属西周时期的做法,那么,它可以被认为是《墨子·贵义》篇四色龙思想的滥觞。

《逸周书·小开武》篇明确说:"五行:一、黑位水,二、赤位火,三、苍位木,四、白位金,五、黄位土。"这是将五行与五色一一对应。同书《武顺》篇说:"地有五行,不通曰恶。天有四时,不时曰凶。"同书《成开》篇也有"五行"、"五典"概念;同书《周祝》篇有"陈彼五行必有胜"之语。从《小开武》等这几篇文献中与五行相关的内容来看,它们所反映的当是五行说形成之后的认识。

(3)《国语》及《左传》反映的思想认识

《国语》是周代史书,分国列述了周王朝及鲁、齐、晋、郑、楚、吴、越诸国的史事,其中一少部分为西周史料,绝大部分是春秋史料。《国语》中有三条与五行说相关的内容。一是《周语中》有"五味实气,五色精心,五声昭德,五义纪宜"之说,这是论述"五味"、"五色"、"五声"、"五义"的作用,从语言表述形式看,这些概念表示的内容已为当时人们所熟悉。二是《鲁语上》记载鲁国大夫展禽讨论祭祀时说:"及天之三辰,民所以瞻仰也;及地之五行,所以生殖也。""天之三辰"指日、月、星,"地之五行"应是木、火、土、金、水。三是《郑语》记载,西周幽王时,史伯回答郑桓公的问题时说:"夫和实生物,同则不继。以他平他谓之和,故能丰长而物归之;若以同裨同,尽乃弃矣。故先王以土与金木水火杂,以成百物。"这段话阐述的是不同事物相互融合会有利于其发展的道理,即和异裨同之理,其中运用了金木水火土相杂以成百物的例子,反映了对这五种物质作用的认识。《国语》成书于春秋末期,这几条资料反映了春秋时期人们对五行相关内容的基本认识。

《左传》中有不少内容反映了古人对五行概念的有关认识。《左传·文公七年》记载晋国大夫郤缺向赵宣子论述《夏书》所言《九歌》的内容时说:"九功之德皆可歌也,谓之《九歌》。六府、三事,谓之九功。水、火、金、木、土、谷,谓之六府;正德、利用、厚生,谓之三事。""六府"即六种最重要的生活物质,其中包含了"五行"的内容。

春秋后期,人们开始用"五材"表示五种重要的生活资料。《左传·襄公二十七年》记载宋国大夫子罕说:"天生五材,民并用之,废一不可";《左传·昭公十一年》记载晋国大夫叔向对韩宣子说:"譬之如天,其有五材,而将用之,力尽而敝之。"子罕和叔向所说的"五材",即是木火土金水"五行"。《左传·昭公三十二年》载史墨回答赵简子的问题时说:"物生有两、有三、有五、有陪二。故天有三辰,地有五行,体有左右,各有妃耦。"这与上述鲁国大夫展禽所说的"天之三辰"、"地之五行"是一致的。

《左传·昭公二十年》记述晏婴与齐侯讨论和同之辩时说:"先王之济五味,和五声也,以平其心,成其政也。……若以水济水,谁能食之? 若琴瑟之专一,谁能听之?"这里讲的"济五味"、"和五声",与《国语·郑语》中"以土与金木水火杂以成百物"说的是同一个道理。

《左传·昭公二十五年》记载郑国大夫子大叔向赵简子谈论礼的重要性时说:"夫礼,天之经也,地之义也,民之行也。天地之经,而民实则之。则天之明,因地之性,生其六气,用其五行,气为五味,发为五色,章为五声,淫则昏乱,民失其性。是故为礼以奉之。"子大叔不仅指出要"因地之性"以"用其五行",还将五行与五味、五色、五声联系起来,表达了对五行相关内容更为全面的认识。

此外,在先秦诸子著作中,《论语》、《道德经》和《孙子兵法》属于春秋末期的文献,前两者很少有与五行相关的表述,但《孙子兵法》中含有一系列与"五"字有关的内容,反映了孙武对"五"的偏爱,也反映了对五行的一定认识。

由上述可见,在《尚书》和《逸周书》中的一些春秋或战国早期形成的文献中,以及在《国语》、《左传》和《孙子兵法》中,出现了许多以"五"字构成的专有名词。这表明在春秋后期已经形成了明显的"尚五"观念,其中也包含了对"五行"的一定认识。这是五行说得以产生的重要文化基础。这种"尚五"现象是在世界其他古老文明中未曾见到的。因此,可以说,五行说孕育于华夏文明,而不是世界其他文明,是有一定的历史必然性的。

2. 五行概念的提出

"五行"一词最早见于《尚书·甘誓》,其中说:"有扈氏威侮五行,怠弃三正,天用剿绝其命,今予惟恭行天之罚。"《甘誓》是夏后启与有扈氏作战的誓词。关于《甘誓》的成文年代及其中"五行"的含义,学术界一直存在争议。从科技文明发展的历史来看,不论《甘誓》"五行"为何义,表示金、木、水、火、土五种物质的五行概念的形成时间应当不会早于商代,因为在此之前,金属的使用尚未达到影响人们社会意识的重要程度。尽管夏代末期已开始使用青铜器物,但由于用量很少,金属材料并未成为社会生活的必需品,因此先民们不可能将其与水火土木相提并论。但是,到了商代,各种金属器物的使用已相当普遍,金属材料已被用于社会生活的各个方面,被人们看作生活中不可缺少的重要物质,从而在民众心目中获得了与水火土木相同的重要地位。甲骨文中"金"字的存在,正说明金属材料在商代已有十分明显的社会地位了。

"五行"概念的具体表述最早见于《尚书·洪范》篇,其中说:"五行:一曰水,二曰火,三曰木,四曰金,五曰土。水曰润下,火曰炎上,木曰曲直,金曰从革,土爱稼穑;润下作咸,炎上作苦,曲直作酸,从革作辛,稼穑作甘。"这段文字反映了以下几点认识:

其一,"五行"表示水、火、木、金、土五种物质。这五者是古人生活中最重要的资料。正如伏生《尚书大传》所言:"水火者,百姓之求饮食也;金木者,百姓之所兴作也;土者,万物之所资生也;是为人用。五行即五材也。"[1]这是原始的五行观念,没有形而上的哲学内涵。这与《左传》中的"五材"概念是一致的。

其二,对五种物质的基本属性作了简单概括。水润泽向下,火炎热向上,木可曲可直,金可改变形状,土可长养五谷。此外,《洪范》作者还根据水、火、木、金、土的属性,将其与咸、苦、酸、辛、甘五味联系起来,建立了五行与五味的对应关系。

其三,五种物质的排列秩序既不符合五行相生的顺序(木、火、土、金、水),也不符合五行相胜的顺序(木、土、水、火、金)。由此表明,当时人们尚未认识到五行所代表的五种物质之间的生胜关系。

《尚书·洪范》篇关于五行的论述,标志着五行概念的形成。

二、五行生胜理论

五行概念形成之后,古人对木、火、土、金、水五种物质的性质有了进一步的认识,由此在战国时期形成了五行相生和五行相胜理论(按:五行"相胜"是战国秦汉时期的用语,汉代以后习惯于称"相胜"为"相克")。五行相生说认为,木、火、土、金、水依次循环相生,即木生火,火生土,土生金,金生水,水生木。五行相胜说认为,木、土、水、火、金依次循环相胜,即木胜土,土胜水,水胜火,火胜金,金胜木。

① 孔安国,孔颖达.尚书正义[M]//十三经注疏.北京:中华书局,1980:188.

1. 五行相胜理论的建立

水火木金土五种物质各有自己的性质和作用。从这五种物质的属性来看,它们之间既有相互生演的性质,也有相互克制的性质。水性灭火,火性熔金,金属利器可以伐木,木器可以掘土,土可以堰水,这些性质很容易被古人在生活实践中发现。由此,古人形成了对五行相胜关系的认识。

《左传·昭公三十一年》记载,公元前 511 年 12 月初一,晋国发生了日食。史墨向赵简子解释这件事时说:"庚午之日,日始有谪,火胜金,故弗克。"《左传·哀公九年》载,公元前 486 年,郑国受到宋人的围攻,晋赵鞅通过占卜求问是否出兵救郑,占卜的结果是"水适火"。史墨解释说:"盈,水名也;子,水位也。名位敌,不可干也。炎帝为火师,姜姓其后也,水胜火,伐姜则可。"史墨用"火胜金"及"水胜火"的道理解释日食及占卜结果,这是五行相胜思想的反映。另外,《左传·文公七年》论述"六府"的内容时,其排列次序是"水、火、金、木、土、谷",符合五行相胜排列顺序,这可能是《左传》作者根据对五行相胜关系的认识有意作出的排列。

五行相胜在一定程度上反映了事物间的属性制约关系,有一定的合理性。《逸周书·周祝》篇明确说:"陈彼五行必有胜。"从物质的属性而论,五行之间"必有所胜"。但是,事物有性质和数量两个方面,性质的体现要以一定的数量为条件。五行相胜关系只反映了木火土金水的基本性质,而未考虑其量的因素,因此,在现实中会出现与其矛盾的结果。

由此使古人进一步认识到了五行相胜说的片面性。孙子即明确指出:"五行无常胜,四时无常位。"[1]孟子在论述"仁"时也说:"仁之胜不仁也,犹水之胜火。今之为仁者,犹以一杯水救一车薪之火也;不熄,则谓之水不胜火。"[2]《墨子》也指出了五行相胜说的局限性,《经下》篇说:"五行毋常胜,说在宜;"《经说下》更明确地指出:"火铄金,火多也。金靡炭,金多也。"金木水火土是否彼此相胜,不仅由其属性决定,还要看其数量的多寡,只有性质和数量两种因素都占优势,才能实现相胜。孙武、孟子和《墨经》的这些论述表明,至少在战国时期,古人对五行相胜关系已经有了比较深刻的认识。

由各种相关文献反映的信息可以看出,五行相胜理论在战国时期已经形成,但在现存汉代之前的文献中没有发现关于这种理论的完整表述。西汉《淮南子·地形训》中给出了五行相胜说的完整陈述:"木胜土,土胜水,水胜火,火胜金,金胜木。"

---

[1] 孙子兵法·虚实.
[2] 孟子·告子上.

2. 五行相生理论的建立

有关五行相生关系的史料，在战国以前的典籍中不多见。《管子》的《幼官》、《四时》、《五行》和《轻重己》诸篇是战国时期集中反映阴阳五行思想的文献，贯穿其中的五行说，均属于五行相生顺序。在这些文献中，《五行》篇最为典型，它把一年分为五个七十二日，并依次与干支和五行相配属，天子根据五个时段所对应的五行属性，颁布不同的政令，安排相应的活动。按照季节的演进秩序，其中的五行排列是严格的相生顺序。虽然《管子》中未有"木生火，火生土"的词句，但其中多处木火土金水的排列次序反映了五行相生的明确思想。

《管子》系齐国稷下学宫各家作述的集编，从其中的有关内容可以看出，当时五行相生观念已趋于成熟。另外，《礼记·月令》、《黄帝内经》和《吕氏春秋》等书中的五行体系，也都符合五行相生关系。这说明，在战国中后期，五行相生理论已相当流行。

遗憾的是，尽管在这些著作中，五行相生关系已作为一种固定的模式普遍运用，但却无一处明确而完整地陈述这种关系的文字，直至西汉《淮南子·天文训》和董仲舒《春秋繁露》才对五行相生关系作了明确表述。董仲舒说："天有五行：木、火、土、金、水是也。木生火，火生土，土生金、金生水。"[①]

五行循环相生观念的形成，应有一个孕育、发展的过程。大概先民们对木生火的认识最早，燧人氏钻木取火的传说即是证明。至于火能生土，也是生活常识，因为只要燃烧柴薪，必余下灰烬，此即是土。而土能生金，则是古人长期采矿实践经验的总结。古人发现，金属矿物多与土石混杂在一起，由此认为金为土所生。关于水生木的结论，同样是来源于经验认识。《管子·水地》篇指出："水者何也？万物之本原也，诸生之宗室也。"植物需要水才能生长，故有水生木之理。

五行相生，唯有"金生水"之说难以理解。因此当今许多论著在涉及这一问题时，多避而不谈。这本是一个历史问题，从战国至清代，古人对"金生水"的解释一直众说纷纭，莫衷一是。明代学者王廷相在对金生水说苦无良解之际，曾愤然责叹道："五行家谓金能生水，岂其然乎？岂其然乎？"[②]明末方以智亦说："且问五行金生水，金何以生水乎？老生夙学，不能答也。"[③]诚然，凭实而论，金不能生水。正如王廷相所言："金生水，自今观之，厥类悬绝不侔，厥理颠倒失次，安有生水之理。"[④]

① 董仲舒.春秋繁露·五行对[M].上海：上海古籍出版社，1991.
② 王廷相.慎言·道体[M]//侯外庐，等.王廷相哲学选集.北京：中华书局，1965.
③ 方以智.物理小识·卷一[M].北京：商务印书馆，1937.
④ 王廷相.家藏集·答顾华玉杂论[M]//侯外庐，等.王廷相哲学选集.北京：中华书局，1965.

但是,金生水观念作为五行说的重要组成部分,先民们形成这种认识自应有一定的根据。

春秋战国时期,金属的使用已相当普遍,在长期的采矿活动中,古人发现了许多金属矿物与水并存的现象。

另外,古人在日常生活中也会看到金石表面在气温变化时有浸润出水现象。这些现象,很可能就是战国古人认为金能生水的事实根据。

在先秦典籍中,《山海经》和《管子》记载了一些金属矿物与水并存的现象。《山海经》是中国最早的地理著作。据统计,《山经》中记述的金属产地有一百七十余处,其中许多矿床都呈现金(属)与水同处的状态。《管子·地数》篇说:"葛卢之山发而出水,金从之。蚩尤受而制之,以为剑、铠、矛、戟,是岁相兼者诸侯九。雍狐之山发而出水,金从之,蚩尤受而制之,以为雍狐之戟、芮戈,是岁相兼者诸侯十二。"山洪暴发时,富集成分很高的金属矿石随着洪水一道冲刷出来,这种现象是可能发生的。《管子》中的这条材料显然是根据古老的传说所记。

面对着一些金水同处的经验事实,古人要思考造成这种状况的原因。金石比热较低,而导热性能很好。当金石的温度低于周围空气的温度时,空气中的水份即会在其表面因冷却而凝结成小水珠,造成金石表面浸润出水的假象。在气温较高的季节,天气由晴转阴时,这种现象更为明显多见。先秦古人在日常生活中会反复观察到这种现象。

另外,《周礼·天官》记载:"凌人:掌冰正。岁十有二月,令斩冰,三其凌。春始治鉴。凡外、内饔之膳羞,鉴焉。凡酒、浆之酒醴亦如之。祭祀,共冰鉴。宾客,共冰。大丧,共夷盘冰。夏,颁冰掌事。""凌人"是国家专门保存冰和为一些活动提供冰的人。《左传》对于古代的藏冰及用冰制度也有记载。这说明,先秦时期,古人将冬天的冰保存到其他季节,以供特殊需要。冰鉴是盛冰的金属器物,夏季置冰其中,因鉴的内外温差较大,会在其外壁上附着有密集的小水珠。金属表面附着小水珠现象很可能启发古人认为金能生水,进而推测山泉石流之水系金石所生。

《管子》在论述水的作用及根源时即说:"水者,万物之准也,诸生之淡也,违非得失之质也,是以无不满、无不居也。集于天地,而藏于万物,产于金石,集于诸生,故曰水神。"这些论述表明,先秦古人认为,金石确实能生水。

古人形成的水"产于金石"的观念,是五行金生水说的经验基础;或者说,金生水观念表达了先秦古人的一种经验认识,即金石能够生水。这可能是五行金生水说的本义所在[1]。

---

[1] 胡化凯.金生水说考辨[J].中国史研究,1995(4):49—54.

当然,金生水的经验认识是错误的,它是古人依据一些表面现象作出的简单推测。有趣的是,这种观念已经形成,并被纳入五行理论体系后,便以极强固的势力固定下来,成为千古不易的律条。历代的文人术士都在毫不怀疑其正确性的前提下强为之求解,因而提出了种种牵强的说法。这种情况表明,"凡是一种思想,到了能支配社会心理的权威地位,被支配者自然心悦诚服,绝不敢怀疑,而且要尽量加以塗泽补充的功夫,使它越看越可信。"①

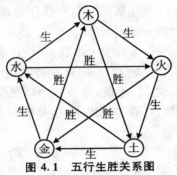

图 4.1　五行生胜关系图

战国时期,随着古人的认识水平及理论思维能力的提高,五行说由原初的五种物质概念,发展成一种具有生胜循环关系的自然哲学理论,成为人们论事说理的重要工具。五行生胜关系的建立,使五行说成为一种具有特定的逻辑结构和思想内涵的理论体系(如图 4.1 所示),标志着五行学说的形成。

三、五行归类理论

　　战国后期或秦汉早期,古人运用五行生胜理论,采用取象比类方法,把一系列自然事物及人事活动与五行木火土金水对应比附,由此形成了一种特殊的理论体系,可以称之为五行归类理论。这种理论的形成,是五行说被广泛运用的结果。

　　五行归类理论的形成有一个发展过程。如前所述,《尚书·洪范》把五行与五味联系起来,《逸周书》将五行与五色、五方对应,《左传·昭公二十五年》把五行与五味、五色、五声并称,《国语》将五味、五色、五声、五义连用,这些都是五行归类思想的早期表现。《墨子·迎敌祠》有一段关于布阵迎敌方法的描述,其中将东南西北、八七九六、青赤白黑、鸡狗羊猪分别对应配属,也体现了五行归类思想。

　　五行归类理论主要集中表现在《管子》的《幼官》、《四时》、《五行》,《礼记·月令》,《黄帝内经》,《吕氏春秋》的"十二纪",以及《淮南子》的《天文训》、《地形训》和

---

　　① 范文澜. 与颉刚论五行说的起源[M]. 古史辨:第五册. 上海:上海古籍出版社,1982:641.

《时则训》等有关篇章中。

《管子·四时》说:"东方曰星,其时曰春,其气曰风,风生木与骨;""南方曰日,其时曰夏,其气曰阳,阳生火与气;""西方曰辰,其时曰秋,其气曰阴,阴生金与甲;""北方曰月,其时曰冬,其气曰寒,寒生水与血。"这是将木火金水与四方、四季相配。

《吕氏春秋》"十二纪"的作者构造了一个比较完整的五行归类体系,其中《孟春纪》开头即说:"孟春之月,日在营室,昏参中,旦尾中;其日甲乙,其帝太皞,其神句芒,其虫鳞,其音角,律中太蔟,其数八,其味酸,其臭膻,其祀户,祭先脾。东风解冻,蛰虫始振;鱼上冰,獭祭鱼,候雁北。天子居青阳左个,乘鸾辂,驾苍龙,载青旗,衣青衣,服青玉,食麦与羊,其器疏以达。是月也,以立春。先立春三日,太史谒之天子,曰:'某日立春,盛德在木。'天子乃斋。立春之日,天子亲率三公、九卿、诸侯、大夫,以迎春于东郊。还,乃赏卿、诸侯、大夫于朝。命相布德和令,行庆施惠,下及兆民。庆赐遂行,无有不当。乃命太史,守典奉法,司天日月星辰之行,宿离不忒,无失经纪,以初为常。"

可以说,这是古人谱写的一首迎春曲。这一切事物和活动都安排在春季,其中除了自然天象和物候内容外,余者并无与春季的必然联系。这种论事的潜在逻辑是五行对应归类关系,时间之春季,空间之东方,色之青,音之角,味之酸,虫之鳞,数之八,臭之膻,祀之户,脏之脾等等,都是五行之"木"的对应内容,帝王的所作所为都要根据木德而决定。春季,方位尚东,色彩尚青,音尚角,味尚酸,虫尚鳞,数尚八,臭尚膻等等,正是五行归类思想,把这些不同的事物联系在一起,用以表示春天的特征和国家应该进行的各种活动。

"十二纪"中其余几个季节的相应内容与《孟春纪》类同。《礼记·月令》关于孟春、孟夏、季夏、孟秋、孟冬各个季节的内容与《吕氏春秋》"十二纪"几乎相同,《淮南子·时则训》也有类似的内容。古人为了将四季与五行相配,特意将夏季中的第三个月即季夏独立出来,与五行中的土配属。这类时令理论以五行说为骨架,通过对应比附的方法将各种事物关联起来,用以规范天子及国家在一年四季中的相关活动。

成书于战国末期的《黄帝内经》是传统医学的奠基性著作,该书建立医学理论体系时也充分运用了五行归类思想。其中许多篇章在论述人体疾病与相关事物的联系时都运用了五行归类方法,将人体五脏与五行、五声、五色、五味、五臭、五谷、五畜、五神、五数、四季等对应归类,由此建立了人体脏腑与许多事物的关联,从而为医疗活动提供了理论根据。

除了时令理论及医学理论之外,在古代政治、军事、天文、舆地、灾异、方术、运气学说等许多方面都有五行归类理论。对于春秋战国及秦汉时期的各种相关典籍中的这类理论进行归纳,可以得出如表4.1所示的五行归类体系。

表4.1　五行归类关系表

五行	木	火	土	金	水
四季	春	夏	季夏	秋	冬
五方	东	南	中	西	北
五色	青	赤	黄	白	黑
五音	角	徵	宫	商	羽
五味	酸	苦	甘	辛	咸
五臭	羶	焦	香	腥	腐
五虫	鳞	羽	倮	毛	介
五畜	鸡	羊	牛	马	彘
五天	苍天	炎天	钧天	颢天	玄天
五兽	苍龙	朱鸟	黄龙	白虎	玄武
五星	岁星	荧惑	镇星	太白	辰星
五祀	户	灶	中霤	门	行
五祭物	脾	肺	心	肝	肾
五脏	肝	心	脾	肺	肾
五官	目	舌	口	鼻	耳
五体	筋	脉	肉	皮毛	骨
五液	泪	汗	涎	涕	唾
五声	呼	笑	歌	哭	呻
五情	怒	喜	思	悲	恐
五志	魂	神	意	魄	志
五谷	麦	菽	稷	麻	黍
五果	李	杏	枣	桃	栗
五菜	韭	薤	葵	葱	藿
五化	生	长	化	收	藏
五气	风	热	湿	燥	寒

五征	雨	煥	风	旸	寒
五候	温和	炎暑	溽蒸	清切	凝肃
五数	八	七	五	九	六
五器	规	衡	绳	矩	权
五兵	矛	戟	剑	戈	铩
天干	甲乙	丙丁	戊己	庚辛	壬癸
地支	寅卯	巳午	辰戌丑未	申酉	亥子
十二律	太蔟、夹钟、姑洗	仲吕、蕤宾、林钟	黄钟	夷则、南吕、无射	应钟、黄钟、大吕
五帝	太皞	炎帝	黄帝	少昊	颛顼
五神	句芒	祝融	后土	蓐收	玄冥

由表 4.1 可见,五行归类体系庞杂而博大。古人论述事理时,习惯于上挂天文,下联地理,中及人事,在天人合一的思维模式下说明事物的合理性。古人依据事物之间某种形象或性能的相似性加以类推和比附,从而把本质上不同的事物联系起来,以扩展认识的范围。五行归类体系像一个巨大的五维坐标,自然界及人类社会的许多事物都能在其中找到自己的位置。

不仅如此,五行归类体系还具有一定的思想内涵,反映了古人的一些认识观念。

首先,它具有居中为主的思想。

分析五行归类表可以看出,纵向上,凡列于与土对应的中央一栏里的成员,在横向一行的五个成员中均具有统帅或尊贵的地位。《国语·周语下》说:"夫宫,音之主也。"《淮南子·地形训》说:"音有五声,宫其主也;色有五章,黄其主也;味有五变,甘其主也;位有五材,土其主也。"《春秋繁露·五行对》也说:"土者,五行最贵者也,其义不可以加矣。五声莫贵于宫,五味莫美于甘,五色莫盛于黄。"《淮南子·原道训》也说:"音者,宫立而五音形矣;味者,甘立而五味亭矣。"五谷之中,以稷以主。《淮南子·原道训》说:"稷,粢也,五谷之长。"五器之中,以绳为主。《淮南子·天文训》说:"规生矩杀,衡长权藏,绳居中央,为四时根。"这是根据五器与四季、五方的对应关系,赋予其生长收藏的涵义。同样,五方以中为主,中央统治四方。荀子说:

"欲近四旁,莫如中央;故王者必居天下之中,礼也。"①韩非子也说:"事在四方,要在中央,圣人执要,四方来效。"②五虫之中倮类为人,人为万物之灵,自然是百虫之主。所以,王充说:"倮虫三百,人为之长。"③

关于五脏与五行的归类关系,古代有两种情况。一种是牲畜的五脏与五行的归类关系。《礼记·月令》和《吕氏春秋》"十二纪"在说明各个季节用于祭祀的牺牲时,均以脾、肺、心、肝、肾分别与木、火、土、金、水及孟春、孟夏、季夏、孟秋、孟冬相配属,这里所说的脾、肺、心、肝、肾指牲畜的五脏。《淮南子·时则训》也是如此。这些都是将心与土相配。《淮南子·原道训》说:"心者,五藏之主也。所以制使四支,流行血气。"另一种是人的五脏与五行的归类关系。《黄帝内经》中有大量论述人体五脏与五行对应关系的内容,其中都是将肝、心、脾(胃)、肺、肾与木、火、土、金、水相配。这种五脏与五行的归类关系,是中医理论的基础。

上述说明,古人认为,五行归类体系中,中行最为重要,在同类事物中处于主导或统帅地位。

其次,它反映了循环变化思想。

古人根据五行归类体系及五行相生关系,认为与五行配属的事物也具有循环相生的性质。如认为五音循序相生:"徵生宫,宫生商,商生羽,羽生角;"④"变宫生徵,变徵生商,变商生羽,变羽生角,变角生宫;"⑤五味循环相生:"炼甘生酸,炼酸生辛,炼辛生苦,炼苦生咸,炼咸反甘;"⑤五脏循环生演:"肝生筋,筋生心……心生血,血生脾……脾生肉,肉生肺……肺生皮毛,皮毛生肾……肾生骨髓,髓生肝;"⑥如此等等。当然,对于古人构造的这种事物生演链条,不必一味求真,其中势必含有不合理的地方。另外,对这些文献中的"生"字,也不可作狭义的理解,它不是仅指事物简单的衍生关系,而是泛指事物的彼此促进和依存关系。

此外,古人认为,一些与五行配属的事物也具有循环相胜的属性,如《素问·金匮真言论》说:"春胜长夏,长夏胜冬,冬胜夏,夏胜秋,秋胜春。"中医根据五脏与五行的配属关系,认为五脏之间不仅有循环相生作用,而且也有循环相胜作用。

① 荀子·大略.

② 韩非.韩非子·扬权[M]//诸子集成.影印版.上海书店出版社,1986.(本书中凡涉及《韩非子》的引文,未加注释者,均引自《诸子集成》上海书店1986年版。)

③ 论衡·商虫.

④ 刘安.淮南子·天文训[M]//诸子集成.影印版.上海书店出版社,1986.(本书中凡涉及《淮南子》的引文,未加注释者,均引自《诸子集成》上海书店出版社1986年版。)

⑤ 淮南子·地形训.

⑥ 黄帝内经素问译释·五运行大论.

再次，它体现了整体有机论思想。

由五行归类表可以看出，横向上，每五个成员构成一个相互联系的整体；纵向上，五行模式的归类对象可以任意扩展，是一个开放的系统。由此构成了一个纵横相联的巨大网络，其中的各种事物都存在着彼此关联。

四、五行说的本体论意义

如前所述，五行概念形成初期，仅表示五种重要的生活资料，并不具有本体论意义。从汉代开始，古人将五行看作构成宇宙万物的五种基本成分，将其与气和阴阳概念结合起来解释万物的形成，从而赋予了其本体论意义。

春秋战国时期，古人多用道、气、阴阳概念论述宇宙万物的生演过程。汉代人开始用五行说论述万物的形成。东汉王充明确认为，"天用五行之气生万物。"[①] "五行之气"即金、木、水、火、土五种气。三国魏王肃也说："天有五行水火木金土，分时化育，以成万物。"[②]这说明，东汉时期，古人已把五行初步抽象成宇宙中的五种基本物质了。

这种思想历经魏晋南北朝的发展，至隋代趋于成熟。隋代萧吉作《五行大义》五卷，对五行说的内涵作了全面阐述，书中认为，"夫五行者，盖造化之根源，人伦之资始，万物禀其变易，百灵因其感通，本乎阴阳，散乎精象，周竟天地，布及幽明，子午卯酉为经纬，八风六律为纲纪，故天有五度以垂象，地有五材以资用，人有五常以表德。万有森罗，以五为度，过其五者，数则变焉。实资五气，均和四序，孕育百品，陶铸万物。"在萧吉看来，五行是造化万物的根源，是规范万类的纲纪，天、地、人、物无不以其为根据。

宋代是中国历史上科学文化全面繁荣的时期。宋代学者在学术思想上的贡献之一是建立了一套"太极—阴阳—五行—万物"的宇宙演化模式，由此为五行说确立了牢固的本体论地位。宋初胡瑗明确把宇宙的演化分为四个阶段："夫有天地然后有阴阳，有阴阳然后有五行，有五行然后有万物。是则五行者，天地之子，万物之

① 论衡·物势.
② 孔子家语·五帝[M].上海：上海古籍出版社，1990.

母也。"①

北宋周敦颐从《周易》太极"生两仪"思想出发,在道士陈抟的《无极图》基础上,构造了宇宙演化的《太极图》。他解释《太极图》时说:"无极而太极。太极动而生阳,动极而静,静而生阴,静极复动。一动一静,互为其根;分阴分阳,两仪立焉。阳变阴合,而生水、火、木、金、土。五气顺布,四时行焉。五行,一阴阳也;阴阳,一太极也;太极,本无极也。五行之生也,各以其性。无极之真,二五之精,妙合而凝。乾道成男,坤道成女,二气交感,化生万物。万物生生,而变化无穷焉。"②周敦颐认为,由太极演化出阴阳,阴阳相互作用产生五行,阴阳与五行结合而化生万物。

南宋朱熹发展了周敦颐的理论。他指出:"天地之间,何事而非五行,五行阴阳七者衮合,便是生物的材料";③"五行具,则造化发育之具无不备矣";"盖二气五行,化生万物。"④这些是朱熹关于阴阳五行化生万物的一般论述。此外,他还认为天上的"五星皆是地上木火土金水之气上结而成。"⑤关于人的形成,朱熹强调,"只是一个阴阳五行之气,滚在天地中,精英者为人,渣滓者为物。"⑥在他看来,天、地、人、日、月、星,空中的风、雨、雷、电,地上的草木万物,无不由阴阳五行之气化生而成。

宋代理学家这种五行化生万物的理论为后世一些学者所继承,如明代王夫之和黄道周、清代戴震等都有相关论述。王夫之说:"五行之气自行于天地之间,以化生万物。"⑦黄道周说:"盖天以二气五行化生万物。"⑧戴震说:"阴阳五行之运而不已,天地之气化也,人物之生生本乎是。"⑨

古人用元气和阴阳概念解释万物的生成,显得比较抽象,难以把握,将五行与二者结合,使气既具有阴阳属性又具有金木水火土属性,由阴阳五行之气共同化生天地万物,这种宇宙论更易理解。这可能是五行说被赋予本体论意义的主要原因。

---

① 胡瑗.洪范口义[M]//四库全书·经部书类.
② 周敦颐.周敦颐集·太极图说[M].北京:中华书局,2009.
③ 周敦颐.通书[M].重刊道藏辑要星集.
④ 周敦颐集·太极图说解.北京:中华书局,2009.
⑤ 朱子语类·卷二.
⑥ 朱子语类·卷十九.
⑦ 王夫之.思问录·升篇[M]//船山遗书·民国本.
⑧ 黄道周.洪范明义·叙畴章[M]//四库全书·经部书类.
⑨ 戴震.孟子字义疏证·卷中[M]//国粹丛书:第一集.

五、五行说的符号模式化

五行说在秦汉时期发展到顶峰,被广泛用于阐述各种事物。从五行说的运用情况看,古人是借助于五行生胜(克)关系模式,并赋予木火土金水新的涵义,从而为自己的研究对象构造一套特殊理论,以满足认识发展的需要。这种情况表明,五行说在运用过程中已被古人符号化,即古人将其作为一套具有逻辑关系的特殊符号语言在广泛运用。

古代医家以五行代表五脏,《灵枢·热病》说:"火者,心也";"水者,肾也";"木者,肝也";"金者,肺也";"土者,脾也"。《素问·六元正纪大论》提出了治病"五法",即"木郁达之,火郁发之,土郁夺之,金郁泄之,水郁折之。"[①]这里的木火土金水代表与五脏相关的病症。《素问·气交变大论》讨论五运六气变化对人体的影响时说:"岁木太过,风气流行,脾土受邪,民病飧泄,食减……;岁火太过,炎暑流行,金肺受邪,民病疟,少气,咳嗽……;岁土太过,雨湿流行,肾水受邪,民病腹痛……;岁金太过,燥气流行,肝木受邪。民病两肋下少腹痛……;岁水太过,寒气流行,邪害心火,民病身热烦心……"这里的木火土金水则代表影响人体健康的五运之气。《黄帝内经》中使用的五行词语,几乎没有一处是指木火土金水五种物质的。

炼丹术是古代方士追求长生的一种特殊实践活动,其理论隐晦玄奥,相当难懂。一些丹家在论述炼丹机理时也运用了五行语言。东汉魏伯阳《周易参同契》说:"丹砂木精,得金乃并,金水合处,木火为侣。四者混沌,列为龙虎。龙阳数奇,虎阴数偶。肝青为父,肺白为母,肾黑为子,脾黄为主,三物一家,都归戊己。"这是借用五行生胜理论说明炼丹过程中的复杂变化。晋代葛洪在说明不同丹药适应的服食对象时说:"若本命属土,不宜服青色药;属金,不宜服赤色药;属木,不宜服白色药;属水,不宜服黄色药;属火,不宜服黑色药。"[②]按照五行归类理论,青色属木,木克土,所以葛洪说土命之人不宜服青色丹药,其他四种情况也是同样的道理。葛洪所说的木火土金水,代表人的命理属性。

---

① 黄帝内经素问译释·六元正纪大论.
② 葛洪.抱朴子内篇·仙药[M]//诸子集成.影印版.上海书店,1986.(本书凡涉及《抱朴子》的引文,未加注释者,均引自《诸子集成》上海书店1986年版。)

西汉天文书《五星占》最先以五行、五方与天上五星相配属,书中说:"东方木, ……其神上为岁星;西方金,……其神上为太白;南方火,……其神上为荧惑;中央 土,……其神上为填星;北方水,……其神上为辰星。"岁星、太白、荧惑、填星、辰星 是天上的五大行星,《五星占》认为它们也是五行所对应的五方天神。在此基础上, 《淮南子·天文训》则直接以木、火、土、金、水代表岁星、荧惑等天上五星。《汉书· 律历志》也说:"五星之合于五行,水合于辰星,火合于荧惑,金合于太白,木合于岁 星,土合于填星。"之后,天文及星占家即以木火土金水指称五大行星。

五行说也为堪舆、占命、相术等活动提供了一套特殊语言。堪舆家用五行理论 描述山川地貌、水文地质,阐述选择阴宅阳宅的道理,如东晋郭璞《藏书》认为,阴宅 应满足"乘金,相水,穴土,印木,外藏八风,内秘五行"的原则,其中的金木水土自有 其特殊的涵义。术数家利用五行生胜关系推演附会,构造一套特殊的理论以解释 人的命运,这也是赋予了五行词语新的内涵。

古代的医家、丹家、天文、术数等都利用五行说,但各家对"五行"木火土金水的 具体含义都有自己特殊的规定。由上述诸例可以看出,五行说在运用中显示出这 样的特征:一方面,同一个五行词语,在不同的运用领域具有不同的含义,代表不同 的事物,如"木"在时令理论中表示春季,在医学中表示肝藏,在天文中表示岁星,在 堪舆、术数中又有不同的内涵,如此等等;另一方面,不同的事物可归属于五行中同 一个词语,如空间之东方,时间之春季,天干之甲乙,数之八,色之青,味之酸等均可 用"木"表示。由此说明,尽管木火土金水的字形和语音未变,但它们所指称的内容 却不断变化。这种言"木"不是木,谓"火"非为火,其语义随需要而变,其指称因对 象而异的特点,正是抽象符号语言的基本特征。所以,从本质上看,古代的五行说 已经成为一种特殊的符号化语言模式,木、火、土、金、水是五个具有循环生胜关系 的抽象符号,完全可用一组诸如 A、B、C、D、E 之类的符号代替。

另外,随着五行词语的符号化,五行生胜关系也被普遍推广。从五行说在古代 的大量运用情况看,凡用五行表示的事物,古人多赋予其"比相生而间相胜"的关 系。既然五行词语已被用于表示各种事物,那么不同事物不可能都遵守狭义的相 生或相胜关系,因此对生胜关系不能作机械地理解。"造化之机,不可无生,亦不可 无制。无生则发育无由,无制则亢而为害。"[1]广义地看,"生"表示事物之间的促 进、资生关系,"胜"表示事物之间的抑制、约束关系。简而言之,生和胜表示事物之 间的促进和抑制两类基本作用关系。因此,可以说,在古代各种认识活动中,五行 说是一套关于五个满足生克制化逻辑关系的抽象符号体系。

---

① 张景岳.类经图翼[M]//张景岳医学全书.北京:中国中医药出版社,2002.

　　所以,实际上,五行说是被古人作为一种表述内容可变的符号语言模式在广为运用。以这种认识分析古代许多与五行有关的科学文化现象,即会得出比较合理的解释。五行说在古代的运用极为广泛,大而哲学、政治、医学、天文、气象、物理、生物,小而堪舆、占卜、命理、相术等等,都不同程度地受到过其影响。任何一种有具体内涵的理论,都不可能具有如此广泛的适用性,只有符号化的语言才有可能如此。正因为五行说被作为一种表述对象可变而生胜关系固定的符号体系,才给古代的运用者提供了任意发挥和附会的充分余地。

　　五行符号模式具有抽象性、整体性及有机系统性等特征。

　　抽象性是符号语言的基本特征,五行说被作为符号语言使用时亦不例外。古人在运用五行说描述不同事物时,已不再考虑木火土金水的原始语意,而是在重新赋予其特定含义的基础上,注重它们之间的生克制化关系。古人是运用这套五行关系去规范其他事物,归纳经验材料,构造理论体系,以满足不同的认识需要。

　　整体性是指五行符号模式是由五个成员组成的有机整体,只有以整体的形式运用,才显示其符号性,单独一个成员不具有符号意义。

　　有机系统性是指五行模式各个成员之间具有一定的相互制约关系,各种局部变化都会关联到整体。东汉医家张仲景说:"夫治未病者,见肝之病,知肝传脾,当先实脾。"[①]中医将五脏归属于五行,从而认为五脏之间也有生克(胜)关系。肝木克脾土,脾实则肝不能克,故阻塞了肝病传脾之路,此其一。其二,脾土实,则克肾水,故肾弱;肾水弱,则不能克心火,故火旺。心火旺,则克肺金,故肺弱;肺金不强,则无力克肝木,故肝气转盛;肝气盛,则肝病自愈。这是五行生克关系隐含的系统控制思想的体现。

六、五行体系的唯一性

　　五行木火土金水五个组元之间,既循环相生,又循环相克(胜),根据这种生克循环关系,可以构造一个离散数学模型,由此可以证明:既满足生克循环关系,又所含组元数最少的集合是一个五元集合,亦即由五个组元构成的集合是满足生克循环关系的最小集合。证明的方法是,把生克关系表示成偶序集,再用图论和矩阵表

---

① 张景岳.金匮要略·脏病经络先后病脉征[M].上海:上海科学技术出版社,2009.

示这种关系集;根据集表示和图论得出的结果,与生克关系的要求进行比较,从而找出最小集合①。这说明,由木火土金水构成的五行体系,在满足生克循环关系要求下,是所用组元数最少的唯一体系。

五行体系唯一性的科学认识论价值在于,当古人用五行模式归纳经验材料、构造理论体系时,所形成的理论也具有基本组元数最少的特点,这在一定程度上符合现代科学提倡的思维经济性或逻辑简单性要求,即用尽可能少的基本概念对尽可能多的事物作尽可能完备的描述。

以传统医学为例,整个中医理论是以阴阳五行学说为骨架建立起来的,从基本理论的形成到具体治疗原则的确定,处处都贯穿着五行生克关系的逻辑主线。中医选择五藏作为人体最基本的要素,并将其与五行、五方、五时、五气、五色、五声、五官、五体、五液、五情、五志、五味、五臭等事物对应归类,建立了"内有五藏以应五音、五色、五时、五味、五位"的藏象理论②,由此利用五行生克关系解释人体的生理病理现象,指导医疗实践。

其实,众所周知,人体的藏腑器官远不止五个,人的神志表情、色味感觉也不止五种,自然界的气候演化、时空变幻、声色表象等也绝不仅限于五类,但在特定的文化背景影响下,古人采用了"万有森罗,以五为度"的事物分类方法③,将其作五元化归类。古人这样做,是为了利用五行模式构造一个天、地、人、物有机一体的中医理论体系。在诸多的藏器中只选择五个作为人体基本要素,而不是四个、六个或七个、九个。由五行唯一性的证明可知,四个或六个(凡偶数个)均不具备"比相生而间相胜"的属性,因而无法利用生克关系揭示它们之间的相互关联;选择七个或九个,虽有循环生克属性,但其中含有多余的组元,因而所建立的理论不够精炼;只有五个组元构成的理论,才能既满足生克关系完备的要求,又达到理论简洁的效果。因此,这种以五行、五藏为基本概念、以生克制化作用关系为基本原理的中医理论,在一定程度上符合思维经济性要求。

除中医理论外,古人在尚五观念或五行思想的影响下,对自然界各种事物进行分类,形成了一系列五元化的概念体系。古人认为,"万物虽多,数不过五"。表征一类事物的基本成员虽然只用五个,但通过它们的变化组合即可涵盖同类事物全体。对此,《孙子兵法》说得十分明白:"声不过五,五声之变,不可胜听也。色不过

① 胡化凯.五行说的数学论证[J].科学技术与辩证法.1995(5):38—42.
② 史崧.灵枢经·经别[M].北京:学苑出版社,2008.
③ 萧吉.五行大义[M]//丛书集成初编·哲学类.

五,五色之变,不可胜观也。味不过五,五味之变,不可胜尝也。"[1]以颜色理论为例,古人把青、赤、黄、白、黑称为"五正色",其余色彩称为"间色",认为间色由正色相互掺杂而成。这种"正色—间色"学说,与现代光学的"三原色"理论不无相似之处。

长期以来,学术界多只把五行说作为一种哲学理论看待,认为金木水火土代表五种基元物质,相生和相克关系是古人对大量经验事实的总结,五行说是古代一种朴素唯物的自然观。其实,由上述分析可见,五行说的思想内涵远不止如此。

小 结

五行说的历史价值不在于其对木火土金水五种物质属性的解释是否正确,而在于其生克制化逻辑关系所蕴含的思想内涵。

有机联系性、周期演化性、多元制约性、整体系统性是五行说的基本思想内涵。这些思想观念随着五行说的广泛运用而渗透于古人认识活动的各个方面。从应用价值来看,五行说为古人提供了一种构造理论体系的工具,同时也提供了一种锻炼思维的方法。古人运用五行模式归纳经验材料,构造理论体系。这样做的结果,既建立了相应的理论、满足了认识活动的需要,也不自觉地训练了自己的理论思维能力。应当说,五行学说的普遍运用,对于古人的理论思维水平、科学认识活动都有一定的促进作用。这方面最典型的例子是其在医学中的运用。

李约瑟说:"我们对于五行和两种力量(即阴阳)的理论所作的思考已经表明,它们对中国文明中科学思想的发展起了一种促进的而不是阻碍的作用。只有到了17世纪当欧洲最后摒弃了亚里士多德的四元素以后,这两种学说与西方人的世界图像比较起来,才使中国人的思想呈现某种程度的落后。"[2]事实表明,五行说对古代科学认识活动的影响,只是到了汉代之后才逐渐显示出保守性。

毋庸置疑,五行说自身也存在一些局限性。首先,它是由五个要素构成的五元化体系,强调五的量化规定,要套用这种模式,就要把系统的要素规定为五个,不足五个,要凑足五个,多于五个,要精简为五个,尽管这种做法有其内在的必要性(满

---

① 孙子兵法·势篇[M]//诸子集成.上海:上海书店出版社,1986.
② 李约瑟.中国科学技术史:第二卷[M].北京:科学出版社,上海古籍出版社,1990:330.

足生克制化关系对系统要素数量的要求），但在普遍运用时则有局限性。因为，不同的事物有不同的数量属性，不可能都满足五的量化要求。

其次，五行生克制化关系是古人根据有限的经验认识提炼的理论模式，并不具有普遍性，不足以全面反映各种事物复杂多样的实际情况。

再次，五行体系是个动态封闭系统，生克制化关系表达的是事物周期性运动过程，如果对其只做简单的理解或机械的套用，即有可能陷入循环论。

这些都是五行说本身所具有的局限性。一般而论，任何一个理论模式都有一定的规范，否则即不成其为模式，而任何规范都只能适用于一定的对象，因而都有相应的局限性。从这种意义上说，五行说的局限性是不可避免的。

五行说在古代获得了广泛的应用，既被运用于科学认识活动，也被运用于方术迷信活动；既产生过积极的影响，也产生过消极的作用。就科学活动而言，在一定的认识阶段，利用五行模式归纳经验材料，形成初步的理论体系，借用生克制化关系说明一些要素的相互影响，这对于推动认识的发展是有积极意义的，但当认识发展到了一个新的阶段，需要上升到新的理论高度看问题时，如果不能及时摆脱五行说的窠臼，仍然因循守旧，这时它则成了科学认识活动的桎梏，产生了消极作用。汉代之后，古人在一些认识活动中仍然固守五行观念，即属于这种情况。

有学者指出，"五行系统不是单向的垂直的链，也不止是首尾相衔的环；而是一种球状的网。其每一行的生胜作用，都不是尽情直遂的，而因受制于其他诸行，呈现为波浪形。前儒用'生克制化'来归纳这种复杂的关系，比之近代西方机械论者在大自然中只能看到'作用—反作用'来说，其丰富、深刻的程度真是不可以道里计。"[1]这种评价是有道理的。

---

① 庞朴.五行漫说[J].文史,第39辑.

第五讲　天人关系观念

人与自然界或人与宇宙的关系一直是人类文明探讨的重要内容之一,古今中外莫不如此。中国古代以天表示自然界,对天人关系的认识和讨论一直受到学者们的重视。

著名史学家钱穆说:"中国文化过去最伟大的贡献,在于对天人关系的研究。……天人合一论是中国文化对人类最大的贡献。"他认为,天人合一观念"是整个中国传统文化思想之归宿处",并且"深信中国文化对世界人类未来求生存之贡献,主要亦即在此。"①钱穆的观点有一定道理。在对于天人关系的认识上,中西方古代形成了不同的观念。中国古代长期占主导地位的是天人合一观念,而西方古代长期流行的是天人相分思想。

在中国传统文化中,天概念具有多种含义。冯友兰将其归结为五种:一是物质之天,即与地相对应的天;二是主宰之天,即所谓皇天上帝,有人格的天;三是命运之天,即人生中无可奈何的东西;四是自然之天,即自然界及其运动变化;五是义理之天,即宇宙的最高原理与法则②。天的这些含义可以分为两类,一类以天表示宇宙万物的主宰和法则,另一类将天看作与人类社会相对应的宇宙自然。

在对天人关系的认识上,中国古人形成了两种不同的观念,一是天人合一,认为天与人是相通的、关联的,天道与人道是一致的、合而为一的;另一是天人相分,认为天与人、自然界与人类社会是相互独立的,各有自己的属性和规律。这两种思想在古代都有代表人物,前者如孔子、孟子、庄子、董仲舒、张载、程颢、程颐、朱熹、王夫之等,后者如荀子、刘禹锡、柳宗元等。相较而言,前一种观念在古代的影响远大于后一种。事实上,人与自然界的关系是辩证统一的,天人相分强调了天与人的独立性,天人合一强调了天与人的统一性,两者都有一定的合理性。

中国古人提倡做学问要贯通天人,穷究一切。司马迁把"究天人之际,通古今之变"看作最大的学问。北宋邵雍认为,"学不际天人,不足以谓之学。""际天人",

---

① 钱穆.世界局势与中国文化[M].台北:兰台出版社,2001:376.
② 冯友兰.中国哲学史:上[M].北京:生活・读书・新知三联书店,2008:46.

即通贯天人。事实上,古人提出的这种要求是不可能实现的,但由此促进了人们对于天与人及其关系的探讨。

一、天人合一观念

中国古代的天人合一观念可以追溯到上古先民的天神崇拜,具有悠久的历史。

据《礼记·表记》记载,夏商周三代先民对于鬼神的态度是不同的。"夏道遵命,事鬼敬神而远之";"殷人尊神,率民以事神,先鬼而后礼";"周人尊礼尚施,事鬼敬神而远之"。三代都信奉鬼神,但殷人的表现最为突出。殷人尊天事神,重鬼神而轻礼教。从殷墟卜辞可以看出,殷人几乎大小事情都要进行占卜,乞求"帝"的帮助。如卜辞曰:"帝佳(唯)癸其雨"(帝在癸这一天要下雨);"今二月帝不令雨"(在这二月里帝不会下雨);"勿伐舌,帝不我其受(授)又(佑)"(不要出兵征伐舌国,帝不会给我们以保佑);"王封邑,帝若"(国王要建都城,帝答应了)。这其中的"帝"都是有意志的人格神[①]。周人虽然也敬神事鬼,但他们敬而远之,推崇礼教,重视自己的作为。与殷人相比,周人的观念具有明显的进步性。

在古代文献中,反映天人合一观念的内容很多,下面介绍一些典型者。

1. 商周先民对上天的敬畏

殷商先民以"帝"表示主宰一切的至上神,对其充满了敬畏、崇拜之情。除了殷墟卜辞中有大量这方面的内容外,《尚书》中《商书》的一些篇章也有明显的反映。殷人有时也用"天"表示神或上帝。《尚书》中"帝"和"天"这两个概念都有运用。

《尚书·汤誓》篇是商汤出师讨伐夏桀前发表的誓词,其中汤对将士们说:"有夏多罪,天命殛之";"夏氏有罪,予畏上帝,不敢不正。"汤告诉士兵,夏桀犯有许多罪行,天命我去讨伐他;我畏惧上帝,不敢不去征伐他。

公元前十四世纪,盘庚将商朝的都城迁至殷,但臣民们不喜欢这个地方,于是盘庚请一些大臣去做民众的思想工作。《尚书·盘庚上》记载大臣对民众说:"先王有服,恪谨天命。……天其永我命于兹新邑,绍复先王之大业,底绥四方。"意思说,先王有事,严格遵循天命;上天将使我们的国家在这个新国都兴旺、安定。

---

① 郭沫若.青铜时代[M].北京:中国人民大学出版社,2005;2—24.

《尚书》记载,周文王打败殷商的属国黎以后,殷大臣祖伊告诉纣王说:"天子!天既讫我殷命。格人元龟,罔敢知吉。……故天弃我,不有康食。"①祖伊说,天子,天意恐怕要灭亡我们殷邦了!贤人和神龟都觉察不出一点吉兆来。天意抛弃我们,不让我们安居乐业。《尚书·微子》记载殷大臣父师对纣王的哥哥启说:"天毒降灾荒殷邦。"意思说,上天降下灾害,要灭亡我们殷商。这些记载反映了殷人对天命的信从。

《尚书》中《周书》的一些篇章也反映了周人对天命的认识。《尚书·大诰》记载周成王告喻臣民说:"天休于宁(文)王,兴我小邦周";"天明畏,弼我丕丕基。"意思说,上天嘉惠文王,振兴我们小小周国;天命可畏,会辅助我们的伟大事业。

《尚书·康诰》记载周公对康叔说:"天乃大命文王,殪戎殷,诞受阙命越阙邦阙民……"意谓上天降大命于文王,灭亡殷国,接收其国民。

《尚书·酒诰》是周公要求康叔在卫国宣布的戒酒诰辞,其中说:"惟天降命,肇我民,惟元祀。"意即上天降下福命,劝勉我臣民,只在大祭时才饮酒。《酒诰》还说:"故天降丧于殷,罔爱于殷,惟逸。天非虐,惟民自速辜。"意思说,上天在殷邦降下了灾祸,不喜欢殷国,是因为纣王贪图享乐;上天并不暴虐,只是殷商的臣民自己招来罪罚。

《尚书·召诰》记载召公对成王说:"皇天上帝改阙元子,兹大国殷之命,惟王受命……"意即皇天上帝改变了他的长子(即天子),结束了殷国的福命,让成王接受了治理天下的大命。这些文献,反映了周人的天命观念。

《诗经》中有不少内容也反映了西周及东周早期先民的天命意识。《大雅·烝民》说:"天生烝民,有物有则,民之秉彝,好是懿德。"意谓人民善良的德性来自于天赋。《大雅·召旻》说:"昊天疾威,天笃降丧。瘨我饥馑,民卒流亡。"意思说,上天施威,降下灾荒,使人民流亡丧命。《大雅·板》说:"天之牖民,如埙如篪,如璋如圭,如取如携。……敬天之怒,无敢戏豫。"意即上天引导人民,象埙与篪的和洽,象璋与圭的合璧,象取与携的合一;敬重上天的威怒,不敢当作儿戏。

《小雅·节南山》说:"昊天不佣,降此鞠讻。昊天不惠,降此大戾。"这是抱怨上天不均不惠,降下凶灾大难来惩罚人民。《小雅·雨无正》说:"浩浩昊天,不骏其德。降丧饥馑,斩伐四国。"这是抱怨上天不能长赐恩德,而降下饥荒,斩伐四方邦国。《小雅·巧言》说:"悠悠昊天,曰父母且。……昊天已威,予慎无罪。"意即悠悠上天,是我父母;上天威严,我要小心谨慎,避免犯罪。《商颂·殷武》说:"天命降监,下民有严。不僭不滥,不敢怠遑。"意思说,上天命令监视下民,天下民众感到惊

---

① 尚书·西伯戡黎[M]//十三经注疏.北京:中华书局,1980.

慌,不敢越礼无度,不敢懈怠。

《诗经》包括《风》、《雅》、《颂》。《雅》和《颂》多是西周王室和贵族之作,为西周史料。《风》主要是东周时期收集的十五个国家和地区的民间诗歌,其中多数是传诵的西周史料,少部分是春秋史料。西周先民将各种无法理解的自然灾害及社会现象都归因于上天,认为它主宰一切,决定人们的命运,因此对其非常敬畏。

周人虽然继承了殷人尊神敬天的文化,但不像殷人那样笃信天命。周朝的统治者一方面以天神观念作为号召百姓的舆论工具或政治工具,如上述《大诰》、《康诰》、《酒诰》等表示的内容,另一方面也对天的绝对权威有所怀疑。《尚书·君奭》记载周公对召公说:"天不可信。我道惟文王德延,天不用释于文王受命。"意谓上天不可信,我们只要施行德政,就可以使事业昌盛,不需要上天的受命。《诗经·大雅·文王》说:"天命靡常";又说:"聿修厥德,永言配命,自求多福。""靡"即无。这与《君奭》的认识是一致的。由信天到疑天、信人,这是认识上的巨大进步。

从周初至春秋战国时期,先民们不仅以"天"表示上帝,而且也用其表示与地相对应的宇宙苍穹和与人类社会相对应的自然界。《说文解字》释"天,颠也,至高无上,从一大。"天,巍巍在上,既高且大,表示广袤无垠的宇宙空间。这种释义代表了春秋战国时期人们对天概念的一般理解。

殷周先民对上天的敬畏,是天人合一观念的早期表现。这种观念在古代有着长期的影响与表现。

2. 先秦儒家的天人合一思想

孔子对于天人关系进行过认真思考,发表过自己的见解。《论语》约一万二千七百字,是反映孔子思想的主要文献,其中除复音词如"天下"、"天子"、"天道"之类外,单言"天"字十八次,其含义包括自然之天和主宰之天。

孔子说:"天何言哉? 四时行焉,百物生焉,天何言哉?"[1]意谓天什么也没有说,四时照样运行,万物照样生长。这个"天"可以理解为自然之天。另外,子贡赞扬孔子说:"夫子之不可及也,犹天之不可阶而升。"[2]子贡说的天,也是自然之天。

孔子说:"天生德于予,桓魋其如予何?"[3]"不怨天,不尤人。下学而上达。知我者,其天乎!"[4]"天之将丧斯文也,后死者不得与于斯文也;天之未丧斯文也,匡

---

① 论语·阳货.

② 论语·子张.

③ 论语·述而.

④ 论语·宪问.

人其如予何？"①"获罪于天,无所祷也;"②"颜渊死。子曰:'噫!天丧予!天丧予!'"③这些表述中的天,属于主宰之天。

孔子很少谈论义理之天。子贡说:"夫子之文章,可得而闻也;夫子之言性与天道,不可得而闻也。"④"天道",即天的法则。

孔子所认为的天,已经与西周人所畏惧的天有很大不同。天不再是那种威严可怖的神灵,而是具有一定的人性。它赋予人以德性,显示出一些规则,让人遵守。

孔子强调"知天命"与"畏天命"。他在总结自己的学习、修养经历时说:"吾十有五而志于学,三十而立,四十而不惑,五十而知天命,六十而耳顺,七十而从心所欲,不踰矩。"⑤在这整个过程中,"知天命"是关键阶段,只有"知天命"之后,才能"耳顺",才能"从心所欲,不踰矩",达到自由境界。孔子所说的"知天命",是指对天人关系的领悟,达到天人合一的境界。"孔子所说的天,已经基本完成了由人格神到自然界的根本转变,同时又保留了其神圣性的意义,将天理解为创造生命的、有价值意义的有机自然,其生命创造的价值即表现为向善的目的性,因而成为人的神圣使命,这就是所谓'天命'。"⑥

孔子一方面主张"知天命",另一方面又提出"畏天命"。他说:"君子有三畏:畏天命,畏大人,畏圣人之言。小人不知天命而不畏也。"⑦孔子所说的"畏",是敬畏的意思。自然界万物的生杀,四时的更替,显示出固有的秩序及法则。人类不遵守这些法则,就会受到惩罚。这种惩罚是无可逃避的,具有神圣性,不可不"畏",这就是"畏天命"。"畏天命"是人类对待自然界的一种神圣的宗教情感,也是人类对自身行为的一种警觉。"畏天命"是以"知天命"为前提的,只有知其可畏,才能自觉地调整自己的行为,避免受到惩罚。孔子所提倡的"知天命"与"畏天命",实质上是强调人与自然的和谐、一致,即达到天人合一。

孟子论述的天,也有几种含义:

一是自然之天,如:"天油然作云,沛然下雨,则苗勃然兴之矣"⑧;"天时不如地

---

① 论语·子罕.
② 论语·八佾.
③ 论语·选进.
④ 论语·公冶长.
⑤ 论语·为政.
⑥ 蒙培元.蒙培元讲孔子[M].北京:北京大学出版社,2005:49.
⑦ 论语·季氏.
⑧ 孟子·梁惠王上.

利,地利不如人和"①;"天之高也,星辰之远也,苟求其故,千岁之日至,可坐而致也"。②

二是义理之天,如:"存其心,养其性,所以事天也"③;君子"仰不愧于天,俯不怍于人"④。

三是主宰之天,如:"夫天未欲平治天下也;如欲平治天下,当今之世,舍我其谁也?"⑤"天之生此民也,使先知觉后知,使先觉觉后觉也。予,天民之先觉者也;予将以斯道觉斯民也"⑥;"故天将降大任于是人也,必先苦其心志,劳其筋骨,饿其体肤,空乏其身行,……"⑦"君子创业垂统,为可继也;若夫成功,则天也"⑧;"顺天者存,逆天者亡"⑨。这些言论反映了孟子对天人关系的认识。

孟子提出了著名的"知性"、"知天"、"事天"、"立命"相统一的观点,认为人"尽其心者,知其性也。知其性,则知天矣。存其心,养其性,所以事天也。殀寿不二,修身以俟之,所以立命也。"⑩在孟子看来,人的本性是天赋予的,充分扩展善良的本心,就懂得了人的本性;懂得了人的本性,即能认识天性;通过存心、养性等途经,可以达到与天合一。孟子所说的"性是内在的,又是超越的,内在于人为人性,超越于人,则与天命、天道为同质,所以尽心可以知性,知性就可以知天。"⑪孟子所说的"知天"是从思想上、精神上与自然界实现统一,"事天"是从实践上、修养上与自然界实现统一,"立命"则是人生修养的终极关怀⑫。

《中庸》也有与孟子类似的观点,其中说:"唯天下至诚,为能尽其性;能尽其性,则能尽人之性;能尽人之性,则能尽物之性;能尽物之性,则可以赞天地之化育;可以赞天地之化育,则可以与天地参矣。""赞",是辅佐,帮助。"参",是配合,一致。人"与天地参",即与天地和谐、一致。

战国后期儒家著作《易传》对天人关系也进行了讨论,其中论述的天,既有主宰

---

① 孟子·公孙丑下.
② 孟子·离娄下.
③ 孟子·尽心上.
④ 孟子·尽心上.
⑤ 孟子·公孙丑下.
⑥ 孟子·万章上.
⑦ 孟子·告子下.
⑧ 孟子·梁惠王下.
⑨ 孟子·离娄上.
⑩ 孟子·尽心上.
⑪ 韦政通.中国思想史:上[M].上海:上海书店出版社,2004:184.
⑫ 蒙培元.蒙培元讲孟子[M].北京:北京大学出版社,2006:109.

之天,也有自然之天及义理之天,内容相当丰富。

关于主宰之天,如《大有》卦象传说:"大有上吉,自天佑也";《无妄》卦象传说:"动而健,刚中而应,大亨以正,天之命也","天命不佑,行矣哉?"《萃》卦象传说:"用大牲吉,利有攸往,顺天命也";《兑》卦象传说:"刚中而柔外,说以利贞,是以顺乎天而应乎人";《系辞传上》说:"君子居则观其象而玩其辞,动则观其变而玩其占。是故自天佑之,吉无不利。"

关于自然之天,如《乾》卦象传说:"大哉乾元,万物资始,乃统天";《坤》卦象传说:"至哉坤元,万物资生,乃顺承天";《屯》卦象传说:"雷雨之动满盈,天造草昧,宜建侯而不宁";《益》卦象传说:"天施地生,其益无方";《系辞传上》说:"在天成像,在地成形,变化见矣。"

关于义理之天,其中如:《乾》卦文言传说:"乾元用九,乃见天则";《复》卦象传说:"反复其道,七日来复,天行也";《恒》卦象传说:"天地之道,恒久而不已。"《易传》中这些"天佑"、"天命"、"顺天"、"天则"观念,反映的都是天人合一思想。《乾》卦文言传说得最为明白:"夫大人者,与天地合其德,与日月合其明,与四时合其序,与鬼神合其吉凶。先天而天弗违,后天而奉天时。天且弗违,而况于人乎?况于鬼神乎?""大人"即圣人,是儒家追求的理想人格。《易传》作者认为,圣人应有赞天地之化育、与天地和其德、与四时合其序的能力。人的德行与天地四时变化一致,这正是天人合一的最高境界。

孔子主张"知天命","畏天命",避免"获罪于天"。孟子提倡"知天"、"事天"、"顺天"。赋予天以美德,强调人对天的认识、敬畏与顺从,这是儒家天人合一思想的主要内容。

3. 先秦道家的天人合一思想

道家的一些思想认识也反映了一定程度的天人合一观念。道家讨论的天,多指自然之天,很少讨论主宰之天。

老子说:"人法地,地法天,天法道,道法自然。"[1]"道法自然"即以顺任自然为道,此即自然之道。顺任自然,就是让事物按照自己的本性发展,不予干预。老子称这种做法为"无为"。在他看来,顺任事物的本性,可使其得到更好的发展,由"无为"可以实现"无不为"。因此,他说:"道常无为,而无不为。"[2]

天道自然,无为。老子提倡人道效法天道,圣人也应"为无为,事无事","辅万

---

① 道德经·第二十五章.
② 道德经·第三十七章.

物之自然而不敢为"①。

老子还认为，天道具有公平性和正义性。他说："天道无亲，常与善人"②；"天之道，利而不害"③；"天之道，损有馀而补不足；人之道则不然，损不足以奉有馀"④。天道是公平的、善意的，因此，老子主张人道效法天道。

老子认为天道自然无为，天道公平正义，强调人道效法天道，这些体现的也是天人合一思想。

庄子认为，天与人本来就是合一的，"天地与我并生，而万物与我为一"⑤，只是由于人的主观区分，才有了天与人的不合一。事实上，"其好之也一，其弗好之也一。其一也一，其不一也一。其一与天为徒，其不一与人为徒。天与人不相胜也，是之谓真人。"⑥不论人喜欢不喜欢，天与人都是合一的；不管人认为合一或不合一，天与人也都是合一的。认为天与人是合一的，就是与自然同类；认为天与人是不合一的，就是与人同类。与自然同类，就要因任自然，消融于自然之中，这样就达到了"天与人不相胜"的真人境界。天与人不相胜就是天与人的一致与和谐。

《庄子·知北游》在论述人与天地的关系时说："汝身非汝有也。……孰有之哉？曰：是天地之委形也。生非汝有，是天地之委和也。性命非汝有，是天地之委顺也。子孙非汝有，是天地之委蜕也。"委，是托付，赋予。《知北游》的作者认为，人的一切都是天地所生，是天地造化的结果，无法独立于天地自然之外。这也是天人合一思想的表露。

《庄子·山木》篇提出了"人与天一"观念，文中解释说："有人，天也；有天，亦天也。人之不能有天，性也；圣人晏然体逝而终矣！"意思说，有人的存在是天然的表现，有天的存在也是天然的表现。人不能支配天然，这是由人的本性决定的。圣人能够安然地顺随天然而变化，这就是"人与天一"。"人与天一"，就是强调人应顺从天然，与之谐调、合一。

《管子·形势》篇及《黄老帛书》都属于战国时期道家的作品，其中也有天人合一思想的内容。《形势》篇说："万物之于人也，无私近也，无私远也，巧者有余，而拙者不足；其功顺天者天助之，其功逆天者天违之；天之所助，虽小必大；天之所违，虽成必败；顺天者有其功，逆天者怀其凶，不可复振也。""顺天"就是顺从天然，做到天

---

① 道德经·第六十四章.
② 道德经·第七十九章.
③ 道德经·第八十一章.
④ 道德经·第七十七章.
⑤ 庄子·齐物论.
⑥ 庄子·大宗师.

人合一。违背天然，就会受到惩罚。

《管子·五行》篇说："人与天调，然后天地之美生。"这也是强调人与天协调一致的重要性。

《黄老帛书》也强调人的行为应顺从天道，其中《十六经》说："夫民仰天而生，恃地而食，以天为父，以地为母"；"顺天者昌，逆天者亡。毋逆天道，则不失所守"；"天道环周，……静作得时，天地与之；静作失时，天地夺之"；"故王者不以幸治国，治国固有前道：上知天时，下知地利，中知人事。"视天地为父母，意识到顺天者昌、逆天者亡，以天时、地利、人和治国，这些都体现了天人合一思想。

道家所说的天是自然之天及义理之天，不具有主宰之意。道家所说的天道是自然之道。强调人道合于天道是道家天人合一思想的特点。

与道家类似，墨家也主张法天，不过墨家所说的天是主宰之天。墨子说："天之行广而无私，其施厚而不德，其明久而不衰，故圣王法之。既以天为法，动作有为必度于天，天之所欲则为之，天所不欲则止之。然而天何欲何恶者也？天必欲人之相爱相利，而不欲人之相恶相贼也"；"爱人利人者，天必福之。恶人贼人者，天必祸之。"①墨子强调："顺天意者，兼相爱，交相利，必得赏。反天意者，别相恶，交相贼，必得罚。"②墨家认为天是有意志的，对人类有惩恶奖善作用，人法天，就是以天的意志行事。这种天人合一思想具有很大的迷信成分。

4. 西汉董仲舒的天人合一思想

西汉董仲舒在前人学说的基础上提出了"人副天数"和"天人感应"理论，认为人本于天，人的形体、性情、道德都是副于天数而成，强调"天亦有喜怒之气、哀乐之心，与人相副；以类合之，天人一也；"③主张"天人之际，合而为一"。④

董仲舒在《春秋繁露》中充分阐述了自己的天人合一思想，具体内容有以下几个方面。

首先，皇帝的权力是天赋予的。董仲舒认为，皇帝受命于天，称为天子，天下臣民受命于天子，即"受命之君，天意之所予也；"④"惟天子受命于天，天下受命于天子。"⑤

其次，人受命于天，身体是副天数而形成的。《春秋繁露·人副天数》篇专门论

---

① 墨子.墨子·法仪[M]//诸子集成.影印版.上海书店,1986.(本书凡涉及《墨子》的引文，未加注释者，均引自《诸子集成》上海书店1986年版。)

② 墨子·天志上.

③ 董仲舒.春秋繁露·阴阳义[M].上海:上海古籍出版社,1991.

④ 董仲舒.春秋繁露·深察名号[M].上海:上海古籍出版社,1991.

⑤ 董仲舒.春秋繁露·为人者天[M].上海:上海古籍出版社,1991.

述了这种观点,其中说:"天地之精所以生物者,莫贵于人。人受命乎天也,故超然有以倚。物疢疾莫能为仁义,唯人独能为仁义;物疢疾莫能偶天地,唯人独能偶天地。人有三百六十节,偶天之数也;形体骨肉,偶地之厚也;上有耳目聪明,日月之象也;体有空窍理脉,川谷之象也;心有哀乐喜怒,神气之类也;观人之体一,何高物之甚,而类于天也。"文中还说:"人之身,首坌而员,象天容也;发,象星辰也;耳目戾戾,象日月也;鼻口呼吸,象风气也;胸中达知,象神明也;腹胞实虚,象百物也。……颈以上者,精神尊严,明天类之状也;颈而下者,丰厚卑辱,土壤之比也;足布而方,地形之象也。……天地之符,阴阳之副,常设于身。身犹天也,数与之相参,故命与之相连。天以终岁之数成人之身,故小节三百六十六,副日数也。大节十二,分副月数也。内有五脏,副五行数也。外有四肢,副四时数也。乍视乍瞑,副昼夜也。乍刚乍柔,副冬夏也。乍哀乍乐,副阴阳也。心有计虑,副度数也。行有伦理,副天地也。……于其可数也,副数;不可数者,副类;皆当同而副天,一也。"①在董仲舒看来,人的形体结构、生理活动、情感变化无不副于天地阴阳五行之数。

第三,人的仁义道德、喜怒哀乐都是天化而成。董仲舒说:"为人者,天也。人之人本于天,天亦人之曾祖父也。此人之所以乃上类天也。人之形体,化天数而成;人之血气,化天志而仁;人之德行,化天理而义;人之好恶,化天之暖清;人之喜怒,化天之寒暑;人之受命,化天之四时;人生有喜怒哀乐之答,春秋冬夏之类也。……天之副在乎人,人之情性有由天者矣。"②

第四,天人相互感应。既然人副天数,天人同类,那么天人之间即存在相互感应。董仲舒认为,人的行为能感动天,天对人有所回应,自然界出现的灾异和祥瑞现象即是天对人的反应。他说:"天地之物,有不常之变者谓之异,小者谓之灾。灾常先至而异乃随之。灾者,天之谴也;异者,天之威也。谴之而不知,乃畏之以威。诗云'畏天之威',殆此谓也。凡灾异之本,尽生于国家之失。国家之失乃始萌芽,而天出灾害以谴告之。谴告之而不知变,乃见怪异以惊骇之。惊骇之尚不知畏恐,其殃咎乃至。以此见天意之仁,而不欲陷人也。谨案:灾异以见天意。天意有欲也,有不欲也。所欲所不欲者,人内以自省,宜有惩于心;外以观其事,宜有验于国。"③在董仲舒看来,灾异是"天谴"、"天威"的象征,是"天意"的表现,天通过灾异表达自己的意愿,实现对人事的干预。

先秦时期存在同类感应观念,董仲舒用这种观念解释天人感应的合理性。他

---

① 董仲舒.春秋繁露·人副天数[M].上海:上海古籍出版社,1991.
② 董仲舒.春秋繁露·为人者天[M].上海:上海古籍出版社,1991.
③ 董仲舒.春秋繁露·必仁且知[M].上海:上海古籍出版社,1991.

说:"百物去其所与异,而从其所与同,……帝王之将兴也,其美祥亦先见;其将亡也,妖孽亦先见,物故以类相召也。"①董仲舒认为,天人感应是同类相召的结果。其实,在汉代之前,天人感应观念即有一定的反映,如《礼记·中庸》篇说:"国家将兴,必有祯祥;国家将亡,必有妖孽";《吕氏春秋·应同》篇也说:"凡帝王者之将兴也,天必先见祥乎下民。"这些都是董仲舒天人感应思想的滥觞。

另外,董仲舒也以"人副天数"理论说明天人感应的合理性。在《黄帝内经》及《淮南子》中也有关于"人副天数"的描述。如《淮南子·精神训》说:人"头之圆也象天,足之方也象地。天有四时、五行、九解、三百六十六日,人亦有四支、五藏、九窍、三百六十六节。天有风雨寒暑,人亦有取与喜怒。故胆为云,肺为气,肝为风,肾为雨,脾为雷,以与天地相参也。"古人认为,人之所以能"与天地相参",就是因为人副天数,人与天地类同。

董仲舒在强调天人合一的同时,对人的主观能动作用也给予了一定的重视,强调"人之超然万物之上,而最为天下贵也。人下长万物,上参天地";②"唯人道为可以参天"③。这种思想认识是有积极意义的。

天人感应是汉代最活跃的思想观念。"这一思想基本的涵义是天人相通,人的善与恶的不同行为,会得到来自天的祥瑞和灾异的不同反应;天的某种兆象,预示着、对应着人世的某种事态的发生与结局。"④

东汉学者王充对以董仲舒为代表的天人感应观念提出了批评。针对"灾异之至,殆人君以政动天,天动气以应之"的观点⑤,王充驳斥说:"人不能以行感天,天亦不随行而应人。"⑥他认为,"天道自然,吉凶偶会",⑦人世的吉凶是由人造成的,与天道无关。

5. 宋代理学家的天人合一思想

天人关系也是宋代理学家讨论的重要内容之一。理学家所说的天,不是离开人而独立存在的纯粹客观的自然界,而是与人相关联的主客统一体。

孟子说:"诚者,天之道也;思诚者,人之道也。"《中庸》说:"诚者,天之道也;诚之者,人之道也。诚者,不勉而中,不思而得,从容中道,圣人也。"诚是天之道,人达

---

① 董仲舒.春秋繁露·同类相动[M].上海:上海古籍出版社,1991.
② 董仲舒.春秋繁露·天地阴阳[M].上海:上海古籍出版社,1991.
③ 董仲舒.春秋繁露·王道通三[M].上海:上海古籍出版社,1991.
④ 崔大华.儒学引论[M].北京:人民出版社,2001:279.
⑤ 论衡·变动.
⑥ 论衡·明雩.
⑦ 论衡·商虫.

到诚的境界即与天道合一,达到这种境界的人即是圣人。至诚是圣人的标志,是人与天地合其德的表现。

人如何能够达到诚的境界?《中庸》说:"自诚明,谓之性。自明诚,谓之教。诚则明矣,明则诚矣。"明是洞悉、明白,即洞察一切。由诚而达于明,是人的天性;由明而达于诚,是教育的结果。先秦儒家认为,通过教育可以使人达到诚的境界。

宋代理学家进一步发挥了孟子与《中庸》的上述思想。北宋周敦颐说:"诚者,圣人之本。大哉乾元,万物资始,诚之源也。"①张载说:"儒者则因明致诚,因诚致明,故天人合一。"②在张载看来,诚与明是统一的,这是天人合一的表现。"天人异用,不足以言诚;天人异知,不足以尽明。所谓诚明者,性与天道不见乎小大之别也。"③天人同用,诚明合一,人性与天道一致,才有诚。张载还说:"天地之塞吾其体,天地之帅吾其性"②,认为人以天地之气为体,以天地之性为性。

北宋理学家二程兄弟(程颢、程颐)从天人一理观念出发,论述了天人合一思想。二程提出了"万物皆是一个天理"的命题,认为宇宙万物皆由理而产生,万物统一于一理。二程所说的理,有时也称为道,所以朱熹称二程的理学为"道学"。程颢说:"故有道有理,天人一也,更不分别;"④又说:"天人本无二,不必言合。"⑤程颐说:"道未始有天人之别,但在天则为天道,在地则为地道,在人则为人道。"⑥既然天地人遵循的是一道,因此,知人道即知天道。"安有知人道而不知天道者乎?道一也,岂人道自是人道,天道自是天道!……天地人只一道也,才通其一,则余皆通。"⑦在二程看来,天人一理,天人一道,所以二者是合一的。

南宋朱熹也从天人一理观念出发,论述了天人合一思想。他说:"天人本只一理,若理会得此意,则天何尝大,人何尝小也……天即人,人即天。"⑧又说:"盖人生天地之间,禀天地之气,其体即天地之体,其心即天地之心,以理而言,是岂有二物哉!"⑨

宋代学者关于天人关系的论述很多,以上只是简单地列举几例。

---

① 周敦颐集.通书[M].北京:中华书局,2009.
② 张载.张子正蒙·乾称[M].上海:上海古籍出版社,1992.
③ 张载.张子正蒙·诚明[M].上海:上海古籍出版社,1992.
④ 河南程氏遗书·卷二.
⑤ 河南程氏遗书·卷六.
⑥ 河南程氏遗书·卷二十二.
⑦ 河南程氏遗书·卷十八.
⑧ 朱子语类·卷十七.
⑨ 朱熹.中庸或问·卷三.朱子全书[M]//四库全书·子部儒家类.

上述表明,从先秦至宋代,许多学者都认为天人是合一的。"合一"即合而为一。如何实现天人合一?归纳起来,大致有三种方式:一是认为人经过心性修养可以达到与天合一,如孟子和《中庸》所说的尽心、尽性,通过心性修养而与天地合其德,即可实现与天为一;二是认为天人同构,如董仲舒所说的人副天数,天人同构即能相互感应,实现合一;三是认为天人同理,如宋代理学家所说的天人一理,既然天人一理,由人理即可达天理,实现天人合一。

天人合一观念强调人"赞天地之化育,则可以与天地参";认为"人事必将与天地相参,然后乃可以成功"①,这些认识都是合理的。但是,古代的天人合一观念也有一定的局限性,不仅天神崇拜和天人感应观念具有明显的迷信色彩,而且一味地强调人与天合一,对古代的认识活动也会产生一定的束缚作用,不利于发挥人的主体能动性。

二、天人相分观念

虽然天人合一观念在中国古代长期处于主导地位,但天人相分思想也有一定的表现。古代不少人认为,天是一种自然存在,没有意志,不能主宰人的命运,天与人各有自己的职能,天有胜人之处,人也有胜天之处。

1. 先秦时期的天人相分思想

在先秦文献中,有不少内容反映了天人相分思想。

《左传》记载,春秋末期,郑国大夫子产说:"天道远,人道迩,非所及也。"②《庄子·在宥》篇也说:"天道之与人道也,相去远矣。"这些都是强调天道与人道的不同。认识到天道与人道的区别,即是天人相分观念的表现。

《文子·上义》篇说:"凡学者,能明于天人之分,通于治乱之本,澄心清意以存之,见其终始,可谓达矣。"《郭店楚简·穷达以时》篇也说:"有天有人,天人有分。察天人之分,而知其所行矣。"明于天人之分,即意识到人相对于天的独立性。这是一个重要的认识进步,是古人在思想观念上获得自由的表现。人类的生存,既要受制于天,也要在一定程度上克服天的制约。明白天与人各有自己的职能,在此基础上

---

① 国语·越语下[M].上海:上海古籍出版社,2007.
② 左传·昭公十八年.

强调人既要遵循天道,也应发挥主观能动作用,进行积极地应对与治理,这才是一种正确的天人关系理念。

荀子《天论》篇所表达的即是这种认识。荀子讨论了天的自然本性,否认天有意志,主张人应"明于天人之分"和"制天命而用之"。

《天论》篇开头即指出:"天行有常,不为尧存,不为桀亡,应之以治则吉,应之以乱则凶。强本而节用,则天不能贫;养备而动时,则天不能病;修道而不贰,则天不能祸。故水旱不能使之饥渴,寒暑不能使之疾,妖怪不能使之凶。本荒而用侈,则天不能使之富;养略而动罕,则天不能使之全;倍道而妄行,则天不能使之吉。故水旱未至而饥,寒暑未薄而疾,妖怪未至而凶。受时与治世同,而殃祸与治世异,不可以怨天,其道然也。故明于天人之分,则可谓至人矣。"荀子所说的天,是自然之天。他认为,自然界有自己的运行规律,不依人的意志为转移,人"应之以治则吉,应之以乱则凶",人类社会的祸福是由人自己造成的。

荀子强调,能"明于天人之分",才是"至人"。其中的"分",指职分、职能。人与天各有不同的职能。荀子指出,"列星随旋,日月递照,四时代御,阴阳大化,风雨博施,万物各得其和以生,各得其养以成,不见其事而见其功",这些就是天的职能。"不为而成,不求而得,夫是之谓天职。"人只能做自己能做的事,"知其所为,知其所不为","不与天争职"。

人虽然"不与天争职",但可以"制天命而用之"。荀子说:"大天而思之,孰与物畜而制之?从天而颂之,孰与制天命而用之?望时而待之,孰与应时而使之?因物而多之,孰与骋能而化之?思物而物之,孰与理物而勿失之也?愿于物之所以生,孰与有物之所以成?故错人而思天,则失万物之情。"在荀子看来,尊天而思慕之,何如畜天所生万物而利用之?颂扬天之美德,何如掌握天道而加以利用?与其盼望天时而等待好的收成,何如适应季节而主动使作物生长?听任作物自然增长,何如发挥人的智能使其更多地化育?思物而贮之,何如治物而勿失之?希望万物自己蕃衍,何如设法促进物类的生成与发展。若舍弃人为而妄思天赐,则不合情理,虽劳心苦神而无益处。他提醒人们,不要"错人而思天",要"制天命而用之"。制是裁取,选择。"制天命而用之",就是选取某些自然规律加以利用。

荀子还强调:"天有其时,地有其财,人有其治,夫是之谓能参。"其中的"参",即"叁"。天有运行四时的能力,地有生养万物的能力,人有治理一切的能力,各有自己的优势,三者并立。

以上这些内容反映了荀子的天人相分思想。荀子的这种思想,对后人产生了深远的影响。

2. 唐代刘禹锡的"天与人交相胜"思想

唐代永贞元年,在顺宗李诵的支持下,以王叔文、王伾为首发动了以限制宦官特权、打击豪族势力为目的的"永贞革新"运动。这一运动失败后,柳宗元、刘禹锡等主要参与者遭到守旧势力的迫害。韩愈对此事评论说:"夫为史者,不有人祸,则有天刑。"①意谓"永贞革新"的失败是天的惩罚。韩愈相信天人感应,认为天有意志,能对人的行为赏功罚过。针对韩愈的观点,柳宗元撰写了《天说》一文予以驳斥。文中说:"彼上而玄者,世谓之天;下而黄者,世谓之地;浑然而中处者,世谓之元气;寒而暑者,世谓之阴阳。是虽大,无异果蓏、痈痔、草木也。……天地,大果蓏也;元气,大痈痔也;阴阳,大草木也;其乌能赏功而罚祸乎?"柳宗元认为,天地、元气、阴阳与果蓏、痈痔、草木一样,都是物质性的存在。果蓏、草木、痈痔不能赏功罚过,天地、元气、阴阳也同样不能赏功罚过。他指出,人的行为"功者自功,祸者自祸,欲望其(天)赏罚者大谬;"②"变祸为福,易曲成直,宁关天命? 在我人力!"③人世祸福,由人所为,与天无关。

《天说》写成后,刘禹锡认为,其文虽然"信美",但属于发泄愤慨之言,对天人关系的论述尚不够充分,故作《天论》"以极其辩"。

刘禹锡在《天论》中将世人对天人关系的认识归为两类。一类是"阴骘之说"。"阴骘",语出《尚书·洪范》"惟天阴骘下民",意谓只有天在暗中保佑着民众。这种观点认为天人之间有相互感应作用。另一类是"自然之说",认为"天人相异",两者之间不存在感应作用。刘禹锡赞成后一种观点,提出"天与人交相胜"之说。

他在《天论》上篇写道:"大凡入形器者,皆有能有不能。天,有形之大者也;人,动物之尤者也。天之能,人固不能也;人之能,天亦有所不能也。故余曰:天与人交相胜耳。甚说曰:天之道在生植,其用在强弱;人之道在法制,其用在是非。"天和人各有优势,天所能做到的,人固然有做不到的;人所能做到的,天也有做不到的。因此,两者各有胜过对方之处,所以两者"交相胜"。刘禹锡指出,天之能在生殖万物,天之道是恃强凌弱;人之能在以法理事,人之道在是非公平。"人能胜乎天者,法也。法大行,则是为公是,非为公非,天下之人蹈道必赏,违之必罚。"④

《天论》上篇还指出,"天之所能者,生万物也;人之所能者,治万物也。……天

---

①　韩愈.昌黎先生集·答刘秀才论史书[M]//四部备要·集部唐别集.

②　柳宗元.天说.柳河东集[M].北京:中华书局,1979.

③　柳宗元.愈膏肓疾赋.柳河东集[M].北京:中华书局,1979.

④　刘禹锡.天论·上篇.刘梦得文集[M]//四部丛刊·集部.

恒执其所能以临乎下,非有预乎治乱云尔;人恒执其所能以仰乎天,非有预乎寒暑云尔;生乎治者人道明,咸知其所自,故德与怨不归乎;生乎乱者人道昧,不可知,故由人者举归乎天,非天预乎人尔。"这还是强调天与人各行其事,天不能干预人事,人也不能干预天事。

刘禹锡还指出,"人不宰则归乎天也,人诚务胜乎天者也。……天无私,故人可务乎胜也。"天道自然、无私,人如果认真谋划,主动行事,就可以胜天。他认为,"万物之所以为无穷者,交相胜而已矣,还相用而已矣。"①宇宙万物之所以生生不息,丰富多彩,就是因为各有优势,交互相胜,相互为用。他强调:人的优势在于"能执人理,与天交胜,用天之利,立人之纪。"②刘禹锡既明确指出天与人是互不干涉的独立存在,也强调了人具有"胜天"、"用天"的主动性。天无私、无谋,人有谋略、能治理,这是人优胜于天之处。

3. 宋元明清时期的天人相分思想

北宋时期,天人感应思想盛行,在这种文化背景下,一些学者在论述天人关系时仍然表现出一定程度的天人相分思想。范仲淹在《上汉谣》中说:"人复不言天,天亦不伤人。天人相相忘,逍遥何有乡。"王安石说得更为明白:"夫天之为物也,可谓无作好,无作恶,无偏无党,无反无侧,会其有极,归其有极矣。"③欧阳修也认为,"治乱在人,而天不与者。"④苏轼在《夜行观星》诗中也说:"大星光相射,小星闹若沸。天人不相干,嗟彼本何事?"这些论述反映了北宋思想家们对"天人不相干"的认识。

天人相分观念不仅认为天与人各自独立存在,而且认为两者各有优势,在一定条件下一方可以胜于另一方。这种观念在历史上长期存在。马王堆《黄老帛书·经法》篇说:"人强胜天,慎避勿当。天反胜人,因与俱行。"意谓人可以强行胜天,但应谨防行为不当;天可以胜人,人应因循其事。《逸周书·文传》篇也说"人强胜天"。《史记·伍子胥列传》说:"人众者胜天,天定亦能破人。"前述刘禹锡说:"天与人交相胜"。这些论述表达的都是人可以胜天、天也可以胜人的思想。宋明时期,这种思想的表现更为突出。

南宋文学家刘过在《龙洲集·襄阳歌》中写道:"人定兮胜天,半壁久无胡日月。"刘过与陆游、辛弃疾为友,积极主张抗击金兵,收复失地。这句话表达的是其

---

① 刘禹锡.天论·中篇.刘梦得文集[M]//四部丛刊·集部.
② 刘禹锡.天论·下篇.刘梦得文集[M]//四部丛刊·集部.
③ 王安石.临川集·洪范传[M]//四库全书·集部别集类.
④ 欧阳修.欧阳文忠全集·易或问[M]//四部备要·集部宋别集.

驱逐鞑虏、统一山河的坚定信念。刘过所说的天,指有意志的天,并非自然之天。元代刘祁在《归潜志》中说:"人定亦能胜天,天定亦能胜人。"这是对"天与人交相胜"思想的进一步表述。

明代关于人定胜天的论述比较多。政治家及农学家马一龙在总结农业生产经验时说:"知时为上,知土次之。知其所宜,用其不可弃。知其所宜,避其不可为,力足以胜天矣。"①农业生产,遵天时,因地宜,即可以获得好的收成,这就是"胜天"。

政治家及学者丘濬说:"人力之至,而或可以胜天。"②文学家及思想家吕坤也说:"人定真足胜天。"③丘濬和吕坤都强调人力可以胜天。明末学者王夫之对天人关系也作过讨论。他说:"人有可竭之成能,故天之将死犹将生之,天之所愚犹将哲之,天之所无犹将有之,天之所乱犹将治之。故人定而胜天,亦一理也。"④王夫之认为,人只要发挥自己的能力,就可以改变某些自然状况,就可以胜天。这些学者所说的天,主要指自然之天。

清代学者章学诚也认为,"天定胜人,人定亦能胜天。"⑤

明清小说中也有"人定胜天"的说法。冯梦龙编撰的《喻世明言·裴晋公义还原配》说:"却因心地端正,肯积阴功,反祸为福。此是人定胜天,非相法之不灵也。"蒲松龄的《聊斋志异·萧七》也说:"登门就之,或人定胜天不可知?"这些小说中的天,指主宰之天。这里所说的"人定胜天",是小说家设定的故事情节,表达了某种主观愿望。

古人认为,在一定条件下,只要发挥主观能动性,人是可以胜天的。这种认识是正确的。古人所说的"人定胜天",表达的是一种愿望,一种追求,一种信心,而不是与天斗争的意志。这种愿望和追求,有时候经过切实可行的努力是可以实现的,这方面的例子非常多。古人所希望的"人定胜天",并不是与天对立,而是有条件地发挥人的能动性以达到某种理想的目的。因为,古人知道,"其功顺天者天助之,其功逆天者天违之。天之所助,虽小必大;天之所违,虽成必败。顺天者有其功,逆天者怀其凶。"顺天、合天,是中国古人具有的主流意识。中国传统文化的一个重要特点就是主张人与自然的和谐、统一,而不是对立和斗争。人定胜天思想,表达的是古人在"不与天争职"的情况下对现实的主动改造。

---

① 马一龙.农说[M]//丛书集成初编·应用科学类.
② 丘濬.大学衍义补[M]//四库全书·子部儒家类.
③ 吕坤.呻吟语[M]//吕新吾全集.清光绪刻本.
④ 王夫之.续春秋左氏传博议·卷下[M]//船山遗书·民国本.
⑤ 章学诚.文史通义·内篇[M]//丛书集成初编·总类.

小　结

在对于天人关系的认识上,天人合一与天人相分是互补的两个方面,各自都有合理性。

天人合一思想强调知天、顺天、则天,强调道法自然、人与天调,这是一种生存智慧,是古人处理人与自然关系的基本原则。古人做事讲究具备天时、地利、人和,这是天人合一思想的普遍体现。

中国古代的农业生产最重视天人合一。荀子说:"农夫朴力而寡能,则上不失天时,下不失地利,中得人和,而百事不废。"①《吕氏春秋·审时》篇也说:"夫稼,为之者人也,生之者地也,养之者天也。"中国传统农业强调"不违农时"、"因地制宜",提倡应天时、因地宜、重人和,这是其经久不衰的根本原因,也是自然农业发展的根本规律。

中国古代的手工业生产也受到过天人合一思想的影响。《考工记》是战国时期的手工业技术专著,其中反复强调,为了保证制作的器具质量优异,工匠要做到应天时、得地气、材质美、工艺巧。书中指出:"天有时,地有气,材有美,工有巧,合此四者,然后可以为良。材美、工巧,然而不良,则不时,不得地气也。"意谓即使是"材美工巧",如果不应天时、不得地气,仍然做不出优良的器物。书中,"轮人"制作车轮要求"斩三材必以其时,三材既具,巧者和之;""弓人"制作弓要求"取六材必以其时,六材既聚,巧者和之;""凡为弓,冬析干而春液角,夏治筋,秋合三材,寒奠体,冰析灂;"并且提出"材美,工巧,为之时,谓之叁均。"这些要求都体现了人工与自然的合一性,目的是保证技术产品的质量。世界文明史表明,在处理人与自然界的关系方面,中国古人比西方古人高明,其中的重要原因之一就是中国人长期奉行天人合一的理念。

天人相分思想强调"明于天人之分"、"制天命而用之"、"天与人交相胜"、"人定胜天",主张充分发挥人的主动性,为自己的生存与发展积极创造条件。这种认识,消除了人对自然界的畏惧与迷信,更为理性地看待人与自然的关系,对于古代社会的发展同样是非常重要的。

---

① 荀子·王霸.

　　从中国文明发展的历史来看,天人合一与天人相分思想都发挥过重要的作用,但天人合一思想长期居于主导地位,即使是天人相分思想也承认天有自己的优势,也不主张人与天的完全对立。因此,钱穆说:"中国传统文化精神,自古以来即能注意到不违背天,不违背自然,且又能与天命自然融合一体。我以为此下世界文化之归趋,恐必将以中国传统文化为宗主。"①有学者认为,"正是在天人关系问题上,中西走向了不同的方向,最终发展出了各自的科学思想和宗教思想。"②西方世界长期奉行的是天人相分思想,强调人相对于自然界的独立性,这种思想给西方文明带来了巨大的成就,但近现代以来,它也产生了日益明显的负面效应。近些年来,面对着环境污染、资源危机等问题,世界各国开始大力提倡以天人合一的方式处理人与自然界的关系,这与中国传统的天人合一观念大体上是一致的。

---

① 钱穆.世界局势与中国文化[M].台北:兰台出版社,2001:380.
② 席泽宗.序言[M]//姜生,汤伟侠.中国道教科学技术史:第一卷.北京:科学出版社,2002.

第六讲　宇宙演化思想

宇宙的起源和演化问题一直是人类探讨的重要课题之一。在科学认识水平低下的古代，人们尽管无法以经验实证的方式研究这类问题，但可以思辨的形式进行思考。战国时期，屈原在《天问》中即问道："遂古之初，谁传道之？上下未形，何由考之？冥昭瞢暗，谁能极之？冯翼惟象，何以识之？明明暗暗，惟时何为？阴阳三合，何本何化？圆则九重，孰营度之？惟兹何功，孰初作之？"经过思考，屈原提出了一系列关于宇宙的起源和演化问题。从春秋战国至明清时期，我国有许多学者讨论过这类问题，提出了一系列思辨性理论。由这些理论可以看出中国古代宇宙演化思想的一些基本内容及特点。

中国古代具有代表性的宇宙演化理论有以下几种。

一、道演化说

先秦道家首先对宇宙的起源和演化问题进行了哲学思考，提出了"道"演化万物的思想。

老子说："无，名天下之始；有，名万物之母；""天下万物生于有，有生于无。"①老子用"有"和"无"说明宇宙的起源，认为宇宙经历了一个从无到有的演化过程。他并且用"道"表示宇宙演化的起点，认为天地万物都是由它演化而来。"道生一，一生二，二生三，三生万物。万物负阴而抱阳，冲气以为和。"②"道"经过"一"、"二"、"三"演化出天地万物，但老子并未说明这里的"一"、"二"、"三"代表什么，因而后人对之作出了种种猜测，给出了许多解释。其实，老子的本意或许并不是用它

---

① 道德经·第一章.
② 道德经·第四十二章.

们表示具体事物,而只是用以象征性地说明从"道"演化出天地万物的中间环节。

"道"作为宇宙演化的起点,既可以说它是"有",也可以说它是"无"。相对于其后的万物而言,它是"无";但既然宇宙万物由它演化而来,它不可能是绝对的"无",其自身包含万物的根源,所以它又是"有"。因此王弼在注释《道德经》时说:"欲言无耶而物以成,欲言有耶而不见其形。""道"生演万物,说其有,难以描述其具体状态;说其无,却从其生出万物;因此它既是"有",又是"无",是"有"与"无"的统一。

庄子及其后学继承了老子的宇宙演化思想。《庄子·知北游》说:"有先天地生者物邪?物物者非物,物出不得先物也。犹其有物也,犹其有物也,无已。"《知北游》作者认为,"万物以形相生",凡物都有形有象。先于天地而存在、形成有形有象之万物的东西,本身不应该是有形有象之物。如果演化出万物的东西本身也是有形之物,则在其之前一定还有物,并且可以一直向前追溯下去,以至于无穷。因此,作为宇宙万物本原的东西只能是无形的。所以《知北游》强调:"昭昭生于冥冥,有伦生于无形。"《庄子·庚桑楚》也说:"万物出乎无有。有不能以有为有,必出乎无有。"《知北游》认为,"知形形之不形乎,道不当名。"《道德经》和《庄子》描述的那种宇宙最初状态是难以名状的,正所谓"无形无名者,万物之宗也。"[①]《庄子》的这些论述都是强调宇宙是从无形无象的状态演化出来的。

西汉《淮南子》继承和发展了老子和《庄子》的宇宙演化思想,在道生说基础上提出了更为具体的宇宙演化理论。该书《天文训》说:"天地未形,冯冯翼翼,洞洞灟灟,故曰太昭。道始于虚霩,虚霩生宇宙,宇宙生气。气有涯垠,清阳者,薄靡而为天;重浊者,凝滞而为地。清妙之合专易,重浊之凝竭难。故天先成而地后定。天地之袭精为阴阳,阴阳之专精为四时,四时之散精为万物。"其中"冯翼洞灟"表示天地未形成之前宇宙处于一片混沌状态,称为"太昭";"虚霩"也是这种浑茫状态。《天文训》认为,老子所说的道是指宇宙开始的"虚霩"状态,由"虚霩"而有时间和空间,在时空中产生气,气有清有浊,清阳之气凝而为天,重浊之气结而为地,天地相互作用产生阴阳,阴阳变化形成四季,四季运行化育万物。

关于万物的形成,《天文训》接着说:"积阳之热气生火,火气之精者为日;积阴之寒气为水,水气之精者为月;日月之淫气精者为星辰;""天地之偏气,怒者为风。天地之合气,和者为雨。阴阳相薄,感而为雷,激而为霆,乱而为雾。阳气胜,则散而为雨。阴气胜,则凝而为霜雪;""阳气胜,则日修而夜短;阴气胜,则日短而夜修。"这些论述说明,在《天文训》作者看来,天地、日月、星辰、雷电、风雨、水火,甚至四时之运行、昼夜之长短,都是由阴阳之气的运动变化所形成的。在此基础上,《天

---

① 王弼.老子注·第四十二章[M]//诸子集成.上海:上海书店出版社,1986.

文训》进一步解释了一系列自然现象,然后总结说:"道始于一,一而不生故分为阴阳,阴阳合和而万物生。故曰:一生二,二生三,三生万物。"这是运用阴阳思想和元气概念试图比较具体地说明天地万物的起源和演化过程,比老子和《庄子》前进了一步。

《淮南子·天文训》中的宇宙演化理论未讨论人和动物的来源及构成,《淮南子·精神训》对之作了补充。该篇开头即说:"古未有天地之时,惟像无形。窈窈冥冥,芒芠漠闵,澒蒙鸿洞,莫知其门。有二神混生,经天营地。孔乎莫知其所终极,滔乎莫知其所止息。于是乃别为阴阳,离为八极。刚柔相成,万物乃形。烦气为虫,精气为人。是故精神者,天之有也;而骨骸者,地之有也;精神入其门,而骨骸反其根。"其中"窈窈冥冥,芒芠漠闵,澒蒙鸿洞"仍然是描述宇宙最初的混沌状态。这是说,未有天地之时,宇宙浑茫一片,处于无形无象状态;然后生出"二神",经营天地,分化阴阳,于是天地形成,万物化生;其中人由精妙之气化生,其他物类由烦浊之气化生。

关于其中的"二神",汉代高诱注曰:"阴阳之神也"。《周易·系辞传上》说:"阴阳不测之谓神"。所谓"二神",不是指某种超自然的人格化实体,而是指自然界的两种阴阳对立因素,它们相互作用,决定天地万物的生演变化。与《天文训》不同,《精神训》特别强调在阴阳之气化生万物的过程中,人是精气所生,其它物类为烦气所生;并且认为人的精神和骨骸是由不同的气所构成,人死之后,精神归于天,形骸消于地。这里不仅解释了人的物质构成,而且说明了人的精神现象的物质基础。

《淮南子·俶真训》也讨论了宇宙起源问题。它认为,在万物形成之前,宇宙经历了"有始者,有未始有有始者,有未始有夫未始有有始者"三个演化阶段。在最初的"有未始有夫未始有有始者"阶段,"天含和而未降,地怀气而未扬,虚无寂寞,萧条霄霏,无有仿佛气遂,而大通冥冥者也。"这时天地初分,阴阳二气尚未交接,天地之间呈现虚无寂寞状态。之后是"有未始有有始者"阶段,"天气始下,地气始上,阴阳错合,相与有优游竞畅于宇宙之间,……欲与物接而未成兆朕。"这时天气下降,地气上升,阴阳交合,已有生演物类的潜在能力,但还未有任何兆朕。然后是"有始者"阶段,即"繁愤未发,萌兆牙蘖,未有形埒垠堮,……将欲生兴而未成物类。""形埒"是界域,"垠堮"是边际,两者都表示物体之间的界限。这时万物已有萌发的征兆,但尚未形成具体的物类。这是阴阳二气相互作用的演化过程。

此外,《俶真训》还把宇宙的演化分为"有有者,有无者,有未始有有无者,有未始有夫未始有有无者"几个阶段。最初的"有未始有夫未始有有无者"阶段是:"天地未剖,阴阳未判,四时未分,万物未生,汪然平静,寂然清澄,莫见其形"。这时天地万物尚无端倪,宇宙处于一片浑然静谧状态。然后进入"有未始有有无者"阶段,这时天地万物已开始萌动,宇宙"包裹天地,陶冶万物,大通混冥,深闳广大,"已"生有无之根"。接着是"有无者"阶段,这时宇宙仍然处于"视之不见其形,听之不闻其声,扪之不可得也,望之不可极也"的状态。但这不是绝对的无,而是"浩浩翰翰,不可隐仪揆度"的宇宙物质存在状态。由此进一步演化到"有有者"阶段,此时万物已经形成,有形有质,"可切循把握而有数量"。《俶真训》所说的"有"和"无"都是指宇宙的物质存在形式,"无"表示原始物质尚处于无形无象状态,"有"表示已形成有形有象的具体事物。这与老子所说的"有""无"概念类同。

由此可见,老子用"道"、"有"和"无"概念描述宇宙的演化,庄子继承了这种思想,《淮南子》的作者进一步发展了这种思想,力图把宇宙的演化过程描述得更加具体和完备。由此反映了先秦及秦汉时期道家对于宇宙演化问题所做的思考。

二、太一演化说

1993 年 10 月,湖北荆门郭店战国楚墓出土一批竹简,其中《太一生水》篇专门讨论了宇宙的演化。其文曰:"太一生水,水反辅太一,是以成天。天反辅太一,是以成地。天地复相辅也,是以成神明。神明复相辅也,是以成阴阳。阴阳复相辅也,是以成四时。四时复相辅也,是以成冷热。冷热复相辅也,是以成湿燥。湿燥复相辅也,成岁而后止。故岁者,湿燥之所生也。湿燥者,寒热之所生也。寒热者,四时之所生也。四时者,阴阳之所生也。阴阳者,神明之所生也。神明者,天地之所生也。天地者,太一之所生也。是故太一藏于水,行于时,周而又始,以己为万物母;一缺一盈,以已为万物经。"①

这段文字描述的宇宙演化过程是,太一先生出水,然后由水辅助太一生出天地,然后依次演化出神明、阴阳、四时、冷热、湿燥和岁。

在古代文化中,"太一"有表示星名、神名等多种含义,但此处表示宇宙演化的开始,与老子的"道"同义。《庄子·天下》篇说,关尹、老聃"建之以常无有,主之以太一。"《吕氏春秋·大乐》篇说:"道也者,至精也,不可为形,不可为名,疆为之,谓之太一";又说:"万物所出,造于太一。"汉代高诱注曰:"太一,道也。"许慎《说文解字》也说:"一,惟初太极,道立于一,造分天地,化成万物。"这些引述说明,古人也用

---

① 转引自:庞朴."太一生水"说[M].中国哲学:第 21 辑.沈阳:辽宁教育出版社,2000:189—190.

"太一"表示宇宙演化的开端,与"道"同意。所以,在宇宙论意义上,"太一"是老子"道"的别名。因此,战国楚简的"太一"演化说,实际上也是"道"演化说。但是,这种学说所表达的思想观念与前述老子和《淮南子》的"道"演化说有所不同。

在太一演化说中,出现了"神明"演化阶段。战国秦汉时期,"神明"一词有多种含义。有表示人的精神者,如《楚辞·远游》说:"保神明之清澄兮,精气入而粗秽除。"有表示人的道德修养境界者,如《荀子·劝学》篇说:"积善成德,而神明自得。"有表示人的先见之明者,如《淮南子·兵略训》说:"见人所不见,谓之明;知人所不知,谓之神。神明者先胜者也。"有表示自然界化育万物的能力者,如《周易·系辞传下》说:"阴阳合德而刚柔有体,以体天地之撰,以通神明之德。"唐代孔颖达疏曰:"万物变化,或生或死,是神明之德。"《淮南子·泰族训》也说:"天设日月,列星辰,调阴阳,张四时,日以暴之,夜以息之,风以干之,雨露以濡之;其生物也,莫见其所养而物长;其杀物也,莫见其所丧而物亡;此之谓神明。"这里的"神明"是指大自然布列星辰、播施风雨、造化万物的能力。《太一生水》篇中的"神明"应与《周易·系辞传下》和《淮南子·泰族训》所说的意思相同。

值得注意的是,《太一生水》篇在讨论宇宙的演化时,给予了水特殊的地位。"太一"先生出水,然后由水辅助其生演天地万物,并且"太一藏于水,行于时,周而又始,以己为万物母,"即"太一"借助于水而实现其"为万物母"的功能。《管子·水地》篇对于水的重要地位也有所论述,其中说:"水者何也? 万物之本原也,诸生之宗室也。"《太一生水》篇强调水的重要地位,这在中国古代的宇宙演化理论中是相当少见的。

此外,《太一生水》篇认为冷热、湿燥也是宇宙演化的重要环节。这种观点在中国古代宇宙演化理论中也是相当少见的。

《太一生水》篇描述的宇宙演化过程从"太一"开始,至"岁"而结束,其中认为由"四时"经"冷热"、"湿燥"演化成"岁",亦即"四时"经过"冷热"、"湿燥"的季节变化即构成一年。这种理论虽然说"太一""为万物母","为万物经",但其描述的宇宙演化过程到"岁"而止,并未继续讨论万物的演化。因此这个演化过程是不完备的。

关于"太一"演化思想,除《太一生水》篇外,在战国秦汉时期的其他典籍中还有一些简略的论述,如《吕氏春秋·大乐》篇说:"太一出两仪,两仪出阴阳。阴阳变化,一上一下,合而成章。浑浑沌沌,离则复合,合则复离,是谓天常。""两仪"指天地,"浑沌"指形象未分的元气状态,"天常"指自然常规。《大乐》篇的作者认为,由"太一"演化出天地及阴阳二气,阴阳之气的运动变化生演万物。《淮南子·诠言训》也说:"洞同天地,浑沌为朴,未造而成物,谓之太一。"这里的"太一"也是表示宇宙最初的混沌状态。

上述文献表明,虽然"太一"是"道"的别称,但《太一生水》篇设想的宇宙演化过程并不与老子和《淮南子》的描述相一致。它代表了战国时期另一种宇宙演化思想。

三、太极演化说

战国时期,儒家在为《易经》作传时,提出了宇宙起源的太极演化理论。《周易·系辞传上》说:"易有太极,是生两仪,两仪生四象,四象生八卦。"其中,"太极"表示宇宙演化的开端;"两仪"指阴阳,也指天地;"四象"指太阴、太阳、少阴、少阳,也指春、夏、秋、冬四时;"八卦"指乾、坤、震、巽、坎、离、艮、兑,它们分别代表天、地、雷、风、水、火、山、泽八种自然物,由此引申,还可代表更多的事物。

汉代《易纬·乾凿度》说:"孔子曰:易始于太极,太极分而为二,故生天地。天地有春秋冬夏之节,故生四时。四时各有阴阳刚柔之分,故生八卦。八卦成列,天地之道立、风雷水火山泽之象定矣。"这是对《系辞传》"太极"演化说的解释。由"太极"经过一系列变化过程演化出"八卦",这是儒家对《易经》八卦起源的思辨性说明,也反映了儒家的宇宙演化思想。

汉代人继承和发展了《易传》的太极演化思想。《易纬·乾凿度》解释"易有太极"时说:"昔者圣人因阴阳,定消息,立乾坤,以统天地也。夫有形生于无形,乾坤安从生?故曰:有太易,有太初,有太始,有太素也。太易者,未见气也;太初者,气之始也;太始者,形之始也;太素者,质之始也。气、形、质具而未离,故曰混沦。混沦者,言万物相混成而未相离。视之不见,听之不闻,循之不得,故曰易也。"

此外,《列子·天瑞》篇和晋代皇埔谧《帝王世纪》也有与此类似的论述。上述"气"是宇宙演化万物的最初物质形态,"形"表示宇宙从无形的气开始演化出有形有象的具体事物,"质"表示事物不但有了形体,而且具备了各自的性质。

《乾凿度》作者认为,在"太极"之前,宇宙经历了从无形到有形的演化,分为"太易"、"太初"、"太始"、"太素"四个阶段,分别对应于从无气到有气、从气到形、从形到质的演化过程,最后达到气、形、质都已具备而尚未分离的混沦状态,也即"太极"状态。

《乾凿度》说宇宙从"太易"状态开始演化,此时宇宙处于"视之不见,听之不闻,循之不得"的状态。这与老子所说的"混而为一"状态相似。虽然"太易"阶段"未见气",但此时的宇宙不是绝对的空无状态,而是有潜在的物质存在。

汉代《孝经纬·钩命诀》也提出了一套与《乾凿度》类似的宇宙演化理论,其中说:"天地未分之前,有太易,有太初,有太始,有太素,有太极,是为五运。形象未分,谓之太易;元气始萌,谓之太初;气形之端,谓之太始;形变有质,谓之太素;形质已具,谓之太极。"

上述表明,《乾凿度》和《钩命诀》的作者认为,宇宙的演化不是开始于"太极",在此之前,还经历了几个发展阶段。这种理论反映了汉代人在思辨的层次上对宇宙演化过程的深入思考。

北宋理学家周敦颐在前人学说基础上,进一步发展了太极演化理论。他构造了一幅象征宇宙演化的"太极图",其中展示的演化过程是:由太极生出阴阳(气),由阴阳(气)生出五行,由五行生演万物。在解释"太极图"时,他说:"无极而太极。太极动而生阳,动极而静,静而生阴,静极复动。一动一静,互为其根;分阴分阳,两仪立焉。阳变阴合而生水火木金土,五气顺布,四时行焉。五行一阴阳也,阴阳一太极也,太极本无极也。五行之生也,各以其性,无极之真,二五之精,妙合而凝。乾道成男,坤道成女。二气交感,化生万物,万物生生而变化无穷也"。①

关于"无极而太极",朱熹评论说:"不言'无极',则太极同于一物,而不足为万化之根;不言'太极',则'无极'沦于空寂,而不能为万物之根。"他认为,"无极而太极",是说无极而又太极,"非太极之外复有无极也。"②这种对"无极"和"太极"的解释类似于老子所说的"无"和"有"的关系。

周敦颐认为,由"无极"而"太极","太极"指混沌未分的气;太极之气具有动静两种属性,由动静而分阴气和阳气,阴阳之气交互作用而生五行木火土金水,然后由二气五行化生万物。

与前述汉代纬书的作者不同,周敦颐不再探究在"太极"之前宇宙经历了哪些演化过程,也没有套用《周易·系辞传》的"四象"、"八卦"模式,而是采用了古代流行的元气、阴阳、五行概念,将太极与阴阳、五行结合起来说明宇宙的演化。周敦颐的宇宙演化理论具有一定的代表性,与其同时代的李觏和明代的王廷相等都是把太极、元气、阴阳、五行概念结合起来以说明宇宙的生成。

从战国儒家《易传》到汉代纬书《乾凿度》和《钩命诀》,再到宋代周敦颐的《太极图》,"太极"演化说经历了不同的发展阶段。《易传》作者构造了太极、阴阳、八卦宇宙演化模式;纬书的作者在此基础上,将宇宙的演化从太极又向前推演到太素、太

---

① 周敦颐.周敦颐集·太极图说[M].北京:中华书局,2009.
② 周敦颐.周敦颐集·太极图说解[M].北京:中华书局,2009.

始、太初、太易几个阶段,表明对宇宙最初的演化过程思考得更为深入;周敦颐等则抛弃了八卦模式,将太极与阴阳五行结合起来说明宇宙万物的演化,使得对宇宙演化过程的解释更加具体化。这个认识过程,反映了古人从构造简单的宇宙演化模式向具体描述宇宙演化过程的逐步转变。

四、元气涡旋运动演化说

本书第二讲介绍过中国古代长期流行的元气本体论思想。古人认为,宇宙空间充满了元气,气的聚散运动决定了宇宙万物的生灭变化。在此基础上,南宋朱熹提出了元气涡旋运动演化天地万物的理论。

朱熹说:"天地初间只是阴阳之气。这一个气运行,磨来磨去,磨得急了,便拶出许多渣滓;里面无处出,便结成个地在中央。气之清者便为天,为日月,为星辰,只在外,常周环运转。地便只在中央不动,不是在下。清刚者为天,重浊者为地。天运不息,昼夜辗转,故地榷在中央。使天有一息之停,则地须陷下。惟天运转之急,故凝结得许多渣滓在中间。……天以气而依地之形,地以形而附天之气。天包乎地,地特天中之一物尔。天以气而运乎外,故地榷在中间,隤然不动。"①这段话集中表达了朱熹的宇宙演化思想,其中反映了以下几点认识:

其一,宇宙结构是由气的巨大涡旋运动形成的。宇宙之初存在阴阳之气,气在作巨大的旋转运动过程中,轻清者趋向外围而形成天、日月、星辰等,重浊者凝聚于中央则构成地。天及日月星辰依气浮于外围,绕着地旋转,地居于中央不动。这是一个以地为中心的对称宇宙结构。

其二,由于天的快速旋转运动,才使得地居于中央不坠不陷;如果天有一息停止运转,地就会陷下去。朱熹认为,天的快速旋转使得气的渣滓向中心凝结,最终在中心处形成了地。除以上论述之外,他还说:"天之形,圆如弹丸……其运转者亦无形质,但如劲风之旋……地则气之渣滓聚成形质者,但以其束于劲风旋转之中,故得以兀然浮空,甚久而不坠耳;"②天"只是气旋转得紧,如急风然,至上面极高处

---

① 朱子语类·卷一.
② 朱熹.楚辞集注[M]//四库全书·集部楚辞类.

转得愈紧。若转才慢,则地便脱坠矣。"①

其三,大地不仅位于天之中央,而且是"隤然不动"的。中国汉代有地动说。汉代《尚书纬·考灵曜》说:"地有四游。冬至地上行北而西三万里,夏至地下行南而东三万里,春秋两分其中矣。地常动移而人不知,譬如人在大舟中闭牖而坐,舟行不觉也。"②意谓地是恒动不止的,一年运行一周,只是居住在地上的人感觉不到而已。与这种传统的观念不同,朱熹认为地是"隤然不动"的。对于古人所说的地恒动不止,他说:"今之地动,只是一处动,动亦不至远也。"③在朱熹看来,地如果是运动的,也只能在很小的范围内运动,因为这样才能保持其在天之中央的位置。

在朱熹之前,中国古代几乎没有人用元气的涡旋运动解释宇宙的形成,因此朱熹的这种思想富有创造性。在西方,古希腊学者恩培多克勒(Empedocles)曾用原始物质的涡旋运动说明宇宙的演化过程;近代笛卡儿用以太涡旋运动假说解释宇宙的形成;在此基础上,德国哲学家康德和法国科学家拉普拉斯提出了关于太阳系起源的旋转星云假说。朱熹的上述观点,与西方的宇宙原始物质涡旋运动演化说有一定的相似性。

明末清初,方以智的学生揭暄继承和发展了朱熹的宇宙演化思想。揭暄认为,宇宙是由元气构成的一个整体,"地与天皆气所结,虚与实皆气所充,上下联属,莫有间断,浑然一物矣。"④他把宇宙中的气分为"凝成之气"和"未凝成之气"两类,认为前者构成天上的日月星辰及地上的山石草木等有形之物,后者"逼塞空虚",使整个宇宙"无有空隙。"④揭暄还认为,整个宇宙存在两种元气涡旋运动。

一种是如朱熹所说的整个宇宙的元气大涡旋运动。气涡漩自东向西旋转,推动各天体绕地球运动,地球居于中央不动。他把气的这种涡旋运动比喻为天的呼吸:"天以气生,还以气行。气从外呼而体遥以举,气从内贯而体遥以转。天一呼吸而一周,是天一日一呼吸也。天一日一呼吸而一周,故诸政丽天转者,从东达西亦一天一周。"④他强调说:"天无形质,但如劲风之旋;"④"天以刚风一日滚转一周,以运包此地。地以圆形虚浮适天之最中。"⑤他并且认为,在元气的大涡漩中,越靠近涡漩中心,气的运动速度越慢;越远离涡漩中心,气的运动速度越快。"天惟一气,……然其气外刚而内柔。刚者健行,柔者受掣。其位渐远,其气渐涣,其力渐薄,其

---

① 朱子语类·卷二.
② 尚书纬·考灵曜[M]//丛书集成初编·哲学类·古微书.
③ 朱子语类·卷一百.
④ 揭暄.璇玑遗述·卷一[M]//刻鹄斋丛书.
⑤ 揭暄.璇玑遗述·卷二[M]//刻鹄斋丛书.

行亦渐微。"①在宇宙气漩的中心是静止不动的地球,而地球的静止,"非自静也,盖因天之动旋转逼束,不得不聚于中。"②

在揭暄生活的时代,西方的地球概念已经传入中国。揭暄认为,大地呈圆形是元气涡旋运动的结果,"其圆也,非自圆也,盖因天之动抱地旋转,如物之有规,从外转之,在内者安得不圆乎。"②

另一种是各个天体自身周围的元气形成的小涡漩,这些小涡漩随天体一起运转。譬如太阳,他说:"太阳之气属火,而体圆性利摩荡,虽为天所带动,实则自转不已。"太阳转动带动周围气涡漩运动,"迅疾劲励,近之者为其所掣,势迫而急,愈近则愈急。譬之泄水旋转入涡,远缓近急,而于近涡处,其急更有莫可名言者。"① 这种小涡漩的运行情况与大涡漩相反,越靠近涡漩中心,气的运动速度越快;越远离涡漩中心,气的运动速度越慢。基于这样一种宇宙演化模型,揭暄进一步提出了天体普遍存在自转运动的猜想,认为太阳和金、木、水、火、土等天体都存在与气涡漩一道的自转运动③。揭暄的宇宙演化理论,既继承了朱熹的思想,也有自己的创造。

从直观上看,宇宙中各个天体都在绕着地球运转,这容易使人想到宇宙开始形成时可能是在作巨大的旋转运动。另外,中国古人一直认为,在天地万物未形成之前,太虚中充满了无形无象的元气。这种天象观察的经验事实和传统的元气自然观的影响,很可能是朱熹和揭暄用元气涡旋运动解释宇宙形成的重要根据。与以前的纯主观思辨性宇宙演化理论不同,朱熹和揭暄的元气涡旋理论具有一定的经验观察根据,反映了认识的进步。

五、宇宙膨胀及周期演化说

中国古代道教学者也相当重视对于宇宙演化问题的探讨,提出了一系列富有特色的理论,其中有些理论含有一定成分的宇宙膨胀及周期演化思想,这与现代宇宙学的大爆炸宇宙论具有一定的相似性。

---

① 揭暄. 璇玑遗述·卷一[M]//刻鹄斋丛书.
② 揭暄. 璇玑遗述·卷二[M]//刻鹄斋丛书.
③ 揭暄. 璇玑遗述·卷三[M]//刻鹄斋丛书.

1. 徐整和葛洪的宇宙膨胀思想

三国徐整的《三五历记》有关于盘古开天辟地的神话,其中说:"天地浑沌如鸡子,盘古在其中,万八千岁,天地开辟,阳清为天,阴浊为地。盘古在其中一日九变,神于天,圣于地。天日高一丈,地日厚一丈,盘古日长一丈。如此万八千岁,天数极深,地数极厚,盘古极长,后乃有三皇……故天去地九万里。"①这个神话认为,宇宙最初浑沌如鸡子,经过一万八千年,天地开辟,然后宇宙按照每日增加一丈的速度增大,经过一万八千年,天地相距九万里。这里含有明显的宇宙膨胀思想。

晋代葛洪的《元始上真众仙记》也有与《三五历记》类似的说法。该书认为,宇宙最初"溟涬鸿蒙,未有成形","如鸡子混沌玄黄",经过"四劫"的演化,天地形成;"天形如巨盖,上无所系,下无所根,天地之外辽属无端。"再经过"四劫"的运行,天地"始分",相距三万六千里。②"四劫"是佛教概念,表示世界由生成到毁灭的一个演化周期。道教借用其表示宇宙演化的一个时段。宇宙最初"如鸡子",经过两个"四劫"的演化和扩展,达到"三万六千里"的范围。

2. 林辕的四阶段演化思想

《三五历记》和《元始上真众仙记》描述的宇宙最初状态,都是形如鸡子的混沌。由混沌逐渐扩展,宇宙不断胀大。元代道士林辕进一步发展了这种思想,他在《谷神篇》下卷《元气说》中描绘了一个更为具体的宇宙膨胀演化过程③。林辕设想的宇宙演化,可分为以下几个阶段:

第一阶段是元气孕育,形成混沌。宇宙最初,"元气始生,犹一黍也,露珠也,水颗也。"这一小点如露珠、黍米样大小的元气,"盖自无始旷劫、霾翳搏聚之,"是经过相当长的时间孕育而成。它"内含凝一点之水质",是宇宙之精华,标志着宇宙演化的开始,"强名曰道"。此即老子所说的"道"。

这一点元气,"内白而外黑","阴含而阳抱",含有阴阳两种相斥相辅因素。"其内之阴,因阳之动而随出,出则为杳霭;外之阳俟阴之静而践入,入则肇氤氲。"内外阴阳结合,"混质而成朴,积小而为大。"阴阳结合后,"内非纯阴,外非纯阳。"内部的阳气"好舒畅,好缓散,欲尽出。"外面的阴气"好涵养,好圆融,欲尽入。"两者相互作用,"外阴愈搏,内阳愈凝,结成混沌。"这时的混沌"其形如初","是玄包其黄者也"。其中"玄属水也,是元气之至精积而盈也;黄属火也,乃余气之生神烜而灼也。"而

---

① 道藏·第三十二册[M].北京:北京文物出版社,上海书店,天津古籍出版社,1988:235.(本书中凡涉及《道藏》的引文,未加注释者均引自《道藏》北京文物出版社等三出版社 1988 年版。)

② 道藏·第三册.269.

③ 陈美东.中国古代的宇宙膨胀说[J].自然科学史研究,1994(1):27—31.

"混沌之内,惟水中沉一日光者矣。"由元气演化形成的混沌,内黄而外黑,外阴而内阳,其中包含一缕阳光。此即宇宙的最初状态。

第二阶段是混沌破裂,宇宙膨胀。混沌经过一段时间的"化育",形成水、火、风、雷"四象"。"风欲扬而不能鼓,水欲泆而不能决,火欲炎而不能升,雷欲荡而不能发。""四象"相互激荡,"渐相刑克,甚至战争"。造成"风助水之力而作彭湃,雷助火之力而加奋迅,"结果导致混沌"激搏而破"。混沌破裂后,水火风雷各自得以施展作用。"雷震而阐,风扬其旷,火气得以升沉,水液得以流注。"混沌"破乃分之",天地得以开辟。"天既分也,元气化气之轻者,自下而升,结成梵宇也;元气积液之资重者,随底所载,乃真水也。"宇宙上是天,下是水。此时的宇宙"大只百里也"。之后,经过"风随方以展之,雷逐位以荡之,外之余气施张以措之,内之元气兆运以局之"的运动变化过程,宇宙逐步扩大,"百里之天既分,则千里矣,渐至万里矣";"历元应化,致今莫谛其几万里矣。"宇宙由最初的一小点元气,演化扩展成几万里的空间规模。这是一个宇宙逐渐膨胀的过程。

第三阶段是"四象"运化,万物衍生。宇宙中有水火风雷,"风惟魂,雷惟响,火惟光,水独质。"它们是引起宇宙发生各种变化的主要因素。这四者之中,水最重要。"天宇之中,有资而兆质者,独一水也;""水为先天后天之母也"。由水开始一系列的生演变化过程:"水之气,日之影,感化而生月";"水既生风,风复吹水,起浪为沫;雷复震水,腾沸化萍;日复曝水,结滓成卤;月复照水,澄坌作泥;积泥而生融蠕,俱化而为土也。风扬而尘,日烈而砂,湛露既降,水滋之土,始生苔藓,次有蒹芜,至于荏苒,渐洳生灭,土斯厚矣。"

林辕继续描述草木的演化过程说:"草化为竹,条茂为木,久之而草结穗,木成树,卉挺实,春荣秋剥,俱腐化土。"他甚至认为:"老木受天地云烟聚气,则有精有液,久之而化禽、化龙、化犴、化男子;""赭石感水土日月孕秀,则有血有乳,久之而化蟾、化虎、化羊、化女人;""木男石女,既有伉合,孕生男女,得以全身。人物既有化育,兹分人虫,非媾亦系胎胞,长幼相须,仍存子息种类差别。"此外林辕还描述了天上星辰、地上金石的形成。

第四阶段是天地毁灭,轮回休息。由于"地土生物太盛,土壤虚而不能自载,小则随方洼陷,大则俱坠矣。力因运穷,数随气尽。"由此造成大地坠陷。这个过程经历三百六十年。"地始坠也,生气绝而寒气行也",因而"天无所载,仍将危也。"继之天皆"崩塌"。这个过程也经历三百六十年。天地崩溃过程,万物俱毁,"其内冥冥然,人、物丧灭,俱化土而无秽也。"

不过,只是由气聚集生成的有形之物毁灭,而先天元气不灭,"先天之天则无坏矣,以其元气常存,还返而复生也。"之后宇宙又进入了下一个演化过程。天地万物的"复生"过程,需要经历八十一年。整个地坠、天崩和万物复生所经历的时间约略八百年,"故天地之一休息,总得八百年。"林辕认为,"天之积气万年,而休息于八百年",所以宇宙的演化以一万零八百年为周期。他将天地的休息看作积蓄力量的过程,"是造化之歇力养气也,乃亦阴阳交接之道也,归根复命之义也;""天地不休息,无从而开展也。"①

以今日的科学认识水平来看,林辕描述的宇宙演化过程无论在逻辑上,还是在具体内容上,都存在着明显的荒谬性。不过,这个宇宙演化理论含有一定的宇宙膨胀及周期演化思想则是明显的。

3. 道教著作中关于宇宙演化周期性的描述

北周道书《无上秘要》引述《洞玄灵书经》描述的宇宙演化过程认为,在"龙汉"之后,"天地破坏",经过"亿劫"漫长的"幽幽冥冥,无形无影,无极无穷,混沌无期"状态,天地才重新复位,万物更生。经过"一劫"之后,"天地又坏",宇宙再经过"五劫"的"幽幽冥冥,三气混沌"过程之后,"乘运而生";到了"开皇"时,天地复位,世界又成。

"劫"的概念来源于印度所罗门教义。该教认为,世界会经历许多劫,每经过一劫(43.2亿年),就有劫火烧毁一切,之后再产生新的世界。佛教把劫分为大劫、中劫、小劫。道教沿袭佛教"劫"的概念,但内涵有所不同。《洞玄灵书经》认为,"天运九千九百周为阳蚀,地转九千三百度为阴勃。"阳蚀阴勃谓之"大劫交"。大劫交时"天翻地覆,海涌河决,人沦山没,金玉化消,六合冥一,"②即大劫交时天地万物具灭,化为混沌。

南北朝道经《太上妙始经》对宇宙演化的周期性说得更为具体。该书认为,"天地三千六百亿万岁一合会",即宇宙的演化以三千六百亿万年为周期。经过一个周期,"天地寿尽",宇宙毁灭之时,"阳精化为火,阴精化为水",先以火烧,后以水浸,使宇宙万物"混而归一"。再经过三千六百亿万年,宇宙重新开辟,"复分别元气,清者为天,浊者为地。"③

宋代道书《灵宝无量度人上品妙经》也认为,宇宙经过一个"劫数运度"之后,"万物消化","更为混沌"。然后"元气复合",开始新一轮演化。④

宋代谢守灏所著《太上混元圣记》认为:太上老君是"元气之祖,万道之宗,乾坤

---

① 道藏·第四册,544—548.
② 道藏·第二十五册,18—19.
③ 道藏·第十一册,431.
④ 道藏·第一册,70.

之根本,天地之精源"。他在宇宙劫运轮回演化过程中,"常于无量劫运之端,太初太易之前,肇布玄元始而生太极,判太极于三才。"在宇宙之末,"至劫终于六合俱消,混沌为一",他使混沌"又复分判",宇宙"凝轻清以为天,积重浊以为地,阳精为日,阴精为月,日月之精为星辰",进行新一轮演化。谢守灏认为,太上老君在劫运开始时,肇布玄、元、始三气而生太极,又判太极而生天、地、人三才。劫终,天地消融成混沌,老君又使"劫历重开",重新分判天地万物。宇宙就是这样周而复始,"凡经无量浩浩之劫,悉如是矣。"[①]

元代道士陈致虚在《太上洞玄灵宝无量度人上品妙经注》中也描述了宇宙劫运轮回演化过程:"每劫运坏,天地荡散,山海消融,物象一空,无复形质。"此时宇宙中"上无色象,下无渊极","空洞虚无",独有元气存在,它"混然不分,沌然始构,是云混沌。"然后从混沌中"金风气摩而生火,四象化合而生土,博载天地,长养万物",新的宇宙开始形成[②]。

这些论述表明,道教的劫运轮回说认为,宇宙以"劫"为周期进行"轮回"演化。

现代大爆炸宇宙理论认为,宇宙是从原始奇点状态爆炸后逐步演化而来,时间、空间和物质都是从大爆炸开始产生的。在此之前,它们都不存在,宇宙是无;在大爆炸之后,宇宙开始了时间的延续,空间的膨胀,万物的生演。这种理论推测宇宙的演化有两种形式,一种是膨胀宇宙,即大爆炸之后宇宙永远膨胀下去,万物随同空间的膨胀而不断演化;另一种是振荡宇宙,即大爆炸之后宇宙呈周期性的膨胀和收缩状态,宇宙空间在一段时间内膨胀到最大状态,然后经历一段时间而收缩成一点,继之再进行下一轮的膨胀与收缩,如此周而复始;前一种情况,宇宙有开始,而没有终结,万物处于永恒的演化过程之中。后一种情况,宇宙则处于生成和毁灭交替进行状态中。我们生活的宇宙究竟以哪种方式存在,取决于宇宙中物质的平均密度。大爆炸宇宙论是在爱因斯坦广义相对论基础上建立起来的现代宇宙学理论。这一理论已经得到河外星系谱线红移、宇宙微波背景辐射和氦元素丰度等观测事实的有力支持,因此被称为标准宇宙模型。

由上述可见,古代道教学者提出的一系列宇宙演化理论,含有一些与现代大爆炸宇宙学思想相类似的内容。不过,毕竟道教宇宙演化理论和大爆炸宇宙论是两种本质不同的理论。大爆炸宇宙论强调,宇宙在大爆炸之前既没有空间,也没有时间,时间、空间和物质都是在大爆炸之后逐渐产生的。中国古代的道教宇宙演化理论虽然认为宇宙经历了从无到有的演化过程,但没有说明在开天辟地之前宇宙是

---

① 道藏·第十七册,895.
② 道藏·第二册,420—421.

否存在空间和时间。道教劫运轮回宇宙演化说,也没有说明时间和空间是否一直永久存在。包括道家和道教学者在内的中国古人似乎认为,空间和时间是永恒存在的,即使是在宇宙最初的混沌状态以及宇宙的劫运轮回生灭过程中,时间和空间也是一直存在的,它们为天地的开辟和宇宙的扩展提供场所,为宇宙的生灭和万物的演化提供时间计量。这是道教宇宙演化说与大爆炸宇宙论的根本差别之一。

毫无疑问,道教宇宙演化论和大爆炸宇宙论属于两种不同层次的理论,前者是带有思辨性和神学色彩的宗教宇宙论,后者是具有科学理论基础和一定的观测事实根据的现代科学,但它们都是以宇宙的起源和演化为认识对象的理论。这两种理论在一些思想认识上的相似性,是耐人寻味的。

小　结

宇宙的起源和演化一直是人类探索的一个永恒主题,在不同的历史时期,人类以不同的方式进行探索。古人或以自然哲学的思辨方式或以宗教神话方式解释宇宙的演化,今人则以实证科学对之进行说明。

中国古代的宇宙演化理论很多,以上仅是几种较典型者。它们反映了古人关于宇宙演化的基本认识。由此也可以看出,古代的宇宙演化理论具有如下一些基本特点:

其一,具有思辨性特征。在科学认识水平低下的古代,人们关于宇宙起源和演化的探讨,只能根据对自然现象的初步观察,运用理性思维进行猜测和想像,以思辨的方式推测天地万物的形成过程。上述各种理论所描述的宇宙万物生演过程,本质上都具有思辨性。这是由古人认识对象的特殊性和认识水平的局限性所决定的。尽管如此,这些理论仍然具有一定的科学思想价值。它们不仅反映了中国古人在自然哲学层次上对宇宙演化问题的探索,而且也体现了古人在这方面的理论思维水平。

其二,认为宇宙有个开端。中国古代的宇宙演化理论大都设定了一个宇宙演化的逻辑起点。如前面所述的"道"、"太一"、"太极"、"太易"等都是宇宙演化的逻辑起点,代表宇宙的最初状态。古代学者基本上都认为,宇宙最初处于鸿濛未分的混沌状态,由此开始了天地万物的演化过程。

其三,认为宇宙经历了一个自然演化过程。无论是"道"演化理论,还是"太一"

和"太极"演化理论,都认为宇宙万物的形成经历了一个漫长的进化过程。

其四,不少理论把"四时"作为宇宙演化的一个阶段。如前所述,无论是战国楚简的"太一"演化说,还是《易传》的"太极"演化说以及《淮南子·天文训》的"道"演化说,都把"四时"作为宇宙演化的一个阶段。"四时"是表示四季的时间概念,不是具体物质,将其放在宇宙演化序列中,表明我国古人对四季气候变化的重视,由此可能反映了中国古代农业文明对季节变化的依赖和关注。

其五,朱熹和揭暄的元气涡旋运动说虽然具有思辨性,但比较符合天象观察的经验事实。

其六,道教宇宙演化论虽然具有宗教神学色彩,但与大爆炸宇宙论在思想认识上具有一定的相似性。

第七讲　循环演化观念和物质不灭思想

　　物质的周期性运动是自然界最普遍的运动形式之一。日复一日,太阳东升西落;月复一月,月面圆了又缺;年复一年,四季冷暖交替。"日往则月来,月往则日来,日月相推而明生焉。寒往则暑来,暑往则寒来,寒暑相推而岁成焉。"①这种以周期性变化为基本特征的自然环境,决定了自然界许多事物的发展变化都呈现一定程度的周期性。

　　中国古人在长期的生活实践中,经过对自然界各种简单的周期性运动现象的反复观察和思考,形成了一种用循环演化观念看待事物发展变化的自然观。这种观念在一定程度上符合事物发展的规律,具有一定的合理性。理解这种观念的涵义,有助于我们正确认识古代科学文化的一些基本特点。

　　物质具有不灭性,这是一种自然法则。这种法则在自然科学中的反映即是质量守恒定律。人类对物质不灭性的认识有着悠久的历史,无论是西欧还是中国,都早在两千多年前即开始了这方面的思考。尽管质量守恒定律是由近代欧洲人发现的,但中国古人在这方面也进行过长期的探索,并达到了比较高的认识水平。这是中国古人在科学认识方面所取得的一项成就。

　　下面分别对中国古人所形成的循环演化观念以及对物质不灭性的认识情况作一讨论。

一、循环演化观念

　　循环演化观念是中国古人形成的一种重要宇宙观,对古人认识自然及社会现象都有过重要影响。先民们不仅对循环演化观念进行了反复的论述,而且还构建

---

　　①　周易·系辞传下.

了一些体现这种观念的专门理论,由此可以看出这种观念在古代思想文化中的重要性。

1. 循环演化观念的一般论述

古人认为,事物发展到极端就会走向自己的反面,遵循循环运动规律。从春秋战国至明清时期,许多学者都有这种认识。

《周易·泰卦》说:"无往不复"。"复"是往复,反本复始。"无往不复",表示事物的运动具有循环性。老子在论述事物运动的规律性时也指出:"万物并作,吾以观复,夫物芸芸,各复归其根。归根曰静,是谓复命。复命曰常,知常曰明。不知常,妄作,凶。"①老子把事物由动到静、回归本根的过程叫做"复命"。他所说的"复命",就是事物变化所呈现的往复性或周期性。老子认为,自然万物运动变化,生生不息,但有生必有死,有灭必有兴,它们做的都是原始返终、往复循环运动。老子所说的"常",指事物的规律性。先秦古人习惯于用"常"表示事物所遵循的常则或规律。荀子说:"天行有常,不为尧存,不为桀亡,应之以治则吉,应之以乱则凶。"②其中的"常"即指规律。"复命曰常",是把事物的往复运动看作自然规律。在老子看来,事物由盛至衰,由动到静,周而复始,是一种规律;认识了这一规律,就能正确地对待事物的运动变化;不了解这一规律,乱作妄为,则会导致失败。

战国时期,古人对事物的循环变化规律已有相当充分的认识,形成了一种普遍的观念。

《管子·宙合》明确指出:"天道之数,至则反,盛则衰。""天道"指自然规律,"数"表示某种必然性。《宙合》作者认为,事物由盛而衰,由弱而强,循环往复,具有必然性。

孙膑在论述用兵之道时说:"天地之理,至则反,盈则败。"③军事家吴起也说:"夫道者,所以反本复始也。"④这其中的"理"及"道",即指事物变化的规律。

《庄子·则阳》强调:"穷则反,终则始,此物之所有。"道家著作《文子·上礼》说:"天地之道,极则反,益则损。"《黄老帛书·经法》篇说:"极而反,盛而衰;天地之道也,人之理也。"《帛书老子·四度》也说:"极而反,盛而衰,天地之道也。"这些论述表达的都是对循环运动规律的认识。

生命活动是自然界最重要的物质运动形式之一。《庄子·至乐》篇描述了一种

---

① 道德经·第十六章.
② 荀子·天论.
③ 孙膑.孙膑兵法·奇正[M].北京:文物出版社,1975.
④ 吴起.吴子·图国[M]//诸子集成.上海:上海书店出版社,1986.

生物繁衍过程,体现了循环演化思想。该篇认为,生物的生演从种子开始,依次演化出"陵舄"、"乌足"、"蛴螬"、"胡蝶"、"鸲掇"、"干余骨"、"颐辂"等等,最后演化成人,人死之后又回归到原初的种子。《庄子·寓言》篇也说:"万物皆种也,以不同形相禅,始卒若环,莫得其伦,是谓天均。"

荀子说:事物的变化,"始则终,终则始,与天地同理",又说"始则终,终则始,若环之无端也,舍是而天下以衰矣"①。意谓事物的终始往复变化,符合天地自然之理,这种运动如此普遍和重要,以至于如果没有它,自然界将会失去勃勃生机,趋于衰亡。

先秦时期形成的这种循环演化观念为后人所继承和发展。秦代吕不韦组织门客编写的《吕氏春秋》中设有《圜道》篇,专门论述了自然界的循环运动现象,其中举例说:"日夜一周,圜道也。月躔二十八宿,轸与角属,圜道也。精(气)行四时,一上一下各与遇,圜道也。物动则萌,萌而生,生而长,长而大,大而成,成乃衰,衰乃杀,杀乃藏,圜道也。"日月的运行,气候的变化,万物的生杀,都遵守循环运动规律,所以古人认为"天道圜"。这种"圜道"思想在《吕氏春秋》的其他篇章中也有明显的反映,如《大乐》篇认为,万物的运动变化像车轮旋转一样,"终则复始,极则复反";《似顺论》也认为,"至长反短,至短反长,天之道也";《博志》篇也说:"全则必缺,极则必反,盈则必亏。"汉代人对循环运动观念也有诸多论述,如西汉《淮南子》说:"天地之道,极则反,盈则损;"董仲舒也认为,"天之道,终而复始。"②

以上这些论述,反映了从春秋至秦汉时期古人所形成的物极必反、原始返终观念。这种观念在一定程度上反映了事物的运动规律,也体现了古人的辩证认识方法,在古代具有广泛的影响。

2. 循环演化理论举例

古代所形成的循环演化观念,除了表现在如上所述的一些一般性论述中之外,在诸如《周易》理论体系、干支循环理论、阴阳消长理论和五行生克学说中,也有充分的体现。

其一,《周易》中的循环演化思想。

《周易》分《易经》和《易传》两部分,前者是一本卜筮之书,后者是对前者微言大义的阐释和发挥。《易经》利用阴爻(− −)和阳爻(—)的排列组合所形成的卦象,象征事物的运动变化情况,使人从中获得某种启示。卜筮作为一定历史时期的文化现象,原本生于无知,同时又是对无知的反抗,是渴求有知的表现。由于《易经》

---

① 荀子·王制.

② 董仲舒.春秋繁露·阴阳终始[M].上海:上海古籍出版社,1991.

卦象由阴阳爻符号构成,给人提供了想像和发挥的空间,因而人们可以根据卦象作出种种推测。战国时期,儒家为《易经》作传时,赋予了其中的符号体系丰富的思想内涵,从而使《周易》成为一本哲学著作,由此也奠定了它在古代思想文化中的重要地位。

《周易·系辞传上》说:"《易》与天地准,故能弥沦天地之道;"《系辞传下》说:"《易》之为书也,广大悉备,有天道焉,有人道焉,有地道焉。"《系辞传》作者作为,《易经》反映了天、地、人运动变化的规律性。

《系辞传上》载孔子说:"夫《易》开物成务,冒天下之道,如斯而已者也。""开物成务",是说《易经》表达了事物发展变化的周期性,"开物"是变化的开始,"成务"是一个变化周期的结束;"冒天下之道",是说《易经》包含了万事万物运动变化的规律①。

《易经》六十四卦的排列,《乾》、《坤》两卦居首,象征天地,代表万物运动变化的开始,其余六十二卦是它们的发展变化。《既济》卦象征万物运动过程的终结,《未济》卦象征新的运动过程即将开始。由《乾》、《坤》经过一系列中间卦象演化到《既济》、《未济》,表现了宇宙万物生生不息、循环不已的过程,即所谓天运物象的"周而复始之象"。

紧跟《乾》、《坤》卦后的《屯》卦象传说:"刚柔始交。"刚柔指《乾》、《坤》,"刚柔始交"就是《乾》、《坤》开始相互作用,表明它是《乾》、《坤》变化的开始,即《屯》卦是"开物"。《既济》卦象传说:"刚柔正而位当。"这标志着《乾》、《坤》的发展已经完成了一个周期,所以,《既济》卦是"成务"。到了《未济》卦,又开始了新一轮的发展过程。

《周易·序卦传》对此作了比较充分的说明。《序卦传》的整个内容就是把六十四卦从《乾》、《坤》至《未济》,按照事物循环运动的秩序加以解读,展示出一个循环演化的完整周期。例如其中说:"《履》而泰然后安,故受之以《泰》。泰者,通也。物不可以终通,故受之以《否》。物不可以终否,故受之以《同人》。""物不可以苟合而已,故受之以《贲》。贲者,饰也。致饰然后亨则尽矣,故受之以《剥》。剥者,剥也。物不可以终尽剥,穷上反下,故受之以《复》。""震者,动也。物不可以终动,止之,故受之以《艮》。艮者,止也。物不可以终止,故受之以《渐》。渐者,进也。进必有所归,故受之以《归妹》。"从这几个解读的片断已可看出《序卦传》作者所要表达的思想观念。

另外,由阴爻和阳爻三叠而成的八个三画卦称为经卦,两个三画卦叠合即构成六画卦,八个经卦可以排列组合成六十四个六画卦,称为别卦。八经卦是六十四别

---

① 金景芳,吕绍纲.周易全解[M].上海:上海古籍出版社,2005:555.

卦的基础,《周易·说卦传》对八经卦的性质、作用及其代表的事物作了集中论述。在中国古人的时空观念中,空间与时间具有对应关系,东、南、西、北分别与春、夏、秋、冬相对应。八经卦分属空间八个方位,与由四季构成的一个年周期对应。《说卦传》用八经卦描述了一年中自然万物从生长至成熟的周期变化过程,其中说:"帝出乎震,齐乎巽,相见乎离,致役乎坤,说言乎兑,战乎乾,劳乎坎,成言乎艮。万物出乎震,震,东方也。齐乎巽,巽,东南也;齐也者,言万物之絜齐也。离也者,明也,万物皆相见,南方之卦也。圣人南面而听天下,向明而治,盖取诸此也。坤也者,地也,万物皆致养焉,故曰致役乎坤。兑,正秋也,万物之所说也,故曰说言乎兑。战乎乾,乾,西北之卦也,言阴阳相薄也。坎者,水也,正北方之卦也,劳卦也,万物之所归也,故曰劳乎坎。艮,东北之卦也。万物之所成终而所成始也,故曰成言乎艮。"万物在春天开始萌发,经过夏天的生长,至秋天而成熟,即"万物之所说",冬天万物收藏,即"万物之所归"。《艮》是东北之卦,属于冬春之交,既是万物演化一个周期的结束,也是新一轮演化的开始,因此说"万物之所成终而成始也"。这里描述的是一个由八卦方位所对应的季节变化而体现的周期性过程。

《周易》蕴涵的周期性是多层次的,从不同的角度分析,可以得出不同的认识。

其二,干支循环演化理论。

天干、地支是古人用以标记年月日时的专门理论。十天干(甲、乙、丙、丁、戊、己、庚、辛、壬、癸)和十二地支(子、丑、寅、卯、辰、巳、午、未、申、酉、戌、亥)依一定顺序组合相配,天干轮回六次,相应于地支轮回五次,共同构成一个以六十为周期的干支循环体系,称为六十甲子。古人很早即以干支纪日,商代甲骨卜辞中已使用这种方法。古人将一年分为十二个月后,即用十二地支纪月;仿此将一昼夜等分十二份后,又以十二地支分别标记一天中的十二个时辰。干支纪时方法是我国古人的一大发明,以之可以很方便地纪录年月日时的周期性运行过程。

天干地支原本是古人创造的用以计量时间的符号体系。两汉时期,古人按照干支中各字的排列顺序,并根据一年四季自然界变化的周期性,赋予了其中各字特定的含义,从而使天干和地支在标记时间序列的同时,也成为两套表示自然界植物或农作物周期性生长过程的专门理论。

关于天干,《史记·律书》说:"甲者,言万物剖符甲而出也;乙者,言万物生轧轧也";"丙者,言阳道著明,故曰丙;丁者,言万物之丁壮也,故曰丁";"庚者,言阴气庚万物,故曰庚;辛者,言万物之辛生,故曰辛";"壬之为言妊也,言阳气任养万物于下也;癸之为言揆也,言万物可揆度,故曰癸"。这是将甲乙、丙丁、庚辛、壬癸分别对应于春、夏、秋、冬四季的天运物象特征,从而说明植物在一年中的演化过程。

东汉刘熙《释名》对天干的含义解释得更为全面具体,其中说:"甲,孚也,万物解孚甲而生也。乙,轧也,自抽轧而出也。丙,炳也,物生炳然皆著见也。丁,壮也,物体皆丁壮也。戊,茂也,物皆茂盛也。己,纪也,皆有定形可纪识也。庚,犹更也,庚坚强貌也。辛,新也,物初新者皆收成也。壬,妊也,阴阳交,物怀妊也,至子而萌也。癸,揆也,揆度而生,乃出之也。"

此外,东汉许慎《说文解字》和班固《汉书·律历志》也有与此类似的解释。植物从剖甲而生,经抽轧而出、炳然壮茂、庚庚有实,到新物收获,即完成了一个生长周期。接下来是新的生机开始萌动,等待着解甲而出,开始新一轮的演进。这是对大自然中各种生衰变化过程的高度概括。

由此可见,汉代人认为,天干的排列顺序象征着万物由萌生而少壮,而繁盛,而衰老,而死亡,而更始的一个演化周期。

关于地支,《淮南子·天文训》根据其与十二个月的对应关系作了如下解释:"正月指寅,十二月指丑,一岁而匝,终而复始。指寅,则万物螾螾也;……指卯,卯则茂茂然;……指辰,辰则振之也;……指巳,巳则生已定也;……指午,午者,忤也;……指未,未,昧也;……指申,申者,呻之也;……指酉,酉者,饱也;……指戌,戌者,灭也;……指亥,亥者,阂也;……指子,子者,兹也;……指丑,丑者,纽也。"这是借用地支大致描绘了一年十二个月生物的演化过程。

《史记·律书》比《淮南子》说得更为具体,书中说:"子者,滋也,滋者,言万物滋于下也;""丑者,纽也,言阳气在上未降,万物厄纽,未敢出也;""寅,言万物始生螾然也,故曰寅;""卯之为言茂也,言万物茂也;""辰者,言万物之蜄也;""巳者,言阳气之已尽也;""午者,阴阳交,故曰午;""未者,言万物皆成,有滋味也;""申者,言阴用事,申贼万物,故曰申;""酉者,万物之老也,故曰酉;""戌者,言万物尽灭,故曰戌;""亥者,该也,言阳气藏于下,故该也。"此外,《汉书·律历志》、《说文解字》和《释名》等也有类同之说。这说明,地支与天干一样,也是表示事物由微而著,由盛而衰的周期性变化过程。

显然,汉代人对干支中各字的解释未必符合其本义,其中运用了同音互借、形近互换等方法,不乏牵强附会之处。这种情况正说明,汉代人是故意借用天干和地支建构二套循环演化理论,用以描述"阴阳之施化,万物之始终"的循环演化过程。干支理论是我国古代典型的周期演化理论。

其三,阴阳循环消长理论。

战国时期,人们认为一年四季气候的变化及万物的生衰,都是由自然界中阴气和阳气的周期性消长变化所决定的。《管子·形势解》明确认为:"春者,阳气始上,故万物生;夏者,阳气毕上,故万物长;秋者,阴气始下,故万物收;冬者,阴气毕下,故万物藏。"阳气主万物的生长,阴气主万物的肃杀,阴阳消息决定万物的运动变化,这是我国古人形成的一种朴素的自然观。

既然阴阳之气的运动变化决定万物的生杀,因此古人总是希望将其变化过程描述得尽量具体一些。《管子·形势解》描述了一年四季中阴阳之气的周期性变化,《礼记·月令》则试图描述一年十二个月中阴气和阳气的周期性变化情况。《月令》说:孟春之月,“天气下降,地气上腾,天地和同,草木萌动”;季春之月,“阳气发泄,生者毕出”;仲夏之月,“日长至,阴阳争,死生分”;仲秋之月,“杀气浸盛,阳气日衰”;孟冬之月,“天地不通,闭塞而成冬”;仲冬之月,“日短至,阴阳争,诸生荡”。由此大致说明了一年中阴阳之气的变化情况。

在这类认识基础上,西汉学者孟喜借用《易经》十二消息卦,以每卦所含阴爻和阳爻的数量多少表征宇宙中阴气和阳气的数量变化,并根据阴阳爻递变顺序将十二卦分别与十二个月份对应,从而构成了一套形象地描述一年中自然界阴阳周期性变化的理论模式(表 7.1)。

表 7.1 十二卦与十二个月份对应表

卦象	䷗	䷒	䷊	䷡	䷪	䷀	䷫	䷠	䷋	䷓	䷖	䷁
卦名	复	临	泰	大壮	夬	乾	姤	遁	否	观	剥	坤
月建	子	丑	寅	卯	辰	巳	午	未	申	酉	戌	亥
月份(农历)	11	12	1	2	3	4	5	6	7	8	9	10

表 7.1 说明,按照西汉的历法,一年中从 11 月开始,阴气渐减,阳气渐增,至 4 月阳气达到最大,之后从 5 月开始,阳降阴升,至 10 月阴气达到最大。阴阳以每月一个单位的幅度增减,每年轮回一周。

这种阴阳演化理论也是古人循环演化观念的一种反映。

其四,五行循环演化理论。

五行说是我国古人创立的一种典型的循环演化理论。这种理论对于古代各种认识活动产生过广泛而持久的影响。

五行说也被古人用于表示事物的周期性演化过程。例如,汉代人在五行说基础上提出了五行休王理论,认为随着一年四季季节的更替,木、火、土、金、水各自都会经历生、壮、老、囚(朽)、死五个演化阶段。《淮南子·地形训》说:春季,木壮、水老、火生、金囚、土死;孟夏和仲夏,火壮、木老、土生、水囚、金死;季夏,土壮、火老、金生、木囚、水死;秋季,金壮、土老、水生、火囚、木死;冬季,水壮、金老、木生、土囚、火死。

东汉班固的《白虎通义·五行》篇也有类似的论述,其中称生、壮、老、囚、死五个阶段分别为相、王、休、囚、死。

隋代萧吉的《五行大义》卷二也说："春则木王,火相,水休,金囚,土死。夏则火王,土相,木休,水囚,金死。六月则土王,金相,火休,木囚,水死。秋则金王,水相,土休,火囚,木死。冬则水王,木相,金休,土囚,火死。"金、水、火、土本是无生命之物,并无强壮、衰老等生物变化现象,这种理论显然是古人利用五行体系构造的事物循环演化模式,是对大量事物周期性变化现象的抽象和概括。

阴阳理论、五行学说、干支纪时、《周易》哲学等对中国古代科学文化的发展都产生过重要影响,它们所蕴含的循环演化观念,也渗透到了古代思想文化的方方面面,构成了传统文化的一种基本特征。学术界曾经有人对中国古代的循环演化观念持批判态度,认为这是一种形而上学观念,是封闭式的死循环,是把事物描述成虽有运动却无发展。其实,这种认识具有片面性,是对循环演化观念的误解。严格来说,自然界不存在任何一种所谓的封闭式循环运动。因为,从运动的时间和空间属性上看,有些运动即使在空间上是可重复的,但在时间上却不能重复。太阳每日东升西落,但每日的太阳都是新的。宇宙万物无时无刻不在变化着和发展着。一粒种子春生夏长秋收冬藏,从形式上看,这个过程周而复始,年年如此,但从内容上看,它每经过一年的生长繁演,都会产生新的变化。无论在量上还是质上,它都有新的发展。因此,事物的循环运动不是封闭的,不变的,而是有变化,有发展。

农学、医学、天文学和算学是中国古代最为发达的四大学科。不可否认,这些学科都有很大的实用价值。社会的需要推动了这些学科的发展,但分析它们的研究对象即会发现,除了算学之外,其余三者都有明显的周期性运动特征。正是这些研究对象周而复始的不断重复出现,为古人提供了无数次重复认识的机会,经过一次次的总结和修正,才使古人的认识水平不断提高。

农学需要认识一年四季农作物生长收藏的基本规律,而农作物的生长以年为周期的不断重复,为古人提供了一次次的观察、实践以及不断总结的机会。

医学需要认识人体气血循环及脏腑相互作用的机制和规律,需要认识人体从生至死的变化规律,而不同年龄的病人的组合即构成了从婴儿到老人的完整链条,各种病人的重复出现即给医生提供了反复认识人体特点及各种疾病规律的机会。

中国古代的天文学以观测、总结日月五星的运动规律为主要任务,而日月星象年复一年的重复出现,为天文学家提供了反复观测的无数次机会。周期性运动为人们提供了反复观察的可能性,因而比较容易认识,而不具有周期性的运动一般是比较难以把握的。

循环运动是事物的一种基本运动形式,中国古代的循环演化理论是对这种运动形式的近似反映。这种理论对于古代的科学认识活动具有一定的指导意义。但是,不可否认,循环演化观念也会对古人的认识活动产生一定的负面作用。首先,在事物的螺旋式运动过程中,人们只要认识了其中的一个循环,就可以对该事物的全部运动情况有了大致的了解,由此易使古人思想趋于僵化、教条,不利于发现新问题,开拓新事物。其次,虽然宇宙中周期性运动相当普遍,但毕竟也有许多非周期性的运动现象,如果一味地强调循环运动形式,就会以偏概全,忽视其他形式的运动,阻碍认识的发展。这两种倾向,在中国古代科学认识活动中都有不同程度的表现。不过,总体来说,循环演化思想对古代科学认识活动的正面影响和积极作用还是主要的。

作为一种重要观念,循环演化思想不仅对中国古代的科学认识活动有一定的影响,而且广泛渗透到传统文化的各个方面,以至于对古人的思维方式和社会心理都有一定程度的影响。

二、物质不灭思想

物质不灭或质量守恒是宇宙的重要法则。从战国至明代,中国古人经过长期的观察和思考,已经对物质的不灭性有了正确的认识。这种认识,对于指导古代的科学认识活动具有重要意义。考察古代一些学者的有关论述,可以看出古人关于物质不灭性认识的特点及其所达到的认识水平。

1. 战国汉晋时期关于物质不灭性的认识

春秋末期,老子对宇宙万物的运动变化情况进行过思考。他发现,自然界会发生各种"物或损之而益,或益之而损"的变化[1],而在各种变化中,"损有馀而补不足"是一般法则[2]。不过,老子的这种认识,还算不上是对物质不灭性的探讨。

战国时期,《庄子·至乐》在阐述生物的演化过程时说:"万物皆出于机,皆入于机。"意谓万物由"机"生出,最终又复归于"机"。"机"是万物之本,又是万物之终。《列子·天瑞》也有与《庄子·至乐》类似的论述。东晋张湛对之解释说:"万形万化而不化者,存归于不化,故谓之机。机者,群有之始,动之所宗。"[3]"机"是各种物质

---

① 道德经·第四十二章.

② 道德经·第七十七章.

③ 张湛.列子注·天瑞[M]//诸子集成.上海:上海书店出版社,1986.

变化过程中的不变因素,是一切存在及变化的根本。这说明,《至乐》的作者认为,在万物的生演变化过程中含有某种不变的东西。

《淮南子·精神训》在论述宇宙本原的永恒性时说:"生生者未尝死也,其所生则死矣;化物者未尝化也,其所化则化矣;""化生者不死,而化物者不化。"根据汉代高诱的注释,其中的"生生者"、"化物者"和"化生者"均指老子所说的"道"。"道"是宇宙万物的本原,因此具有永恒性。这里讨论的虽然不是具体物质的永恒性,但这种思想对于人们认识物质的不灭性仍然是有帮助的。

汉代元气论盛行,刘安的《淮南子》、董仲舒的《春秋繁露》、王符的《潜夫论》、王充的《论衡》以及两汉流行的多种纬书,都反复论述了元气化生万物的思想。汉代人认为,元气是包括人在内的宇宙万物的基本成分,万物死灭后都复归于元气。王充即认为,"人未生,在元气之中;既死,复归元气;""阴阳之气,凝而为人。年终寿尽,死还为气。"①

在前人认识的基础上,晋代人对物质不灭性的认识又有所深入,这在《列子》中有明显的反映。据马叙伦考证,班固《汉书·艺文志》作录的《列子》八篇早已亡佚,现存《列子》并非战国列御寇原著,而是"魏晋以来好事之徒聚敛"战国秦汉时期的一些著作及言论编撰而成②。据此可以认为,现存《列子》中既有战国秦汉时期的东西,也有魏晋时期人的思想认识。现存《列子》为东晋张湛注释的本子,其中《天瑞》篇在论述自然界的物质运动变化情况时指出,"运转亡已,天地密移,畴觉之哉?故物损于彼者盈于此,成于此者亏于彼。损盈成亏,随生随死。往来相接,间不可省,畴觉之哉?凡一气不顿进,一形不顿亏;亦不觉其在,亦不觉其亏。"这是说,天地万物处于不停的运动变化之中,许多变化是悄悄地进行的,让人觉察不到;在各种物质变化过程中,那里的物质少了,这里必然多了;这里有物质生成,那里必然有物质损灭;万物的损益盈亏相互衔接,使人难以觉察。这里不仅指出了万物处于不停的运动变化之中,而且指出在万物运动变化过程中,虽然局部的物质有增有减,但总体上是不变的。

张湛在为《天瑞》篇作注时,进一步论述了事物变化过程的物质不灭性。他认为,自然万物的生死变化是难以测度的,生于此者或死于彼,生于彼者或死于此;但在这些生死变化过程中,"形生之主未尝暂无。是以圣人知生不常存,死不永灭,一气之变,所适万形"。张湛所说的"形生之主",是指事物变化过程中保持不变的东西。在他看来,事物的存在和毁灭都是气的不同表现形式,气是不生不灭的。另

---

① 论衡·论死.
② 杨伯峻.列子集释·前言[M].北京:中华书局,2007:3.

外,西晋郭象也认为,"一气而万形,有变化而无死生也"。

2. 唐宋时期关于物质不灭性的认识

唐代道教盛行,道士们在炼丹活动中发展了对物质不灭性的认识。

公元 7 世纪末或 8 世纪初,道士金陵子所著《龙虎还丹诀》描述不同种类的丹砂所含水银份量多少时写道:"其光明砂,每一斤只含石气二两,抽得水银十四两;其白马牙砂,一斤含石气四两,抽得水银十二两;紫灵砂含石气六两,抽得水银十两;如上色通明溪砂一斤,抽得水银八两半,其石气有七两半;其杂色土砂之类,一斤抽得水银七两半,含石气八两半。石气者,火石之空气也。如水银出后,可有石胎一两,青白灰耳。"

唐代陈少微《大洞炼真宝经修伏灵砂妙诀》中也有与此同样的记载。在炼丹过程中,道士根据从一斤丹砂中提取的水银数量即可推知其含有多少"石气"杂质。"石气"是炼丹过程中产生的气体(可能是二氧化硫),道士们认识到它是有质量的,是丹砂的组成部分。这表明,至迟在唐代,炼丹家对物质的守恒性已有比较明确的认识,并以这种认识指导炼丹活动了。

金陵子还记述了从丹砂中提取水银的操作方法:"取筋竹为筒,节密处全贮三节,上节开孔可弹丸许大,中节开小孔子如箸头许大,容汞滴下处。先铺厚蜡纸两重,致中节之上。次取丹砂细研,入于筒中。以麻紧缚其筒,蒸之一日。然后以黄泥包裹之,可厚三分,埋之土中,令筒与地面平,筒四面紧筑,莫令漏泄其气。便积薪烧其上一复时,令火透其筒上节,汞即溜下于下节之中,分毫不折。""分毫不折",即反映了道士在炼丹过程中对物质的定量把握。

金陵子《龙虎还丹诀》还记载了用水银与硫磺合成丹砂的方法以及再从丹砂中提取水银的方法,文中说:"汞一斤,石硫磺三两。右生捣研为粉,置于瓷钵中。着微火,续续下汞,急手研子,令为青砂后,将入瓷瓶中。其瓶子可受一升水,以泥固济,令可厚二分,以盖合之,密固济,全致之炉中。用炭一斤于瓶子四面,长须有一斤炭。三日后便以武火烧之,可用炭十斤,分为两分,每一上炭五斤,烧其瓶子,忽有青烟透出,即以稀泥急涂之,莫令焰出,炭尽为度。候寒开之,其汞化为紫砂,分毫无欠。""又取前紫砂与黑铅一斤,将其黑铅先于鼎内熔成汁,次取紫砂细研投入铅汁中,歇去火,急手炒令合为砂。致鼎中,细研盐覆盖,可厚二分,紧按令实际。令武火飞之半日,灵汞即出,分毫不欠。"其中的"分毫无欠"及"分毫不欠",都反映了道士在炼丹过程中对原料及产物的定量认识。

这个实验的基本原理是,先使汞与硫磺化合成硫化汞(紫砂),然后用铅与硫化汞混合、加热,铅置换出汞而生成硫化铅,汞则升华而回收。这类实验在陈少微《大洞炼真宝经九还金丹妙诀》和张果《玉洞大神丹砂真要诀》中都有记载。这说明,炼丹术发展到唐代,已经进入定量化的实验操作阶段,其中运用了物质守恒知识。

因此,有学者认为:"以金陵子为代表的一派炼丹家已不是用实验去证明物质守恒原理,而是以物质守恒原理去指导炼丹实践,作为衡量实验可靠程度的根据了。"①

道士在炼丹活动中对物质守恒原理的运用,并不能代表一般世人对这一知识的普遍掌握。事实上,将物质守恒作为炼丹活动的基本常识与将之看作自然界的普遍原理是两个不同层次的认识。唐代道士是在前一个层次上认识物质的守恒性的。

到了宋代,仍然有人继续在一般意义上探讨物质的不灭性。如第二讲所述,北宋哲学家张载即从元气本体论出发提出了"形散气不损"的著名论断。他指出:"太虚者,气之体。……形聚为物,形溃反原;"万物"形散而气不损。"②"不损"即数量上无减少,亦即作为万物基本成分的元气在万物变化过程中量值是不变的。这种观点为后人进一步认识物质不灭性提供了理论基础。

3. 明代关于物质不灭性的认识

明代王廷相、宋应星、王夫之等一批学者对物质不灭性作了比较充分的探讨,得出了明确的结论。

王廷相继承了张载的元气守恒思想。为了形象地说明宇宙中气的守恒性,他将气凝聚成万物的过程和万物解体复归于气的过程,类比于大海中冰与水相互转换的过程。随着气温的变化,大海中水或凝结成冰,冰或融化为水,两者相互转化,"冰固有有无也,而海之水无损焉。"③

宋应星对物质不灭性也有明确的认识。古人一直认为金石同类,两者均由土所生成。宋应星在《论气》中进一步指出,在土生成金石的过程中,物质是守恒的,"土为母,石为子,子身分量,由亏母而生;""土为母,金为子,子身分量,由亏母而生。"子体分量增加是母体分量减少的结果,因此在土转化为金石过程中,物质总量是守恒的。另外,他在《天工开物》中分析用水银炼制银朱(硫化汞)过程时说:用水银一斤(十六两制),加入石亭脂(天然硫磺)二斤,碾碎装罐密封,加热一定时间待水银全部升华后,结果"每升水银一斤,得朱十四两,次朱三两五钱。"这个炼制结果,得到的银朱分量多于水银的分量。宋应星指出,多出的分量是"籍硫质而生。"

① 　郭正谊.从《龙虎还丹诀》看我国炼丹家对化学的贡献[J].自然科学史研究,1983(2):112—117.
② 　张载.张子正蒙·乾称[M].上海:上海古籍出版社,1992.
③ 　王廷相.慎言·道体[M]//侯外庐,等.王廷相哲学选集.北京:中华书局,1965.

由此说明,他已经具有明确的质量守恒观念了。

明末学者王夫之在一般意义上充分论述了物质的不灭性。他十分推崇张载的学说,在为张载的《正蒙》作注时,进一步发展了其物质不灭思想。王夫之指出,气聚而生成有形之物,散而归于太虚;但散归太虚并"非无固有之实",而是"复其氤氲之本体,非消灭也"①。

为了论证万物生演变化过程中物质的不灭性,王夫之用"往与来"、"屈与伸"形象地说明万物的虚与实、气与形的相互转化。他说:万物的变化"有往来而无死生。往者屈也,来者伸也,则有屈伸而无增减,屈者固有其屈以求伸,岂消灭而必无之谓哉。"②又说:"自虚而实,来也;自实而虚,往也。来可见,往不可见。"②"实"为有形之物,"虚"为虚空之气。王夫之认为,万物的生灭变化都是气与形、虚与实的相互转化,而气(物质)本身并没有生灭变化。"往"表示物质归于某处,"来"表示物质以有形之体呈现出来。他论证说:"欲知其所自来,请验之于其所自往。气往而合于杳冥,犹炊热之上为湿也。形往而合于土壤,犹薪炭之委为尘也。"若"天下有所往非其所自来,""则是别有一壑,受万类之填委充积而消之,"即会造成"来者拟数用而不给矣。"③如此即无法维持自然万物生生不息的演化过程。因此,他强调:"往之必来,来之必往,可信其自然,"③"往来相乘而迭用"是"自然之势";"未尝有辛勤岁月之积,一旦悉化为乌有,明矣。故曰往来,曰屈伸,曰聚散,曰幽明,而不曰生灭。"④

如第二讲所述,王夫之以柴薪的燃烧、沸水的蒸发和水银的升华等变化过程为例说明物质的不灭性。经过长期的探索和思考,他得出结论:在宇宙万物的生灭变化过程中,"生非创生,死非消灭,阴阳自然之理也。"⑤这是王夫之对物质不灭性的高度概括。

由上述可见,在唐代之前,古人对物质不灭性的认识,主要停留在思辨性的讨论上;唐代,道士们在炼丹实践中运用了物质守恒知识,但他们似乎并未将其作为自然界的普遍原理看待;明代,以王夫之为代表的一批学者才真正对物质不灭性有了相当充分的认识。不过,王夫之等虽然用大量的经验事实论证了物质的不灭性,但并没有采用严格的定量实验研究方法。从这种意义上说,他们的认识还算不上是对物质守恒定律的认识,而只能算是对物质不灭性的认识。

---

① 王夫之.张子正蒙注·太和[M].上海:上海古籍出版社,1992.
② 周易外传·卷六[M].北京:中华书局,1988.
③ 周易外传·卷六[M].北京:中华书局,1988.
④ 王夫之.张子正蒙注·太和[M].上海:上海古籍出版社,1992.
⑤ 周易外传·卷五[M].北京:中华书局,1988.

小　结

由上述第一节的讨论可以看出，循环演化观念是中国古代长期流行的一种观念，是古代一种重要的自然观或宇宙观。这种观念近似地反映了一部分事物运动的规律性，对古代各种认识活动具有一定的指导意义。但不可否认，在认识水平不高的古代，人们一旦形成一种观念，即易将其普遍推广，形成教条，如此即会产生一些不良的影响，循环演化观念在中国古代也存在这种情况。这是我们在分析古代一些思想认识的历史价值时，需要引起注意的。

由上述第二节的讨论可以看出，中国古人对物质不灭性的认识，虽然没有形成像西方那样的质量守恒定律，但仍然取得了重要的结果，无论是唐代道士的炼丹活动所体现的质量守恒知识，还是明代学者在元气论基础上对物质不灭性所做的论证，都具有明显的历史意义，由此反映了中国古人对这一自然科学原理所达到的认识水平。

在中国古人探索物质不灭性的同时，欧洲人也在进行长期的探讨。

古希腊人认为，凡被确定为宇宙本原的东西都是永恒不灭的。许多古希腊哲学家都持这种观点。泰拉斯（Thales）认为水是万物的本原，水生成万物，万物解体后又转化为水。赫拉克利特（Herakleitos）认为，"万物都等换为火，火又等换为万物，"火是永恒不灭的宇宙本原[①]。恩培多克勒（Empedokles）认为，宇宙的本原有水、火、土、气四种，它们都是永恒的。原子论者德谟克里特（Democritus）认为，万物生灭是原子在虚空中结合与分离的结果，万物有生灭，而原子无生灭。亚里士多德（Aristotle）在总结这些认识时说，那些最初对宇宙演化过程进行哲学思考的人们，多数都认为万物的本原是物质性的东西，"一切存在着的东西都由于它而存在，最初由它生成，在最终消灭时又回归于它。"正因如此，他们认为，宇宙中的各种物质变化过程"即没有任何东西生成，也没有任何东西消灭。"[②]由此说明，古希腊的学者们在对宇宙演化过程进行哲理性思考时，即已认识到万物的本原是不灭的。另外，古希腊的巴门尼德还指出，无不能生有，存在不能成为非存在。这些观念虽

---

① 苗力田.古希腊哲学[M].北京：中国人民大学出版社，1989：37.
② 亚里士多德全集·第七卷[M].北京：中国人民大学出版社，1993：34.

然都是哲学思辨性的,但对后来的科学认识活动是有帮助的。

古罗马学者卢克莱修(Lucretius)继承和发展了前人的物质不灭思想。他在《物性论》中反复指出,自然界变化的"规律"是:没有任何东西从无中生出,也没有什么东西会归于无有,一切存在物在崩溃时都"化为原初质料",没有什么东西会彻底消失。为了说明物质的不灭性,他举例说,天空的雨滴落到地上消失了,但从地里长出了金黄的谷穗和茂密的树林。经过论证,他得出结论:"任何东西都不绝对消灭,虽然看来好像如此;因为自然永远以一物建造他物,从不让任何东西产生,除非有他物的死来作补偿。"[①]另外,卢克莱修还认为,宇宙中物质的总量是守恒的,"物质的总库不曾比现在更拥挤,也不曾比现在更空疏;因为即没有什么给它以增添,也没有什么东西从它取走。"[②]卢克莱修的这些论述,虽然具有一定的经验认识根据,但仍然是思辨性的。

西方古代物质不灭思想的进一步发展,就是近代科学的质量守恒定律的建立。17世纪初,法国一位药剂师发现,2磅6盎司的锡经过煅烧后,竟得到2磅13盎司的白色灰烬,重量增加了7盎司。法国医生莱伊(Jean Rey)对此解释说,这增加的重量可能是由于空气凝结在锡烬中所致。1673年,英国化学家波义耳(Robert Boyle)重新做了金属煅烧的定量实验,同样得出了重量增加的结果。由于他受火微粒说的影响,认为金属煅烧后重量的增加,是由于火微粒(即"火素")穿过器壁与金属结合的结果,因而未能发现物质守恒定律。

1740年,俄国科学家罗蒙诺索夫(М. В. Ломоносов)曾在密闭的玻璃瓶中进行过煅烧金属的实验,认为煅烧后金属重量的增加,是由于从瓶内空气中摄取了某些物质[③]。十年后,他对物质守恒定律做出了科学的表述:"自然界发生的一切变化都是这样的情况:某一物体去掉了多少东西,另一物体就被补充上多少东西。"但罗蒙诺索夫的这种认识很少为当时的科学家所了解,因而未能在科学界产生应有的影响。

真正最终确立物质守恒定律的科学地位的是法国化学家拉瓦锡(A. L. Lavoisier)。他在1789年出版的《化学概要》一书中给出了物质守恒定律的严格表述:"由于人工的或天然的加工不能无中生有地创造任何东西,所以每一次加工中,加工前后存在的物质总量相等,且其要素的质与量保持不变,只是发生更换和变态,这可以看成为公理。"他并且告诫人们:"做化学实验的全部技艺是基于这样一个原

① 卢克莱修.物性论[M].北京:商务印书馆,1981:14.

② 卢克莱修.物性论[M].北京:商务印书馆,1981:74.

③ 赵匡华.化学通史[M].北京:高等教育出版社,1990:85.

理:我们必须假定,被检定物体的要素和分解产物的要素精确相等。"①至此,物质守恒这一自然界的基本法则已被人类充分认识,并成为自然科学的一条基本原理。

可以说,质量守恒定律在西方近代被发现,有其历史的必然性。从18世纪欧洲的科学研究风格以及文化传统来看,发现质量守恒定律的条件已经成熟。因为,一方面有古代长期流行的物质不灭观念的启发,另一方面有精确定量的化学实验研究作基础。随着近代科学精神和科学实验方法的确立,欧洲的科学认识活动已经迈上正确的轨道。任何人在古代物质不灭思想的启发下,只要运用定量的、实证分析的方法对具体的物质变化过程做精确的实验观测,都有可能发现质量守恒定律。

由以上分析可以看出,在17世纪之前,欧洲人对物质不灭性的认识具有明显的哲学思辨特征,但从17世纪开始,他们在实验过程中不断地深化了对物质不灭性的认识,具有明显的实证性特征。

物质不灭观念属于科学思想或自然哲学观念,而质量守恒定律则是精确的自然科学原理。前者强调的是自然界万物演化过程的物质不灭性,后者强调的是具体物质变化过程的质量不变性。虽然物质不灭思想的具体化和定量表示即成为质量守恒定律,但人类跨出这一步却经历了漫长的探索过程。尽管中西方对物质不灭性的认识都有着悠久的历史,但实现最后一步跨越却是在西方完成的。毫无疑问,中国古人未能最终提出质量守恒定律的原因是多方面的,而未能运用精确的定量实验研究方法则是其中重要的原因之一。与西方学者相比,王夫之对物质不灭性的认识虽然具有经验分析基础,但缺乏精确的定量实验研究,因而未能上升为一般意义上的自然科学定律。无论古代还是近代,中国始终未能发展出一套行之有效的科学认识方法,这是令人遗憾的。

---

① 赵匡华.化学通史[M].北京:高等教育出版社,1990:88.

第八讲　自然化生观念和有机论宇宙观

化是中国古代科学认识活动中的一个重要概念,古人用其描述宇宙万物的生演过程,说明一些生物变化现象,也用其描述金属及矿物的转变过程。这些认识既有合理的地方,也有错误之处。在中国古代文化中,化与变具有不同的含义,化表示事物发生不知不觉的、逐渐的改变,而变则表示事物发生显著的、快速的改变。化与变的含义区别,体现了古人对事物观察的仔细以及用词的讲究。自然化生观念反映了古人所认为的事物之间的有机联系,体现了古代自然观的基本特点。

人类从自然界中独立出来之后,即开始观察、认识自己所生存的宇宙,形成了一定的宇宙观。经过长期的观察和思考,中国古人形成了有机论宇宙观。这种观念认为,包括人类社会在内的宇宙万物是一个有机整体,宇宙中各种事物有着复杂的内在联系。以这种观念看待事物及分析问题,即形成了相应的认识方法及思维习惯。这种宇宙观明显不同于西方的机械论宇宙观,李约瑟称之为"有机的自然主义。"[1]

下面对自然化生观念和有机论宇宙观分别予以讨论。

一、自然化生观念

中国古人认为,自然万物的生演、人类文明的进步,都是在不知不觉中逐渐进行的,这些变化可以用化概念予以表示。由此形成了一种化生或变化观念。化具有多种涵义,被古人用于描述自然界及人类社会的各种变化情况。

1. 化的涵义

在古代文化中,化是一个内涵丰富的概念,有变化、化生、化育、教化等涵义。

---

① 李约瑟.李约瑟文集[M].沈阳:辽宁科学技术出版社,1986:339.

化，表示变化。《墨经》说："化，征易也。"《玉篇》说："化，易也。"易是改变。化，表示事物发生了改变、变化。如：老子说："道恒无名，候王若能守之，万物将自化；"①"我无为而民自化。"②《淮南子·氾论训》说："法与时变，礼与俗化。"高诱注："化，易也。"

化，表示化生、化育。《周易·咸卦》象传说："天地感而万物化生。"《管子·心术上》说："化育万物谓之德。"荀子说："天地为大矣，不诚则不能化万物。"③《礼记·乐记》说："乐者，天地之和也……和，故百物皆化。"郑玄注："化，犹生也。"《素问·天元纪大论》说："人犹五脏，化五气。"唐代王冰注："化，谓生化也。"五代谭峭《化书·动静》篇说："动静相磨，所以化火也；燥湿相蒸，所以化水也；水火相勃，所以化云也；汤盎投井，所以化雹也；饮水雨日，所以化虹霓也。"这些文献中的化，都表示化生、产生。

化，表示教化。《周易·恒卦》象传说："圣人久于其道而天下化成。"商鞅说："夫圣人之立法化俗。"④荀子说："圣人为知矣，不诚则不能化万民。"⑤《礼记·学记》说："君子如欲化民成俗，其必由学乎。"这些论述中的化，都是教化、感化的意思。《说文》释"化，教行也。从匕从人。"又释"匕，变也，从倒人。""教行"即教化，通过教育，使人的素质发生改变。《周易·贲卦》象传说："观乎天文，以察时变；观乎人文，以化成天下。""人文"，指人的行为所遵守的礼义规范。北宋程颐解释《贲》卦说："人文，人理之伦序。观人文以教化天下，天下成其礼俗，乃圣人用贲之道也。"《贲》卦说的是文饰之道，对人的质朴加以文饰，使其有礼有义，文质彬彬，即是文明的表现。以人文教化民众，这是文化的基本含义。对人的教育是个缓慢过程，人受到教育后会不知不觉地发生改变，此即教化。

由以上列举的文献内容，可以看出化的基本含义。此外，就变化速度而言，化表示的是一种缓慢的渐变过程，以下文献中的化字即是这种用义。

《管子·七法》篇提出了治国理民的七条法则，其中一条即是"化"。《七法》篇说："渐也、顺也、靡也、久也、服也、习也，谓之化。"渐，是逐渐；顺，是顺应；靡，是细微；久，是熏陶；服，是适应；习，是习惯。这些都是表示慢慢的改变、逐渐地适应的过程，这个过程就是化。因此，《七法》篇说："不明于化，而欲变俗易教，犹朝揉轮而夕欲乘车。"意谓如果不明白化是一个缓慢的过程，而要急于改变民众的风俗习惯，

①　道德经·第三十七章.
②　道德经·第五十七章.
③　荀子·不苟.
④　商君书·一言[M]//诸子集成.上海：上海书店出版社，1986.
⑤　荀子·不苟.

就像早晨制作车轮,而傍晚就要乘车一样不可能。

《管子·轻重戊》描述华夏先民由野蛮到文明的进化过程时说:"虙戏作,造六峜以迎阴阳,作九九之数以合天道,而天下化之。神农作,树五谷淇山之阳,九州岛之民乃知谷食,而天下化之。燧人作,钻鐩生火,以熟荤臊,民食之无兹胃之病,而天下化之。黄帝之王,童山竭泽。有虞之王,烧曾薮,斩群害,以为民利,封土为社,置木为闾,民始知礼也。当是其时,民无愠恶不服,而天下化之。夏人之王,外凿二十流,韘十七湛,疏三江,凿五湖,道四泾之水,以商九州之高,以治九薮,民乃知城郭、门闾、室屋之筑,而天下化之。殷人之王,立臯牢,服牛马,以为民利,而天下化之。周人之王,循六峜,合阴阳,而天下化之。"其中的"峜",古人无明确解释。清人余正燮《癸巳存稿·文王重卦》说:"周人之王,循六峜,行阴阳。峜即计,策画也。"郭沫若《管子集校》也认为,"六峜""即乾坤六法之谓"。根据余、郭的解释,"六峜"是指《易经》八卦的排列方法。《轻重戊》作者根据历史传说,把春秋之前的中华文明发展历程分为多个阶段,认为每个阶段都有一些文明举措,使民众得到教化、社会不断进步。由于每个阶段社会的进步都是逐渐的过程,所以用化表示。

社会文明的进步与人的素质提高是相辅相成的,而人的素质提高是个不断教化的过程。荀子认为,人的本性是恶的,但通过教育可以使其改恶为善。由于善是后天教化的结果,与恶的本性不一致,所以荀子称之为"伪善",即"其善者伪也。"伪,是人为之义。荀子作《性恶》篇,对性与伪作了区分,对如何化恶为善进行了论述。他说:"不可学、不可事而在人者谓之性,可学而能、可事而成之在人者谓之伪。"性是天生具有的,属于人的本能;伪是人为而成的,属于后天获得。"礼义者,圣人之所生也,人之所学而能,所事而成者也。"礼义"生於圣人之伪",属于后天的东西。圣人通过礼义教育民众,可以使其逐渐改变本性,达到化恶为善的效果。因此荀子强调:"圣人化性而起伪,伪起而生礼义,礼义生而制法度;""凡所贵尧、禹、君子者,能化性,能起伪,伪起而生礼义。"圣人具有化性起伪、教育民众的作用。对人进行教育,使之本性发生改变,是个缓慢的过程,因此荀子谓之为"化"。

五代道士谭峭用"化"表示人的生命变化过程。他在《化书》中写道:"虚化神,神化气,气化血,血化形,形化婴,婴化童,童化少,少化壮,壮化老,老化死;死复化为虚,虚复化为神,神复化为气,气复化为物。化化不间,犹环之无穷。"在他看来,人由太虚之气化生而成,由生至死,是个逐渐的变化过程,死后仍归于太虚,这是一个周而复始的缓慢过程。谭峭用"化"说明人生各个阶段的变化情况,意在表示这些变化都是逐渐的、不知不觉的。

上述表明,在古代文化中,化表示事物发生逐渐的改变。对于化的这种涵义,宋代人是有明确认识的。北宋哲学家张载即指出:"变,言其著;化,言其渐;"①"化而裁之谓之变,以著显微也。"②朱熹也说:"变化二者不同,化是渐化,如自子至亥,渐渐消化,以至于无。如今日至来日,则谓之变,变是顿断,有可见处。"③

古人认为,化与变的含义是不同的,化是事物发生逐渐的改变,而变是事物发生快速的改变。《西游记》说孙悟空具有七十二变之术,他摇身一变即成为一个与自己不同的人、物或妖魔鬼怪。这是快速的改变,所以叫做"变",而不叫"化"。由化和变的涵义区别,可见古人观察事物之细致及用词之严谨。

2. 万物的化生

《庄子·则阳》说:"万物有忽生,而莫见其根;有忽出,而莫见其门。"自然万物的生灭变化是在不知不觉中进行的,人们只看到万物的生成,而不知其从何而生,这是一种逐渐的变化过程,因此古人用化予以表示。古人认为,包括人在内的自然万物都是由天地、阴阳、元气化生而成的。这是用自然哲学语言,以思辨的方式解释万物的生成。古代文献中有大量这方面的论述。

《周易·系辞传下》说:"天地絪缊,万物化醇;男女媾精,万物化生。"其中的男女指阴阳。《系辞传下》认为,自然万物是由天地及阴阳的相互作用而化生的。《周易·咸卦》象传也说:"天地感而万物化生。"《礼记·乐记》论述万物的生演时说:"地气上齐,天气下降,阴阳相摩,天地相荡,鼓之以雷霆,奋之以风雨,动之以四时,煖之以日月,而百化兴焉。"《列子·天瑞》篇说:"天地含精,万物化生。"西汉董仲舒说:"天以暖晴寒暑化草木。"④三国王肃《孔子家语》说:"天有五行水火金木土,分时化育,以成万物。"唐代王冰注释《素问》说:"化,生化也。有生化而后有万物;"又说:"天覆地载,上下相临,万物化生,无遗略也。由是故万物自生,自长,自化,自成,自盈,自虚,自复,自变。"⑤王冰认为,万物的化生是自己所为,是自发的过程。这些论述都是以化说明天地生演万物的过程。

古人认为,阴阳是决定宇宙万物生演变化的两种重要因素,一年四季气候的冷暖及燥湿变化都是由阴阳决定,包括人在内的万物也是由阴阳化育而成。《庄子·田子方》篇说:"至阴肃肃,至阳赫赫;肃肃出乎天,赫赫出乎地;两者交通成和而物生焉,或为之纪而莫见其形。消息满虚,一晦一明,日改月化,日有所为,而莫见其功。"阴阳"交通成和"而化生万物,这个过程是"日改月化"的渐变过程。

---

① 横渠易说·经上[M]//四库全书·经部易类.
② 张载.张子正蒙·神化[M].上海:上海古籍出版社,1992.
③ 朱子语类·卷七十五.
④ 董仲舒.春秋繁露·王道通三[M].上海:上海古籍出版社,1991.
⑤ 王冰注.黄帝素问·五运行大论[M]//四库全书·子部医家类.

万物之中，人最为高贵。古人认为，人也是阴阳化育的结果。《礼记·礼运》篇说："故人者，其天地之德，阴阳之交，鬼神之会，五行之秀气也。"《吕氏春秋·知分》篇说得更为明确："凡人、物者，阴阳之化也。"《黄帝内经》对阴阳的化生作用作了比较充分的论述，其中说："故积阳为天，积阴为地。阴静阳躁，阳生阴长，阳杀阴藏。阳化气，阴成形……清阳为天，浊阴为地。"①这其中的阴阳，指阴气及阳气。阴阳化生万物，实际上是说阴阳之气化生万物。明代医家张介宾对此说得非常清楚："天地之道，以阴阳二气而造化万物；人生之理，以阴阳二气长养百骸。"②清代医家徐大椿也说："阴阳者，天地之纲纪，万物之化生，人身之根本也。"③

中国古代盛行元气自然观。古人认为，宇宙中充满了弥漫无形的气，自然万物都是由元气凝聚而成。关于元气生演万物的过程，古人也是用化予以说明。西汉杨雄《檄灵赋》说："自今推古，至于元气始化。"意即宇宙的演化是从元气开始的。唐代王冰说："万物无非化气以生成者。"④北宋学者周敦颐说："二气五行，化生万物；"⑤"二气交感化生万物。"⑥北宋理学家程颐强调："万物之始皆气化；既形，然后以形相禅，有形化；形化长，则气化渐消。"⑦南宋朱熹说："盖二气五行化生万物。"⑧有学生问朱熹：宇宙中第一个人是如何生出来的？朱熹回答："以气化。二五之精，合而成形。释家谓之化生。"⑨明代学者王廷相指出："元气化为万物，万物各受元气而生。"⑩明代浙东学派代表黄道周说："盖天以二气五行化生万物。"⑪明末清初王夫之说："五行之气自行于天地之间，以化生万物。"⑫清代乾嘉学派学者戴震说："凡有生，即不离于天地之气化。阴阳五行之运而不已，天地之气化也，人物之生生本乎是。"⑬从西汉至明清，古人一直认为，自然万物是由阴阳五行之气化生而成。

"物之生从于化，物之极由乎变。"⑭万物的生演过程是逐渐进行的，达到极端

---

① 黄帝内经素问译释·阴阳应象大论.
② 张景岳.类经附翼·医易义[M]//张景岳医学全书.北京:中国中医药出版社,2002.
③ 徐灵胎.杂病源·阴阳[M]//徐灵胎医学全书.上海:上海广益书局.
④ 王冰注.黄帝素问·五运行大论[M]//四库全书.子部医家类.
⑤ 周敦颐.周敦颐集·通书[M].北京:中华书局,2009.
⑥ 周敦颐.周敦颐集·太极图说[M].北京:中华书局,2009.
⑦ 河南程氏遗书·卷五.
⑧ 周敦颐.周敦颐集·太极图说解[M].北京:中华书局,2009.
⑨ 朱熹.朱子全书·卷四十九[M]//四库全书.子部儒家类.
⑩ 王廷相.雅述·上卷[M]//侯外庐,等.王廷相哲学选集.北京:中华书局,1965.
⑪ 黄道周.洪范明义·叙畴[M]//四库全书.经部书类.
⑫ 王夫之.思问录·升篇[M]//船山遗书·民国本.
⑬ 戴震.孟子字义疏证·卷中[M]//国粹丛书·第一集.
⑭ 黄帝内经素问译释·六微旨大论.

才会发生改变。这种认识是有道理的。

3. 生物的变化

古人也用化说明自然界的物候变化现象、昆虫变态发育现象、人及动物的变性现象，以及其他的生物转化现象①。

一年四季随着气候的变化，一些地区会出现动物迁徙现象，结果呈现一些原来的动物消失了，而另一些新的动物出现了，由此使古人产生了误解，认为新出现的动物是由消失的动物变化而来。《夏小正》是中国最早记载物候变化与农事活动的文献，其中说："正月，鹰则为鸠；""三月，田鼠化为鴽；""五月，鸠为鹰；""八月，鴽为鼠。"其中在"正月"、"五月"、"八月"三个句子里，"为"字前面省略了"化"字，完整的表述应是"化为"。鹰即苍鹰，是冬候鸟；鸠即杜鹃，是夏候鸟；前者消失时正好是后者出现的季节，因此古人认为后者是由前者变化而来。鴽是鹌鹑类候鸟，三月在田间活动频繁，八月飞去，此时正值庄稼收获之际，田鼠在田间非常活跃，因此古人认为田鼠与鴽的交替出现是两者相互变化的结果。《夏小正》还说："九月，雀入于海为蛤；""十月，玄雉入于淮为蜃。"雀是黄雀；雉是野鸡；蛤即蛤蜊；蜃即大蛤。这是认为鸟类化为了贝类。《夏小正》所描述的这些生物变化现象，都是假象，是古人对物候现象产生的误解。

不过，《夏小正》的这类描述也多见于战国秦汉时期的其他典籍中。如：《国语》中有"雀入于海为蛤，雉入于淮为蜃。"②《列子》中有"淮水中黄雀至秋化为蛤，春复为黄雀。"③《淮南子》中有："九月，雀入于海为蛤；十月，玄雉入于淮为蜃；""燕雀立冬化为蛤。"④东汉王充《论衡·无形》篇也有"虾蟆为鹑，雀为蜃蛤"之说。《墨经》在举例说明化字的意思时说："化，若蛙为鹑；"又说："蛙鼠，化也。"即认为青蛙可以化为鹌鹑，也可以化为田鼠。

《礼记·月令》对于四季物候变化与生物化生情况的描述比较全面，其中说：仲春之月，"桃始华，仓庚鸣，鹰化为鸠；"季春之月，"桐始华，田鼠化为鴽；"季夏之月，"温风始至，蟋蟀居壁，鹰乃学习，腐草为萤；"季秋之月，"鸿雁来宾，爵入大水为蛤；"孟冬之月，"地始冻，雉入大水为蜃。"《吕氏春秋》"十二纪"及《淮南子·时则训》都有与此类似的描述。爵，同雀。"腐草为萤"指的是昆虫孵化现象。昆虫将卵产在草上，经过一段时间孵育，新一代的幼体从细小的虫卵中孵出，于是昆虫的出

① 参见赵云鲜.化生说与中国传统生命观[J].自然科学史研究,1995(4):366—373.
② 国语·晋语九[M].上海:上海古籍出版社,1990.
③ 列子·天瑞[M]//诸子集成.上海:上海书店出版社,1986.
④ 淮南子·地形训.

现被古人认为是其产卵环境化生的结果。

以上这些引文说明,在先秦两汉时期,古人普遍把自然界的物候变化现象看作不同动物的转化现象。事实上,古人所说的这些生物是不可能发生相互转化的。这些认识,都是古人对物候变化现象所产生的误解。

昆虫从幼虫到成虫要经过完全变态或不完全变态的发育过程。如蝶、蛾类昆虫一生要经过卵、幼虫、蛹、成虫四个阶段。在这些变态发育过程中,幼虫与成虫在体态及活动习性等方面都有明显的差异。古人也是用化描述这些现象。

荀子《蚕赋》说:"有物于此,傈傈兮其状,屡化如神。"蚕的发育要经过卵、幼虫、蛹、蛾四个阶段,荀子以化表示其各个变态过程。《说文》释"蛾,蚕化飞虫也。"

东汉王充描述昆虫的变态过程时说:"蚕食桑老,绩而为茧;茧又化而为蛾。蛾有两翼,变去蚕形。蛴螬化为复育,复育转而为蝉;蝉生两翼,不类蛴螬。凡诸命蠕蜚之类,多变其形,易其体。"[1]蛴螬是金龟子的幼虫。这是对昆虫变态发育现象的正确认识。

唐代段成式《酉阳杂俎》记载:"岭南有菌夜明,经雨腐化为巨蜂……"菌并不能腐化为蜂,实际上是蜂将卵产在菌上,孵化出的幼虫以菌为食,等到菌腐化后,幼虫即长成蜂。这也是昆虫变态发育现象。

南宋罗愿《尔雅翼》纪录了蜻蜓的变态发育过程:"水虿既化青蛉,青蛉相交,还于水上,附物散卵,出复为水虿。水虿复化焉,相交禅无已。"青蛉即蜻蜓,水虿是其幼虫,生活在水中。罗愿准确地描述了蜻蜓的变态发育过程,用化表示水虿向蜻蜓的转变。

现代生物学认为,由于先天原因或内分泌系统紊乱,可以使动物体内的激素水平发生改变,从而导致其性别发生变化。人也会出现这种情况。古人也是用化描述这类现象。《汉书·五行志》记载:"哀帝建平中,豫章有男子化为女子,嫁为人妇,生一子。"《晋书·五行志》也有类似记载:"惠帝元康中,安丰有女子周世宁,年八岁,渐化为男,至十七、八而气性成。"此外还有关于鸡的性别转变的记载,如《汉书·五行志》记有:"元帝初元中,丞相府史家,雌鸡伏子,渐化为雄,冠距鸣将。"《五行志》用化,而不用变表示人及鸡的变性现象,也是要表明这种变化是一个逐渐的过程。

以上是古人用化解释物候现象、昆虫变态及生物变性现象,这些都有一定的经验认识根据,虽然其中有不少认识是错误的。古人认为生物有四种生殖方式,即胎

---

① 论衡·无形.

生、卵生、湿生、化生①。这种认识先由动物总结出来，后又推广于植物，如明代叶子奇总结植物的生殖方式时说："夫草木可插而活者，胎生类也；以实而产者，卵生类以；荷芡，湿生；芝菌，化生也。"②

此外，先秦文献中还有一些关于生物变化的描述是属于另一类性质的。例如，《左传》说"昔尧殛鲧于羽山，其神化为黄熊；"③《山海经·北山经》说炎帝之女游于东海，化为精卫鸟，常衔西山之木石以填东海；《山海经·西山经》说一种名为钦䲹的鸟"化为大鹗，其状如鹏而黑文白首；《山海经·大荒西经》说"蛇化为鱼，是谓鱼妇；"《庄子·逍遥游》说："北冥有鱼，其名为鲲"，"化而为鸟，其名为鹏。"这些都不是关于经验事实的描述，而是属于传说或寓言性质的内容。这些内容同样反映了先秦古人的思想观念，即认为不同生物之间可以由甲转化为乙。

这种观念在《庄子·至乐》篇中有比较充分的体现，该篇描述了一个不同生物循序化生的链条，其中说："种有几，得水则为䌛。得水土之际，则为蛙蠙之衣。生于陵屯，则为陵舄。陵舄得郁栖，则为乌足。乌足之根为蛴螬，其叶为胡蝶。胡蝶，胥也，化而为虫，生于灶下，其状若脱，其名为鸲掇。鸲掇千日为鸟，其名曰乾余骨。乾余骨之沫为斯弥。斯弥为食醯。食醯生乎颐辂，颐辂生乎黄軦，黄軦生乎九猷，九猷生乎瞀芮，瞀芮生乎腐蠸，腐蠸生乎羊奚，羊奚比乎不箰。久竹生青宁，青宁生程，程生马，马生人。人又反入于机。万物皆出于机，皆入于机。"④其中，"机"同"几"。这段文字历来注释各异，其中不少动植物名称今已难以确知其究竟是什么东西。

胡适认为这段文字反映了庄子时代的生物进化思想，但也有人不同意这种观点。有学者认为，这段文字表达的是生物循环转化说，《至乐》篇作者认为一切生物本是同一种类，通过往复化生，变成了不同形态的东西⑤。从本节前述的一些内容来看，这种理解是比较符合先秦古人的认识水平的。

古人用化描述动物的物候行为、昆虫的变态发育、人及动物的性转变等现象。古人认为，不同生物之间可以发生转化，在这种转化过程中，虽然生物的形态发生了改变，但其实质并未改变。荀子说"状变而实无别，而为异者，谓之化"⑥，表达的

① 李思孟.古代生物化生说的局限[M]//宋正海，孙关龙.中国传统文化与现代科学技术.杭州：浙江教育出版社，1999：464.

② 叶子奇.草木子·观物篇[M]//四库全书·子部杂家类.

③ 左传·昭公七年.

④ 参见高亨.诸子新笺[M].济南：山东人民出版社，1961：77—91.

⑤ 姚德昌.《庄子》书中的循环转化说[J].自然科学史研究，1990(3)：269—274.

⑥ 荀子·正名.

即有这种认识。唐代杨倞为荀子此语作注时说得更为明白:"状虽变而实不别为异所,则谓之化。化者,改旧形之名,若田鼠化为鴽之类。"所以,在古人看来,生物化生现象只是发生形态改变,而实质没有变化。

4. 金属及矿物的变化

古代的炼丹家认为,金属或矿物在一定条件下会发生自然进化,由贱金属逐渐转变为贵金属。另外,古人发现,在一定的条件下,一种金属可以转化为另一种金属。对于这些现象,古人也用化予以描述。

炼丹术是古人追求长生的一种方术。东汉王充说:"世见黄帝好方术。方术,仙者之业。"①秦汉时期,方术指长生之术,精通此术者称为方士。后来,方术泛指医卜星相之术。梁代刘勰说:"方者隅也,医药攻病,各有所立,专精一隅,故药术称方。术者路也,算历极数,见路乃明,九章积征,故以为术。"②炼丹术分为外丹术和内丹术两类。古代的炼丹活动虽然含有不少迷信、幼稚的内容,但在化学及人体生命科学方面还是取得了一些积极的认识成果的。

在古代道教炼丹著作中,有不少关于矿物及金属转化的描述。

据《史记·封禅书》记载,方士李少君向汉武帝传授长寿方法时说:"丹砂可化为黄金。黄金成以为饮食器则益寿。"丹砂是硫化汞(HgS)矿物。丹砂和黄金是两种不同的物质,李少君说前者可以化为后者。

刘宋时,建平王刘景素所著《典述》描述了想像中的由雌黄进化成黄金的过程,其中说:"天地之宝藏于中极,命曰雌黄,雌黄千年化为雄黄,雄黄千年化为黄金"。

唐代道士陈少微在《大洞炼真宝经修伏灵砂妙诀》中描述矿物自然进化过程时说:"玉座砂受得六千年阳灵之清精,则化为金座,……金座受一万六千年[阳灵之清精]则化为天座。"

约成书于南宋的《造化指南》也说:"丹砂:受青阳之气始生矿石,二百年成丹砂而青女孕,又二百年而成铅,又二百年而成银,又二百年复得太和之气化而为金。"这里描述了一个由矿石,经丹砂、铅、银而成金的自然进化过程。

元代道士土宿真君所撰《庚辛玉册》也说:"铁:受太阳之气,始生之初,卤石产焉。一百五十年而成慈石,二百年孕而成铁,又二百年不经采炼而成铜,铜复化为白金,白金化为黄金。"这里描述了一个由卤石经慈石、铁、铜、白金化为黄金的自然过程。道士们描述的这些金属转化现象,都是想像的结果,缺乏事实根据。有趣的是,他们都用化表示各种矿物和金属的转化过程。

---

① 论衡·道虚.
② 刘勰.文心雕龙·书记[M]//四库全书·集部诗文评类.

此外,古代一些方术、本草和笔记类著作中记载了不少金属氧化还原反应现象,古人也是用化予以描述。

《淮南万毕术》是西汉淮南王刘安的门客所作的方术之书,其中说:"白青得铁即化为铜。"白青,又名扁青,碧青,石青,大青,主要成分为蓝铜矿（$2CuCO_3 \cdot Cu(OH)_2$）。这里描述的是一种氧化还原反应,铁置换白青中的铜,使铜析出,即形成"白青得铁即化为铜"的现象。

东晋炼丹家葛洪《抱朴子内篇·黄白》说:"以曾青涂铁,铁赤色如铜。以鸡子白化银,银黄如金,而皆外变而内不化也。"曾青即扁青,为蓝铜矿石。铁置换曾青中的铜,使铜析出,即出现"铁赤色如铜"现象。"鸡子白",即鸡蛋白,其中含有少量的钙、磷、铁,这些物质不可能与银发生反应而使其呈黄色,除非鸡蛋白中混有一定量的鸡蛋黄,后者含有核黄素,可使银器表面呈蛋黄色。这只是核黄素附着在银的表面,并未发生物质变化,因此葛洪说这是"外变而内不化"。

梁代陶弘景《本草经集注》说:空青可以"化铅为金"。唐代《神农本草经》有空青"能化铜铁铅锡作金"、曾青"能化金铜"、石胆"能化铁为铜,成金银"等说法。空青的主要成分也是蓝铜矿;石胆又称胆矾、胆子矾,化学成分为 $CuSO_4 \cdot 5 H_2O$,是硫铜矿经氧化而形成的次生矿物。这里描述的也是不同金属的置换反应现象。

北宋沈括《梦溪笔谈》记载:"信州铅山县有苦泉,流以为涧,挹其水熬之则成胆矾,烹胆矾则成铜,熬胆矾铁釜,久之亦化为铜。水能为铜,物之变化固不可测。"[①]这里描述的还是铁置换铜的还原反应。

上述表明,在古人的认识活动中,化也被用于表示一种金属或矿物转化成另一种金属或矿物的过程。对于这些金属转化现象,古人没有作更多的解释,因此我们无从知晓他们是如何看待这类现象的。不过,古人用化描述的这些金属转化过程,也都是逐渐进行的,符合化的用义,只是转化的结果形成了一种截然不同的物质。

化在古代认识活动中表示一种物质（金属或矿物）转化成另一种物质的过程,这种用义也被现代化学所继承。西方近代科学传入后,中国出现了化学一词。化学概念由墨海书馆王韬等华洋学者于 1855 年制定[②],王韬在 1855 年 3 月 31 日的日记中即用该词表示一些物质变化现象。这个概念沿用了化字在中国传统文化中的含义,同时也非常符合化学这门科学的特点。1857 年 1 月,英国来华传教士伟烈亚力编辑出版的《六合丛谈》创刊号说:"化学,言物各有质,自能变化,精识之士,条分缕析,知有六十四元,此物未成之质也。""六十四元",即当时所知的六十四种

---

① 沈括.梦溪笔谈·卷二十五[M].上海:上海古籍出版社,2003.
② 刘广定."化学"译名与戴德生无关考[J].自然科学史研究,2004(4):366—370。

元素。次年,《六合丛谈》第二卷《重学浅说》一文说:"化学之力,则能变化本质也。"西方科学认为,化学是变化之学,是能使物质改变本质的学问。这在一定程度上也符合中国古人对化字的理解及用义。

由上述可以看出,古人用化对生物变态发育现象、生物变性现象以及金属置换反应现象的描述是有合理性的;而对生物物候变化现象的解释则是错误的,是对表面现象产生的误解;对于一些矿物及金属自然进化过程的描述只是出于主观的想像或猜测,也是不合实际的。

二、有机论宇宙观

有机论宇宙观也称有机整体观念。有机性指事物各构成部分之间的相互关联性及不可分离性,是生命体的基本特征。任何生命体都是由几个部分组成,各部分之间有着不可分割的联系,其中任何一部分出现问题都会影响整体的生命活动;各部分也只有在整体中才能发挥作用,将其从整体中分离出来即失去了原有的功能。所以,对于生物有机体来说,不能将各个部分分割开来加以研究,这样的分割会导致其有机性的丧失。以生物有机性的观念看待宇宙万物之间的相互联系,即是有机论宇宙观。中国古人的宇宙观即具有这种特征。

中国古人认为,宇宙是一个不可分割的有机整体,宇宙万物之间有着复杂的内在联系,每一事物都按照等级秩序与别的事物发生关联。以这种观念看待事物和分析问题,使古人养成了一种整体的、直觉的思维习惯和认识方法。

这种宇宙观在中国古代的思想文化以及认识活动的方方面面都有所表现。古代的天人合一观念、天人感应观念、自然感应观念、化生观念、阴阳理论、五行学说、医学、农学、星占、堪舆等等,都体现了有机论宇宙观。这其中的有些内容在前面各讲中已有所讨论,下面再举两个例子作进一步说明。

1. 三才有机论观念

天、地、人是古人所认为的宇宙三大要素,被称为"三才"。古人认为,人生活于天地之间,与天地万物有着密切的联系,天地人三者是一个有机整体。这是有机论宇宙观在中国古代最普遍的反映。

"三才"概念源自《易传》。《周易·系辞传下》说:"《易》之为书也,广大悉备。有天道焉,有人道焉,有地道焉。兼三才而两之,故六。六者非它也,三才之道也。"

《周易》包含天地人三才之道,因此学界有人称其为三才之书,称其学为三才之道。《周易》六爻中包含了天地人三才之位,上爻和第五爻为天位,第二和初爻为地位,第三、第四爻为人位。

《周易·说卦传》解释卦象的形成时说:"昔者圣人之作《易》也,幽赞于神明而生蓍,参天两地而倚数,观变于阴阳而立卦,发挥于刚柔而生爻,和顺于道德而理于义,穷理尽性以至于命。昔者圣人之作《易》也,将以顺性命之理。是以立天之道,曰阴与阳;立地之道,曰柔与刚;立人之道,曰仁与义。兼三才而两之,故《易》六画而成卦;分阴分阳,迭用柔刚,故《易》六位而成章。"这里给出了天道、地道及人道的基本内涵,并强调《易》的著作"幽赞于神明",参考了天地阴阳之数。所谓"穷理",就是了解天道和地道;"尽性",就是了解人道。"顺性命之理",即顺应天地及人生变化的道理,这是圣人作《易》的目的。掌握了天地人三才之道,做事即能"与天地合其德,与日月合其明,与四时合其序,与鬼神合其吉凶。先天而天弗违,后天而奉天时。"[①]人达到这种境界,即做到了与天地合一。由此可以看出,《易传》强调的是天地人的统一性。

古人做事,强调具备天时、地利、人和,这也是三才有机论思想的反映。在这三种因素中,孟子认为"人和"最为重要。他说,"天时不如地利,地利不如人和",因为"人和"意味着"得道",而"得道者多助,失道者寡助"[②]。荀子论述富国之道时说:"上得天时,下得地利,中得人和,则财货浑浑如泉源,汸汸如河海,暴暴如丘山。"[③]得天时、地利、人和,即可使国家富足。这也是强调三才统一的重要性。

礼和乐是先秦儒家提倡的治理国家及教化民众的重要手段。儒家关于礼乐的内涵及作用的论述,也体现了天地人三才有机论思想。

《礼记》对于礼的形成根据、作用及意义作了充分的论述。其中《礼运》篇说:"是故夫礼,必本于太一,分而为天地,转而为阴阳,变而为四时,列而为鬼神。其降曰命,其官于天也。夫礼,必本于天,动而之地,列而之事,变而从时,协于分艺。其居人也曰养,其行之以货、力、辞让、饮食、冠、昏、丧、祭、射、御、朝、聘。故礼义也者,人之大端也。所以讲信修睦,而固人之肌肤之会,筋骸之束也;所以养生送死,事鬼神之大端也;所以达天道,顺人情之大窦也。"同书《礼器》篇说得更为简明:"礼也者,合于天时,设于地财,顺于鬼神,合于人心,理万物者也。是故天时有生也,地理有宜也,人官有能也,物曲有利也。"《礼记》强调,礼的制订,并非只是人的主观意

---

①　周易·乾卦·文言.

②　孟子·公孙丑下.

③　荀子·富国.

志的体现,而是要合天地,顺鬼神,应人心,理万物。

荀子说:"礼有三本:天地者,生之本也;先祖者,类之本也;君师者,治之本也。……故礼,上事天,下事地,尊先祖而隆君师,是礼之三本也。"①礼是人的行为规范,礼的制订要考虑天地人各种因素。这种认识方法和思维方式体现的是三才统一观念。

《礼记·乐记》篇论述音乐的形成时说:"凡音之起,由人心生也。人心之动,物使之然也,感于物而动,故形于声。声相应,故生变;变成方,谓之音。比音而乐之。"外界事物作用于人,使其心情发生变化,这种变化以声音的形式表现出来,即形成了音乐。所以,音乐是人之情感的抒发。古人重视音乐,是因为它和礼一样,具有教化民众的作用,"可以善民心;其感人深,其移风易俗,故先王著其教焉。"《乐记》篇指出,"大乐与天地同和,大礼与天地同节。和,故百物不失;节,故祀天祭地;""乐者,天地之和也。礼者,天地之序也。和,故百物皆化;序,故群物皆别。乐由天作,礼以地制。过制则乱,过作则暴。明于天地,然后能兴礼乐也。"即礼乐的形成,本于天地,只有"明于天地",才可以"兴礼乐"。

关于乐生于"天地之和",《乐记》篇进一步论述道:"地气上齐,天气下降,阴阳相摩,天地相荡,鼓之以雷霆,奋之以风雨,动之以四时,煖之以日月,而百化兴焉。如此,则乐者,天地之和也。"在古人看来,音乐的本质反映了天地之和,是天地使然,因此《乐记》说:"乐者,天地之命,中和之纪,人情之所不能免也。"这些关于音乐性质的论述,同样体现了三才观念。

古人认为,"天本诸阳,地本诸阴,人本中和。三才异务,相待而成。"②天地人三才"相待而成",既有区别,又有联系,构成一个有机整体。

2. 五行有机论观念

关于五行说的产生过程及基本内涵,在第四讲中已作了讨论。这里再对五行体系所反映的有机整体观念作进一步阐述。

战国秦汉时期,古人习惯于将各种自然事物及人事活动按照五行框架进行归类,构造了一个内容丰富、结构庞大的有机体系。《管子》、《礼记》、《吕氏春秋》、《淮南子》等不少典籍中都有这类内容,其中以《礼记·月令》及《吕氏春秋》"十二纪"最为典型。在第四讲中已经对五行归类体系的思想内涵进行了分析,下面再以《礼记·月令》为例,对其反映的有机论思想作进一步讨论。

《月令》描述春季第一个月的天象及物候时说:"孟春之月,日在营室,昏参中,

---

① 荀子·礼论.
② 王符.潜夫论·本训[M]//诸子集成.上海书店,1986.

旦尾中。其日甲乙，其帝太皞，其神句芒。其虫鳞，其音角，律中太蔟。其数八。其味酸，其臭膻。其祀户，祭先脾。东风解冻，蛰虫始振，鱼上冰，獭祭鱼，候雁来。"与这种自然物象相对应的人事活动为："是月也，以立春。先立春三日，太史谒之天子曰：'某日立春，盛德在木。'天子乃斋。立春之日，天子亲率三公、九卿、诸侯、大夫以迎春于东郊，还反，赏公、卿、诸侯、大夫于朝。命相布德和令，行庆施惠，下及兆民。庆赐遂行，毋有不当。乃命大史守典奉法，司天日月星辰之行，宿离不贷，毋失经纪，以初为常。是月也，天子乃以元日祈谷于上帝。乃择元辰，天子亲载耒耜，措之于参保介之御间，帅三公、九卿、诸侯、大夫躬耕帝藉。天子三推，三公五推，卿、诸侯、大夫九推。反，执爵于大寝，三公、九卿、诸侯、大夫皆御，命曰劳酒。是月也，天气下降，地气上腾，天地和同，草木萌动。王命布农事，命田舍东郊，皆修封疆，审端径、术，善相丘陵、阪险、原隰土地所宜，五谷所殖，以教道民，必躬亲之。田事既饬，先定准直，农乃不惑。是月也，命乐正入学习舞，乃修祭典。命祀山林川泽，牺牲毋用牝。禁止伐木。毋覆巢，毋杀孩虫、胎夭、飞鸟，毋麛，毋卵。毋聚大众，毋置城郭。掩骼埋胔。是月也，不可以称兵，称兵必天殃。兵戎不起，不可从我始。毋变天之道，毋绝地之理，毋乱人之纪。"

其他各月的情况与此类似。按照这种模式，一年十二个月，自然界的物象变化与人事活动构成了一个有机关联的整体，具体内容如表8.1所示。

表8.1 《月令》五行宇宙体系

五行	木			火			土	金			水		
方位	东			南			中	西			北		
季节	春			夏				秋			冬		
月份	孟春	仲春	季春	孟夏	仲夏	季夏		孟秋	仲秋	季秋	孟冬	仲冬	季冬
日躔	营室	奎	胃	毕	东井	柳		翼	角	房	尾	斗	婺女
天干	甲乙	甲乙	甲乙	丙丁	丙丁	丙丁	戊己	庚辛	庚辛	庚辛	壬癸	壬癸	壬癸
帝	太皞	太皞	太皞	炎帝	炎帝	炎帝	黄帝	少暤	少暤	少暤	颛顼	颛顼	颛顼
神	句芒	句芒	句芒	祝融	祝融	祝融	后土	蓐收	蓐收	蓐收	玄冥	玄冥	玄冥

五行	木			火			土	金			水		
虫	鳞	鳞	鳞	羽	羽	羽	倮	毛	毛	毛	介	介	介
音	角	角	角	徵	徵	徵	宫	商	商	商	羽	羽	羽
律	太簇	夹钟	姑洗	仲吕	蕤宾	林钟	黄钟之宫	夷则	南吕	无射	应钟	黄钟	大吕
数	八	八	八	七	七	七	五	九	九	九	六	六	六
味	酸	酸	酸	苦	苦	苦	甘	辛	辛	辛	咸	咸	咸
臭	膻	膻	膻	焦	焦	焦	香	腥	腥	腥	朽	朽	朽
祀	户	户	户	灶	灶	灶	中霤	门	门	门	行	行	行
祭物	脾	脾	脾	肺	肺	肺	心	肝	肝	肝	肾	肾	肾
色	青	青	青	赤	赤	赤	黄	白	白	白	黑	黑	黑
谷	麦	麦	麦	菽	菽	菽	稷	麻	麻	麻	黍	黍	黍
畜	羊	羊	羊	鸡	鸡	鸡	牛	犬	犬	犬	彘	彘	彘
阴阳气数	天气下降，地气上腾	日夜分，雷乃发声	生气方盛，阳气发泄	阳气继长增高	日长至，阴阳争	温风始至		凉风至，天地始肃	杀气浸盛，阳气日衰	霜始降，寒气总至	天气上腾，地气下降	日短至，阴阳争	数将几终，岁且更始
自然物象	蛰虫始振，天地和同，草木萌动	桃始华，仓庚鸣，玄鸟至，雷乃发声	桐始华，萍始生，生气方盛，萌者尽达	蝼蝈鸣，蚯蚓出，王瓜生，苦菜秀	鵙始鸣，反舌无声，鹿角解，半夏生	蟋蟀居壁，土润溽暑，大雨时行		白露降，寒蝉鸣	鸿雁来，玄鸟归，雷始收声，蛰虫坏户	鸿雁来宾，鞠有黄华，霜始降，草木黄落	水始冰，地始冻，虹藏不见，天地不通	冰益壮，地始坼，鹖旦不鸣，诸生荡	雁北乡，鹊始巢，日穷于次，月穷于纪

续表

五行	木	火	土	金	水
帝王盛德	木德	火德	土德	金德	水德
人事活动	迎春于东郊、赏赐诸侯、王布农事、修祭典、不称兵、毋变天道、毋绝地理、禁伐木、禁捕兽、省囹圄、止狱讼、修堤防、导沟渎……	迎夏于南郊、祀山川百源、命农勉作、修调乐器、静事毋刑、毋起土功、毋发大众、毋作斩伐、毋大田猎、关市无索、游牝别群、挺重囚、命妇染采……		迎秋于西郊、征不义、修法制、决狱讼、始收敛、戮有罪、养衰老、易关市、来商旅、教田猎、完堤防、修宫室、伐薪为炭……	迎冬于北郊、饬死事、修耒耜、具田器、坿城郭、修楗闭、备边境、筑囹圄、省妇事、工师效功、将帅讲武、渔师始渔、命取冰……

在上表中，每一种自然现象和人事活动都被安排在一定的时空框架中，彼此相互关联，分类有序。

《月令》"以五行为纲纪，以四时五方为框架，构筑了物质世界的结构图式。自然界和人世间的一切均依它们与四时五方的联系，配列到宇宙这个大系统中来，并随四时五方的运转发生变化，相互关联。"①在这个大系统中，"自然界和社会上的一切，甚至古代传说的圣帝和神灵，都无例外地按照四时和五方的规范配列归类。于是，宇宙万物被纵向分为木、火、土、金、水五个大类。凡属同行的事物，都有共同的类属性，如春、东、太皞、句芒、鳞、角、太蔟、仁、貌、酸、羶、户、脾、青、麦、羊等这一系列的内容都具有木行的特征。它们彼此通应，同气相求，受木行统率，以木为标志。其他四行的事物依此类推。而不同行的事物之间，则依照五行法则，横向发生相胜相生的关系。"①在这个体系中，每种事物都是宇宙整体的一个有机组成部分，受宇宙总体的制约。

另外，五行生克循环理论所体现的有机论思想也很典型。由于木火土金水之间存在着生克循环制约关系，因此五个组员中任何一个发生某种变化，都会通过循

---

① 刘长林.中国系统思维[M].北京:中国社会科学出版社,1997:115.

环传递作用而影响到其余四个组员。在五行体系中，一"行"对另一"行"的生、克作用，依次经过其他三"行"的传递，最后反作用于其自身，从而形成一个循环，使系统达到平衡状态。五行之中，只要有一行过旺，即有另一行来克制它，从而达到新的平衡和协调，实现整个系统的动态稳定性。例如，根据五脏与五行的归类关系以及五行生克关系，如果肾水太旺，可依水生木、木生火、火生土的顺序传递，引起脾土旺盛，通过土克水，从而抑制过旺的肾水，使系统趋于平衡。此即《素问·六微旨大论》所说："亢则害，承乃制，制则生化。"传统医学正是借用五行生克制化的循环作用理论，确立了人体整体调节的疾病治疗原则。

以上仅以三才观和五行理论为例说明中国古人的有机论宇宙观。在古代文化中，体现这种观念的内容很多。有机论是中国古代最基本的宇宙观，正如李约瑟所说："可以极详细地证明，中国传统哲学是一种有机论的唯物主义。历代哲学家和科学思想家的态度都可以形象地说明这一点。机械论的世界观在中国思想中简直没有得到发展，中国思想家普遍持有一种有机论的观点，认为每一现象都按照等级次序和其他一种现象联系着；""它们都是等级分明的整体的组成部分，这种整体等级构成一幅广大无垠、有机联系的图景，它们服从自身的内在的支配。"①美国加州大学伯克利分校的物理学家卡普拉（Fritjof Capra）也说："与机械论的西方观点相反，东方的宇宙观是有机论的。东方神秘主义认为，可以感知的物体和事件都是相互联系的，只不过是同一终极实在的不同方面或不同表现。把感知的世界分割成单个的独立事件，并且觉得我们自己是这个世界中的独立自我，这种倾向在东方神秘主义者看来是谬想。"②卡普拉所说的"东方神秘主义"，指印度教、佛教、道教的宗教哲学，认为这些宗教宇宙观的基本特征是相同的。他认为，宇宙的终极实在在道教中的表现即是无处不在的"道"。事实上，不仅道教哲学，整个中国古代文化都具有卡普拉所说的有机论特征。

小　结

在中国古代文化中，化具有变化、化生、化育、教化等涵义，表示事物的逐渐变

---

① 李约瑟. 中国科学传统的贫困与成就[J]. 科学与哲学，1982(1)：11，27.
② 卡普拉. 物理学之道[M]. 朱润生译. 北京：北京出版社，1999：10.

化过程。古人用化描述宇宙万物的生演过程,说明动物的物候变化现象、昆虫变态发育现象以及人和动物的变性现象,也用其描述金属矿物的转变现象。当用其描述生物变化现象时,古人认为生物发生的是形变而实不变的现象;当用其描述金属矿物变化现象时,古人认为发生的是由一种物质转化成另一种物质的现象。这些认识,既有合理的成分,也有错误的成分。从化概念描述的各种事物转化情况可以看出,古人认为,不同的生物之间,以及不同的金属或矿物之间,都可以由一物转化为另一物,彼此具有关联性,由此反映了一种有机的自然观。

有机论观念是中国古代最基本的宇宙观,体现了中国传统文化的基本特点。这种观念表现在古代思想认识的各个方面,本讲仅以三才观念和五行体系为例作一讨论。这种宇宙观把世界看作一个相互关联的有机整体,在一定程度上反映了事物之间的一些真实的联系,但也有不少臆测、想像的成分。

中国古人"在认识世界的过程中,要求对事物整体把握,要求偏重于研究事物的行为、功能和结构,强调人的思想和实践,人的政治、宗教、哲学、伦理、艺术、摄生等等都要与自然相统一,这是宇宙一体化理论的主旨。这种理论有简单化、僵化的缺点,它所理想的宇宙模式与宇宙系统的本来面目当然相去甚远,但是它的主张有合理的方面。我国古代认识方法的许多独特之处,正出于此"[①]。

中国古代的有机论宇宙观与西方古代流行的机械论宇宙观形成了鲜明的对比。近代科技文明所取得的巨大成功,充分证明了机械论世界观和分析方法的合理性。但是,随着科学的发展和认识的进步,人们越来越多地发现了事物之间的关联性,证明宇宙是一个相互联系的有机整体。因此,李约瑟说,近代科学和有机主义哲学,连同它的各个综合层次,已经又回到了中国古代有机论世界观所反映的智慧上来,并且这种有机论观念正在被人们对宇宙的、生物的和社会的进化的新理解所加强[②]。

---

① 刘长林.中国系统思维[J].中国社会科学出版社,1997:115.
② 李约瑟.中国科学技术史·第二卷[M].北京:科学出版社,上海古籍出版社,1990:619.

第九讲　自然感应观念

　　从战国至明清时期,古人一直认为,自然界存在以气为中介的感应作用,许多事物的运动变化都是由它们之间的相互感应引起的。这是一种自然感应观念。

　　在战国秦汉时期的典籍中,有不少关于同类事物相互感应的论述,如《周易·文言传》有"同声相应,同气相求"之说;《庄子·渔父》篇有"同类相从,同声相应,固天之理"的说法;《吕氏春秋·召类》篇有"类同相召,气同则合,声比则应"之论;这其中的"相应"、"相求"、"相从"、"相召"均指事物之间的感应作用。

　　《说文》释"感,动人心也",在古代文献中,"感"表示能使事物产生内在变化的作用,如《周易·咸卦》象传有"天地感而万物化生",《周易·系辞传上》有"寂然不动,感而遂通天下之故",《吕氏春秋·音初》篇说"凡音者,产乎人心者也。感于心则荡乎音,音成乎外而化乎内"。

　　《说文》释"应,当也。""应"是响应,应和,表示事物对外界作用的反应,即受外界影响后产生的变化,如:《周易·大有卦》象传说:"应乎天而时行";《史记·平准书》说:"布告天下,天下莫应";《汉书·礼乐志》说:"应感而动,然后心术行焉。"

　　当感与应合用时,前者表示主动一方的作用,后者表示受动一方的反应、响应,正所谓"感而后应,非所设也"①。《庄子·刻意》篇也说:"感而后应,迫而后动,不得已而后起。"唐代孔颖达对感和应的关系说得最为明白:"感者,动也;应者,报也。皆先者为感,后者为应。"②五代邱光庭也说:"凡物之动,先感而后应。"③这些论述都表明,在古代认识活动中,感应表示两事物间发生的作用与响应的关系。

　　自然感应观念是中国古代一种重要的自然观,古人用其解释各种自然现象,以满足认识的需要。

---

① 管子·心术.
② 周易正义·乾卦[M]//十三经注疏.北京:中华书局,1980.
③ 余思谦.海潮辑说·卷上[M]//丛书集成初编·自然科学类.

一、以自然感应观念解释物理现象

古人认为,乐器共鸣、阳燧取火以及电磁吸引等现象都是事物之间产生感应的结果,用自然感应观念予以解释。

其一,对乐器共鸣现象的解释。

我国古人很早即发现了乐器共鸣现象,并给予解释和加以应用。《庄子·徐无鬼》写道:"于是为之调瑟,废于一堂,废于一室,鼓宫宫动,鼓角角动,音律同矣。""废"是放置。把两架瑟分别置于两个相邻的房间里,弹拨一架瑟发出宫音,则另一架瑟相应的弦也随之振动发出宫音。这是乐器共鸣现象,也是声音共振现象。

《庄子·渔父》用"同类相感,同声相应"解释这种现象,并认为这是"固天之理",是事物固有道理的表现。《渔父》篇的这种解释被后人普遍接受。《吕氏春秋》、《淮南子》、《春秋繁露》和《史记》等都用这种观点解释声音共振现象。

董仲舒在《春秋繁露》中说:"气同则会,声比则应,其验皦然也。试调琴瑟而错之,鼓其宫,则他宫应之。鼓其商,而他商应之。五音比而自鸣,非有神,其数然也。"[1]董仲舒指出,乐器共鸣现象并不神秘,而是有其同声相应的道理。

声音共鸣是两个固有频率相同的物体之间通过声波作用而产生的受迫振动现象。古人没有振动频率概念,不可能了解声音共振的物理机制,但古人已认识到乐器发音与其形体有关,已懂得律同则声同,声同则相应的道理。据此即可解释声音共鸣现象,指导有关实践活动。

据《异苑》记载,西晋博物学家张华曾根据同声感应的道理,用改变发声物体形状的方法消除了铜盘与宫钟的共鸣现象。

刘𫗧《隋唐嘉话》也记载:"洛阳有僧,房中磬子夜辄自鸣,僧以为怪,惧而成疾,求术士百方禁之,终不能已。曹绍夔……出怀中错,鑢磬数处而去,其声遂绝。僧苦问其所以,绍夔曰:此磬与钟律合,故击彼应此。"江湖术士因为不了解同声相应的道理,虽施千方百计终不能止磬之鸣。曹氏因知晓声同则应的道理,轻易地消除了这一现象。

同声相应观念是古人根据器物共鸣现象作出的经验总结,在古代音乐活动中

---

① 董仲舒.春秋繁露·同类相动[M].上海:上海古籍出版社,1991.

发挥过重要作用,其中典型的例子是利用同声相应现象对乐器进行正声。北宋沈括在《梦溪笔谈》中记载:"琴瑟弦皆有应声。宫弦则应少宫,商弦则应少商,其余皆隔四相应。……欲知其应者,先调其弦令声和,乃剪纸人加弦上,鼓其应弦,则纸人跃,他弦即不动。声律高下苟同,虽在他琴瑟鼓之,应弦也振。此之谓正声。"剪小纸人加弦上,是为了便于识别哪一根弦作出了响应,这是声音共振现象的巧妙运用。

《梦溪笔谈》还记载:"予友人家有一琵琶,置之虚室,以管色奏双调,琵琶弦辄有声应之,奏他调则不应。宝之以为异物。殊不知此乃常理。二十八调但有声同者即应。"不知同声相应之理的人,见到乐器共鸣现象会感到奇怪,而沈括懂得这种道理,所以他认为这是"常理"。宋代周密解释琴弦的共鸣现象时也说:"此气之自然相感之妙。"①

其二,对阳燧取火现象的解释。

战国时期,我国古人用阳燧聚集日光取火,用方诸夜置户外承接露水,以满足某些特殊需要。古人认为,火属阳,本于日;水属阴,本于月。《淮南子·天文训》即有"积阳之热气生火,火气之精者为日;积阴之寒气为水,水气之精者为月"的论述。既然阳燧所取之火来自太阳,方诸所取之水来自月亮,那么远在天际的太阳之火及月亮之水如何能跨越苍穹瞬时即至?对此,古人以自然感应观念予以解释。

《淮南子·天文训》说:"物类相动,本标相应,故阳燧见日则然而为火,方诸见月则津而为水。"古人认为,阳燧与日火同属阳类,方诸与月水同属阴类,它们同类相感,本标相应,故阳燧向日则生火,方诸对月则生水。《淮南子·览冥训》也说:"阳燧取火于日,方诸取露于月,……引类于太极之上,而水火可立致者,阴阳同气相动也。"东汉炼丹家魏伯阳也说:"阳燧以取火,非日不生光;方诸非星月,安能得水浆。二气玄且远,感化尚相通。"②在古人看来,只要气类相同,两物虽然相距遥远,仍能感应相通。正所谓:"跨百里而相通者,气也。"③

古代铸造阳燧和阴燧(即方诸)要选择特定的时日,东晋干宝《搜神记》说:"五月丙午日午时铸,为阳燧。十一月壬子日子时铸,为阴燧。"其实,选择这两个时辰铸造阳燧和阴燧,并无什么神秘之处,而是受自然感应观念影响的结果。古人认为,这两个时辰分别为一年中阳气和阴气最盛之时,选择此时铸造阳燧和阴燧,目的是加强阴阳同类感应效果,使所铸器物的性能更加优越。尽管这种认识是幼稚

---

① 周密.癸辛杂识·续集·卷一[M]//四库全书·子部小说家类.
② 魏伯阳.周易参同契[M]//丛书集成初编·哲学类.
③ 吕祖谦.东莱先生左氏博议·泰晋迁陆浑[M]//丛书集成初编·史地类.

的,但古人的主观愿望是好的。

毫无疑问,古人用自然感应观念对阳燧取火现象的解释是不正确的。要正确说明这种现象的道理,需要具备一定的几何光学知识,这是中国古人无法做到的。

其三,对电磁作用现象的解释。

中国古人对电磁吸引现象的认识较早,积累了丰富的经验知识。《吕氏春秋》、《淮南子》、《春秋繁露》、《春秋纬》、《论衡》、《博物志》等大量古代文献中都有关于磁石吸铁、玳瑁引芥之类电磁吸引现象的记载。

磁石为何吸铁?玳瑁何以引芥?这对于古人来说是难以理解的。

董仲舒即说:“磁石取铁,……奇而可怪,非人所意也。”[1]东汉王充开始用自然感应观念说明这类现象。他指出:“顿牟(玳瑁)掇芥,磁石引针,皆以其真是,不假他类。他类肖似,不能掇取者,何也?气性异殊,不能相感动也。”[2]王充认为,玳瑁与草芥,磁石与铁针,虽然形质不同,但各属同类,同类则气性相通,相互感应。此后,这种观点成为古代解释电磁吸引现象的基本理论。如晋代郭璞说:“磁石吸铁,玳瑁取芥,气有潜通,数亦冥会,物之相感,出乎意外。”[3]宋代张邦基也强调:“磁石引针,琥珀拾芥,物类相感然也。”[4]

电磁吸引现象一般可以在相隔一小段空间距离内发生,而且一般不受其他物体的影响。宋代俞琰对此解释说:“磁石吸铁,隔碍潜通。”[5]明代王廷相也说:“气以虚通,类同则感,臂之磁石引针,隔关潜达。”[6]他们都认为,存在于空间的气是传递电磁感应的中介,因而用气的潜通、暗达予以说明。

当然,古人的这种解释是肤浅的,要正确说明“隔碍潜通”的道理,仅停留在这种认识水平上是做不到的。因此,宋代陈显微说:“隔碍相通之理,岂能测其端倪?”[7]明代王夫之也承认:“琥珀拾芥,磁石引铁,不知其所以然而感。”[8]对于磁石吸铁现象,古希腊泰拉斯(Thales)曾用灵魂说加以解释,古罗马卢克莱修(T. Lucretius)用原子论予以说明。相比之下,中国古人用以气为中介的感应作用所做的解释,则更接近于现代物理学所揭示的电磁场作用图像。

---

① 董仲舒.春秋繁露·郊语[M].上海:上海古籍出版社,1991.

② 论衡·乱龙.

③ 郭璞.山海经图赞·北山经第一[M]//百子全书·小说家异闻类.

④ 张邦基.墨庄漫录·卷四[M]//四库全书·子部杂家类.

⑤ 俞琰.周易参同契发挥[M]//道藏举要·第四类.

⑥ 王廷相.雅述·卷上[M]//侯外庐,等.王廷相哲学选集.北京:中华书局,1965.

⑦ 周易参同契解[M]//四库全书·子部道家类.

⑧ 王夫之.张子正蒙注·动物篇[M].上海:上海古籍出版社,1992.

宋代曾公亮所著《武经总要》记载了一种制作指南针的巧妙方法,其中写道:"若遇天景曀霾,夜色瞑黑,又不能辨方向,则当纵老马前行,令识道路;或出指南车及指南鱼,以辨所向。指南车世法不传。鱼法,以薄铁叶剪裁,长两寸,阔五分,首尾锐如鱼形,置炭火中烧之,候通赤,以铁钤钤鱼首出火,以尾正对子位,蘸水盆中,没尾数分则止,以密器收之。用时置水碗于无风处,平放鱼在水面令浮,其首常南向午也。"[①]

以现代科学认识来看,古人这种用淬火方法制造指南针的做法是有一定道理的。地球是个大磁体,沿着地表空间分布有南北方向的地磁力线。铁片中有分子电流形成的一个个小磁畴,当小鱼形的铁片在炭火中加热至通体透红时,由于分子的热运动而使小磁畴呈无序排列状态;用钳子夹住鱼首正对子位(北方)将鱼尾没入水中,这一操作使小鱼处于南北方向,并与地面呈一定的倾斜角度,恰好使小鱼的首尾与地磁场的磁力线方向一致,在地磁场的作用下,铁片中的小磁畴迅速沿着地磁场方向排列;当鱼尾在水中快速冷却时,其中沿着地磁场方向排列的小磁畴即被固定下来,从而成为一个永磁体。这种操作,实际上是利用地磁场将小铁片定向磁化了。

有趣的是,中国古人并不知道地球是个大磁体,更没有地磁场的概念。因此,《武经总要》记载的这种制造指南鱼的方法是耐人寻味的。从古代流行的认识观念看,这种做法可能是受同类感应思想影响的结果。先将鱼形铁片通体加热,再将鱼尾没入水中,实际上是分别赋予鱼首火的性质及鱼尾水的性质。古代长期盛行五行说,按照五行与五方的对应关系,南方午位属火,北方子位属水。根据同类感应观念,古人认为,欲使鱼形铁片首指南,尾指北,将其首赋予火的性质,尾赋予水的性质,使鱼首与南方(火)同性同类,鱼尾与北方(水)同性同类,即可产生同类感应作用;当将铁鱼片置入水盆中能够自由转动时,其首和尾就会分别向南方和北方转动,形成指向性。当然,这种解释只是一种猜测。

据文献记载,至迟在 11 世纪,中国的堪舆家在运用罗盘勘察风水的活动中,即发现罗盘磁针所指的南北方向(即地磁子午向)与立表测影所判断的南北方向(即地理子午向)之间存在偏差,即两者不在同一条直线上。这种磁针指向即地磁子午向与地理子午向之间的偏差,称为地磁偏角。根据目前所见文献,中国关于地磁偏角的最早记载见于杨维德的《茔原总录》。该书记载指南针的指向是在正南(午)与南偏东 15°(丙)之间,"中而格之",约 7°左右。

《茔原总录》是一本风水书,成书于庆历元年(1041 年)。这说明,至迟在 11 世

---

① 曾公亮.武经总要前集·卷十五[M]//四库全书·子部兵家类.

纪中期,风水师在运用指南针勘察阴宅阳宅的活动中,即已发现了地磁偏角。

成书于宋代初期的风水书《管氏地理指蒙》以阴阳五行理论和自然感应观念对地磁偏角现象给予了解释,书中写道:"惟壬与丙阴始终而阳始穷,惟子与午阳始肇而阴始生。探阴阳自始至终之蕴,察天地南离北坎之原。磁者母之道,针者铁之戕。母子之性,以是感,以是通;受戕之性,以是复,以是完。体轻而径所指必端,应一气之所召,土曷中,而方曷偏,较轩辕之纪,尚在星虚丁癸之躔,惟岁差之法,随黄道而占之,见成像之昭然,大哉中之道也。天地以立极……是以磁针之所指者,其旨在斯。"这段文字的注文说:"磁石受太阳之气而成,孕二百年而成铁。针虽成于磁,然非太阳之气不生,则其实为石之母。南离属太阳真火,针之指南北顾母而恋其子也。《土宿本草》云:铁受太阳之气,始生之初,卤石产焉,一百五十年而成磁石,二百年孕而成铁。又云铁禀太阳之气……阳生子中,阴生午中,金水为天地之始,气金得火,而阴阳始分,故阴从南,而阳从北,天定不移。磁石为铁之母,亦有阴阳之向背,以阴而置南,则北阳从之;以阳而置北,则南阴从之。此颠倒阴阳之妙,感应必然之机。"[1]

这两段引文对磁针指南的道理的阐述,既有阴阳八卦理论,也有五行学说和自然感应观念,反映了这些思想观念对古人认识地磁偏角现象所产生的影响。

宋代寇宗奭说:"(磁石)磨针锋则能指南,然常偏东,不全南也。其法,取新纩中独缕,以半芥子许蜡缀于针腰。无风处垂之,则针常指南。以针横贯灯心(草),浮水上亦指南,然常偏丙位。盖丙为大火,庚辛金受其制。故如是物理相感耳。"[2]根据五行归类理论,丙午在南方属火,庚辛在西方属金,指南针由铁制成也属金,火克金,二者相互排斥,所以指针向东偏离。寇宗奭认为,这是"物理相感"使然。北宋《大观本草注》解释指南针偏转现象时也说:"丙丁皆火位,庚辛受其制,物理相感耳。"

二、以自然感应观念解释潮汐与天文现象

中国古人对海洋潮汐现象做过长期观察,对其运动规律及形成的原因进行过

---

① 管氏地理指蒙·释中第八[M]//古今图书集成·艺术典堪舆部.
② 寇宗奭.本草衍义·卷五[M]//丛书集成初编·应用科学类.

认真探索。至迟在东汉时期,古人已认识到潮汐起落与月相变化同步。王充即指出:"涛之起也,随月盛衰,大小满损不齐同。"[①]三国虞翻也指出:"水性有常,消息与月相应。"[②]晋代杨泉也认为:"月,水之精也。潮有大小,月有盈亏。"[③]葛洪也说:"月之精生水,是以月盛满而潮汐大。"[④]

　　唐代窦叔蒙对潮汐大小随月相变化的过程作了比较详细的描述。他说:"涛之潮汐,并月而生,日异月同,盖有常数矣。盈于朔望,消于朏魄,虚于上下弦,息于朓朒,轮回辐次,周而复始。"[②]"朏"是初二、初三的月相,"魄"是月初出或将没时的微光,"朓、朒"分别表示农历月底、月初时,月见于东西方之象。窦氏较为准确地描述了潮汐随月相变化的周期性过程:每月朔望时潮汐最大,上下弦时最小,在朔与上弦之间(即"朏魄")和望与下弦之间潮汐逐渐变小,在上弦与望之间和下弦与朔之间(即"朓")潮汐逐渐变大。

　　关于潮汐的形成原因,古人提出了多种解释。清代俞思谦在总结这些解释时指出:"古今论潮汐者,不下数十家,……其说不一,要以应月之说为长。"[②]"应月之说",即月与水自然感应说。俞思谦认为,在古代各种潮汐理论中,自然感应说最具说服力。古人认为,最守信者莫如潮,它一日两至,随月盈亏而盛衰,准而有信。潮汐升降与月相变化的同步关系,自然使古人把前者的产生原因归之于后者,认为潮汐是月与海水相感应的结果。

　　对此,唐代封演说得最为明白:"虽月有大小,魄有盈亏,而潮常应之,无毫厘之失。月,阴精也,水,阴气也。潜相感致。体于盈缩也。"[⑤]宋代余靖对潮汐现象做过大量观察记录,针对有人把潮汐的起落说成是海水的增减,他驳斥道:"潮之涨退,并非海之增减,而是月临于海,水往从之",是"从其类也。"明末方以智的学生揭暄则将潮与月的关系与磁石吸铁、琥珀拾芥类比,认为它们都是同类感应现象。

　　古人不仅认识到潮汐的变化与月亮的运行有关,而且认识到潮汐是日月共同作用的结果。北宋张载即指出:"海水潮汐……间有大小之差,则系日月朔望,其精相感。"[⑥]

　　张载说得比较含糊,与其同时代的张君房对日月感应引起潮汐变化的情况作了具体阐述。他说:"日迟月速,二十九日差半而月一周天。……凡月周天则及于

---

①　论衡·书虚.

②　俞思谦.海潮辑说·卷上[M]//丛书集成初编·自然科学类.

③　杨泉.物理论[M]//丛书集成初编·哲学类.

④　抱朴子内篇·外佚文.

⑤　封演.封氏闻见记·海潮[M]//四库全书·子部杂家类.

⑥　张载.张子正蒙·参两[M].上海:上海古籍出版社,1992.

日,日月会同,谓之合朔,合朔则敌体,敌体则气交,气交则阳生,阳生则阴盛。阴盛则朔日之潮大也。自此而后,月渐之东,一十五日与日相望,相望则光偶,光偶则致感,致感则阴融,阴融则海溢,海溢则望日之潮犹朔之大也。斯又体于自然也。"①意思说,日行慢,月行疾,月行一周与日会合时,二者相互作用,使阳气生,阴气盛,阴气与海水同类相感,从而引起朔日大潮。之后,月渐东行,经十五日与日相望,日月之光相遇,产生相互感应,致使太虚中的阴气融散,引起海水漫溢,形成望日大潮。在古代的事物分类中,日月分属阴阳两类,张君房的论述含有同类和异类两种感应机制。朔日的日月"敌体"和望日的日月"光偶"均是日月异类之间相互作用、相互感通,其结果都是引起阴盛。然后再进一步产生阴气与海水的同类感应,形成朔望大潮。

对于这种日月潮汐说,古代也曾有人提出过反对意见。北宋余靖在其《海潮图序》中即主张,潮汐"皆系于月,不系于日"。

但古代多数人都支持日月说,如宋代燕肃即认为,"日者重阳之母,阴生于阳,故潮附之于日也。月者太阴之精,水者阴类,故潮依之于月也。是故随日而应月,依阴而附阳。"①南宋马子严也认为,"日,太阳也,历一次而成月。月,太阴也,合于日以起朔。阴阳消息,晦朔弦望,潮汐应焉。由朔至望,明生而为息。自望及晦,魄见而为消。水阴物也,而生于阳。潮汐依日而滋长,随月而推移。"①这些都表达了古人对于潮汐与日月运行关系的认识。

现代科学认为,潮汐是由日月对地球的引力以及地球绕日运行的惯性力效应等几种因素共同作用的结果,由太阳引力形成的潮称为太阳潮,由月球引力形成的潮称为太阴潮。因为太阳距离地球远,起潮力比月球的起潮力小得多,所以太阳潮通常不易单独观测到,它只是增强或减弱太阴潮,从而造成大潮和小潮。在朔日和望日时,月球、太阳和地球几乎在同一直线上,太阴潮与太阳潮彼此重迭相加,以致潮特别大。在上下弦时,月球与太阳的黄经相距九十度,太阴潮被太阳潮抵消一部分,所以潮特别小。由此可见,古人将潮汐的成因归之于日月的共同作用,基本上是符合实际的。

近代,在牛顿发现万有引力定律之后,才真正对潮汐成因作出了科学的解释,但牛顿对引力的传递机制始终未给出合理的说明,以至于有人将其学说看作超距作用论。在未认识万有引力之前,中国古人用自然感应观念解释天体的相互作用及潮汐现象,虽然就物理机制而言与事实不符,但就物理图像来说却有一定的合理性。因为,以气为中介的自然感应观念颇为类似于现代科学以引力场为中介的引

---

① 俞思谦.海潮辑说·卷上[M]//丛书集成初编·自然科学类.

力相互作用思想。

此外,古人还以自然感应观念解释某些天文现象。

在地球上观察太阳系行星的运动,由于相对位置不同,有时会看到某星的运行速度快慢不等,甚至会出现短暂的静止或逆行现象。古代天文学家把这种状况看作是天体之间发生相互感应的结果。《隋书·天文志》记载,后魏张子信积三十余年的观测,"始悟日月交道有表里迟疾,五星伏见有感召向背"。张子信用"感召向背"描述五星运行的逆留进退现象,含有明显的自然感应观念。唐代天文学家一行也认为,五星运行所呈现的状态变化,"皆精气相感使然"[①]。宋代张载也说:"日月朔望,其精相感;""金水附日前后进退而行者,其理精深,存乎物感可知矣。"[②]明代以前的天文学家虽然用自然感应观念说明五星运行状态变化的原因,但并未说明感应作用是发生于五星之间还是发生于五星与太阳之间。明代天文学家邢云路在前人认识的基础上则前进了一大步。他在 1607 年出版的《古今律历考》中指出:"月道交日道,出入六度而信不爽,五星去而复留,留而又退而伏,而期无生,何也? 太阳为万象之宗,居君父之位,掌发敛之权;星月借其光,辰宿宣其气。故诸数一禀于太阳,而星月之往来,皆太阳一气之牵系也。"邢云路认为是太阳在支配行星的运动,并猜测太阳通过气的中介感应作用对星月施加影响、控制其运动。

三、以自然感应观念解释生物节律现象

生物节律是指生物的生理活动或生活习性随着外界环境的某种变化所呈现的周期性,是生物在特定环境下长期进化的结果。中国古代对这类现象作过大量的观察,对其成因也作过不少探讨[③]。古人所认识的生物节律主要有周年节律、太阴节律、周日节律和潮汐节律。关于这些节律现象形成的原因,古人也是用自然感应观念加以解释。

---

① 欧阳修,等.新唐书·历志四上[M]//二十五史.上海:上海古籍出版社,上海书店,1986.

② 张载.张子正蒙·参两[M].上海:上海古籍出版社,1992.

③ 张秉伦.我国古代对动物和人体生理节律的认识和利用——兼论生物节律成因问题[M]//科技史文集:第四集.上海:上海科技出版社,1985.

太阴节律,指水生动物的生理变化与月相变化具有同步关系。我国古人很早对这类现象即有认识。秦代,《吕氏春秋》已认识到:"月也者,群阴之本也。月望则蚌蛤实,群阴盈;月晦则蚌蛤虚,群阴亏。夫月形乎天,而群阴化乎渊。"①"群阴"是对蚌蛤之类水生动物的总称。《淮南子》也指出:"月者,阴之属也,是以月虚则鱼脑减,月死则螺蚌膲。"②《大戴礼记》也说:"蚌蛤龟珠,与月盛虚。"③宋代吴淑《月赋》中有月相变化"同盛衰于蛤蟹,等盈阙于珠龟"的诗句;宋代罗愿《尔雅翼》中也有水生动物"腹中虚实亦应月"之说。明代李时珍在《本草纲目》中对这类认识进行总结后指出:螺蚌之属"其肉视月盈亏",蟹类"腹中之黄,应月盈亏"。这些都是说明蚌蟹之类水生物的体态肥瘦与月相变化有着"同盛衰"、"等盈阙"的关系。中国古人关于水生动物的生理变化与月球运行周期呈同步关系的论述,已被现代科学研究所证实。由此说明,古人对这类现象的认识是符合实际的。

古人认为,水生动物与月亮同属阴类,两者以气为中介产生相互感应,从而造成"群阴类"生物的生理变化与月相变化同步的现象。《淮南子·说山训》说:"月盛衰于上,则螺蚌应于下,同气相动,不可以为远。"高诱注曰:"动,感也。""不可以为远"意思是说,不可认为月与螺蚌之类因为距离遥远就不能发生感应作用。东汉王充也说:"月毁于天,螺消于渊"的原因是"同类通气,性相感动也。"④我国古人一直认为,"凡风雨潮汐鳞介之类,其气皆与月相通,"⑤气相通则产生相互感应。

周日节律是动物行为随着地球自转所呈现的周期性。我国古人对于家禽和鸟类的周日节律行为有一定的认识。晋代葛洪在《抱朴子》中说:"鹤知夜半,尝以夜半鸣,声唳云霄。"古代一本名为《洞冥记》的书中有以鸟候时的记载:"贡细鸟","形似大蝇,状如鹦鹉……国人尝以此鸟候时,名曰候日虫。"此外,该书还记载一种"至日出时衔翅而舞"的"舞日鹅"。明代薛惠《鸡鸣篇》有关于公鸡啼叫与天象关系的阐述,文中说:"鸡初鸣,日东御,月徘徊,招摇下;鸡再鸣,日上驰,登蓬莱,辟九闱;鸡三鸣,东方旦,六龙出,五色烂。"⑥古人根据鸡初鸣、再鸣、三鸣可以大致判断时间的变化。

对于禽鸟的周日节律现象,古人也是用自然感应观念予以解释。王充认为,

---

① 吕不韦.吕氏春秋·精通[M]//诸子集成.上海:上海书店出版社,1986.
② 淮南子·天文训.
③ 大戴礼记·易本命[M]//四库全书·经部礼类.
④ 论衡·偶会.
⑤ 俞思谦.海潮辑说·卷上[M]//丛书集成初编·自然科学类.
⑥ 古今图书集成·乾象典.

"夜及半而鹤唳,晨将旦而鸡鸣,此虽非变,天气动物,物应天气之验也。"[①]在他看来,鹤唳鸡鸣之类是禽鸟对自然之气变化情况的反应。唐代《艺文类聚》也指出,"阳出鸡鸣,以类感也。"李时珍《本草纲目》也说:"鸡鸣于五更,日至巽位,感动其气也。"

潮汐节律是滨海动物对潮汐涨落现象做出的周期性反应。古人称这类对潮汐现象作出反应的生物为"应潮物"。俞思谦在《海潮辑说》中收录了许多前人关于应潮物的记载,其中如汉代杨孚《临海水土记》载:"牛鱼象獭,毛青黄色似鳢,知潮水上下;"晋代孙绰《海赋》记有"每潮水将至,辄群鸣相应"的"石鸡";梁代沈约《袖中记》载:"移风县有鸡,每潮至则鸣,故呼为潮鸡。"唐代段成式《酉阳杂俎》记有一种名为"数丸"的动物,"如彭蜞,取土作丸,数至三百则潮至。"宋代傅肱《蟹谱》记有"随潮解甲、更生新者"的蟹类。李时珍《本草纲目》记有"潮至出穴而望"的"蟛蚏"。对于这类现象,古人同样用自然感应观念加以解释,如俞思谦列举了众多生物应潮现象之后指出:"物之应潮者,乃气类之相感,皆理之常,无足多异。"[②]

地球上的各种生物都是在特定环境下缓慢进化的结果。每种生物的生存活动都是不断的与外界交换物质、能量和信息的过程。因此,外界环境中某些因素的周期性变化,必然会对生物产生影响,长期作用的结果会在生物体内形成某种特殊的生理结构,生物利用这种结构能够对外界某些作用变化做出及时而准确的反应。这种过程也可以说是自然环境对生物的感应作用。

关于生物节律的形成机理,目前仍然存在内生论与外生论之争,是一个尚未认识清楚的问题。古人用自然感应观念对这类现象的解释,反映了中国古代的认识水平及传统文化的影响。

四、以自然感应观念解释人体生理变化及疾病成因

古人也用自然感应观念解释人体的生理变化及疾病现象。

中国传统医学认为,由于自然感应作用,人体内的气血运行与月相变化是同步的。《黄帝内经·灵枢》说:"人与天地相参也,与日月相应也。故月满则海水西盛,

---

① 论衡·变动.

② 俞思谦. 海潮辑说·卷上[M]//丛书集成初编·自然科学类.

人血气积,肌肉充,皮肤致,毛发坚,腠理郄,烟垢着。当是之时,虽遇贼风,其入浅不深。至其月郭空,则海水东盛,人气血虚,其卫气去,形独居,肌肉减,皮肤纵,腠理开,毛发残,膲理薄,烟垢落。当是之时,遇贼风则其入深,其病人也卒暴。"①"人与天地相参,与日月相应",即是说自然界的变化、日月的运行都会对人体产生影响。月满时,人体气血充盈,肌肉充实,机体抵抗力强;月亏时,人体气血亏虚,肌肉消瘦,机体抵抗力减弱。"

《黄帝内经·素问》也指出,天气的寒暖变化,月廓的盈亏交替,对人体气血的运行有直接影响,其中说:"是故天温日明,则人血淖液,而卫气浮,故血易泻,气易行;天寒日阴,则人血凝泣,而卫气沈。月始生,则气血始精,卫气始行;月郭满,则气血实,肌肉坚;月郭空,则肌肉减,经络虚,卫气去,形独居。是以因天时而调气血也。"②此外,古代医家发现,妇女的经血量也是随着月相盈亏而变化的,月盈量多,月亏量少。

古代医家发现,人体的病情也是随着四时之气的不同而变化的。《黄帝内经·灵枢》指出:"夫百病者,多以旦慧、昼安、夕加、夜甚,何也?岐伯曰:四时之气使然。黄帝曰:愿闻四时之气。岐伯曰:春生,夏长,秋收,冬藏,是气之常也,人亦应之,以一日分为四时,朝则为春,日中为夏,日入为秋,夜半为冬。朝则人气始生,病气衰,故旦慧;日中人气长,长则胜邪,故安;夕则人气始衰,邪气始生,故加;夜半人气入藏,邪气独居于身,故甚也。"③古人认为,这种病情变化现象是人体与四时之气感应的结果。自然界,春天阳气生发,夏天阳气隆盛,秋天阳气收敛,冬天阳气闭藏,这是一年四季阳气变化的规律。古人认为,一昼夜是一年的缩影,阳气的变化也具有这种规律性。一昼夜间,人体内的阳气变化也与自然界的阳气变化相应。早晨,人体阳气开始生发,邪气衰退,所以病人感到神清气爽;中午,人体阳气逐渐隆盛,正气胜于邪气,所以病人觉得安适;傍晚,人体阳气开始收敛而内退,邪气开始增强,所以病情加重;夜半,人体阳气闭藏于内脏,邪气独居于身,所以病情更重。在古代医家看来,由于自然感应作用,人体内的阳气盛衰与自然界的阴阳消息是同步的。

《素问·金匮真言论》是中医的重要文献,其中讨论了一系列疾病诊断及治疗原则。该篇从"天人相应"观念出发,阐述了人体疾病的发生与外界环境、四时气候变化的关系,其中说:"东风生于春,病在肝,俞在颈项;南风生于夏,病在心,俞在胸

---

① 史崧.灵枢经·岁露论[M].北京:学苑出版社,2008.

② 黄帝内经素问译释·八正神明论.

③ 史崧.灵枢经·顺气一日分为四时[M].北京:学苑出版社,2008.

胁;西风生于秋,病在肺,俞在肩背;北风生于冬,病在肾,俞在腰股;中央为土,病在脾,俞在脊。故春气者,病在头;夏气者,病在藏;秋气者,病在肩背;冬气者,病在四支。"

实践证明,中医关于四时气候与疾病关系的认识,是有一定合理性的。现代的医学气象学就是专门研究气候对人体的影响以及气象要素与疾病的关系,是一门新兴的边缘学科。

《金匮真言论》还讨论了人体脏腑功能与四季气候变化的关系,其中说:"帝曰:五藏应四时,各有收受乎?岐伯曰:有。东方青色,入通于肝,开窍于目,藏精于肝,其病发惊骇;其味酸,其类草木,其畜鸡,其谷麦,其应四时,上为岁星,是以春气在头也,其音角,其数八,是以知病之在筋也,其臭臊。南方赤色,入通于心,开窍于耳,藏精于心,故病在五藏;其味苦,其类火,其畜羊,其谷黍,其应四时,上为荧惑星,是以知病之在脉也,其音征,其数七,其臭焦。中央黄色,入通于脾,开窍于口,藏精于脾,故病在舌本;其味甘,其类土,其畜牛,其谷稷,其应四时,上为镇星,是以知病之在肉也,其音宫,其数五,其臭香。西方白色,入通于肺,开窍于鼻,藏精于肺,故病在背;其味辛,其类金,其畜马,其谷稻,其应四时,上为太白星,是以知病之在皮毛也,其音商,其数九,其臭腥。北方黑色,入通于肾,开窍于二阴,藏精于肾,故病在溪;其味咸,其类水,其畜彘,其谷豆,其应四时,上为辰星,是以知病之在骨也,其音羽,其数六,其臭腐。"关于其中的"收受",明代医家张介宾说:"收受,言同气相求,各有所归也。"[①]人体五脏与四时相应,各自同气相感、相通,此即"五藏应四时,各有收受"。春季,东方青色之气与人体的肝脏相感应;夏季,南方赤色之气与人体的心脏相感应;长夏,中央黄色之气与人体的脾脏相感应;秋季,西方白色之气与人体的肺脏相感应;冬季,北方黑色之气与人体的肾脏相感应。这是运用自然感应观念及五行归类体系讨论人体五脏功能与四时节气变化的关系,说明疾病情况及其与一些因素的联系。

此外,古人还用自然感应观念说明一些疾病产生的原因,如《素问·阴阳应象大论》认为:"天之邪气,感则害人五藏;水谷之寒热,感则害于六腑;地之湿气,感则害皮肉筋脉。"《素问·八正神明论》也认为:"以身之虚,而逢天之虚,两虚相感,其气至骨,入则伤五藏。"

由上述可见,自然感应观念是古人论述人体生理变化和解释疾病成因的基本指导思想,在古代医学中具有重要作用。

---

① 张景岳.类经·卷三.[M]//景岳医学全书.北京:中国中医药出版社,2002.

五、自然感应观念的特点

作为一种自然观，自然感应观念需要回答如下一些问题：感应双方的作用中介是什么？自然感应是超距作用还是接触作用？作用的传递过程是瞬时的还是长时的？作用关系是双向的还是单向的？作用双方是同类还是异类？从对这些问题的回答，可以看出自然感应观念的基本特点。

中国古代长期流行元气自然观，受这种观念的影响，古人认为弥漫于宇宙空间的气是在物体之间传递感应作用的中介。明末王夫之即明确说："物各为一物，而神气之往来于虚者，原通一于絪缊之气，故施者不吝施，受者乐得其受，所以同声相应，同气相求，琥珀拾芥，磁石引铁，不知其所以然而感。"①受古代认识水平所限，这种以气为中介的自然感应观念不可能与事实完全相符。但是，这种以气为中介的自然感应观念与现代科学的场作用理论具有一定的相似性。

由于宇宙空间充满了气，古人所认为的自然感应作用不是超距作用，而是以气为中介的接触作用。正因如此，唐代窦叔蒙在《海涛志》中用"月与海相推，海与月相期"描述两者的感应作用。弥漫于宇宙空间的气是传递物体相互作用的介质，感应双方无论远近都可以通过气产生作用。三国管辂说："苟精气相感，……无有远近。"②北齐刘昼也说："物类相感，虽远不离。"③这些论述表达的都是这种认识。

我国古人认为，各种感应作用的传递都是瞬时的。《淮南子·览冥训》描述阳燧取火和方诸取水现象时说："以掌握之中，引类于太极之上，而水火可立致者，阴阳同气相动也。"两物相感，虽远在太极之上而可以"立致"，说明作用的传递之快。《周易·咸卦》象专说："咸，感也。柔上而刚下，二气感应以相与。"张载对此解释说："感如影响，无复先后，有动必感，咸感而应，故曰咸速也。"④张载也是强调感应的发生是快速的。明代王廷相也说："向月熟摩其蛤则水生，谓之方诸；向日熟摩其鉴则火生，谓之夫遂。相去甚远，而相感甚速，精之至也。"⑤

①　王夫之.张子正蒙注·动物[M].上海：上海古籍出版社，1992.
②　陈寿.三国志·管辂传[M]//二十五史.上海：上海古籍出版社，上海书店，1986.
③　刘昼.刘子新论·类感章[M]//四库全书·子部杂家类.
④　张载.横渠易说·咸[M]//四库全书·经部易类.
⑤　王廷相.慎言·乾运[M]//侯外庐，等.王廷相哲学选集.北京：中华书局，1965.

"物类相动,本标相应。"古人认为,感应的发生是单向的,感者为主,应者为从,感应双方是主从、本标关系。甲施感于乙,乙对甲作出反应,但这种反应并不对甲产生影响。阳燧应日取火,蟹蚌应月盈虚,海水应月涨落,这些现象在古人看来,都是日月施感的结果,它们的发生并不对日月有什么反作用。

战国秦汉时期,古人一直认为只有同类事物之间才会产生感应作用。除前面所述的一些引文外,还如《庄子·徐无鬼》有"以阳召阳,以阴召阴"之说;《淮南子·览冥训》有"阴阳同气相动"之论;《春秋繁露·同类相应》也说"物故以类相召也";《周易参同契》亦云"类同者相从"。诸如此类的论述都表明了古代的同类感应观念。

按照古代的事物分类理论,日与火同属阳,月与水及水生物同属阴,声响则以音律同异分类,由此以同类相感可以说明一些问题。但用同类感应观念难以解释电磁感应现象,因为琥珀与草芥难归于同类。

因此,唐代孔颖达说:"非唯同类相感,亦有异类相感者。"①他把磁石吸铁、琥珀拾芥等即看作异类相感现象。张载也认为:"感之道不一,或以同而感,……或以异而感。"②

受认识水平所限,古人对事物所作的分类并不都具有合理性,由同类相感扩展到异类相感,反映了自然感应观念内涵的扩大。但是,在异类感应观念基础上,宋代形成了一种泛感应论思想,即把自然界的各种变化现象几乎都看成自然感应的结果。如张载认为:"大地生万物,所受虽不同,皆无须臾之不感。"③北宋程颐说得更为绝对,"天地间只有一个感应而已,更有甚事。"苏轼等编著的《物类相感志》和《感应类从志》等书,即是泛感应论思想的集中表现。明代罗钦顺也认为,"天地间无适而非感应。"④

泛感应论观念的形成,既说明了自然感应观念在古代认识活动中的影响之大,也反映了古人对事物认识的肤浅性。事物千差万别,把一切运动变化现象都看作感应作用的结果,肯定是错误的。

"凡物之然也必有故,而不知其故,虽当与不知同。"⑤古人用自然感应观念对一些现象的解释是肤浅的、经验性的,并未真正说明那些现象发生的内在机制。

① 孔颖达.周易正义·乾卦[M]//十三经注疏.北京:中华书局,1980.
② 张载.横渠易说·咸[M]//四库全书·经部易类.
③ 张载.张子正蒙·乾称[M].上海:上海古籍出版社,1992.
④ 罗钦顺.困知记[M]//四库全书·子部儒家类.
⑤ 吕不韦.吕氏春秋·审已[M]//诸子集成.上海:上海书店,1986.

《淮南子》明确承认，"物类之相应，玄妙深微，知不能论，辩不能解。"[①]唐代孔颖达也承认，物类感应现象"皆冥理自然，不知其所以然也。"[②]明代王夫之也说："感之自通，有不测之化焉。"[③]所以，古人对被称为自然感应的各种现象或者以感应观念对各种现象所做出的解释只知其然，而不知其所以然。也正因如此，宋代才形成了一种泛感应论观念。

小　结

古人认为，宇宙万物是由气相互联系着的一个整体，相隔一定距离的两个物体通过气的中介作用可以发生影响，在这种自然观的基础上形成了自然感应观念。

自然感应观念是古人对一些事物运动变化原因的猜测，这种猜测被作为一种解释理论而广泛运用。从战国至明清，古人用自然感应观念解释了许多自然现象，尽管这些解释很少有正确的东西，但它满足了古人的认识需要，仍然具有一定的历史意义，上述古人对物理、潮汐、生物、医学、天文等现象的解释即说明了这一点。

自然感应观念反映了古人所认为的事物之间的相互联系，是中国古代有机论宇宙观的体现。

①　淮南子·览冥训.
②　孔颖达.周易正义·乾卦[M]//十三经注疏.北京:中华书局,1980.
③　王夫之.张子正蒙注·太和[M].上海:上海古籍出版社,1992.

第十讲　自然规律观念

荀子说："凡以知，人之性也；可以知，物之理也。"①人有认识事物的能力，而事物有道理存在，是可以被认识的。认识事物，就是认识其道理和规律。庄子说："天地有大美而不言，四时有明法而不议，万物有成理而不说。圣人者，原天地之美而达万物之理。"②"达万物之理"，就是认识事物的道理。天地万物各有道理，但自己不会说出来，需要人去发现。

事物的运动变化具有规律性，这种规律是逐渐被人类所认识的。严格科学意义上的自然规律观念是随着近代科学的建立而逐步形成的，但在此之前，中国和西方古人都对自然界的规律性有所认识。李约瑟(J. Needham)指出："西方文明中最古老的观念之一就是，正如人间帝王的立法者们制定了成文法为人们所遵守那样，天上至高无上的、有理性的造物主这位神明也制定了一系列为矿物、晶体、植物、动物和在自己轨道上运行的星辰所必须遵守的法则。"③就是说，正如人类社会的立法者制定了成文法为人们所遵守一样，至高无上的造物主也为自然万物制定了一系列必须遵守的法则。随着近代科学的建立和发展，这些法则不断被揭示出来，这就是自然规律。

由于中国古代不存在上帝为自然界立法的观念，因而也就不存在上帝创造意义上的自然法则观念。李约瑟认为，这可能是"中国文明中阻碍近代科学技术在本土上成长的因素"之一③。他在《中国科学技术史》第二卷第十八章中专门讨论了这个问题。事实上，尽管中国古代缺乏西方那种上帝创造意义上的自然法则观念，但并不缺乏对事物规律性的认识和由此而形成的自然规律观念。

中国古人在长期的生活实践和各种认识活动中，对一些事物运动变化的规律性进行过反复的探索和思考，提出了一系列具有规律性内涵的重要概念，如"常"、"道"、"理"、"数"、"则"等等。对这些概念的基本内涵及其运用情况进行分析即可

---

① 荀子·解蔽.
② 庄子·知北游.
③ 李约瑟.中国科学技术史：第二卷[M].北京：科学出版社，上海古籍出版社，1991：551,552.

发现,虽然中国古人对一些自然规律的具体内容了解得并不深入,但他们很早即认识到自然万物的运动变化是有规律的,形成了明确的自然规律观念,并且认识到遵循和利用自然规律的重要性。

汉语中"规律"一词不知形成于何时,古代似乎没有这个词。规,是画圆的工具;律,指音律,是校正乐音的标准管状器。孟子说:"离娄之明,公输子之巧,不以规矩不能成方圆;师旷之聪,不以六律不能正五音。"[①]古人以规矩成方圆,以律吕正五音。在古代,规和律也有抽象的涵义。规表示法度,典范。《说文》释"规,有法度也。"律表示法律,规则。《尔雅·释诂》释"律,常也。"《广韵·术韵》释"律,律法也。"很可能是近代西方科学传入中国后,在规和律的古代用义基础上某人提出了"规律"一词,用以表示事物运动变化所遵循的规则。

中国古代文献中有一系列表示事物规律的概念和理论,现举其要者作一讨论。

一、天行有常

常,义为永恒的、固定不变的,也指法则、规律,是先秦古人用以表示事物的不变性及规律性的基本概念之一。

《诗经·大雅·文王》说:"侯服于周,天命靡常。""靡常",即无常,会发生变化。《诗经·国风·鸨羽》说:"悠悠苍天,曷其有常?"其中的"天",可以理解为主宰之天,也可以理解为义理之天;"常"是常规、法则。

自然界日月星辰东升西落,重复出现,具有规律性,这种规律容易为先民所认识。《国语》记载,春秋时期越国政治家范蠡说:"天道皇皇,日月以为常,明者以为法,微者则是行。"[②]"天道"即自然规律,"常"即法则。古人发现,日月星辰的运行,宇宙天象的变化有其不变的秩序和规则。《左传·哀公六年》引《夏书》说:"唯彼陶唐,帅彼天常,有此冀方。"《夏书》是后人记述夏代历史的书。"陶唐"即尧帝,"帅"即遵循,"天常"指天道纲常。《尚书》、《左传》、《国语》中有不少关于天道、天常的论述,由此说明,春秋时期古人已初步认识到宇宙万物的运动变化存在某些不变的规则。

---

① 孟子·离娄上.
② 国语·越语下[M].上海:上海古籍出版社,1991.

战国后期,荀子明确指出:"天行有常,不为尧存,不为桀亡,应之以治则吉,应之以乱则凶。"荀子所说的"天",指自然界,"常"指规律。他认为,自然万物的运动变化是有规律的,这种规律性是不依人的意志为转移的。

同样,人类社会也有一些相对不变的法则,古人也以常表示。范蠡曾提醒越王勾践应"无忘国常"①。《管子·幼官》篇说:"明法审数,立常备能,则治。"《周易·系辞传下》说:"初率其辞,而揆其方,既有典常。"这些论述中的"常",都表示社会法则、规范等。

《逸周书》有《常训》篇,其中说:"天有常性,人有常顺。顺在可变,性在不改,不改可因。""常性",即事物不变的性质。万事万物都有其本质属性,这种属性是固定不变的。"性者,万物之本也,不可长,不可短,因其固然而然之。此天地之数也。"②正因事物的属性是不变的,人类才能认识它,因循它,用它为自己服务。

《管子·形势解》指出:"天覆万物,制寒暑,行日月,次星辰,天之常也……天不失其常,则寒暑得其时,日月星辰得其序。"日月运行有序,寒暖更迭有时,这是天有其常的表现。正因天不变其常,人类才能认识一年四季气候变化的规律,用其为农业生产服务。

《周易》有恒卦,其象传说:"恒,久也。……天地之道,恒久而不已也。利有攸往,终则有始也。日月得天而能久照,四时变化而能久成,圣人久于其道而天下化成。观其所恒,而天地万物之情可见矣。"恒,也是常、不变之意。这是通过阐释恒卦卦辞,说明事物的变化有其不变的法则。掌握了这种法则,人就可以认识天地万物的运动变化。

先秦道家著作《黄老帛书》说:"天地有恒常,万民有恒事,贵贱有恒位,畜臣有恒道,使民有恒度。天地之恒常,四时、晦明、生杀、柔刚。万民之恒事,男农、女工。贵贱之恒位,贤不肖不相放。畜臣之恒道,任能毋过其所长。使民之恒度,去私而立公。"又说:"夫天有恒干,地有恒常。合此干常,是以有晦有明,有阴有阳。"③这是用"恒常"、"恒事"、"恒位"、"恒道"、"恒度"、"恒干"表示自然界及人类社会的一些不变法则。

《管子·君臣》篇说:"天有常象,地有常形,人有常礼";《庄子·天道》篇说:"天地固有常矣,日月固有明矣";《荀子·天论》篇说:"天有常道矣,地有常数矣,君子有常礼矣";《周易·系辞传上》说:"动静有常,刚柔断矣。"常象、常形、常道、常数、

---

① 国语·越语下[M].上海:上海古籍出版社,1990.

② 吕不韦.吕氏春秋·贵当[M]//诸子集成.上海:上海书店出版社,1986.

③ 陈鼓应.黄帝四经今注今译[M].北京:商务印书馆,2007:416,428—429.

常礼、天地之常、动静之常等等,都是表示事物的不变性或规律性。

先秦古人以"常"表示事物的不变性和规律性,说明古人对各种事物规律的认识还是肤浅的,还难以将事物的现象与本质、常态与常规明确地区分开来。

二、天地之道

宇宙万物的运动变化都有一定的规律性。事物的规律是超越于其形体之上的东西,因此《周易·系辞传上》说"形而上者谓之道"。"道"是古人用以表示事物规律的基本概念。在第一讲中已对道的规律性内涵做过讨论,这里再做一些补充。

在中国传统文化中,道概念的内涵主要有两个方面,一是宇宙万物的本原,另一是宇宙万物运动变化的规律或规则。在中国古代,尤其是汉代以后,古人在宇宙本原意义上使用道概念的不多,而用其表示事物的规律或规范的则比比皆是,如天道、人道、治国之道、治军之道、经商之道、为学之道等等。

先秦时期,古人对天道有比较多的讨论。《尚书·康王之诰》说:"皇天用训阙道,付界四方。"《国语·周语中》说:"天道赏善而罚淫。"《左传·昭公二十六年》说:"天道不慆,不二其命。"伪古文《尚书·泰誓》说:"天有显道,阙类惟章。"伪古文《尚书·汤诰》说:"天道福善祸淫。"如第五讲所述,古人所说的天有多种含义,有主宰之天、自然之天等等。以上这些论述中的天,多指主宰之天,其中的道表示法则、规律。

另外,先秦古人倾向于认为天道佑人,与人为善。《国语·晋语》说:"天道无亲,唯德是授。"老子说:"天道无亲,常与善人;"[①]"天之道,利而不害。"[②]墨子说:"天必欲人之相爱相利,而不欲人之相恶相贼也;""爱人利人者,天必福之。恶人贼人者,天必祸之。"[③]《黄老帛书》说:"凡犯禁绝理,天诛必至。"[④]这些论述,反映的是古人的主观设想或信念,而不是对天道的客观认识。

不过,也有一些人认为天道与人世无关。郑国子产即指出:"天道远,人道

---

① 道德经·第七十九章.
② 道德经·第八十一章.
③ 墨子·法仪.
④ 陈鼓应.黄帝四经今注今译[M].北京:商务印书馆,2007:423.

迹。"①申不害也认为:"天道无私,是以恒正。"②荀子说:"天行有常,不为尧存,不为桀亡。"《淮南子》也说:"夫道者,无私就也,无私去也,能者有余,拙者不足,顺之者利,逆之者凶。"③这些论述表达了古人对于"天道无私"的认识。

先秦时期,一些学者也讨论了天道与人道的差别。老子说:"天之道,损有余而补不足。人之道则不然,损不足以奉有余。"④庄子说:"无为而尊者,天道也;有为而累者,人道也。"⑤孟子说:"诚者,天之道;思诚者,人之道也。"⑥《周易·说卦传》认为:"立天之道曰阴与阳,立地之道曰柔与刚,立人之道曰仁与义。"这些论述反映了古人对天、人之道差异性的认识。虽然各家对天道及人道的理解不同,但都认为天地万物的变化以及人类社会的运行都有自己的规律或规则。

在古代文献中,以道表示事物规律的论述很多,除以上所述之外,至少还有以下几个方面的内容。

一是阴阳之道。

古人认为,宇宙万物的运动变化都是由阴阳决定的,阴阳之道是天地万物的根本之道。《周易·系辞传上》说:"一阴一阳之谓道。"《管子·四时》篇说:"阴阳者,天地之大理也;四时者,阴阳之大经也。"《黄帝内经》说:"阴阳者,天地之道也,万物之纲纪,变化之父母,生杀之本始,神明之府也。"⑦《吕氏春秋·大乐》篇说:"阴阳变化,一上一下,合而成章。浑浑沌沌,离则复合,合则复离,是谓天常。"《汉书·董仲舒传》说:"天道之大在阴阳。"《列子·天瑞》篇说:"天地之道,非阴则阳。"如此等等。这些都是强调阴阳对事物的决定作用,把其看作宇宙的一般规律,看作万物变化的纲纪。

如第三讲所述,阴阳概念的内涵非常丰富,可以代表天地、日月、暑寒、昼夜、刚柔、明暗、动静、攻守、辟阖、伸屈、吉凶、贵贱、得失、健顺、雄雌、奇偶、脏腑、动植物等各种对偶的事物及性质。无论是自然界的运动变化还是人类的社会活动,都可以用阴阳予以描述,用阴与阳的相互作用说明其道理。这些都是阴阳之道的内容。

二是物极必反之道。

古人发现,事物发展到极端就会走向自己的反面,物极必反、原始返终是事物运动的一般规律。这方面的内容已如第七讲所述。

---

① 左丘明.左传·昭公十八年[M]∥十三经注疏.北京:中华书局,1980.
② 申不害.申子[M]∥玉函山房辑佚书·子编法家类.
③ 淮南子·览冥训.
④ 道德经·第七十七章.
⑤ 庄子·在宥.
⑥ 孟子·离娄上.
⑦ 黄帝内经素问·阴阳应象大论[M].上海:上海科学技术出版社,2009.

三是具体事物之道。

古人在各种实践认识活动中,针对不同的事物,总结出一些经验性规律。

中国古代长期实行以农为本的国策,农业生产一直受到历代统治者的重视,生产水平长期居于世界领先地位。在实践中,古人认识和掌握了一系列农业生产的基本规律,不违农时和因地制宜即是其中两个重要规律。《管子·牧民》篇强调:"凡有地牧民者,务在四时,守在仓廪;……不务天时,则财不生;不务地利,则仓廪不盈。""务天时",即不违农时;"务地利",即因地制宜。孟子说:"不违农时,谷不可胜食也。"①荀子说:"春耕、夏耘、秋收、冬藏,四时不失时,故五谷不绝而百姓有余食也。"②《吕氏春秋·审时》篇说:"凡农之道,厚(候)之为宝。"同书《辩土》篇指出,农业生产,既不能"先时",也不能"不及时","耕也营而无获者,其早者先时,晚者不及时,寒暑不节,稼乃多菌实"。这些论述都是指出气候、季节对农业生产的重要性,强调不违农时。

在古代农学著作中,强调因地制宜重要性的论述也很多。了解土壤的类型及各种农作物的生长习性,根据不同的土质及地理气候条件种植不同的作物,以利于其生长,这就是"因地制宜"。

农业生产是生物有机体自然再生产和经济再生产过程的结合。在农业生产中,生物有机体的生长离不开其赖以生存的土壤、气候等自然环境,同时又受到人类劳动的干预,正所谓"夫稼,为之者人也,生之者地也,养之者天也"③。合理地利用"天时"、"地利",是从事农业生产必须遵守的基本规律。

中国人很早即发明了弓箭。战国时期,古人在弓的基础上进一步发明了弩。弩是在弓上加一个臂,用以承载弓弦的拉力和放置箭矢,在臂的后端安装机牙和望山,以利于箭镞的瞄准和发射。机牙是一种简单的杠杆控制机构。望山是立于横臂上的小标尺。弩与弓相比,不仅提高了弓体储存弹性势能的能力,而且利用望山便于瞄准目标,有利于提高射击的命中率。

韩非子说:"夫新砥砺杀矢,彀弩而射,虽冥而妄发,其端未尝不中秋毫也,然而莫能复其处,不可谓善射,无常仪的也。设五寸之的,引十步之远,非羿、逢蒙不能必全者,有常仪的也。有度难而无度易也。有常仪的,则羿、逢蒙以五寸为巧;无常仪的,则以妄发而中秋毫为拙。"④羿和逢蒙是古代传说的射艺高超之人。仪是刻

---

①　孟子·梁惠王上.

②　荀子·王制.

③　吕不韦.吕氏春秋·审时[M]//诸子集成.上海:上海书店出版社,1986.

④　韩非子·外诸说左上.

有标度的表杆,作为量度标准。韩非子的意思是说,规定了射击的目标及距离后,才能衡量一个人射击水平的高低。古人使用弓弩,都希望提高命中率。经过反复的实践摸索,汉代人已经总结出了弩机的三点一线瞄准方法。

《后汉书》记载,陈愍王刘宠善弩射,十发十中,中皆同处。书中说他掌握了射箭的秘法,其法是"天覆地载,参连为奇"①。"参",即"叁";"奇",通"倚";"倚"是依靠,依照,沿着。"参连为奇",即三点在一直线上。北宋沈括对此解释道:"参连为奇,谓以度视镞,以镞视的,参连如衡,此正是勾股度高深之术也。"②"度"指望山的标高刻度。"参连为奇",即望山的标高刻度、箭镞端点和射击目标三点在一直线上。用三点一线方法瞄准,弩臂的长度、望山的标高以及从望山标高刻度至箭端的联线三者构成一个三角形,沈括指出这三者符合勾股定理。明代军事著作《武编》总结弩机的射击方法时也说:"夫射之道,从分望敌,合以参连。"③"分",指望山的标高刻度。这种三点一线的"射击之道"是符合科学道理的。

《吕氏春秋·孝行览》提出了养生之道,其中说:"修宫室,安床第,节饮食,养体之道也;树五色,施五采,列文章,养目之道也;正六律,和五声,杂八音,养耳之道也;熟五谷,烹六畜,和煎调,养口之道也;和颜色,说言语,敬进退,养志之道也。此五者,代进而厚用之,可谓善养矣。"《孝行览》作者认为,养体、养目、养耳、养口、养志都有其道,遵循其道行事,即可达到养生的效果。

古人以道表示事物的规律,有的是在一般意义上而论,有的是就具体事物而言,有的表示规律或规则,有的则表示道理或方法,其内涵随情况的不同是有区别的。

三、万物之理

在中国传统文化中,理字的基本含义为治玉、治理、纹理、条理,也表示事物的道理或规律。

《说文》释"理,治玉也,从玉里声。"玉石因具有特殊的质地而一直受到古人的

---

① 范晔.后汉书·卷五十[M].上海:上海古籍出版社,上海书店,1986.
② 沈括:梦溪笔谈·卷十九[M].上海:上海书店出版社,2003.
③ 武编·卷五[M]//四库全书·子部.

喜爱,被赋予多种文化内涵。《说文》称"玉,石之美,有五德。""五德"指仁、义、智、勇、洁。故古人以之象征圣人的品格。

甲骨文及金文未见理字。《诗经》、《左传》、《国语》中都有理字的运用。《诗经》中理字凡四见。《大雅·公刘》说:"止基乃理,爰众爰有。"《大雅·绵》说:"乃疆乃理、乃宣乃亩";《大雅·江汉》说:"于疆于理、至于南海";《小雅·信南山》说:"我疆我理、南东其亩。"这些理都表示划分疆界、整治田地,即表示整理、治理。

《左传》中也有以理表示治理的用法,如《成公二年》说:"先王疆理天下,物土之宜,而布其利。"

《国语》中有以理为官职者,如《晋语八》载:"昔隰叔子违周难于晋国,生子舆为理,以正于朝,朝无奸官。"理为士官。子舆在晋国为士官时,表现出很好的政治才能。官的职责是管理、治理,以理名官,也还是用其治理之义。

《周易·系辞传上》说:"仰以观于天文,俯以察于地理,是故知幽明之故。"天文是天上日月星象的分布状况,地理是地上山川原野的分布形态,两者表示天地的表面特征,即纹理。

《庄子·养生主》描述庖丁解牛"以神遇而不以目视,官知止而神欲行。依乎天理,批大郤,导大窾,因其固然……""天理",指牛身体筋骨的自然纹理。庖丁依照牛身体结构的条理,运刀于筋骨缝隙之间,游刃有余。

韩非子给出了理的明确定义:"短长、大小、方圆、坚脆、轻重、白黑之谓理;""凡理者,方圆、长短、粗靡、坚脆之分也,故理定而后物可得道也。"[①]长短、方圆、白黑等都是物体的表面形态,都谓之理。不同的文理代表不同的事物,而每一事物都有自己的性质、道理,因此韩非子说"理定而后物可得道也"。这些都是以理表示事物的纹理、条理。

《周易·系辞传上》说:"易简而天下之理得矣。"《管子·四时》篇说:"阴阳者,天地之大理也。"《孙膑兵法·奇正》篇说:"天地之理,至则反,盈则败。"这些论述中的"天地之理",即指万物的道理或运动变化的规律。《庄子》中有多处论及万物之理,如《秋水》篇有"明天地之理"、"论万物之理",《刻意》篇有"循天之理",《知北游》有"万物有成理"、"达万物之理",《则阳》篇有"万物殊理",《天道》篇有"顺之以天理",《渔父》篇有"同类相从,同声相应,故天之理也"。这些论述中的"理",都指道理或规律。

古代以理表示事物道理的论述很多,以下列举一些具体的例子。

中国古代至少有三本以物理命名的书,即晋代杨泉的《物理论》、明代王宣的

---

① 韩非子·解老.

《物理所》以及明末清初方以智的《物理小识》，这些书都是论述宇宙万物的道理。例如，《物理小识》内容包括天文、律历、风雨、雷电、地理、占候、人身、医药、饮食、器用、金石、草木、鸟兽、方术、异事等十几个门类。在古人看来，"观天地，府万物，推历律，定制度，兴礼乐，以前民用，化至咸若，皆物理也。"①古人所说的物理，指万物之理，也即事物所具有的道理或规律。

音律学是古代学者相当重视的一门学问，不少人都对之作过讨论。北宋沈括论述十二律时说："听其声，求其义，考其序，无毫发可移，此所谓天理也。"②沈括所说的"天理"，指十二律循环相生的道理。对于乐器共鸣即同声相应现象，沈括解释说："人见其应，则以为怪，此常理耳。此声学至要妙处也。今人不知此理，故不能极天地至和之声。"③沈括认为，声同则应，这是自然常理。明代乐律学家朱载堉在分析律管长短与发音的关系时说："大抵管长则气隘，隘则虽长而反清；管短则气宽，宽则虽短而反浊。此自然之理，先儒未达也。要之，长短广狭皆有一定之理，一定之数在焉。"④朱载堉所说的"自然之理"即指律管发音的道理。

任何事物都有自己的道理，人认识了它，做事就会心中有数，不了解它，做事即没有把握，会心存侥幸，往往把事情的结果归因于天意，中国古人尤其如此。唐代刘禹锡以操舟渡水为例很好地说明了这种情况："夫舟行乎潍、淄、伊、洛者，疾徐存乎人，次舍存乎人。风之怒号，不能鼓为涛也；流之溯洄，不能峭为魁也。适有迅而安，亦人也；适有覆而胶，亦人也。舟中之人未尝有言天者，何哉？理明故也。彼行乎江、汉、淮、海者，疾徐不可得而知也，次舍不可得而必也。鸣条之风可以沃日，车盖之云可以见怪。恬然济，亦天也；黯然沉，亦天也；阽危而仅存，亦天也。舟中之人未尝有不言天者，何哉？理昧故也。"⑤

刘禹锡所说的理，指行船的道理或规律。船在潍、淄、伊、洛这些小河中行驶，快慢任人操纵，行止由人决定。狂风不能掀起波涛，漩流不能形成巨浪。有时行驶迅速而安稳，有时搁浅或翻船，这都是由人造成的。船上没有人会说这是天意，因为人们认识了在这些小河中行船的道理。那些在江、汉、淮、海中行驶的船，快慢不得而知，行止不易控制。吹动树枝的小风，可以掀起蔽日大浪；车篷大的云朵，可以引起意想不到的变幻。安然渡过，在于天；不幸沉没，也在于天；临近危险而侥幸逃生，还在于天。船上的人都认为，这些都是由天决定的。他们之所以会产生这种认

① 方以智.物理小识·卷一[M].北京：商务印书馆，1937.
② 沈括.梦溪笔谈·卷五[M].上海：上海书店出版社，2003.
③ 沈括.梦溪笔谈·卷六[M].上海：上海书店出版社，2003.
④ 朱载堉.律吕精义[M]//乐律全书.
⑤ 刘禹锡.天论·中.刘梦得文集[M]//四部丛刊·集部.

识,是因为没有掌握在江海中行船的道理。

两宋时期,北宋的程颢、程颐兄弟和南宋的朱熹等学者建立了理学。理学以"理"取代老子的"道",不仅将理看作万物的规律,也将其看作万物的本原。程颐说:"天理云者,这一个道理,更有甚穷已?不为尧存,不为桀亡。人得之者,故大行不加,穷居不损。"①"万物皆只是一个天理"②;"天下之理一也,涂虽殊而其归则同,虑虽百而其致则一。虽物有万殊,事有万变,统之以一,则无能违也。"③天理是万物的根据,万事万物都统一于一个天理。

程颐所说的"天理"就是道家所说的"天道"。有人问什么是"天道",程颐回答:"只是理,理便是天道也。"④此外,程颐也指出了认识和遵循理的重要性,强调"人惟顺理以成功,乃赞天地之化育;"⑤"君子循于理,故常泰;小人役于物,故多忧戚。"⑥

朱熹继承和发展了程氏兄弟的理学思想,进一步论述了理的涵义。他说:"未有天地之先,毕竟也只是理。有此理,便有此天地;若无此理,便亦无天地、无人无物,都无该载了;""且如万一山河大地都陷了,毕竟理却只在这里。"⑦在朱熹看来,理是一种绝对的存在,是天地万物的根源。古代流行元气说,认为宇宙万物是由气构成的。关于气与理的关系,朱熹说:"理也者,形而上之道也,生物之本也。气也者,形而下之器也,生物之具也。"⑧他认为,气是形而下的东西,是由形而上之理决定的;理是本原,气是功用。程颐说,宇宙间有一个最高的天理,万物各自的理都是天理的体现。朱熹进一步论述了这种理一分殊思想。他说:"宇宙之间,一理而已;"⑨"万物皆有此理,理皆同出一原;"⑩"自上推而下来,只是此一个理,万物分之以为体;""物物各有理,总只是一个理;"⑪"始言一理,中散为万事,末复合为一理。"⑫朱熹还借用佛教"一月普现一切水,一切水月一月摄"的论断说明理一分殊

① 河南程氏粹言·卷二[M]//二程集.
② 河南程氏遗书·卷二.
③ 周易程氏传·卷三[M]//二程集.
④ 河南程氏遗书·卷二十二.
⑤ 河南程氏经说·卷一[M]//二程集.
⑥ 河南程氏粹言·卷二[M]//二程集.
⑦ 朱子语类·卷一.
⑧ 朱熹.朱文公文集·卷五十八[M]//四部备要·子部儒家.
⑨ 朱熹.朱文公文集·卷七十[M]//四部备要·子部儒家.
⑩ 朱子语类·卷十八.
⑪ 朱子语类·卷九十四.
⑫ 朱熹.中庸章句题解[M]//四书五经.天津:天津古籍出版社,1988.

的道理①。

《诗经》说："天生烝民，有物有则。"朱熹对此解释说："物者，形也；则者，理也。形者，所谓形而下者也；理者，所谓形而上者也。"②理即是则，是事物所遵循的规则。朱熹反复论述了理的形而上特征。他说："形而上者，指理而言；形而下者，指事物而言。事事物物皆有其理，事物可见，而其理难知，即事即物便要见得此理；"③"天地中间，上是天，下是地，中间有许多日月星辰、山川草木、人物禽兽，此皆形而下之器也。然这形而下之器之中，便各自有个道理，此便是形而上之道。"④这些论述都是强调，理作为事物的道理或规律，是无形的。他还指出，宇宙间，"盖有是物，必有是理，然理无形而难知，物有迹而易睹，故因是物以求之。"⑤每一物都有其理，理无形而物有形，其中的理需要通过物才能认识。朱熹还举了一些具体的例子："且如这个扇子，此物也。便有个扇子的道理，扇子是如此做，合当如此用，此便是形而上之理；"⑥"如舟只可行之于水，车只可行之于陆"，都"固有是理"⑦；"如农圃、医卜、百工之类，却有道理在。"⑧

在古代文化中，道和理都表示事物的道理或规律，但两者的含义是有区别的，道是万物的根本规律或普遍规律，理是事物的具体规律或特殊规律。韩非子对此已作过论述，他说："道者，万物之所然也，万理之所稽也。理者，成物之文也；道者，万物之所以成也。故曰：'道，理之者也。'物有理，不可以相薄；物有理不可以相薄，故理之为物之制。万物各异理；万物各异理，而道尽稽万物之理。"⑨稽，是合、同。薄，是涂饰、混淆。制，是法度、规则。

韩非子认为，道是万物的根据和普遍规律，理是事物的形态和特殊规律；道作为普遍规律，是与万物的特殊规律一致、统一的⑩。作为规律，道是一般，理是特殊，一般统摄特殊。

对于道与理的区别，朱熹也做过明确的论述。他说："道是统名，理是细目。"有人问："道与理如何分？"朱熹回答："道便是路，理是那文理；""道字包得大，理是道

---

① 朱子语类·卷十八.

② 朱熹.朱文公文集·卷四十四[M]//四部备要·子部儒家.

③ 朱子语类·卷七十五.

④ 朱子语类·卷六十二.

⑤ 朱熹.朱文公文集·卷十三[M]//四部备要·子部儒家.

⑥ 朱子语类·卷六十二.

⑦ 朱熹.朱文公文集·卷四[M]//四部备要·子部儒家.

⑧ 朱子语类·卷四十九.

⑨ 韩非子·解老.

⑩ 张岱年.中国哲学大纲[M].北京：中国社会科学院出版社，1997：20.

字里面许多理脉;""道字宏大,理字精密。"①朱熹这里是在形而下意义上指出道与理的形态区别,以此说明两者在形而上意义上的涵义差别。明末王夫之也说:"道者,天、地、人、物之通理也。"②理与道的涵义区别,表明古人已认识到宇宙万物具有不同层次的规律性。

四、自然之数和自然之则

数是事物量的体现,反映了事物的数量关系,由此也可以显示事物的某些道理或规律,因此,古人有时也用数表示事物的规律或规则。

《管子·重令》篇说:"天道之数,至则反,盛则衰。""天道"是自然规律,"天道之数"指自然规律体现出的道理或必然性。荀子说:"天有常道矣,地有常数矣。"③其中"常数",指与"常道"对应的地之运动规律。

《管子·轻重甲》记载,齐桓公问管子:"轻重有数乎?"管子回答:"轻重无数,物发而应之,闻声而乘之。故为国不能来天下之财,致天下之民,则国不可成。""轻重"即轻重之术,指治国的方法;"数"指定数、规律。《管子·任地》篇论述国家治理时说:"圣君任法而不任智,任数而不任说。"《韩非子·制分》篇也说:"夫治之至明者,任数不任人。"这里的数都表示规范或法则。

《后汉书·李固传》说:"夫穷高则危,大满则溢,月盈则缺,日中则移,凡此四者,自然之数也。"这里的"自然之数",即指物极必反、原始返终的规律。

古人认为,"天道之动,则当以数知之。数之为用也,圣人以之观天道焉。"④事物运动变化的规律性可以通过其数量变化表现出来,因而由数可认识事物的道理或规律。荀子在论述季节变化时说:"所志于四时者,已其见数之可以事者也。"⑤唐代杨倞注曰:"数,谓春作、夏长、秋敛、冬藏必然之数也。"四时的变化可由历法推知,所以荀子说"见数之可以事者"。

---

① 朱熹.朱子近思录·附录[M]//朱子论性理.上海:上海古籍出版社,2008:237.
② 王夫之.张子正蒙注·太和[M].上海:上海古籍出版社,1992.
③ 荀子·天论.
④ 薛居正.旧五代史·历志[M]//二十五史.上海:上海古籍出版社,上海书店出版社,1986.
⑤ 荀子·天论.

西汉董仲舒在解释乐器共鸣现象时说:"五音比而自鸣,非有神,其数然也。"①这其中的数,指音律之间的数量关系所体现的乐器共鸣道理。

古代的天文观测和历法推算,是以数认识天体运动规律的典型例子,祖冲之即指出,天体运动的快与慢、显与隐等都"有形可验,有数可推","非出神怪。"金元数学家李冶在《测圆海镜序》中论述数学的性质时说:"苟能推自然之理以明自然之数,则远而乾端坤倪,幽而神情鬼状,未有不合者矣。"

"则"也是古代表示规律的一个基本概念。《尔雅·释诂》说:"则,法也";"则,常也。"法是法规;常是准则。《管子·七法》篇说:"根天地之气,寒暑之和,水土之性,人民鸟兽草木之生,物虽甚多,皆均有焉,未尝变也谓之则。"则是天地万物所遵循的不变的东西,即法则或规律。《广韵》也说:"则,法则。"

则常被用于表示社会法则。《诗经·大雅·烝民》说:"天生烝民,有物有则;民之秉彝,好是懿德。"汉代毛亨注曰:"则,法;彝,常;懿,美也。"《诗经·大雅·抑》也说:"敬慎威仪,为民之则。"其中的则,表示社会法则、准则。《周礼·天官》有大宰"以八则治都鄙"。"都鄙"是公卿、大夫的采邑,封地;"八则"即治理"都鄙"的八种法则。

则也表示自然法则。《管子·形势》篇指出:"天不变其常,地不易其则,春秋冬夏不更其节,古今一也。""常"和"则"是自然界变化过程所显示的不变性,即某种法则或规律。《周易·文言传》有"乾元用九,乃见天则。""天则",即指自然法则。西汉贾谊讨论自然万物的演化时说:"天地为炉兮,造化为工;阴阳为炭兮,万物为铜;合散消息兮,安有常则?"②这里的"常则",指天地造化、万物生灭的基本规则。

"则"与"法"构成"法则"一词,表示法度、规则、准则,在古代也较常用。《周礼·天官》所说的大宰治理国家的"八则"中,第二条即是用"法则""以驭其官"。《荀子·非相》篇说:君子"度己以绳,故足以为天下法则矣。"《荀子·王制》篇说:"本政教,正法则,兼听而时稽之……冢宰之事也。"《荀子·王霸》篇论述国家富强之策时说:"加义乎法则、度量,着之以政事。"这些"法则",都表示有关社会活动的规则。

此外,法则一词有时也用于表示自然规律,如程颐说:"天之法则,谓天道。"③其中的"天之法则"即指自然规律。

古人通过事物的数量关系认识其运动变化的规律,用则表示事物的法则或规律,这些都反映了对事物规律性的认识。

---

① 董仲舒.春秋繁露·同类相动[M].上海:上海古籍出版社,1991.
② 司马迁.史记·屈原贾生列传[M]//二十五史.上海:上海古籍出版社,上海书店出版社,1986.
③ 周易程氏传·卷一[M]//二程集.

五、知常曰明

　　老子说:"知常曰明,不知常,妄作,凶。"[①]人认识了事物的道理或规律,就能明白自己应该做什么,以及怎么做;不了解规律,胡作妄为,则会导致失败。我国古人不仅认识到天地万物的运动变化是有规律的,而且充分认识到遵循规律的重要性。

　　《管子·形势》篇对于遵循事物规律的重要性作了很好的论述,其中说:"道之所设,身之化也。持满者与天,安危者与人。失天之度,虽满必涸。……得天之道,其事若自然。失天之道,虽立不安。"意思说,凡是道所具备的,人应与之保持一致。国家要保持强盛,一定要顺从天道;要想安定危亡,一定要顺应人心。违背了自然法则,虽然暂时强盛,最终也必将衰败。遵循天道,做事即会自然成功;违背天道,即使成功了也不会稳定。

　　《形势》篇还说:"万物之于人也,无私近也,无私远也。巧者有余,而拙者不足。其功顺天者天助之,其功逆天者天违之。天之所助,虽小必大;天之所违,虽成必败。顺天者有其功,逆天者怀其凶,不可复振也。""顺天",即遵循天道;"逆天",即违背天道。

　　《管子·形势解》对此进一步解释道:"上逆天道,下绝地理,故天不予时,地不生财。故曰:其功顺天者,天助之;其功逆天者,天违之。"《庄子·渔父》篇也说:"道者,万物之所由也,……为事逆之则败,顺之则成。故道之所在,圣人遵之。"

　　殷周时期,受认识水平所限,古人常用卜筮方法决定一些事情该不该做。战国时期,古人已认识到这种做法的虚假性。《管子·五行》篇说:"通若道,然后有行,然则神筮不灵,神龟不卜。"占筮和龟卜反映了古人对一些事情的无奈和对于理想结果的企求。一旦人们认识了事物的道理,其行为就不再是盲目的,这时卜筮即失去了意义。

　　荀子对于自然规律有较为深刻的认识,因而对一些事情的看法比较客观。天旱祈雨,日食施救,卜筮决疑,这些都是古代流行的做法,荀子已认识到这类行为的虚假性。他说:"雩而雨,何也? 曰:无何也,犹不雩而雨也。日月食而救之,天旱而

---

　　① 道德经·第十六章.

雩,卜筮然后决大事,非以为得求也,以文之也。故君子以为文,而百姓以为神。"①荀子指出,祈雨、救日、卜筮之类的活动,并非真正能解决问题,做与不做,结果都是一样的。这些做法都是君子为了顺应民意而采取的文饰行为,只有百姓将这些活动看得很灵验。

自然界有时会出现一些怪异现象,古人不懂得其道理,会对之产生畏惧,将之与某些人世活动联系起来。荀子指出,这种认识也是虚妄的。他说:"星坠、木鸣,国人皆恐。曰:是何也?曰:无何也,是天地之变,阴阳之化,物之罕至者也。怪之可也,而畏之非也。夫日月之有食,风雨之不时,怪星之党见,是无世而不常有之。上明而政平,则是虽并世而起,无伤也;上闇而政险,则是虽无一至者,无益也。"②荀子认为,异常现象是天地阴阳变化所致,可以感到奇怪,但不必畏惧。只要政治清明,即便是多次出现异常现象,也不会给国家带来伤害。如果政治昏暗,即使不出现异常现象,国家也不会安宁。荀子的这些论述,也反映了"知常曰明"的道理。

韩非子指出,"夫缘道理以从事者,无不能成。"③缘,即遵守、因循。《吕氏春秋》论述了"贵因"思想,对因循事物的性质或规律的重要性作过反复强调。其中《贵因》篇说:"三代所宝莫如因,因则无敌。禹通三江五湖,决伊阙,沟廻陆,注之东海,因水之力也。舜一徙成邑,再徙成都,三徙成国,而尧授之禅位,因人之心也。汤、武以千乘制夏、商,因民之欲也。"《贵因》篇作者认为,尧舜禹汤能够治理天下,取得成功,都是因势利导、顺应事物规律的结果。同书《任数》篇说:"古之王者,其所为少,其所因多。因者,君术也;为者,臣道也。为则扰矣,因则静矣。因冬为寒,因夏为暑。"同书《顺说》篇也说:"善说者若巧士,因人之力以自为力,因其来而与来,因其往而与往,不设形象。与生与长,而言之与响;与盛与衰,以之所归。力虽多,材虽劲,以制其命。顺风而呼,声不加疾也;际高而望,目不加明也。所因便也。"这些论述都是强调:遵循事物的性质和规律行事,即可获得理想的结果。

《淮南子·主述训》指出:"不修道理之数,虽神圣人不能成其功。"意即不遵循事物的规律行事,谁也无法获得成功。成书于公元六世纪中期的道教著作《阴符经》说:"观天之道,执天之行,尽矣。"又说:"圣人知自然之道不可违,因以制之。"掌握天地自然之道,循其行事,即是"因以制之"。

我国古代农业生产强调顺天时、因地利,遵循自然规律。《齐民要术》即指出:

---

① 荀子·天论.

② 荀子·天论.

③ 韩非子·解老.

"顺天时,量地利,则用力少而成功多;任情返道,则劳而无获。"①

上述表明,中国古人已认识到遵循自然规律的重要性,具有很强的顺应和利用自然规律的观念。重视认识自然规律,自觉遵循自然规律,积极利用自然规律为自己服务,这是中华民族几千年形成的思想观念,具有重要的历史和现实意义。

小　　结

由上述内容可以得出几点认识:

其一,中国古人很早即形成了明确的自然规律观念。常、道、理、数、则等一系列具有规律内涵的概念在先秦的广泛运用,即说明了这一点。

其二,中国古人对自然规律的认识总体上是粗浅的、经验性的。古人虽然很早即已认识到天地万物各有其道理或规律,形成了明确的自然规律观念,但对于天地万物之道、之理、之数、之则的探讨并不深入,对这些规律的具体内容认识不足,长期停留在粗浅的经验认识水平上。古代许多关于事物规律性的陈述都是"但言其所当然,而不复强求其所以然"②。

其三,中国古人的自然规律观念是建立在朴素的经验认识基础上的。按照李约瑟的说法,如果说由于受神学观念的影响,西方古人把自然法则或自然规律看作是上帝赋予宇宙万物的,是外在的;那么中国古人则把自然规律看作是事物自身所固有的,是内在的。他们认为,自然万物"普遍的和谐并不是来自某个万王之王在上天发布命令,而是来自宇宙万物遵循其自身本性的内在必然性而实现的自发的协作。"③正是在对宇宙万物长期观察认识的过程中,中国古人逐步发现,"天行有常"、"物物有理",自然万物的运动变化遵循一定的规律性。

其四,中国古人具有很强的遵循和利用自然规律的观念。

---

① 贾思勰.齐民要术·种谷[M]//四库全书·子部农家类.
② 阮元.畴人传·蒋友仁[M]//中国科学技术典籍通汇:综合卷.郑州:河南教育出版社,1995.
③ 李约瑟.中国科学技术史:第二卷[M].北京:科学出版社,上海古籍出版社,1991:596.

第十一讲　先秦时期的动植物资源保护思想

　　林木柴草及鸟兽鱼虫是在古人生活中发挥重要作用的自然资源。据史料记载,我国至迟在春秋时期即已设有管理自然资源的官吏,并颁布有相关法令,对各种动植物资源予以保护。先秦古人重视对自然资源的保护,目的是为了解决社会的物质需求问题。同时,春秋战国时期儒家文化宣扬的伦理道德观念对动植物资源的保护也有促进作用。

　　先秦时期,物质生产不够丰富,在消耗自然资源的同时也要采取适当的保护措施,以实现可持续利用。

　　另外,在春秋战国时期流行的一些关于商汤、文王等贤明君主的传说中,都有关于他们德及禽兽、仁爱万物的道德赞美,并将这种道德看作他们得以征服天下的重要原因。

　　先秦儒家继承和发展了这种文化。儒家提倡"仁者爱人",主张"亲亲而仁民,仁民而爱物"①,并将这种仁爱关照的对象推及到人类之外的其他生命,形成了一种超越人类之外的生物伦理观念。先秦时期,对动植物资源的保护,既符合社会发展的物质需要,又符合高尚的伦理道德要求,由此即形成了一种有利于自然资源保护的社会文化氛围。

　　先秦古人的动植物资源保护思想,是中国传统文化的优秀组成部分,不仅具有重要的历史意义,而且具有一定的现代教育意义。

---

　　① 孟子·尽心上.

一、先秦时期动植物资源管理组织的设置理念

据文献记载,从虞舜开始,国家行政机构中就有管理自然资源的官吏及组织,如果这种记载属实,则说明我国对于自然资源的保护具有悠久的历史。

《尚书·舜典》记载,舜时设有"虞官",专门管理国家的山林、川泽、草木、鸟兽资源。当时的虞官是伯益。《史记·五帝本纪》也记载:"舜曰:'谁能驯予上下草木鸟兽?'皆曰益可。于是以益为朕虞。"

《周礼》是描述先秦时期国家行政机构设置及其职能分工的典籍,书中把国家的职能分为"邦治"、"邦教"、"邦礼"、"邦政"、"邦刑"、"邦事"六个部分,分别由六个官员负责掌管,大宰掌管邦治,大司徒掌管邦教,大宗伯掌管邦礼,大司马掌管邦政,大司寇掌管邦刑,大司空掌管邦事,称为六官。这六官与天地四时相配,分别称为天官、地官、春官、夏官、秋官、冬官。在六官之下,又分别设置了一系列管理机构,每个机构都有明确的职能分工,有数量不等的人员编制。各机构之间,既有纵向的领导与被领导关系,又有横向的分工协作关系,由此构成一个严密的管理体系。

据学者考证,《周礼》所描述的这套国家行政管理体系具有一定的历史真实性,其中一些官职设置及职责规定,采纳了周王朝及春秋战国时期一些诸侯国的行政制度,但也有一些理想化的成分。在《周礼》描述的国家行政体系中,地官大司徒属下设有"山虞"、"泽虞"、"林衡"、"川衡"等专门管理山林川泽的官吏及其相应的机构。

《周礼·地官》记载:"山虞:掌山林之政令,物为之厉,而为之守禁。仲冬斩阳木,仲夏斩阴木。凡服耜,斩季材,以时入之。令万民时斩材,有期日。凡邦工入山林而抡材,不禁。春秋之斩木,不入禁。凡窃木者,有刑罚。""厉"是藩篱。"服"是车厢。"季"是小。"抡"是选择。

这段文字说,山虞掌管山林政令,将山里的物产划定区域并加上藩篱,为以砍伐林木营生的山民制定禁令。仲冬时可以砍伐生长在山南面的树木,仲夏时可以砍伐生长在山北面的树木。需要制作车厢和农具时,可以砍伐小的树木。民众只能按规定的季节进山伐木,进山、出山都有一定的日期规定。工人为了国家的需要进山选择树木砍伐则不受限制。如果百姓在春秋两季砍伐树木,只许砍伐生长在

平地上的，不许进入山里的禁区砍伐。有盗伐林木者，则要加以惩罚。这些都是山虞的职责。规定伐木的季节，限定砍伐的范围；根据不同的季节，砍伐不同的林木；依据不同的用处，砍伐不同的木材；对违禁者实行惩处。

这些管理措施体现了对林木资源的保护。山虞属下有一帮职业管理人员，根据山林的大小，人员数量不等。"每大山，中士四人，下士八人，府二人，史四人，胥八人，徒八十人；中山，下士六人，史二人，胥六人，徒六十人；小山，下士二人，史一人，徒二十人。"[①]

除了山虞之外，还有林衡。林衡的职责是"掌巡林麓之禁令，而平其守。以时计林麓而赏罚之。若斩木材，则受法于山虞，而掌其政令"。林衡掌管巡视林麓的禁令，分配该地区民众守护山林的任务，纪录其守护的成绩，予以赏罚。若砍伐林木，则应遵守山虞下达的政令。林衡属下也有一批专职管理人员。"每大林麓，下士十有二人，史四人，胥十有二人，徒百有二十人；中林麓如中山之虞，小林麓如小山之虞。"[①]

管理水域资源的官是泽虞和川衡。《周礼·地官》规定："泽虞，掌国泽之政令，为之厉禁。使其地之人守其财物，以时入之于玉府，颁其余于万民。"泽虞掌管国有泽薮的政令，在池泽的四周设置藩篱，制定禁令，使当地民众守护其中的物产，收获时先将其中珍贵的物产作为赋税按时送交玉府，再把剩下的东西分给百姓。泽虞下属的管理队伍有，"每大泽大薮，中士四人，下士八人，府二人，史四人，胥八人，徒八十人；中泽中薮如中川之衡；小泽小薮如小川之衡。"

关于川衡，《周礼·地官》规定："川衡，掌巡川泽之禁令，而平其守。以时舍其守，犯禁者执而诛伐之。"川衡掌管巡视川泽的禁令，布置民众守护川泽的任务；按时巡视守护，对于违反禁令的人予以处罚。川衡的管理队伍是"每大川，下士十有二人，史四人，胥十有二人，徒百有二十人；中川，下士六人，史二人，胥六人，徒六十人；小川，下士二人，史一人，徒二十人"[①]。

除了管理山林、川泽的组织之外，还有负责管理田猎场地的"迹人"、管理矿产资源的"矿人"等等。《周礼·地官》规定："迹人，掌邦田之地政，为之厉禁而守之。凡田猎者受令焉。禁麛卵者与其毒矢射者。""麛"是小鹿，泛指幼小的动物。迹人掌管王畿内田猎之地的政令，在猎场的周围设置藩篱，制定制度，使当地的百姓加以守护。凡是田猎活动，都要遵守迹人的命令。田猎时，禁止捕杀幼小的野兽，禁止掏取鸟卵，禁止用涂有毒药的箭矢射杀禽兽。迹人也有下属的管理队伍，其中"中士四人，下士八人，史二人，徒四十人"。

---

① 周礼·地官[M]∥十三经注疏.北京：中华书局，1980.

　　《周礼》中所说的这些管理组织未必都符合当时的实际情况，不过不少先秦文献中都有关于夏商周三代重视对动植物资源保护的描述，也有一些关于管理自然资源的官吏及其职责的描述。

　　《逸周书·大聚解》记载，周公向武王论述治理天下的五种德政时说："旦闻禹之禁：春三月山林不登斧，以成草木之长；夏三月川泽不入网罟，以成鱼鳖之长。且以并农力执，成男女之功。夫然，则有生而不失其宜，万物不失其性，人不失其事，天不失其时，以成万财。万财既成，放此为人。此谓正德。"①春天禁止砍伐山林，夏天禁止用网捕鱼，都是为了使草木、鱼虾更好地生长，"以成万财"。这是关于夏禹保护自然资源的传说。

　　《史记·殷本纪》载有商汤"网开三面"的典故："汤出，见野张网四面，祝曰：'自天下四方皆入吾网。'汤曰：'嘻，尽之矣！'乃去其三面，祝曰：'欲左，左。欲右，右。不用命，乃入吾网。'诸侯闻之，曰：'汤德至矣，及禽兽。'"这个典故说，当商汤还是一个诸侯时，一次在野外看见有人在张网捕鸟，那人在东、南、西、北四面都张了网，并且祷告说，愿天下四方的鸟都来投入我的罗网。于是汤命其撤除了设在三面的网，只留下一面的网，并且祷告说，鸟愿意向左飞就向左飞，愿意向右飞就向右飞，不要命的，就自投罗网吧。汤对于禽兽尚且有这种德性，何况于人呢，所以民众都愿意归服他。这是一个美化商汤的故事，由此反映了上古先民所崇尚的道德观念。

　　中国古代文化不仅强调"天行健，君子以自强不息"；同时也提倡"地势坤，君子以厚德载物"。"厚德载物"，即体现了对自然万物的涵养，包容。《逸周书·文传解》记载周文王教导武王说："厚德广惠，忠信爱人，君子之行。……山林非时不升斤斧，以成草木之长；川泽非时不入网罟，以成鱼鳖之长；不卵不鸗，以成鸟兽之长；畋猎唯时，不杀童牛，不夭胎。童牛不服，童马不驰不骛。泽不行害，土不失其宜，万物不失其性，天下不失其时。……是以鱼鳖归其渊，鸟兽归其林。"这也是主张对动植物资源采取保护措施。《逸周书·程典》篇相传为周文王所著，其中也要求："工攻其材，商通其财，百物鸟兽鱼鳖，无不顺时。生穑省用，不滥其度。津不行火，薮林不伐。牛羊不尽齿不屠。"

　　《周礼》描述的山虞、川衡等管理自然资源的官吏，也见载于先秦其他典籍中，如《管子·立政》篇说："修火宪，敬山泽林薮积草。夫财之所出，以时禁发焉，使民于宫室之用，薪蒸之所积，虞师之事也。"《荀子·王制》篇也说："修火宪，养山林、薮泽、草木、鱼鳖、百索，以时禁发，使国家足用而财物不屈，虞师之事也。"《管子》及《荀子》描述的虞师职责，即是《周礼》所说的山虞、林衡、泽虞和川衡等所负有的职

---

　　① 黄怀信，等.逸周书汇校集注：上册[M].上海：上海古籍出版社，2007：406.

责。管子帮助齐桓公治理齐国时,实行的即是"泽立三虞,山立三衡"的管理体制①。

《国语·鲁语上》记载,鲁宣公夏天在泗水中张网捕鱼,里革看见后,割断其渔网,然后劝谏道:"古者大寒降,土蛰发,水虞于是乎讲罛罶,取名鱼,登川禽,而尝之寝庙,行诸国,助宣气也。鸟兽孕,水虫成,兽虞于是禁罝罗,猎鱼鳖以为夏犒,助生阜也。鸟兽成,水虫孕,水虞于是乎禁罝罜麗,设阱鄂,以实庙庖,畜功用也。且夫山不槎蘖,泽不伐夭,鱼禁鲲鲕,兽长麑麌,鸟翼鷇卵,虫舍蚔蝝,蕃庶物也,古之训也。今鱼方别孕,不教鱼长,又行罜罶,贪无艺也。"

里革的意思是说:古时候,当春回大地、蛰虫鸣叫时,掌管川泽的水虞开始用渔网渔笼捕捉大鱼,供奉于宗庙里,让祖先享用,然后才允许民众捕捞食用,这样做是为了帮助土中阳气的宣泄;在鸟兽生殖、水族成长的春天,掌管山林鸟兽的兽虞禁止网罗鸟兽,只许用鱼叉捕捉鱼鳖,晒制成干脯供夏天食用,这样做是为了帮助鸟兽的繁殖生长;在鸟兽长成、水族产卵的立夏季节,水虞禁止用网捕鱼,只许设陷阱捕捉鸟兽,以充实祭祀和庖厨之用,留下鱼类以备功用;砍柴不砍嫩枝,割草不去幼苗,捕鱼不伤小鱼,猎兽不伤幼仔,抓鸟要爱护幼鸟及鸟卵,捉虫要爱护幼虫及虫卵,目的是让自然万物繁衍生息。里革指责宣公在夏季用网捕鱼是贪得无艺。这其中提到的水虞、兽虞,也是管理鱼鳖鸟兽资源的官吏。

《左传·昭公二十年》记载,齐国的"山林之木,衡鹿守之。泽之萑蒲,舟鲛守之。薮之薪蒸,虞候守之。海之盐、蜃,祈望守之。""衡鹿"、"舟鲛"、"虞候"都是管理山林川泽的官吏。"祈望"是管理海盐资源的官吏。

以上内容表明,我国在上古时期即设置有负责保护各种自然资源的官吏及专门组织,制订有专门的管理律令。

二、儒家的动植物资源保护思想

在先秦诸子中,儒家最重视对动植物资源的保护。他们不仅认为动植物是重要的自然资源,提出了一系列保护措施,而且将对动植物的保护看作一种伦理行为,是人的道德高尚的表现。

---

① 国语·齐语[M].上海:上海古籍出版社,2007.

1. 先秦儒家大力提倡保护动物植物资源

儒家的政治抱负是"修身"、"齐家"、"治国"、"平天下",而要治理好国家,就要解决民众的衣食住行问题,就要保证国家的财物供给不会匮乏,而要达到这个目的,就要大力发展各种生产,同时认真保护及合理使用各种自然资源。正是出于这种目的,先秦儒家大力提倡保护动植物资源。

孔子是儒家的领袖。《礼记·中庸》说:"仲尼祖述尧舜,宪章文武,上律天时,下袭水土。辟如天地之无不持载,无不覆帱……"孔子阐述尧舜的传统,发扬文王、武王之道,效法天时,顺应地利。三皇五帝仁爱万物的美德被以孔子为代表的儒家所宣扬和继承。孔子主张"钓而不网,弋不射宿"。[①]他仁爱万物的思想影响了孟子、荀子等一批儒家学者。

《孟子·尽心下》说:"仁也者,人也。合而言之,道也。"在孟子看来,仁是人之所以为人的根本,以仁行事即合于人道。孟子所说的人道,在政治上的体现就是仁政。他认为,使民众生有所养、死有所归,"养生丧死无憾",就是仁政的体现,是"王道之始"。《孟子·梁惠王上》说,要做到这些并非难事,只要"不违农时,谷不可胜食也;数罟不入洿池,鱼鳖不可胜食也;斧斤以时入山林,材木不可胜用也。谷与鱼鳖不可胜食,林木不可胜用,是使民养生丧死无憾也。""数罟"是网孔细密的渔网。只要抓大鱼,放小鱼,就可以做到鱼鳖不可胜食;只要有计划地砍伐山林,而不滥伐,就可以做到材木不可胜用。

孟子在《梁惠王上》中还说:"五亩之宅,树之以桑,五十者可以衣帛矣。鸡豚狗彘之畜,无失其时,七十者可以食肉矣。百亩之田,勿夺其时,数口之家可以无饥矣。谨庠序之教,申之以孝悌之义,颁白者不负戴于道路矣。七十者衣帛食肉,黎民不饥不寒,然而不王者,未之有也。"植桑育蚕,饲养禽畜,发展农业,使百姓"衣帛食肉","不饥不寒",同时兴学施教,"申之以孝悌之义",这样天下就会自然一统。

孟子强调,自然资源的成长需要人的关照、呵护,只要创造必要的条件,各种资源就会很好地生长。他在《孟子·告子上》中举例说:"牛山之木尝美矣,以其郊于大国也。斧斤伐之,可以为美乎?是其日夜之所息,雨露之所润,非无萌蘖之生焉,牛羊又从而牧之,是以若彼濯濯也。人见其濯濯也,以为未尝有材焉,此岂山之性也哉?……故苟得其养,无物不长;苟失其养,无物不消。"牛山是位于齐国都城临淄近郊的一座山,山上的林木曾经很茂盛,由于位于都市附近,经常遭到斤斧砍伐,同时又遭到牛羊的啃食,得不到休养生息,慢慢地变成了一座秃山。孟子以此说明,牛山的衰败是人为造成的,并非山的本性使然。孟子的这些言论,反映了其提

---

① 论语·述而.

倡保护动植物资源的主张。

荀子和孟子一样，也积极主张合理地保护和利用动植物资源，并且提出了一些具体的措施。《荀子·王制》篇是其论述治国经邦的重要篇章，其中规定了宰爵、司徒、司马、太师、司空、治田、虞师、乡师、工师等各种官职的职责，论述了"王者之道"和"王者之制"。

《王制》篇指出："养长时则六畜育，杀生时则草木殖，政令时则百姓一、贤良服。圣王之制也，草木荣华滋硕之时，则斧斤不入山林，不夭其生，不绝其长也；鼋鼍、鱼鳖、鳅鳣孕别之时，罔罟、毒药不入泽，不夭其生，不绝其长也；春耕、夏耘、秋收、冬藏，四者不失时，故五谷不绝，而百姓有馀食也；汙池、渊沼、川泽谨其时禁，故鱼鳖优多，而百姓有馀用也；斩伐养长不失其时，故山林不童，而百姓有馀材也。""童"，指山无草木。荀子把保护动植物资源作为"圣王之制"的重要内容，因为这样做百姓即可"有馀用"，"有馀材"，国家才能安定。

《王制》篇提倡的"王者之法"还规定："山林泽梁，以时禁发而不税。"山林、川泽在禁止采伐和捕获期间，国家不征收其赋税，这也是为了合理地保护自然资源。

《荀子·富国》篇论述了使国家富足的各种措施，其中强调："鼋鼍、鱼鳖、鳅鳣以时别，一而成群；然后飞鸟凫雁若烟海；然后昆虫万物生其间；可以相食养者，不可胜数也。夫天地之生万物也，固有馀足以食人矣；麻葛、茧丝、鸟兽之羽毛齿革也，固有馀足以衣人矣。"这同样是说明，只要合理地利用和保护自然资源，就可以做到丰衣足食。

《礼记》是战国时期儒家论述礼乐制度的重要著作，东汉班固认为它是孔子"七十子后学所记"内容的集编。《礼记》有《月令》篇，东汉蔡邕概括其内容说："《月令》篇名因天时制人事，天子发号施令，祀神受职，每月异礼，故谓之《月令》，所以顺阴阳，奉四时，效气物，行王政也。"[①]《月令》论述一年十二个月的王政，主要是根据各月的天象物候变化而规定国家所应做的事情，其中明确规定，在不同的季节，对草木、鸟兽、鱼虫应采取不同的保护措施。

关于山林资源的保护，其中规定：

孟春之月："天气下降，地气上腾，天地和同，草木萌动"；"命祀山林川泽"；"禁止伐木"；

仲春之月："毋作大事，以妨农之事"；"毋焚山林"；

季春之月："生气方盛，阳气发泄，句者毕出，萌者尽达"；"命野虞毋伐桑柘"；

孟夏之月："继长增高，毋有坏堕，毋起土功，毋发大众，毋伐大树"；

---

① 蔡邕.明堂月令论［M］//汉魏遗书抄·经翼第二册.嘉庆三年刻本.

仲夏之月：“日长至，阴阳争，死生分”；“令民毋艾蓝以染”；

季夏之月：“树木方盛，乃命虞人入山行木，毋有斩伐”；

仲秋之月：“杀气浸盛，阳气日衰，水始涸，日夜分”；

季秋之月：“草木黄落，乃伐薪为炭”；

孟冬之月：“天气上腾，地气下降，天地不通，闭塞而成冬”；

仲冬之月：“阴阳争，诸生荡”；“则伐木，取竹箭”；

季冬之月：“乃命四监收秩薪柴，以供郊庙及百祀之薪燎”。

春季，大自然生气方盛，草木萌生。为了让林木顺利生长，要祭祀山林，禁止砍伐树木，禁止焚烧山林，尤其禁止砍伐可以养蚕的桑及柘；同时，禁止举行大的活动，以免耽误农事。夏季，万物继续生长发育，不许损害它们，不许大兴土木，不许砍伐大树，不许民众割取蓝草以作染料，虞师进山巡视林木生长及养护情况，不许砍伐。秋季，阳气日衰，肃杀之气渐盛，草木黄落，可以开始伐木烧炭，以备冬用。冬季，可以进山砍伐树木，采伐制作弓箭之竹，管理山林的官吏开始收缴柴薪，以供祭祀燃燎之用。

关于动物资源的保护，其中规定的内容更为详细，具体如下：

孟春之月：“牺牲毋用牝”；“毋覆巢，毋杀孩虫、胎夭、飞鸟，毋麛、毋卵”；

仲春之月：“毋竭川泽，毋漉陂池”；“祀不用牺牲”；

季春之月：“田猎置罘、罗网、毕翳、餧兽之药，毋出九门”；

孟夏之月：“驱兽毋害五谷，毋大田猎”；

仲夏之月：“游牝别群，縶腾驹，班马政”；

季秋之月：“蛰虫咸俯在内，皆墐其户；”“天子乃教于田猎，以习五戎”；

孟冬之月：“乃命水虞、渔师，收水泉池泽之赋”；

仲冬之月：“山林薮泽，有能取蔬食、田猎禽兽者，野虞教道之”。

春天，为了使母畜孕育繁殖，祭祀活动不许用雌性牲口，或者不许用牲口祭祀；为了使鸟雀产卵孵幼，禁止倾覆鸟巢；不许捕杀幼畜、怀孕母畜及飞禽；不许毁坏鸟卵；不要让河泽陂池干涸；打猎用的捕兽网、捕鸟网、喂兽毒药等一律不许拿出城外。夏天，驱赶野兽，不让其损害庄稼，不许进行田猎活动；牛马雌雄分开饲养，颁布养马的政令。秋天，天子举行田猎，教民习武。冬天，管理水泽资源的官吏开始收取川泽的赋税，民众在山林水泽中可以进行采集和狩猎活动，管理山林泽薮的官员要予以指导。这些都体现了对动物资源的管理及保护。

《礼记·王制》篇也明确规定：“獭祭鱼，然后虞人入泽梁；豺祭兽，然后田猎；鸠化为鹰，然后设罻罗；草木零落，然后入山林。昆虫未蛰，不以火田，不麛，不卵，不杀胎，不妖夭，不覆巢。”意思是说，惊蛰以后，管理水泽的虞人可以入水中筑坝捕鱼。中秋以后,可以狩猎。看见大雁飞行后,可以张网捕鸟。草木凋零后,可以砍伐林木。昆虫未入土冬眠时,不许放火、狩猎。一年四季都不许捕杀幼兽,不许掏取禽卵,不许捕杀怀胎的母兽,不许倾覆鸟巢。

《王制》篇还规定:"五谷不时,果实未熟,不粥于市。木不中伐,不粥于市。禽兽鱼鳖不中杀,不粥于市。"五谷、瓜果未成熟,不许买卖。树木太小,不适于用,不许交易。禽兽鱼鳖太小,不值得吃,不许进行买卖。

《礼记·内则》也有"不食雏鳖"之说。未长大的东西,不许在市场上销售,即断绝了其在社会上流通的渠道,这种制度对林木及动物资源的保护具有很好的作用。

《礼记》还主张,国家不轻易杀戮牲畜,要厉行节俭,尤其是在遇到天灾、物产不丰时更是如此。例如该书《玉藻》篇说:"君无故不杀牛,大夫无故不杀羊,士无故不杀犬豕;""至于八月不雨,君不举;""年不顺成","山泽列而不赋"。这里的"故",指祭祀、燕飨等活动。"不举",指不杀牲。一年中如有八个月不下雨,则国君食不杀牲。年成不好时,山林川泽只禁止不时之采伐而不征收赋税。同书《坊记》篇也说:"君子食时不力珍,大夫不坐羊,士不坐犬。"意思说,国君食用四季出产的东西,不追求奇珍异味;大夫无故不杀羊,士无故不杀犬。这些要求,对家畜等动物资源的保护具有积极的意义。

从以上内容可以看出,为了实现可持续利用,儒家主张从社会制度的各个方面对自然资源进行保护,设置管理山林渊薮的官吏,制定各个季节的保护律令,减免赋税,禁止不符合要求的木材、禽兽在市场上交易。由此反映了儒家对动植物资源保护的高度重视。

2. 先秦儒家基于动植物保护的生物伦理观念

仁、礼、孝是儒家提倡的为人之道,也是儒家伦理学说的重要范畴。仁的实质是爱人,是出自内心对别人的关爱。"樊迟问仁。子曰:'爱人'。"[①]礼是人的情感的外在表现,是对别人的感激之情。荀子说:"礼也者,贵者敬焉,老者孝焉,长者弟焉,幼者慈焉,贱者惠焉。"[②]仁与礼是人的内在情感与外在形式的统一,正所谓"人而不仁,如礼何?"[③]孝是对亲人的尊敬、赡养,是仁的基础。《论语·学而》篇说:"孝弟也者,其为仁之本与。"

伦理规范体现了人的情感和道德准则,是对人之行为的约束及教化,也是人与禽兽的本质区别。伦理道德的形成是人类自我觉悟、自我教育的结果,因此严格来

---

① 论语·颜渊.
② 荀子·大略.
③ 论语·八佾.

说,它只适用于人类自身。但出于社会教化的目的,先秦儒家也将人的伦理规范运用于对动植物的利用和保护上,由此形成了朴素的生物伦理观念。

如前所述,孔子主张"钓而不网,弋不射宿",体现了对小鱼小鸟的仁爱、怜悯之心。《大戴礼记·卫将军文子》记载孔子说:"开蛰不杀则天道也;方长不折则恕也,恕则仁也。"孟子说:"君子之于禽兽也,见其生,不忍见其死;闻其声,不忍食其肉。是以君子远庖厨也。"①《礼记·玉藻》篇提出"君子远庖厨,凡有血气之类,弗身践也。"这些都反映了儒家对于动物的怜爱之心。

孟子强调,对于山林水泽资源"食之以时,用之以礼,财不可胜用也"。② "用之以礼"即是一种伦理情怀。前述《礼记·王制》篇规定:"五谷不时,果实未熟,不粥于市;木不中伐,不粥于市;禽兽鱼鳖不中杀,不粥于市;"这些都是要求用之以礼。在儒家看来,砍伐幼小的树木,食用幼小的禽兽,是对它们非礼的表现。荀子说:"杀大蚤,朝大晚,非礼也。"③"大"通"太";"蚤"通"早"。唐代杨倞注曰:"杀,谓田猎禽兽也;""杀大蚤,为陵犯也。朝太晚,为懈驰也。"意思是说,田猎太早,对小的动物进行杀戮,是对其非礼的表现。"朝"是群臣朝见国君。《礼记·玉藻》篇说:"朝,辨色始入。君日出而视之,退适路寝听政。""辨色",即天微明时。如果朝太晚,即是懈怠政事,属于非礼。荀子将"杀大蚤"与"朝大晚"相提并论,认为两者都是"非礼"的表现。

古代王侯狩猎要遵守一定的规则,既要获取一些猎物,也要体现对动物有一定的仁爱之心,不许斩尽杀绝。《礼记·王制》篇说:"天子诸侯无事,则岁三田:一为干豆,二为宾客,三为充君之庖。无事而不田,曰不敬。田不以礼,曰暴天物。天子不合围,诸侯不掩群。天子杀,则下大绥;诸侯杀,则下小绥;大夫杀,则止佐车;佐车止,则百姓田猎。"意即天子诸侯如果没有战争等大事,一年要举行三次狩猎活动,猎物一是为了作祭品,二是为了招待宾客,三是为了充实庖厨。无事而不田猎,表示对鬼神及宾客不敬;田猎不遵守规矩,是任意残害天生之物。天子打猎,不得四面合围猎物,以便于部分野兽逃走;诸侯打猎,不得掩袭群居的野兽,以免斩尽杀绝。天子已有猎获,即放下指挥大旗;诸侯已有猎获,即放下指挥小旗;大夫已有猎获,即停下协助的车马。然后,百姓就可以进入猎场打猎。按照《礼记》的这种要求,天子及诸侯田猎时,既要有所猎取,也要对动物进行适当的保护,体现了用之以礼的理念。《礼记·曲礼下》也说:"国君春田不围泽,大夫不掩群,士不取麛卵。"

---

① 孟子·梁惠王上.
② 孟子·尽心上.
③ 荀子·大略.

"泽"是草木繁茂的猎场,"群"指群居的禽兽。

《礼记·祭义》篇记载孔子的弟子曾子说:"树木以时伐焉,禽兽以时杀焉。夫子曰:'断一树,杀一兽,不以其时,非孝也。'"儒家认为,不遵守规定,任意伐树及杀兽,是不孝的表现。该篇对"孝"解释说:"孝有三:小孝用力,中孝用劳,大孝不匮。思慈爱忘劳,可谓用力矣。尊仁安义,可谓用劳矣。博施备物,可谓不匮矣。"为父母效力属于小孝;为父母劳神属于中孝;博施备物,使物无匮乏,是为大孝。《诗经·大雅·既醉》有"孝子不匮,永锡尔类",说的也是这种意思。

《孝经》说:"用天之道,分地之利,谨身节用,以养父母,此庶人之孝也。"[①]利用天地长养的物产奉养父母,是孝的基本内容。林木未长成材即行砍伐,禽兽未长养大即行捕杀,会造成资源匮乏,食用无继,这就是不孝的表现。在儒家看来,孝不仅仅是对长者的赡养,还包含敬爱之情。孔子说:"今之孝者,是谓能养。至于犬马,皆能有养;不敬,何以别乎?"[②]如果没有敬爱之心,则赡养父母与饲养犬马没有区别。孟子也说:"孝子之至,莫大乎尊亲。"[③]孝既是晚辈对长者应尽的养护之责,也是亲情和敬意的表现。儒家将人对于树木、禽兽的态度与孝道联系起来,反映了对自然资源保护的重视。要奉行孝道,赡养父母,就应厚德载物,合理地利用和保护各种自然资源,做到物无匮乏。

以上所述,反映了先秦儒家的生物伦理观念。这种观念对于古代自然资源的保护具有积极的意义。

三、《管子》及《文子》中的动植物资源保护思想

先秦典籍《管子》及《文子》也提出了一些保护自然资源的主张。

《管子》托名春秋初期管仲所著,实多出于战国稷下学者之手,其中既有管仲的治国主张,也有稷下学者的各种思想。

《管子·立政》篇总结了导致国家贫穷的五种因素,其中说:"一曰山泽不救于火,草木不殖成,国之贫也;二曰沟渎不遂于隘,障水不安其藏,国之贫也;三曰桑麻

---

① 孝经·庶人[M]//十三经注疏.北京:中华书局,1980.

② 论语·为政.

③ 孟子·万章上.

不植于野，五谷不宜其地，国之贫也；四曰六畜不育于家，瓜瓠荤菜百果不备具，国之贫也；五曰工事竞于刻镂，女事繁于文章，国之贫也。"五者中第一条即是不重视保护山林川泽资源，第二条是不重视兴修水利，第三条是不重视农业生产，第四条是不重视饲养家畜家禽及种植蔬菜，第五条是手工业不务实用。这五个方面都与国计民生息息相关。文中强调："山泽救于火，草木植成，国之富也；沟渎遂于隘，障水安其藏，国之富也；桑麻植于野，五谷宜其地，国之富也；六畜育于家，瓜瓠荤菜百果备具，国之富也；工事无刻镂，女事无文章，国之富也。"这五个方面的工作，分别有虞师、司空、申田、乡师、工师五种官吏负责管理。虞师的职责是，制订山林防火的律令，保护山泽林薮资源的生长，规定砍伐林木及捕捞水产的时间。

《管子·八观》篇认为，根据一个国家对于动植物资源的保护状况，即可看出其贫富程度。"行其山泽，观其桑麻，计其六畜之产，而贫富之国可知也。夫山泽广大则草木易多也，壤地肥饶则桑麻易植也，荐草多衍则六畜易繁也。山泽虽广，草木毋禁；壤地虽肥，桑麻毋数；荐草虽多，六畜有征；闭货之门也。"山泽虽然广阔而不加以保护，土地虽然肥沃而缺乏种植桑麻的方法，水草虽然丰富而饲养牲畜还必须纳税，这些都是堵塞财货的来源，如此则不可能使国家富裕。因此，《八观》篇强调："山林虽广，草木虽美，禁发必有时；……江海虽广，池泽虽博，鱼鳖虽多，罔罟必有正。"只有对山林池泽采取必要的保护措施，林木以时采伐，鱼鳖长养有时，这些资源才能取之不尽，用之不竭。《管子·轻重甲》甚至认为，"为人君而不能谨守其山林、菹泽、草莱，不可以立为天下王"。

《管子》中还提出了一些保护自然资源的律令，如其中《禁藏》篇要求："当春三月……毋杀畜生，毋拊卵，毋伐木，毋夭英，毋折竿，所以息百长也。"《轻重己》篇规定了一年四季天子发布的政令，其中春季的政令内容包括"生而勿杀，赏而勿罚"；夏季的政令包括"毋行大火，毋断大木，毋斩大山，毋戮大衍"；秋季的政令包括"毋行大火，毋斩大山，毋塞大水，毋犯天之隆。""戮大衍"，即斩伐沼泽。这些禁令都体现了对山林水泽资源的严格管理和保护。

前述《礼记·月令》根据一年四季气候变化规定国家在各个季节的行政事务，与此类似，《管子·四时》篇也根据季节变化规定了一年四季国家颁布的各种政令，每个季节颁布五项政令，其中即包含适时保护动植物资源的内容，如春季五项政令中的第五政是"无杀麑夭，毋蹇华绝芋"，夏季五政中的第五政是"令禁罝设禽兽，毋杀飞鸟"。麑夭，指幼小动物；华芋，指花草。

《管子·七臣七主》篇提出君主应当做到"四禁"，即"春无杀伐，无割大陵，倮大衍，伐大木，斩大山，行大火，诛大臣，收谷赋。夏无遏水达名川，塞大谷，动土功，射鸟兽。秋毋赦过、释罪、缓刑。冬无赋爵赏禄，伤伐五藏。"这里面也包含了自然资源保护的内容。

先秦道家著作《文子》中也有保护动植物资源的主张。

《文子·上仁》篇指出:"先王之法,不掩群而取玦鼵,不涸泽而渔,不焚林而猎;豺未祭兽,罝罦不得通于野;獭未祭鱼,网罟不得入于水;鹰隼未击,罗网不得张于皋;草木未落,斤斧不得入于山林;昆虫未蛰,不得以火田;育孕不杀,鷇卵不探,鱼不长尺不得取,犬豕不期年不得食。是故万物之发生,若蒸气出。先王之所以应时修备,富国利民之道也。"这些主张与儒家及《管子》的主张是类似的。

同书《上礼》篇还指出了危害动植物会造成的后果:"衰世之主,……剖胎焚郊,覆巢毁卵,凤凰不翔,麒麟不游;构木为台,焚林而畋,竭泽而渔,积壤而丘处,掘地而井饮,浚川而为池,筑城而为固,拘兽以为畜,则阴阳缪戾,四时失序,雷霆毁折,雹霜为害,万物焦夭处于太半,草木夏枯,三川绝而不流。"

由上述内容可以看出,春秋战国时期,不少学者都提出了对动植物资源进行保护的主张,这种认识基本上成为了社会的共识。

著名学者王国维提倡做历史研究应遵循"二重证据法",即文献证据与考古证据相互印证。先秦时期的动植物资源保护思想,除了上述的文献证据之外,也有间接的考古证据。春秋战国时期,诸侯割据,时局动荡,社会缺乏统一的管理,因此周王朝不太可能制订统一的动植物资源保护律令。但是,各个诸侯国可以制订自己的法令,包括动植物资源保护的条令。秦始皇和汉高祖一统天下后,各朝都制定了统一的法令,其中都有保护自然资源的条例,20 世纪后期出土的秦汉竹简中即有这方面的内容。秦汉实行动植物资源保护政策,应该是先秦动植物资源保护思想的自然延续,是前代流行的思想观念的体现。

1975 年,湖北省云梦县睡虎地出土了大量秦简,其中有《秦律十八种》。律为古代法律的主要形式。《秦律十八种》中的《田律》是关于垦田、征税、保护山林水泽等与农林畜牧业生产相关的法律。其中规定:"春二月,毋敢伐材木山林及雍堤水。不夏月,毋敢夜草为灰、取生荔、麛𪊖鷇,毋……毒鱼鳖,置穽网,到七月而纵之。唯不幸死而伐棺椁者,是不用时。邑之紤(近)皂及它禁苑者,麛时毋敢将犬以之田。百姓犬入禁苑中而不追兽及捕兽者,勿敢杀;其追兽及捕兽者,杀之。"[1]其中"夜",是取的意识;"鷇",是待母哺食的幼鸟。春天,不许砍伐山林,不许雍堤堵水,不许斩伐草木焚为灰烬,不许伤害幼兽幼鸟,不许药杀鱼鳖,不许设置陷阱及罗网捕杀兽鸟,到了七月才撤除这些禁令。唯独丧葬需要伐木制作棺椁时,不受这种禁令的限制。春天在禁苑打猎时,不许带着猎犬,以免其伤害幼兽。百姓的猎犬跑入禁

---

① 李均明.秦汉简牍文书分类辑解[M].北京:文物出版社,2009:170—171.

苑,只要不追捕野兽,即不得将其杀戮。这些明确的律令,反映了秦代以法律手段保护动植物资源的真实情况。

1983年,湖北江陵张家山五座汉墓出土竹简2787枚,内容包括《二年律令》、《奏谳书》、《脉书》、《算数书》、《日书》等。《二年律令》是汉代的法律条文,其中《田律》规定:"禁诸民吏徒隶,春夏毋敢伐材木山林,及进雍堤水,燔草为灰,取产麛卵鷇,毋杀其绳重者,毋毒鱼。"①"绳重者",即怀孕的母兽。这些内容与《秦律》相近。

不仅秦汉两朝律令中有保护自然资源的条令,秦汉时期的一些典籍中也有这方面的内容。

《吕氏春秋》是秦朝的主要典籍。该书为秦相吕不韦组织门客编撰而成。吕不韦组织编撰此书,除了"为备天地万物古今之事",还企图为建立统一的封建王朝提供理论根据。该书博采先秦诸子学说,内容非常丰富,先秦流行的自然资源保护思想也在其中有明显的反映。《吕氏春秋》的"十二纪",分别与十二个月相对应,每纪的首篇为该月的月令,记述该月的季节、天象、物候、农事、政令等。"十二纪"中各纪的月令内容与《礼记·月令》基本相同,《礼记·月令》中对于动植物资源保护的内容也都在其中。战国时期成书的《逸周书》中有《月令解》一篇,后来该篇亡佚。东汉蔡邕认为,《礼记·月令》篇及《吕氏春秋》"十二纪"中的月令内容,都是取自《逸周书·月令解》。不论"十二纪"中的月令内容来自何处,吕不韦将它们置于各篇之首,足见对其重视的程度。除"十二纪"外,《吕氏春秋》其他篇章也有一些关于保护自然资源的内容,如其中《上农》篇提出了保护动植物资源的"四时之禁",即"山不敢伐材下木,泽人不敢灰僇,缳网罝罦不敢出于门,罛罟不敢入于渊,泽非舟虞不敢缘名,为害其时也。""僇"通"戮"。"泽人不敢灰僇",与《管子·轻重己》"毋戮大衍"义近,即不许斩伐、焚烧大泽草木。"舟虞"即管理水泽的官吏。"名"指长大的鱼。尽管《吕氏春秋》成书于秦始皇八年(公元前239年),当时秦国尚未统一天下,但书中的思想观念对短暂的秦帝国还是有所影响的。

《淮南子》是汉代早期的重要学术著作,其中《主术训》在论述治国之道时说:"是故人君者,上因天时,下尽地财,中用人力,是以群生遂长,五谷蕃殖,教民养育六畜,以时种树,务修田畴,滋植桑麻,肥墝高下,各因其宜;丘陵阪险不生五谷者,以树竹木。春伐枯槁,夏取果蓏,秋畜疏食,冬伐薪蒸,以为民资。是故生无乏用,死无转尸。故先王之法,畋不掩群,不取麛夭,不涸泽而渔,不焚林而猎;豺未祭兽,罝罦不得布于野;獭未祭鱼,网罟不得入于水;鹰隼未挚,罗网不得张于溪谷;草木未落,斤斧不得入山林;昆虫未蛰,不得以火烧田;孕育不得杀;鷇卵不得探;鱼不长

---

① 李均明.秦汉简牍文书分类辑解[M].北京:文物出版社,2009:172.

尺不得取;鼋不期年不得食。""转"是抛弃之义。这段文字,既是对先秦自然资源保护思想的全面总结,也体现了汉代人在新的历史条件下对这种思想的继承与发扬。

小　结

从以上讨论的内容可以看出,先秦时期对动植物资源的保护具有以下特点:

其一,具有明确的可持续发展观念。春秋战国时期,无论是国家设立的自然资源管理组织,还是国家颁布的管理律令,以及以儒家为代表的一些学者所宣扬的动植物资源保护思想,都有明确的社会目的性,都是为了保持自然资源的可持续利用。

其二,具有专门的组织机构及律令。从《尚书》、《逸周书》、《左传》、《国语》、《周礼》、《管子》、《文子》以及儒家典籍的有关内容来看,先秦时期,古人对动植物资源的保护采取了切实的措施,既设立有专门的官员及组织,也颁布有相关的法律及政令。

其三,具有朴素的生物伦理意识。儒家提倡"钓而不网,弋不射宿",认为猎杀幼小的禽兽是非礼的表现,田猎不以礼是暴殄天物,主张对山林水泽资源"用之以礼",这些都体现了明确的生物伦理观念。伦理规范对人具有重要的教育作用。儒家将适用于人的伦理道德外推到动植物身上,这对于提高古人的自然资源保护意识具有积极的作用。

其四,具有良好的社会文化氛围。在儒家等学派的积极宣传和倡导下,先秦时期形成了一种有利于自然资源保护的社会文化氛围。这种文化使古人认识到,对于动植物资源的保护,既是为了满足社会的物质需要,同时也是道德高尚的行为表现。

第十二讲　道家和道教的生态伦理思想

李约瑟(J. Needham)说:"儒家思想是成功者或希望成功的人的哲学。道家思想则是失败者或尝到过成功的痛苦的人的哲学。道家思想和行为的模式包括各种对传统习俗的反抗,个人从社会上退隐、爱好并研究自然,拒绝出任官职,以及对《道德经》中悖论式的'无欲'的话的体现,生而不有,为而不恃,长而不宰。中国人性格中有许多最吸引人的因素都来源于道家思想。中国如果没有道家思想,就会像是一棵某些深根已经烂掉了的大树。"[①]李约瑟对道家思想给予了充分的肯定,他所说的"无欲",指老子提倡的"自然"、"无为"理念。

以老子和庄子为代表的先秦道家提出的"道法自然"、"道常无为"、"物无贵贱"、"万物一齐"、"以鸟养养鸟"等主张,与现代生态伦理学的基本要求是一致的,具有明显的现实意义。

近年来,关于道家学说的生态伦理学意义,已经得到学界的普遍重视,不仅国内学者发表了为数不少的研究文章,而且国外一些学者也对之进行了积极的探讨,并给予了高度的评价。

澳大利亚生态哲学家西尔万(R. Sylvan)和贝内特(D. Bennett)指出:"道家思想是一种生态学的取向,其中蕴涵着深层的生态意识,它为'顺应自然'的生活方式提供了实践基础。"[②]

美国著名环境思想史学者罗德里克·弗雷泽·纳什(Roderick F. Nash)也指出:"东方的古老思想与生态学的新观念颇相契合。在这两种思想体系中,人与大自然之间的生物学鸿沟和道德鸿沟都荡然无存。正如道家指出的那样:万物与我同一。在道家思想中,万物中的每一物(即大自然中的所有存在物)都拥有某种目的、某种潜能,都对宇宙拥有某种意义。"[③]

美国著名环境伦理学家卡利科特(J. Baird Callicott)把道家思想称为东亚的

---

① 李约瑟.中国科学技术史:第二卷[M].北京:科学出版社,上海古籍出版社,1990:178.
② Richard Sylvan and David Bennett. Taoism and Deep Ecology. The Ecologist. 1988,18:148.
③ 转引自:董军,杨积祥.无为、知止、贵生、爱物:道家生态伦理思想探析[J].学术界,2008(8):150.

深层生态学,认为道家"顺应自然"的忠告和"与大自然和谐"的现代环境理念可以相互映照、相互补充。

美国加州大学伯克利分校物理学家卡普拉(F. Capra)也说:"在伟大的诸传统中,据我看来,道家提供了最深刻并且最完美的生态智慧,它强调在自然的循环过程中,个人和社会的一切现象和潜在两者的基本一致。"①这些论述,反映了国外学者对道家思想蕴含的生态伦理学价值的肯定。

近些年发展起来的生态伦理学是研究人与自然环境关系的道德原理、道德标准和行为规范的学说。它要求人类将道德关怀的对象从自身延伸到自然存在物,主张把人与自然的关系确立为一种道德关系,提倡人与自然和谐相处、同生共荣。如第十一讲所述,先秦时期,儒家为了保持动植物资源的可持续利用,自觉地提出了一系列保护自然资源的主张。与儒家不同,先秦道家提倡"道法自然"、"道常无为",主张"万物一齐"、"物无贵贱"等等。道家提出这些思想是出于其自然哲学理念,主观目的并非要保护生物和自然资源,但是,这些思想所蕴含的深层智慧和道德境界是与现代生态伦理学的要求一致的。以道家提倡的自然无为的态度对待宇宙万物,尊重各种生命的本性,任其自然生长,不加人为的干预,这才是一种最高的生态伦理境界。从这种意义上说,道家思想具有明显的现代生态伦理学意义。另外,以道家理论为基础所形成的道教,明确提出关爱生命、禁止杀生,也有很强的生物伦理观念。

以下从几个方面对道家和道教的生态伦理思想作一讨论。

一、"道法自然"和"道常无为"

"道法自然"和"道常无为"是道家思想的核心理念。

先秦道家著作《文子》描述自然界万物的生灭变化过程时说:"天设日月,列星辰,张四时,调阴阳。日以暴之,夜以息之,风以干之,雨露以濡之。其生物也,莫见其所养而万物长;其杀物也,莫见其所丧而万物亡。"②这是强调自然界的一切变化

---

① Fritjof Capra. Uncommon Wisdom:Conversations with Remarkable People. Simon & Schuster edition, January 1988;36.

② 文子.文子・精诚[M].上海:上海古籍出版社,1993.

都是自然而然地进行的。

老子在《道德经》中用道和德概念论述了宇宙生演万物的这种自然属性。书中第三十四章写道："大道泛兮,其可左右。万物恃之以生而不辞,功成而不名有。衣养万物而不为主,常无欲,可名於小。万物归焉而不为主,可名为大。"第五十一章论述说："道生之,德畜之,物形之,势成之。是以万物莫不尊道而贵德。道之尊,德之贵,夫莫之命而常自然。故道生之,德畜之;长之育之,亭之毒之,养之覆之。生而不有,为而不恃,长而不宰,是谓玄德。"第十章也有类似的论述。老子认为,宇宙万物由道和德化育而来,道生万物,德育万物,但它们对万物生而不有,为而不宰,而是让其因形任势,自然生长,各适其性,各得其所。因此,万物莫不尊道而贵德。道德虽然生养万物,但对万物不加干预,而是顺其自然,任随自如。老子称这种德为"玄德"。"玄德"是无施主之德。三国魏王弼注曰:"不塞其原,则物自生,何功之有? 不禁其性,则物自济,何为之恃? 物自长足,不吾宰成;有德无主,非玄而何?"老子用道德概念论述了自然界生育万物的本能和对万物生而不有、养而不宰、任随自然的态度,并将万物生演过程所显示的这种特性概括为"自然"、"无为"。

天道自然无为。老子认为,人类社会也应效法天道。因此,他主张"人法地,地法天,天法道,道法自然;"①又说:"道常无为,而无不为。侯王若能守之,万物将自化。"②王弼注释说:"法谓法则也。人不违地,乃得安全,法地也;地不违天,乃得全载,法天也;天不违自然,乃得其性。法自然者,在方而法方,在园而法园,与自然无所违也。自然者,无称之言,穷极之辞也。……道顺自然,天故资焉;天法于道,地故则焉;地法于天,人故象焉。"老子所说的"自然",即自然而然之义。老子主张,人效法地,地效法天,天效法道,道纯任自然。

西汉河上公注《道德经》说:"人当法地安静和柔也,种之得五谷,掘之得甘泉,劳而不怨,有功而不置。天湛泊不动,施之不求报,生长万物,无所收取也。道德清净不言,阴行精气,万物自然生长。道性自然,无所法也。"道本性自然,无所效法。因此,"道法自然"就是顺应自然,不妄加干预。王弼注"道常无为"说:"顺自然也。"所以,"道法自然"和"道常无为",都是强调顺任自然,不恣意妄为。

在老子看来,自然无为应是人类对待一切事物的基本原则。《道德经》第二章说:"是以圣人处无为之事,行不言之教。万物作焉而不辞,生而不有,为而不恃,功成而弗居;"第三章说:"为无为,则无不治;"第五十七章说:"圣人云,我无为而民自化;"第六十三章说:"为无为,事无事;"第六十四章说:圣人"以辅万物之自然而不

---

① 道德经·第二十五章.
② 道德经·第三十七章.

敢为";第八十一章说:"圣人之道,为而不争。"这些论述都是强调人应遵循自然无为之道。老子认为,能够依照此道行事者即是圣人,圣人处事应顺任自然,以无为为本。老子强调的"无为",不是无所作为,而是顺应事物的自然本性而为之,不做违背事物本性的事。这样,事物就会按照自己的本性而发展,达到"无不为"的效果。对此,《文子》给出了很好的解释:"所谓无为者,不先物为也;无治者,不易自然也;无不治者,因物之相然也。"①

老子说:"上德不德,是以有德。下德不失德,是以无德。上德无为而无以为。下德无为而有以为。"②在老子看来,上德之人对待事物因任自然,不加干预,不表现为有所偏爱,这是真正有德的表现;下德之人对待事物表现为有所偏爱,实则无德③。具有"上德"的人也就是老子所说的"圣人"。

《道德经》第五章说:"天地不仁,以万物为刍狗;圣人不仁,以百姓为刍狗。""天地不仁",即天地对待万物无所偏爱。"刍狗",是祭祀时使用的以草扎成的狗。苏辙《老子解》说:"结刍为狗,设之于祭祀,尽饰以奉之,夫岂爱之? 适时然也。既事而弃之,行之践之,夫岂恶之? 亦适然也。"天地无所偏爱,任由万物自然生长,故以万物为刍狗;圣人也应取法天地,视百姓为刍狗,让其自由自在的生活,不加干预。

庄子及其后学发展了老子的自然无为思想。《庄子·齐物论》说:"因是已,已而不知其然谓之道。"任由事物变化,已经如此而不知何以如此即是道。《庄子·在宥》篇指出:"何谓道? 有天道,有人道。无为而尊者天道也;有为而累者人道也。"天道无为而尊,人道有为而累,因此道家主张人道效法天道。《庄子·天地》篇说:"无为为之之谓天,无为言之之谓德,爱人利物之谓仁……"天道无为而为之,天德无言而言之,这里强调的也是无为。《天地》篇所说的"爱人利物",意谓顺任人与物的自然本性,不对其恣意妄为,这是无所偏袒的无爱之爱、不仁之仁。《庄子·至乐》篇也说:"天无为以之清,地无为以之宁,故两无为相合,万物皆化生……故曰天地无为也,而无不为也。"《庄子·知北游》强调:"至人无为,大圣不作,观于天地之谓也。"圣人效法天地,天地无为而无不为,所以圣人也应"无为"、"不作"。

东晋道士葛洪说:"天道无为,任物自然,无亲无疏,无彼无此也。"④这是对无为之道的最好说明。道家这种"任物自然"思想,是一种超越世俗利欲偏见的道德境界。以这种境界审视当今各种生态伦理学流派,可以看出各家都有一定的局限

① 文子.文子·道原[M].上海:上海古籍出版社,1993.
② 道德经·第三十八章.
③ 陈鼓应.老子注释及评介[M].北京:中华书局,2003:212—216.
④ 抱朴子内篇·塞难.

性。现代生态伦理学分为人类中心主义、动物中心主义、生物中心主义和生态中心主义等流派。这些流派将道德关怀的对象由人类扩大到动物界、植物界、以至于整个自然界。尽管各个流派关注的道德关怀对象有所不同,但本质上都是强调人类对于其种族之外一切存在物的责任,都是强调人作为主体对于其他存在物的关爱,其潜在的目的都是为人类的利益服务的。人类受自身的利益驱使,就会对事物有所取舍,有所偏爱。道家提倡一切顺物自然,不加人为的偏袒和干预。以这种心态对待自然万物,就会以真正平等的态度看待一切,既没有功利目的,也没有好恶之别。与其"相濡以沫,不若相忘于江湖"①。在道家看来,大爱无爱,"大仁不仁"②,"至仁无亲"③,这才是最高的伦理境界。

以自然无为的态度对待宇宙万物,尊重各种生命的本性,任其自然生长,万物即可达到真正的和谐。生态伦理学要求确认自然界的价值和权利,要求保护地球上的生命,要求生物平等和动物解放,如果人类以道家的态度对待宇宙万物,这一切都将不再成为问题。

以美国生态哲学家保罗·泰勒(Paul W. Taylor)为代表所建立的"尊重自然界的伦理学",提出了尊重生命的四个道德规范,其中包括"不作恶"和"不干预"原则,前者要求不伤害自然界中的所有有机体、所有生物种群和生物共同体,后者要求不限制生物有机体的自然生长,顺其自然。其中的"不干预"原则即体现了道家的自然无为思想。

道家提倡自然无为,但由于人类受各种欲望的驱使,常常"有为而累",难以做到自然无为。道家认为,人本来是少私寡欲的,随着文明的发展,淳朴的天性受到了损害,使其变得争名夺利、欲壑难填。要做到自然无为,就要收敛人的欲望,使之恢复到原初的淳朴、寡欲境界。因此,老子主张人性"复归于朴"④,庄子主张人性"求复其初"⑤。老子忠告说:"甚爱必大费,多藏必厚亡。知足不辱,知止不殆,可以长久;"⑥又说:"罪莫大于可欲,祸莫大于不知足,咎莫大于欲得。故知足之足常足矣。"⑦老子把"不知足"看作人的最大祸害,把"知足"、"知止"看作保持长久不衰的关键。《庄子·天道》篇也认为,"虚静、恬淡、寂漠、无为",是"万物之本"、"天地

---

① 庄子·天运.
② 庄子·齐物论.
③ 庄子·天运.
④ 道德经·第二十八章.
⑤ 庄子·缮性.
⑥ 道德经·第四十四章.
⑦ 道德经(河上公本).第四十六章.

之德"、"道德之至",主张人类也应以恬淡无为作为生活的原则和道德规范。

自然无为,恬淡寡欲,这是道家思想的主要内涵,也是道家倡导的人类行为规范。作为一种传统文化观念,这种思想对于今天处理人类社会发展与生态环境的矛盾,具有特殊而重要的启发与教育意义。

首先,人类应当以非功利主义的心态对待自然万物,只有抛弃自己的私欲和好恶,才能彻底地以一种平常的心态对待人类之外的其他存在物。

其次,人类应当以自然无为的态度对待宇宙万物,尊重各种生物的本性,任其自然生长,不干预,不妄为,这样才能实现真正的生物平等。

再次,人类应当收敛自己的物质欲望,适当限制社会发展的速度和规模,这样才能保持可持续发展。

人类社会步入近代以来,在一次次技术革命的推动下,发展的速度不断加快,无论是人类个体还是群体的物质欲望都在无限制地膨胀,以至于出现了生存危机,使得人们不得不思考人类在地球上生存的极限问题。面对这种危机,人们认识到,"纯粹技术上的、经济上的或法律上的措施和手段的结合,不可能带来实质性的改善。全新的态度是需要使社会改变方向,向均衡的目标前进,而不是增长;"由此强迫人类"开创新的思维形式","从根本上修正人类的行为","给世界人口和经济增长强加上一个制动器","鼓励富裕国家的物质产品的增长降低速度"①。而人类要做到这些,需要一种合适的文化以调整自己的心态和矫正自己的行为,道家文化即是这样一种文化。

二、"以道观之,物无贵贱"

先秦儒家强调人与禽兽的区别,意在突出人在万物中的高贵地位。荀子认为,"水火有气而无生,草木有生而无知,禽兽有知而无义,人有气、有生、有知,亦且有义,故最为天下贵也。"②荀子把无生命之物、植物、动物和人做了等级区分。道家则认为,以道的观点看,万物齐一,物无贵贱。这种万物平等思想与现代生态伦理学所倡导的生物平等主义是一致的。

---

① 罗马俱乐部.增长的极限[M]//杨通进.生态二十讲.天津:天津人民出版社,2008:114—117.
② 荀子·王制.

　　道家认为,宇宙万物是由道化生的,是道的体现。老子说:"道生一,一生二,二生三,三生万物。"①《庄子·渔父》篇说:"且道者,万物之所由也,庶物失之者死,得之者生。"既然万物都是由道所生,那么从道的统一性来看,它们就是同一的,平等的。

　　《庄子·秋水》篇论述了万物平等思想,其中写道:"以道观之,物无贵贱。以物观之,自贵而相贱。以俗观之,贵贱不在己。以差观之,因其所大而大之,则万物莫不大;因其所小而小之,则万物莫不小。知天地之为稊米也,知豪末之为丘山也,则差数睹矣。以功观之,因其所有而有之,则万物莫不有;因其所无而无之,则万物莫不无。知东西之相反而不可以相无,则功分定矣。以趣观之,因其所然而然之,则万物莫不然;因其所非而非之,则万物莫不非。"这就是说,以道的观点看,万物都是平等的,没有贵贱之分,但从万物自身、世俗观念、万物的差异性、万物的功用和认识主体的主观取舍等不同的角度看,就会认为万物有贵贱之分,有大小之别,有有用与无用之异,有然与不然的不同。这说明万物的差异是相对的,是非本质性的。从差异性来看,万物各有所长,也各有所短。《秋水》篇举例说:"梁丽可以冲城,而不可以窒穴,言殊器也。骐骥、骅骝一日而驰千里,捕鼠不如狸狌,言殊技也。鸱鸺夜撮蚤,察豪末,昼出瞋目而不见丘山,言殊性也。"不同的器物有不同的功用,不同的动物有不同的技能,如果只看到事物的一个方面而忽视其他方面,就不可能对其作出客观的评价。万物都有自己的价值,因而都有平等存在的权利。《秋水》篇强调:"以道观之,何贵何贱?""万物一齐,孰短孰长?"万物无贵无贱,无短无长,是平等的、齐一的。

　　《庄子·齐物论》论述了齐物思想。齐物即齐一万物,主张万物平等。庄子认为,世界万物看起来千差万别,但归根结底是齐一的,万物都是一种既对立又统一的存在。从个体存在来看,万物表现为彼此的对立和差异;从万物的本体道来看,个体的对立和差异都是相对的,万物具有统一性。庄子列举了一些事例说明这个道理:"故为是举莛与楹,厉与西施,恢恑憰怪,道通为一;""天下莫大于秋豪之末,而大山为小;莫寿于殇子,而彭祖为夭。天地与我并生,而万物与我为一。"小草之茎与擎屋之柱,丑陋的女人与美丽的西施,大山与秋毫,长寿的彭祖与夭折的幼儿等等,都存在明显的差异,但大家都通而为一,都统一于道。《庄子·德充符》也说:"自其异者视之,肝胆楚越也;自其同者视之,万物皆一也。"这些论述都表达了万物齐一思想。

　　《庄子·马蹄》篇描述了道家提倡的"至德之世":"当是时也,山无蹊隧,泽无舟

――――――――

　　①　道德经·第四十二章.

梁，万物群生，连属其乡，禽兽成群，草木遂长。是故禽兽可系羁而游，鸟鹊之巢可攀援而窥。夫至德之世，同与禽兽居，族与万物并，恶乎知君子小人哉，同乎无知，其德不离；同乎无欲，是谓素朴。""至德之世"万物自由生长，人与鸟兽为友，类无贵贱之分，人无君子小人之别，大家都保持少私寡欲的天性。这充分表达了道家提倡的万物平等、和谐相处的理想境界。

《列子》属于道家著作，其中《说符》篇指出："天地万物与我并生，类也。类无贵贱，徒以小大智力而相制，迭相食；非相为而生之。"①意即人与万物一同产生，都属同类，并无贵贱之分；由于人的智力高于其他物类，能够制服它们，才使其为己所用；其他物类并非天生就是为人类而存在的，而是与人类平等的。

《列子·天瑞》篇讲述了一个"为盗之道"的故事，其中说："天有时，地有利。吾盗天地之时利、云雨之滂润、山泽之产育，以生吾禾，殖吾稼，筑吾垣，建吾舍。陆盗禽兽，水盗鱼鳖，亡非盗也。夫禾稼、土木、禽兽、鱼鳖，皆天之所生，岂吾之所有？"这个故事表达的意思是，人生活于天地之间，所食所用之物都是盗之于天地所生，没有什么东西是天经地义地为人类而存在的。孟子说："非其有而取之者，盗也。"②盗是偷窃行为，不具有合理性。

美国动物权利运动精神领袖汤姆·雷根（Tom Regan）在反思人类对于动物行为的不合理性时指出：人类"犯的根本性错误就在于允许我们把动物当作我们的资源来看待的制度，只要我们接受了动物是我们的资源这种观点，其余的一切都将注定是令人可悲的。"③如果人类以《列子·天瑞》篇所说的"盗取"心态对待自然万物，也许就会少犯雷根所说的错误了。《列子》中的这些论述，也反映了道家以平等的态度看待自然万物的理念。

长期以来，人类的价值判断和道德标准与人类自身的利益相关，非人类存在物只有在能为人类的利益服务时才拥有价值，而且认为把人类作为价值和道德的唯一主体看待是天经地义的。现代生态伦理学者反对将所有的生物分为有价值的与无价值的、高等的与低等的，认为所有的生物都有天赋价值，都是平等的。美国环境哲学家保罗·泰勒明确指出："人类并非天生优越于任何其他生物"④。

普林斯顿大学应用伦理学家、动物解放主义者彼特·辛格（Peter Singer）也指出："我们应当把大多数人都承认的那种适用于我们这个物种所有成员的平等原则

①　列子．列子·说符［M］∥诸子集成．上海：上海书店出版社，1986．

②　孟子·万章下．

③　汤姆·雷根．为动物权利辩护［M］∥杨通进．生态二十讲．天津：天津人民出版社，2008：185．

④　Paul W. Taylor, Respect for Nature：A Theory of Environmental Ethics（M），Princeton University Press，1986，p.100．

扩展到其他物种身上去;""对平等的要求并不依赖于智力、道德天赋、体力或类似的事实。平等是一种道德理想,而不是对事实的一种简单维护。"①

先秦道家的万物平等思想正是这样一种理想。对他们来说,万物平等是一种自然哲学理念,是基本的宇宙观,而不是对某些存在物的简单维护。这是一种真正无私的、彻底的万物平等思想。尽管现实中人类难以做到对自然万物的真正平等,但道家的这种思想观念对于我们仍然具有启发和教育意义。

三、"以鸟养养鸟"

尊重生物的本性,关爱生命,这是道家思想的又一特点。这种观念与现代生态伦理学的基本要求也是一致的。

《庄子·应帝王》讲述了一个混沌开窍的寓言:"南海之帝为儵,北海之帝为忽,中央之帝为浑沌。儵与忽时相与遇于浑沌之地,浑沌待之甚善。儵与忽谋报浑沌之德,曰:'人皆有七窍以视听食息,此独无有,尝试凿之。'日凿一窍,七日而浑沌死。"儵和忽为了报答混沌的友情而为之开凿七窍,他们日凿一窍,结果把混沌凿死了。混沌的自然状态本无七窍,凿窍的结果使其丧命。这个故事表达的仍然是尊重生命的本性,不要妄加干预的理念。

《庄子·马蹄》篇以伯乐相马为例,说明人不尊重马的天性而给其造成的伤害:"马,蹄可以践霜雪,毛可以御风寒,龁草饮水,翘足而陆,此马之真性也。虽有义台路寝,无所用之。及至伯乐,曰:'我善治马。'烧之,剔之,刻之,雒之,连之以羁絷,编之以皂栈,马之死者十二三矣;饥之,渴之,驰之,骤之,整之,齐之,前有橛饰之患,而后有鞭荚之威,而马之死者已过半矣。"马的本性是食草饮水,在野地里奔驰。伯乐治马,采用种种措施对之进行调教,违背了马的自然本性,结果使其死之过半。

人与动物各有不同的自然本性,因而各自的习性好恶及是非标准也是不同的。《庄子·齐物论》举例说:"民湿寝则腰疾偏死,鳅然乎哉?木处则惴慄恂惧,猨猴然乎哉?三者孰知正处?民食刍豢,麋鹿食荐,蝍蛆甘带,鸱鸦耆鼠,四者孰知正味?猨猵狙以为雌,麋与鹿交,鳅与鱼游。毛嫱丽姬,人之所美也,鱼见之深入,鸟见之高飞,麋鹿见之决骤。四者孰知天下之正色哉?"人、泥鳅和猴子各有自己适宜的生

---

① 彼特·辛格.所有动物都是平等的[M]//杨通进.生态二十讲.天津:天津人民出版社,2008:169、173.

活场所,人、麋鹿、蜈蚣和猫头鹰各有自己的美味标准,人、鱼、鸟和麋鹿各有不同的审美规范,这些差异都是本性使然,都有合理性,无法统一。

《庄子·至乐》篇写道:"《咸池》、《九韶》之乐,张之洞庭之野,鸟闻之而飞,兽闻之而走,鱼闻之而下入,人卒闻之,相与还而观之。鱼处水而生,人处水而死,彼必相与异,其好恶故异也。"《咸池》、《九韶》是人所爱听的美妙音乐,而鸟兽鱼虫闻之即躲开;鱼在水里安然生活,而人长时间在水里就会死去,两者具有不同的本性。

《庄子·秋水》篇记载,庄子与惠施在濠水的桥上游玩,庄子看到儵鱼在水里游动的样子,认为鱼是快乐的。惠施认为庄子不属于鱼类,无法知道鱼是否快乐,于是二人展开了辩论。这个故事也是说明人和鱼具有不同的快乐标准。《庄子》中的这些内容都是强调:不同的生命具有不同的本性,人应当尊重各自的本性差异。

《庄子·至乐》篇讲述了一个"以己养养鸟"的故事:"昔者海鸟止于鲁郊,鲁侯御而觞之于庙,奏《九韶》以为乐,具太牢以为膳。鸟乃眩视忧悲,不敢食一脔,不敢饮一杯,三日而死。此以己养养鸟也,非以鸟养养鸟也。夫以鸟养养鸟者,宜栖之深林,游之坛陆,浮之江湖,食之鳅鰷,随行列而止,委蛇而处。"《庄子·达生》篇也有与此类似的故事。以招待贵宾的方式养鸟,鸟很快即死去了,因为这样做违背了鸟的天性。只有尊重鸟的本性,"以鸟养养鸟",让其栖之丛林,游之江湖,食之鱼虾,它才能快乐地生活。这个故事也是强调人应尊重动物的本性。

人类为了自己的利益,发明了各种捕捉鸟兽鱼虫的工具。道家认为,这是"好知而无道"的表现,这些智巧器械的使用,损害了动物的本性,结果造成鸟雀乱于天空、鱼兽乱于渊薮。《庄子·胠箧》篇说:"夫弓、弩、毕、弋、机变之知多,则鸟乱于上矣;钩饵、罔罟、罾笱之知多,则鱼乱于水矣;削格、罗落、罝罘之知多,则兽乱于泽矣。……故上悖日月之明,下烁山川之精,中堕四时之施,惴耎之虫,肖翘之物,莫不失其性。"老子主张"圣人常善救人,故无弃人;常善救物,故无弃物。"[1]庄子也主张"圣人处物不伤物。"[2]人类运用各种器械捕捉鸟兽鱼虫,是伤物的表现,是道家所不提倡的。

《庄子》中的这些论述,都在一定程度上表达了对动物本性的尊重和对生命的关爱。彼特·辛格认为,"如果一个存在物能够感受苦乐,那么拒绝关心它的苦乐就没有道德上的合理性。不管一个存在物的本性如何,平等原则都要求我们把它的苦乐看得和其他存在物的苦乐同样重要。"[3]

---

① 道德经·第二十七章.
② 庄子·知北游.
③ 彼特·辛格.所有动物都是平等的[M]//杨通进.生态二十讲.天津:天津人民出版社,2008:174.

法国现代思想家、诺贝尔奖得主阿尔伯特·史怀泽指出,伦理的基本原则是敬畏生命,同情动物是真正人道的天然要素,伦理不仅与人,而且也与动物有关;动物和人类一样渴求幸福、承受痛苦和畏惧死亡,因此,不考虑人类对动物的行为的伦理是不完整的。他提出要建立一种敬畏生命的伦理学,由于这种伦理学,人类即与一切存在于人类活动范围内的生物发生了联系,关心它们的命运,在力所能及的范围内避免伤害它们,在危难中救助它们。他还认为,"由于敬畏生命的伦理学,我们与宇宙建立了一种精神联系。我们由此而体验到的内心生活,给予我们创造一种精神的、伦理的文化意志和能力,这种文化将使我们以一种比过去更高的方式生存和活动于世。"史怀泽甚至认为,随着敬畏生命观念的普及,"一次新的,比我们走出中世纪更加伟大的文艺复兴必然会到来:人们将由此摆脱贫乏的、得过且过的现实意识,而达到敬畏生命的信念。只有通过这种真正的伦理文化,我们的生活才会富有意义。"①其实,道家提倡的自然无为、万物平等、尊重生命的理念,就是史怀泽所说的这种伦理文化。这种文化不是敬畏生命,而是以一种平和的心态一视同仁地对待各种生命,尊重生命的生存意志。

四、道教提倡的生物伦理观念

老子说:"吾言甚易知、甚易行。天下莫能知、莫能行;""知我者希,则我者贵。"②尊重生命的自然本性,以平等的态度对待各种生命,这种要求"甚易知",也"甚易行",而事实上真正这样做的人却很少。这是因为在各种现实需求和欲望的驱动下,人们很难做到为了其他生物的利益而牺牲自己的利益。东汉顺帝时,张陵奉老子为教祖,尊称其为太上老君,以道家理论为基础创立了道教。道教在不少方面遵从和实践了先秦道家的思想观念,其中包括道家理论所蕴涵的生物伦理思想。

道教作为一种宗教活动,以追求长生成仙为终极目标。为了实现修道成仙的目的,需要对道士的行为加以规范,因此,道教教义中包含了众多的清规戒律。道教的各种戒律,都把关爱生命、禁止杀生作为重要内容。此外,道教典籍中还有众多的劝善书,其主要内容也是劝人行善、戒杀放生。除了道教的戒律条文和劝善书

---

① 阿尔伯特·史怀泽.敬畏生命[M]//杨通进.生态二十讲.天津:天津人民出版社,2008:59—71.
② 道德经·第七十章.

之外,在一般的道教著作中也有许多提倡保护动植物生命的内容。

东汉道教经典《太平经》对道教理论及道教思想的形成和发展产生过重要影响,其中有不少提倡关爱生命、反对杀生的内容。如书中说:"夫天道恶杀而好生,蠕动之属皆有知,无轻杀伤用之也;""万物芸芸,命系天,根系地,用而安之者在人;得天意者寿,失天意者亡;"[①]"人怀仁心,不复轻贼贱伤万物,则天为其大悦,地为其大喜;"[①]"勿杀任用者、少齿者,是天所行,神灵所仰也。万民愚戆,恣意杀伤,或怀妊胞中当生反死,此为绝命。"[①]

《列子》被道教称为《冲虚真经》,其中《黄帝》篇说:"禽兽之智有自然与人童(同)者,其齐欲摄生,亦不假智于人也。牝牡相偶,母子相亲,避平依险,违寒就温;居则有群,行则有列;小者居内,壮者居外;饮则相携,食则鸣群。太古之时,则与人同处,与人并行。帝王之时,始惊骇散乱矣。逮于末世,隐伏逃窜,以避患害。"这里明确表达了对于动物的同情和怜悯。

东晋葛洪所著《抱朴子内篇》也是道教的重要经典,书中论述了修道成仙的认识根据、炼制丹药的理论基础和一些丹药的服食方法及效果。葛洪在书中强调修道须先修德,修德即应立功除过,积德行善。他指出,为道者"立功为上,除过次之";"若德行不修,而但务方术,皆不得长生也;行恶事大者,司命夺纪,小过夺算,随所犯轻重,故所夺有多少也";"积善事未满,虽服仙药,亦无益也。若不服仙药,并行好事,虽未便得仙,亦可无卒死之祸矣"[②]。葛洪认为,长生之道,修德重于服药、行气之类的方术。不修德,仅凭方术是不能成仙的。不服仙药,只要行善事,也可祛病延年。葛洪所说的善事,即包括爱护生灵。《抱朴子内篇·微旨》说:"欲求长生者,必欲积善立功,慈心于物,恕己及人,仁逮昆虫。"仁及昆虫,即包括各种生命。《微旨》篇还列举了一系列罪过,其中包括"弹射飞鸟,刳胎破卵,春夏燎猎"等。

南北朝时期的《洞真太上八素真经三五行化妙诀》要求修道之人:"慈爱一切,不异己身。身不损物,物不损身。一切含炁,木、草、壤、灰,皆如己身,念之如子,不生轻慢意,不起伤彼心。心恒念之,与己同存,有识愿其进道,无识愿其识生。"[③]

五代道士谭峭在《化书》中说:"禽兽之于人也何异?有巢穴之居,有夫妇之配,有父子之性,有生死之情。鸟反哺,仁也;隼悯胎,义也;蜂有君,礼也;羊跪乳,智也;雉不再接,信也。……焚其巢穴,非仁也;夺其亲爱,非义也;以斯为享,非礼

---

①　王明.太平经合校·卷五十"生物方诀"[M].北京:中华书局,1960:174,224,581.

②　抱朴子内篇·对俗.

③　道藏·第33册[M].北京:文物出版社,上海书店,天津古籍出版社,1988:474.

也。"①这种生物伦理观念,与先秦儒家的认识是一致的。

在道教典籍中,这种关爱生命的论述很多,下面重点介绍道教戒律及劝善书中的相关内容。

道教戒律是道士们修行必须遵守的行为准则。《传授三洞经戒法箓略说》论述戒律的重要性时说:"道学当以戒律为先……凡初入法门,皆须持戒。戒者,防非止恶,进善登仙,众行之门,以之为健。"②《道教义枢》"十二部义"也说:"戒者,解也,界也,止也。能解众恶之缚,能分善恶之界,又能防止诸恶也。律者,率也,直也,慄也。率计罪愆,直而不枉,使惧慄也。"③道教戒律类的经书很多,明《正统道藏》中,仅"三洞"类就有戒律类经书 30 种,60 卷;其他如"四辅"类经书中也有不少戒律类著作。大多数道教戒律中都包含禁止伤害动物和植物的内容。

《老君说一百八十戒》是早期道教天师道的主要戒律,有戒文 180 条,其中至少有 16 条内容与动植物的保护有关,如:第四戒,"不得杀伤一切";第十四戒,"不得烧野田、山林";第十八戒,"不得妄伐树木";第十九戒,"不得妄摘草花";第三十六戒,"不得以毒药投渊池江海中";第四十九戒,"不得以足踏六畜";第五十三戒,"不得竭水泽";第七十九戒,"不得渔猎杀伤众生";第九十五戒,"不得冬天发掘地中蛰藏";第九十七戒,"不得妄上树探巢破卵";第九十八戒,"不得笼罩鸟兽";第一百二十九戒,"不得妄鞭打六畜";第一百三十二戒,"不得惊鸟兽";第一百七十二戒,"人为已杀鸟兽鱼等,皆不得食";第一百七十三戒,"见杀不食";第一百七十六戒,"能断众生六畜之肉为第一,不然则犯戒。"④这些禁令保护的内容很广,山林水泽、花草树木、鸟兽鱼虫、蜇虫禽卵都在其内,不仅不得杀伤一切,而且不得鞭打六畜、惊扰鸟兽;不仅自己不杀生,而且要"见杀不食"。

《上清洞真智慧观身大戒文》是六朝上清派的主要戒律,有戒文 300 条,其中有"不得杀生暨蠕动之虫";"不得以火烧田野山林";"不得无故摘众草之花";"不得无故伐树木";"不得以毒药投渊池江海中";"不得竭陂池";"不得笼飞鸟走兽"等,这些内容与《老君说一百八十戒》类同。

《中极上清洞真智慧观身大戒经》是全真道龙门派的戒律,有戒文 300 条,其中有 18 条属于保护生物的内容,如:"不得杀害一切众生物命";"不得啖食众生血肉";"不得鞭打六畜";"不得有心践踏虫蚁";"不得观玩钓弋以为娱乐";"不得上树

①　道藏・第 23 册,598.
②　道藏・第 32 册,185.
③　道藏・第 24 册,816.
④　道藏・第 18 册,219—221.

探巢破卵";"不得便溺虫蚁上";"不得便溺生草上";"不得笼罩鸟兽";"不得惊散栖伏";"不得无故采摘花草";"不得无故砍伐树木";"不得以火烧田野山林";"不得冬月发掘地中蛰藏";"不得竭陂池水泽";"不得热水泼地致伤虫蚁";"不得惊惧鸟兽,促致穷地";"当念登仙度世、利济群生"。① 这些戒文多与《老君说一百八十戒》相似,也有少数新的内容。

以上是三种具有代表性的大型戒律,内容比较全面。其他一些小型戒文中也含有保护生物的内容。如《初真十戒》有:"第一戒者,不得阴贼潜谋,害物利己,当行阴德,广济群生。第二戒者,不得杀害含生,以充滋味,当行慈惠,以及昆虫。"②《太极真人说二十四门戒经》有:"第一戒者,不得杀生,割断他命,煎煮美味。"③《三洞众戒文》中"五戒文"的第一戒即要求:"目不贪五色,誓止杀,学长生。"④《洞玄灵宝太上六斋十直圣纪经》有"道教五戒",其中"一者不得杀生。"⑤《受持八戒斋文》以"不得杀生以自活"作为"八戒"中的第一戒。⑥《洞玄灵宝天尊说十戒经》把"不杀,当念众生"作为第一戒⑦。《无上十戒》有:"第一戒者,下土兆民,不得杀生及怀杀想,不得故杀、贪杀,常行慈悲,救渡一切群生,观诸众生长如自己。"⑧由这些内容可以看出,不少戒文都把不杀生作为诸条戒律的第一戒,足见道教对戒杀的重视程度。

《太上洞玄灵宝三元品戒功德轻重经》中有《三元品戒罪目》,列举了种种修道者违背戒律的罪行,其中有"杀害众生之罪"、"图割六畜杀生之罪"、"刺射野兽飞鸟之罪"、"烧山捕猎之罪"、"张筌捕鱼之罪"、"火烧田野山林之罪"、"砍伐树木采摘花草之罪"、"毒药投水伤生之罪"、"不放生度死之罪"、"牢笼飞鸟走兽之罪"等等⑨。道士修行,遵守戒律是其基本义务,违背戒律即属于犯罪。

道教劝善书把保护生灵看作善行,把伤害生灵看作恶行,以此劝导修道之人弃恶从善。"道教劝善书作为一种伦理道德教化书,其中所述的伦理道德规范不仅用以调解人与人之间、人与社会之间的相互关系,而且还进一步推广到调解人与动

---

① 藏外道书·第 12 册,31.
② 道藏·第 22 册,278.
③ 道藏·第 3 册,413.
④ 道藏·第 3 册,399.
⑤ 道藏·第 28 册,381.
⑥ 道藏·第 22 册,281.
⑦ 道藏·第 6 册,899.
⑧ 道藏·第 3 册,501.
⑨ 道藏·第 6 册,880—882.

物、植物的关系，人与自然的关系，蕴含着具有神学特征的生态伦理思想。"①

《太上感应篇》是北宋末年出现的最早的道教劝善书，其中明确要求"昆虫草木犹不可伤"，并把"射飞逐走、发蛰惊栖、填穴覆巢、伤胎破卵"、"用药杀树"、"春月燎猎"、"无故杀龟打蛇"等看作恶行②。

约成书于元代的道教劝善书《文昌帝君阴骘文》教人要"救蚁"，"济涸辙之鱼"，"救密罗之雀"，"或买物而放生，或持斋而戒杀；举步常看虫蚁，禁火莫烧山林……勿登山而网禽鸟，勿临水而毒鱼虾；勿宰耕牛"等等③。

《道藏》所收《水镜录》中有《放生文》和《杀生七戒》，其中都有劝人放生戒杀的内容。《放生文》说："盖闻世间至重者，生命；天下最惨者，杀伤。是故逢擒则奔，蚖虬犹知避死；将雨而徙，蝼蚁尚且贪生。何乃网于山、罟于渊，多方掩取；曲而钓、直而矢，百计搜罗；使其胆落魄飞，母离子散；或囚笼槛，则如处囹圄；或被刀砧，则同临剐戮。怜儿之鹿，舐疮痕而寸断柔肠；畏死之猿，望弓影而双垂悲泪。恃我强而凌彼弱，理恐非宜；食他肉而补己身，心将安忍？"④

《杀生七戒》主张在生日、生子、营生的日子，以及举行祭祖、祈禳、宴客、婚礼等活动时不要杀生，例如其中说："宴客不宜杀生。良辰美景，贤主佳宾，蔬食菜羹，不妨清致。何须广杀生命，穷极肥甘，笙歌餍饫于杯盘，宰割冤号于砧几。嗟乎！有人心者，能不悲乎？若知盘中之物，从砧几冤号中来，则以彼极苦，为我极欢，虽食，且不下咽矣。可不悲乎？"⑤

"功过格"是道士纪录善恶功过的簿册，属于劝善书的一种类型。成书于宋代的《太微仙君功过格》所列的善恶功过中，包括有保护生灵之功和伤害生命之过。例如在"功格三十六条"之下的救济门十二条中有："救有力报人之畜一命为十功，救无力报人之畜一命为八功；救虫蚁、飞蛾、湿生之类一命为一功。"在"过格三十九条"之下的不仁门十五条中有："故杀有力报人之畜一命为十过，误杀为五过；故杀无力报人之畜、飞禽走兽之类一命为八过，误杀为四过；故杀虫蚁、飞蛾、湿生之属一命为二过，误杀为一过；故杀伤人害物者、恶兽毒虫为一过，使人杀者同上论。"⑥

成书于清代的《文昌帝君功过格》以及《十戒功过格》、《警世功过格》等也都有与此类似的内容。救一命即立一功，杀一生即犯一过，根据不同的生物等级，决定

---

① 乐爱国.道教生态学[M].北京:社会科学文献出版社,2005:289—290.
② 道藏·第27册,19～134.
③ 道藏·第12册,402.
④ 道藏·第36册,315.
⑤ 道藏·第36册,316.
⑥ 道藏·第3册,449.

功过的大小。这种劝善戒恶的做法,反映了道教的认真态度。

作为一种宗教教义,道教劝善书一般都假借道教神仙的名义制作,并且宣扬有神灵监督人的善恶行为,强调由神明对人施行赏罚。因此,道士们保护或伤害生灵的行为会受到神明的督察。所以,道教教义中的生态伦理思想,具有明显的神学色彩[①]。这是其与道家学说中的生态伦理思想具有本质区别的地方。由于道教的生物伦理观念具有宗教神学性,因此它对于道士来说更具有说服力及约束性。

阿尔伯特·史怀泽指出:"只有当人认为所有的生命,包括人的生命和一切生物的生命都是神圣的时候,他才是伦理的。只有体验到对一切生命负有无限责任的伦理才有思想根据;"[②]"善的本质是:保护生命,促进生命,使生命达到其最高度的发展。恶的本质是:毁灭生命,损害生命,阻碍生命的发展。"[②]道教教义强调对于所有生命的爱护,以是否保护或伤害生命作为判别善恶的标准,这些做法完全符合史怀泽所提倡的生物伦理准则。

小　结

由上述可见,道家和道教的生态伦理思想主要表现为以下几个方面:

其一,道家提倡"道法自然"、"道常无为",主张尊重生命的本性,一切顺任自然,不加干预,这是一种大爱无亲的至高伦理境界。达到这种境界,宇宙万物自然生长,没有什么东西会受到危害,无需伦理关怀,这时生态伦理学也就失去了存在的价值。

其二,道家认为"物无贵贱"、"万物一齐",这种观念符合现代生态伦理学提倡的生物平等原则。

其三,道家主张"圣人处物不伤物"、"以鸟养养鸟",这种主张符合现代生态伦理学提出的动物权利要求。

其四,道教教义从追求长生的愿望出发,将关爱生命与得道长生联系在一起,提出了严格的生物保护要求,不仅以戒律的形式予以禁止,而且以劝善的形式加以引导,这些做法尽管具有宗教神学色彩,但从对动植物保护的具体内容来看,是与

---

① 乐爱国.道教生态学[M].北京:社会科学文献出版社,2005:298.

② 阿尔伯特·史怀泽.敬畏生命[M].陈泽环译.上海:上海社会科学院出版社,1992:9,91.

现代生态伦理学的要求一致的。

此外，道家提倡"知足不辱，知止不殆"。这种观点的现代启发意义在于，面对当今资源和环境危机，人类应当收敛过度膨胀的物质欲望，适当限制对自然资源的消耗速度，以实现永续发展。随着人类社会发展与自然资源有限性的矛盾日益突出，在无法有效地解决自然资源不足问题的情况下，人类只有适当地减慢社会经济发展的速度才有可能避免将来陷入更大的困境。

先秦道家提倡"道法自然"、"以鸟养养鸟"，主张"万物一齐"、万物平等，这些观念与现代对动植物资源保护的要求是一致的。但是，应当看到，道家提倡这些观念是出于自己的自然哲学理念，而不是为了解决古代社会物质资源不足问题，他们并不把人之外的生物看作自然资源，而是看作具有天然存在合理性的东西。如第十一讲所述，儒家提倡对动植物的保护，则是以保持自然资源的可持续利用为目的的，具有明确的功利性。这是先秦儒道两家动植物保护思想的根本区别所在。

第十三讲　　道家和道教的超越意识

　　人类生活于宇宙中会受到种种限制，对限制的突破即是超越。无论古今中外，超越现实，实现理想，总是人类不断追求的目标，只是不同的时代，不同的人，超越的内容不同，实现的手段不同而已。老子提倡"道法自然"和"道常无为"[①]，主张"辅万物之自然而不敢为"[②]，庄子也主张"顺物自然而无容私"[③]。庄子及其后学在提倡"无为"的同时，也提出了在精神层面上超越现实的约束、实现"逍遥"、成为"真人"的境界。《庄子》中的《逍遥游》、《齐物论》、《大宗师》、《应帝王》等不少篇章都表达了这种思想。这些内容，反映了庄子渴望摆脱现实束缚、实现彻底自由的愿望。

　　道教继承和发展了庄子的这种思想，具有强烈的超越现实的意愿。追求长生是道教的最高目标。道教徒坚信"我命在我不在天"，只要经过修行，即可成为生命永驻的仙人。他们不仅要超越生命的有限性，而且希望"夺天地之造化"，超越自然界的种种限制，实现人的彻底解放。在这种思想驱使下，道士们进行了长期不懈的探索，付出了辛勤的劳动，虽然这类活动并未达到预期的目的，但仍然取得了一些有价值的认识成果。

　　道家和道教所表现出的超越意识和进取精神，对于中国古代科学认识活动和思想文化的发展产生过积极的影响，是传统文化中可贵的精神财富。

　　企图超越生命的有限性和自然界的种种限制，是中国古代道教理论及其实践活动的主题，也是整个人类一直在努力探索的永恒主题之一。

　　下面依据有关史料，对道家及道教的超越意识作一讨论。

---

① 道德经·第二十五章.
② 道德经·第六十四章.
③ 庄子·应帝王.

一、"遊乎无极之野"

《庄子》中有关于神人、真人餐风饮露，长生不死的描述；有关于至人、圣人乘云气，骑日月，遊乎无极之野的想像；也有对于"取天地之精以佐五谷"、"合六气之精以育群生"的期盼，这些都反映了作者希望超越现实、获得自由的意愿。

庄子用"逍遥游"表示实现某种超越现实的境界。他在《逍遥游》篇中描述了不同的"逍遥"或超越层次。小鸟"腾跃而上，不过数仞而下，翱翔蓬蒿之间"，已觉得"飞之至也"，而大鹏"背若太山，翼若垂天之云，抟扶摇羊角而上者九万里，绝云气，负青天，然后图南，且适南冥"。与小鸟相比，大鹏是一种巨大的超越。

鸟有飞行的本领，而人没有，人若能像鸟一样腾空而行，也是一种很大的超越。庄子说，"列子御风而行，泠然善也，旬有五日而后反"，不过，列子"此虽免乎行，犹有所待者也。""有所待"，即有所依赖，有所限制。

在庄子看来，列御寇可以驭风而行，飘飘然遨游十五日而归，这样虽然可以免除行走的劳苦，但还是有待于风而行，还算不上真正的"逍遥游"。庄子指出，真正的逍遥是"乘天地之正，而御六气之辩，以游无穷者"。正，与辩对举，指不变的、自然的本性。辩，即变。六气，即阴、阳、风、雨、晦、明六种自然之气。若能凭着自然的本性，驾驭六气的变化，遨游于无穷的境界，无羁无绊，那才是真正的"逍遥游"、真正的超越。《逍遥游》反映了庄子的理想与境界。

《庄子》中描述了一系列在精神层面上实现超越的境界，除了上述之外，还如[①]：

《逍遥游》篇描述的神人："肌肤若冰雪，淖约若处子，不食五谷，吸风饮露，乘云气，御飞龙，而游乎四海之外；其神凝，使物不疵疠而年谷熟。"

《齐物论》篇描述的至人："大泽焚而不能热，河汉沍而不能寒，疾雷破山而不能伤，飘风振海而不能惊。若然者，乘云气，骑日月，而游乎四海之外。死生无变于己。"

《齐物论》篇描述的圣人："不从事于务，……而游乎尘垢之外。……旁日月，挟宇宙，为其吻合。……参万岁而一成纯，万物尽然，而以是相蕴。"

《大宗师》篇描述的逍遥境界："登天游雾，挠挑无极，相忘以生，无所终穷；""与

---

① 参见：陈鼓应.老庄新论[M].北京：商务印书馆，2008：394.

造物者为人,而游乎天地之一气。……芒然彷徨乎尘垢之外,逍遥乎无为之业。"

《应帝王》篇描述的无名人:"与造物者为人,厌则又乘夫莽眇之鸟,以出六极之外,而游无何有之乡,以处圹埌之野。"

《在宥》篇描述的广成子:"入无穷之门,以游无极之野。吾与日月参光,吾与天地为常。"

《刻意》篇描述的真人:"精神四达并流,无所不极,上际于天,下蟠于地,化育万物……"

《田方子》篇描述的至人:"上窥青天,下潜黄泉,挥斥八极,神气不变。"

《天下》篇描述的庄周:"独与天地精神往来,而不敖倪于万物。"

以上描述的都是一些超越现实的理想境界。这些境界,可以向往,但无法实现。

《庄子·在宥》篇讲述了一些寓言故事,其中有"黄帝"向"广成子"请教至道的故事。黄帝问:"我闻吾子达于至道,敢问至道之精。吾欲取天地之精,以佐五谷,以养民人。吾又欲官阴阳,以遂群生,为之奈何?"广成子答:"而所欲问者,物之质也;而所欲官者,物之残也。"黄帝问,自己希望获取天地的灵气,用来帮助五谷生长,用来养育百姓;又希望能主宰阴阳,以使众多生灵遂心地成长,究竟如何才能实现这些愿望?广成子回答说,你所要问的,是万物的根本;你所希望主宰的,却是万物的残余。广成子没有直接回答黄帝的问题,而是指出其所希望达到的目的并不重要。

然后,广成子说:"天地有官,阴阳有藏;慎守汝身,物将自壮。"意即天和地都有主宰,阴和阳各有府藏,谨慎地守护你的身体,万物将会自己生长。这里体现的是"无为而治"思想。

《在宥》篇的另一则寓言讲述的是"云将"向"鸿蒙"请教调和六气的本领。云将问鸿蒙:"天气不和,地气郁结,六气不调,四时不节。今我愿合六气之精以育群生,为之奈何?"鸿蒙答曰:"吾弗知!吾弗知!"云将希望鸿蒙告诉他合六气精华以养众生的办法,鸿蒙回答说不知道。三年后,两人再次相遇,鸿蒙对云将说:"乱天之经,逆物之情,玄天弗成。解兽之群而鸟皆夜鸣,灾及草木,祸及止虫。意!治人之过也!"又说:"心养。汝徒处无为,而物自化。"云将所提的问题是有为而治的表现,鸿蒙反对这种主张,认为有为而治就会扰乱自然常规,违背事物本性,使得鸟兽及草木都蒙受灾难。鸿蒙主张,修心养性,无为而治,万物会自然地生长化育。

摄取天地精华,燮理阴阳变化,调和六气,节制四时,以长养五谷、孕育群生,这些都不是古人所能做到的,因而《在宥》篇的作者以无为的理念化解这些企图。

以上内容反映了庄子及其后学的超越意识或超现实主义的理想。《列子》中也有不少类似的内容。《庄子》所描述的这些境界或愿望,仅仅是想像性的,不是真正的超越。当然,要实现真正的超越,需要具备必要的条件,付诸实际行动。在科学技术不发达的古代,要超越自然界的限制,实现某种设想,实非易事。尽管如此,道家和道教人士在这方面还是做了一些有意义的探索活动。

二、"夺天地造化"

战国秦汉时期的一些道家典籍中有"夏造冰"之说。《庄子·徐无鬼》写道:"我得夫子之道矣。吾能冬爨鼎而夏造冰矣。"《关尹子·七釜》篇也认为:"人之力可以夺天地造化者,如冬起雷,夏造冰。"《列子·周穆王》描述老成子"能存亡自在,幡校四时,冬起雷,夏造冰。"《淮南子·览冥训》也有"以冬铄胶,以夏造冰"之说。冬天起雷,夏日造冰,这是违背自然界正常气候条件的事情,在一般情况下是无法实现的,但道家却提出了这种企图。夏日如何造冰?

《淮南万毕术》给出了一种方法。书中说:"取沸汤置瓮中,密以新缣,沈井中三日,成冰。"意思说,将一定量的沸水装入瓮中,用新织的细布封口,沉入井水中,过一段时间后取出,瓮中的水即结成冰。

近年来,一些学者采用模拟实验及理论计算方法对这种造冰过程进行了研究,结果发现,这种操作可以获得一定的降温效果,但瓮中的水温不会降至冰点[1][2]。由此说明,用这种方法是无法造出冰的。但无论如何,这类关于夏造冰的记载,反映了道家或与道家相关的方士所具有的超越现实的观念。

关于《淮南万毕术》的性质,需要作一点讨论。《汉书·艺文志》杂家类著作列有《淮南内书》二十一篇和《淮南外书》三十三篇,前者即现今传世的《淮南子》,为西汉淮南王刘安组织门客所撰。虽然班固将《淮南子》归为杂家,其实该书反映的主要是道家思想,东汉高诱为其作注时即指出:"其旨近老子,淡泊无为,蹈虚守静,出入经道。……其义也著,其文也高,物事之类,无所不载。然其大较归之于道。"现代学者也认为该书是"西汉道家思潮的理论结晶"[3],所以学术界将其作为道家著

①　李志超.天人古义[M].郑州:河南教育出版社,1995:322—325;
②　厚宇德.关于中国古代"夏造冰"是否成功之商榷[J].自然科学史研究,2004(1).
③　任继愈.中国哲学发展史:秦汉[M].北京:人民出版社,1998:245.

作看待。

另外，《汉书·淮南衡山济北王传》说："淮南王安为人好书,鼓琴,……招致宾客方术之士数千人,作为《内书》二十一篇,《外书》甚众,又有《中篇》八卷,言神仙黄白之术,亦二十余万言。"东晋葛洪《神仙传》也说刘安"养士数千人,皆天下俊士,作《内书》二十二篇。又《中篇》八章,言神仙黄白之事,名为《鸿宝》;《万毕》三章,论变化之道,凡十万言。"[①]将此与《汉书》淮南王传对比,可见《中篇》八卷即为《鸿宝》,为讨论炼丹长生之书。而《万毕》即后人称为《淮南万毕术》之书,内容讨论"变化之道",该书可能就是《淮南衡山济北王传》所说《外书》中的一部分内容。《隋书·经籍志》载,梁代有《淮南万毕经》及《淮南变化术》各一卷;《旧唐书·经籍志》五行类列有"《淮南王万毕术》一卷,刘安撰"。这几个书名所指都是葛洪所说的《万毕》一书。

唐代后期,该书散佚。现在流传的是清代孙冯翼、茆泮林等整理的辑佚本。《淮南子》、《鸿宝》和《淮南万毕术》均为刘安门客所著,前者主旨属于道家,中者讨论炼丹长生之道,后者讨论变化之术,三者的内容是一致的,都是"统天下,理万物,应变化,通殊类"[②]。因此,可以把《淮南万毕术》看作汉代道家类著作。

由文献可知,在战国秦汉时期的诸子典籍中,关于夏造冰之说,几乎仅见载于道家类著作。由此说明,与其他诸子相比,道家对于夏造冰之类的超越自然限制的活动最感兴趣。道家的这种探索精神和思想观念被道教所继承。唐代道教学者成玄英注疏《庄子》时说："盛夏,以瓦瓶盛水,汤中煮之,悬瓶井中,须臾成冰。"五代道士谭峭在《化书》中也说："汤盎投井,所以化雹也。"夏日以沸水造冰,与常理相悖,是一种超越自然条件限制的探索性活动,富有创造性。

除了夏造冰之外,《淮南万毕术》还有关于鸡蛋壳飞升、冰镜取火及人造磁体等活动的描述,这些也都是超越日常经验认识的探索性活动。

《淮南万毕术》中有"艾火令鸡子飞"的记载。东汉高诱注曰："取鸡子去汁,燃艾火内空中,疾风高举,自飞去。"在鸡蛋壳底端开个小孔,除去蛋汁后,将艾草点燃后由小孔放入壳内,壳内的空气受热膨胀,艾草烟雾及壳内空气通过小孔向下喷出,由此会产生一种反向推力,不过,由于气体喷出的速度很慢,所产生的推力极其微弱;同时,由于壳内的气体受热膨胀,密度小于壳外大气的密度,会获得一个向上的浮力。在这两种力的共同作用下,有可能使鸡蛋壳在空中飘浮,在疾风的吹动下,可以在空中飞行一段距离。根据现代物理知识来看,这种鸡蛋壳飞

---

① 神仙传.道藏精华录百种.
② 淮南子·要略.

行实验是符合一定的科学道理的。《淮南万毕术》记载的这种活动,引发了后人的不断探索。

北宋苏轼《物类相感志》载:"鸡子开小窍,去黄白了,入露水,又以油纸糊了,日中晒之,可以自升,离地三四尺。"在日光照射下,鸡蛋壳中的露水会蒸发成蒸汽,当蒸汽由小窍或油纸缝隙喷出时,即产生一种反向推力和空气浮力,使蛋壳升起。这与《淮南万毕术》的做法有所不同,但道理类同。后人发明的孔明灯和现代的热气球都是利用热空气的浮力作用升空的。据李约瑟说,欧洲人在十七世纪也做过鸡蛋壳升空的游戏①。

冰遇火即会融化,这是常识,但《淮南万毕术》的作者偏偏用其取火。该书描述说:"削冰令圆,举以向日,以艾承其影,则火生。"这是用冰制成凸透镜,聚集日光取火。这里仅用十六个字即把透镜的材料、形制、引燃物及操作方法讲述得准确而明白,尤其是一个"影"字说出了古人对透镜焦点的初步认识,非常可贵。

自《淮南万毕术》之后,有关"冰镜取火"的记载不断为后人关注,晋代张华的《博物志》有与此类似的描述。

清代徽州人郑复光于1819年还重复了这一实验。他在《费隐与知录》中记录了自己的实验过程:"问:'《博物志》云:削冰令圆,向日,以艾承景,则有火。何理?'曰:'余初亦有是疑。后乃试而得之。盖冰之明澈不减水晶,而取火之理在乎镜凸。嘉庆己卯,余寓东淘,时冰甚厚,削而试之,甚难得圆,或凸而不光平,俱不能收光。因思得一法:取锡壶底微凹者,热水旋而熨之,遂光明如镜,火煤试之而验,但须日光盛,冰明莹形大而凸稍浅(径约三寸,外限须约二尺),又须靠稳不摇方得,且稍缓耳。盖火生于日之热,虽不系镜质,然冰有寒气能减日热,故须凸浅径大,使寒气远而力足焉。"郑复光不仅证实了古代这一记载的可靠性,而且对冰镜的制法、尺寸大小和聚光性能等都有了进一步的认识。以冰取火,构思新颖,设计巧妙,堪称一项杰出的光学实验活动。

中国古人对天然磁石的发现及应用很早,《管子·地数》篇即有关于磁石的记载,《吕氏春秋·精通》篇有关于磁石吸铁现象的描述,其中说:"慈石召铁,或引之也。"磁石即天然磁铁矿(Fe_3O_4),具有极性,同极相斥,异极相吸。古人以磁石制作指南针,用作药材等。古人所用的磁石,都是天然生成。《淮南万毕术》记载了一种人造磁体方法。书中说"慈石提棋",即利用磁性使棋子相互吸引。高诱注释道:"取鸡(血),磨针铁,以相和慈石,置棋头,局上自相投也。"通过摩擦针铁,产生铁屑,然后以鸡血调和铁屑,并将其与磁石粘和磁化后涂在棋头上,结果使棋子相互

---

①　Joseph Needham, Science and Civilization in China, vol. 4, part. 2. p. 596.

吸引。这种操作实际上是利用天然磁石与铁屑制作人工磁体。

另外，《淮南万毕术》中还有"慈石拒棋"之说，即利用磁性使棋子相互拒斥。高诱注释道："取鸡血与作针磨铁，捣之，以和慈石，用涂棋头，曝干之，置局上，即相拒不休。"①"相拒不休"即相互排斥。用鸡血将铁屑粘附在一块，然后用磁石将其磁化，涂在棋子上，晒干，棋子即具有磁极性；把多个棋子放在棋盘上，靠近时即产生"相拒"现象或"相投"现象。《淮南万毕术》记载的这种活动，也是人工"夺天地造化"的大胆尝试。

《淮南万毕术》记载的这几项活动，都有一定程度的超越现实性质，都付诸了实施。

道教典籍中有许多希望超越现实约束、实现某种自由的描述，不过其中想像的成分居多。例如葛洪在描述人修炼成仙后的能力时说："苟得其要，则八极之外，如在指掌，百代之远，有若同时；""故达其浅者则能役用万物，得其深者则能长生久视；""夫得道者，上能竦身于云霄，下能潜泳于川海；""得道之士，呼吸之术既备，服食之要又该，掩耳而闻千里，闭目而见将来，或委华驷而辔蛟龙，或弃神州而宅蓬瀛。"②他相信，人只要得道成仙，即可超越自身的局限，具备各种超常的能力。

五代道士谭峭在《化书》中表达了更为大胆的超越意识。根据"转万斛之舟者由一寻之木、发千钧之弩者由一寸之机"等简单机械的杠杆控制作用，他认为，人只要"得天地之纲，知阴阳之房，见精神之藏"，"则数可以夺，命可以活，天地可以反覆"③。由"动静相磨所以化火"、"燥湿相蒸所以化水"、"水火相勃所以化云"、"汤盎投井所以化雹"、"饮水雨日所以化虹霓"等经验认识，他认为，人无所不能，"阴阳可以召，五行可以役，天地可以别构，日月可以我作。"③根据"荡秽者必召五帝之气"、"伏尫者必役五星之精"等说法，他认为，人"阴阳可以作，风云可以会，山陵可以拔，江海可以覆"③。根据一些简单的经验认识，谭峭将人的能力无限外推，认为可以呼唤阴阳，役使五行，构造天地，制作日月，这显然是一些幼稚的幻想。不过，由此反映了一种宏伟的气度和非凡的超越精神。

上述表明，一些道家和道士都有相当强烈的征服自然、驾驭宇宙的愿望。虽然这种愿望在古代是无法实现的，但其精神是可贵的。

---

① 转引自：李昉.太平御览.卷七三六、卷九八八所引《淮南万毕术》.

② 抱朴子内篇·对俗.

③ 谭峭.化书·术化[M]//四库全书·子部杂家类.

三、"我命在我不在天"

道教理论认为,人经过一定的修炼可以长生不死。为了实现这种愿望,道士们提出了一系列修炼方法,如服食、外丹、内丹、导引等。

道教徒认为,宇宙中最重要的道是长生之道,"长生之道,道之至也"①。人只要掌握了长生之道,即可使自己的生命超越有限,实现永恒。这种思想可以追溯到老子和庄子。老子说:"善摄生者,陆行不遇兕虎,入军不被甲兵。兕无所投其角,虎无所用其爪,兵无所容其刃。夫何故?以其无死地。"②"善摄生"的人不会达到死亡的境地,一切危害都不能损伤他。

《庄子》中有一系列关于长生之道和"神人"、"至人"的论述。如《在宥》篇说:"至道之精,窈窈冥冥;至道之极,昏昏默默。无视无听,抱神以静,行将至正。必静必清,无劳汝形,无摇汝精,乃可长生。目无所见,耳无所闻,心无所知,汝神将守形,形乃长生。"这里的"至道"即长生之道。《在宥》篇认为,人抱神守一,清静无为,不劳形神,即可长生。

此外还如:《齐物论》描述至人"大泽焚而不能热,河汉沍而不能寒,疾雷破山、飘风振海而不能惊","死生无变于己";《逍遥游》描述神人"肌肤若冰雪,淖约若处子,不食五谷,吸风饮露";《刻意》篇说彭祖通过"吹呴呼吸,吐故纳新,熊经鸟申"之术而获得了长寿;《在宥》篇说广成子通过"守其一以处其和"而达到"修身千二百岁"的结果。《文子·十守》篇也说:"所谓真人者,性合乎道也。故有而若无,实而若虚,治其内不治其外,明白太素,无为而复朴,体本抱神,以游天地之根,芒然仿佯尘垢之外,逍遥乎无事之业,机械智巧不载于心,审于无暇,不与物迁,见事之化而守其宗,心意专于内,通达祸福于一,……以道为循,有待而然,廓然而虚,清静而无,以千生为一化,以万异为一宗。"这些都是对于想像中的修道与长生境界的描述。

道家著作中的这类内容,为道教徒追求长生成仙提供了理论根据。

追求生命永恒是道教的根本理念。世俗观念认为,人生死由命,富贵在天。道

---

① 抱朴子内篇·黄白.
② 道德经·第五十章.

教徒则认为,人的生命长短并非是命中注定的,而是由自己主观决定的。他们相信,仙道可学,不死可求。葛洪即认为,"不死之道,曷为无之?""若夫仙人,以药物养身,以术数延命,使内疾不生,外患不入,虽久视不死,而旧身不改,苟有其道,无以为难也。"①

在道教理念中,仙人具有超越常人的功能,是道教徒追求的人生最终境界。修道之人认为,只要掌握了成仙之道,即可由人而仙,长生不死,即所谓"人中修取仙,仙中升取天。"②正因如此,他们坚信生命的长短可由自己控制。

《抱朴子内篇·黄白》援引《龟甲文》说:"我命在我不在天,还丹成金亿万年。"《西升经》也说:"我命在我,不属天地。"唐代道士司马承祯指出,人的生命"修短在己,得非天与,失非人夺。"③唐末道士吕洞宾也强调:"造化功夫只在人","我命由己不由天"④。这些言论,表达了道士们对于超越生命限制、掌握自己命运的坚定信念。

在追求长生的过程中,道教徒探索出两种超越生命有限性的途径:一是运用炉火方法炼制丹药而食之,二是经过人体精气神的操持而修炼内丹。这两种途径各有其特点。

关于服食丹药以求长生的历史,可以追溯到秦始皇及汉武帝。西汉桓宽《盐铁论》载,秦始皇笃信神仙长生之术,"当此之时,燕齐之士,释锄耒,争言神仙,方士于是趣咸阳者以千数,言仙人食金饮珠,然后寿与天地相保。"⑤《史记·封禅书》记载方士李少君游说汉武帝说:"祠灶则致物,致物而丹砂可化为黄金,黄金成,以为饮食器,则益寿。"由此可知,秦汉方士为皇帝们开出的长寿良方之一是"食金饮珠"或以黄金"为饮食器"。这里的"金"是由丹砂等矿物炼制而成的药金。

成书于西汉末期的《黄帝九鼎神丹经诀》论述药金的功用时说:"长生之法,唯有神丹,以丹为金,以金为器,以器为贮,服食资身,渐渍肠胃,沾溉荣卫,藉至坚贞,以驻年寿。"⑥与草木之药相比,金属类物质性能稳固,经久不朽,所以道士们相信,服食它会获得比服食草木更好的长寿效果。上书还说:"凡欲长生而不得神丹、金液,徒自苦耳。虽呼吸导引、吐故纳新,及服草木之药可得延年",但仍"不免于死",因为"草木之药埋之即朽,煮之即烂,烧之即焦,不能自生,焉能生人",只有"服神

---

① 抱朴子内篇·论仙.
② 锺吕传道集·论真仙.
③ 司马承祯.坐忘论·序[M]//全唐文·卷924.
④ 转引自:徐兆仁.道教与超越[M].北京:中国华侨出版公司,1991:6.
⑤ 桓宽.盐铁论·散不足[M]//诸子集成.上海:上海书店出版社,1986.
⑥ 道藏·洞神部众术类,总第584册[M].涵芬楼影印本.

丹,令人神仙度世"。东汉末年炼丹家魏伯阳也说:"金性不败朽,故为万物宝,术士服食之,寿命得长久。"①

葛洪在《抱朴子内篇》中介绍了服食金、银、玉、云母、丹砂、金丹的方法,并对服食金丹而长生的道理作了论述。他说:"余考览养生之书,鸠集久视之方,曾所披涉篇卷以千计矣,莫不皆以还丹、金液为大要者焉。然则此二事,盖仙道之极也。服此而不仙,则古来无仙矣。……夫金丹之为物,烧之愈久,变化愈妙。黄金入火百炼不消,埋之毕天不朽。服此二物,炼人身体,故能令人不老不死。此盖假求于外物以自坚固。"②葛洪认为,丹药和黄金有百炼不消、恒长不朽的坚固性,人服食它们,即摄取了其永固性,身体即会不老不朽。因此,他强调:"长生之道,不在祭祀鬼神也,不在导引与屈伸也;升仙之要,在神丹也。"②针对有人采用服食草药而希望长生的做法,他指出:"世人不合神丹,反信草木之药。草木之药,埋之即腐,煮之即烂,烧之即焦,不能自生,何能生人乎?"《黄帝九鼎神丹经诀》也强调:"作华丹成,当试以作金,金成者药成也,……金若成,世可度;金不成,命难固。"③

"假求于外物以自坚固"是道士们服食丹药、金液以求长生的思想认识根据。在这种思想指导下,汉晋时期的道士们认为,不仅服食金丹可以长生,服食普通的黄金、白银、玉石、珍珠、云母等物也都有长生的效果,只是服食不同的物质,效果有所不同,"服金者寿如金,服玉者寿如玉也"。④

当然,事实上服食普通的黄金、白银等物非但不能长生,反而会损害性命。晋代炼丹家狐刚子即指出,"五金尽有毒,若不炼令毒尽、作粉,假令变化得成神丹大药,其毒若未去,久事服饵,小违禁戒,即反杀人。"⑤唐代道士金陵子也指出,"金生山石中,积太阳之气熏蒸而成,性大热,有大毒,""若以此金作粉服之,销人骨髓,焦缩而死也。"⑥唐代道士张九垓也说:"石金性坚而热,有毒,……不堪服食,销人骨髓。"⑦其实,不仅一般的金银不能服食,就是道士们用矿物炼制的各种金丹大多也是对人体有毒副作用的。历史上因为服食丹药而导致慢性中毒以至于丧命者,既有普通的道士,也有尊贵的帝王。

通过吐纳导引等气功修炼以求长生,同样是道士们长期践行的成仙之道。葛

---

① 魏伯阳.周易参同契[M]//丛书集成初编.哲学类.
② 抱朴子内篇·金丹.
③ 道藏·洞神部众术类,总第584册[M].涵芬楼影印本.
④ 抱朴子内篇·仙药.
⑤ 道藏·温峤《黄帝九鼎神丹经诀》卷九引[M].涵芬楼影印本.
⑥ 道藏·洞神部众术类,总第590册[M].涵芬楼影印本.
⑦ 道藏·洞神部众术类,总第586册[M].涵芬楼影印本.

洪虽然强调服食丹药的重要性，但并不排除导引行气的作用，认为"服药虽为长生之本，若能兼行气者，其益甚速，若不能得药，但行气而尽其理者，亦得数百岁。"[①]晋代道书《黄庭经》指出，"仙人道士非有神，积精累气以为真。"[②]吕洞宾也强调，"悬精息气养精神，精养丹田气养身;有人学得这般术，便是长生不死人。"[③]道士们相信，通过精气神的炼养也可延年益寿，得道成仙。

实践证明，道士们企图通过服食丹药而获得长生的做法是失败的，而通过精气神的炼养尽管有助于人体的健康，但仍然不能达到长生不死的效果。因此，尽管道士们坚信"我命在我不在天"，为超越生命的有限性进行了长期的探索，付出了沉重的代价，但他们所走的毕竟是一条违背自然规律的道路。他们不切实际地试图使客观上生命有限的人类个体在现实中达到永恒的存在，其结果注定是要失败的。

不可否认，作为一种宗教活动，道教的长生成仙探索含有一定的非理性因素，这种因素是道士们矢志不渝地追求修道成仙的动力之一。道士们试图把金石矿物的某些属性，特别是抗蚀性、升华性移植到人体中去，弥补人的机体难以长生的缺陷。由于科学认识水平不足，方士们天真地把金石的不朽与人体的健壮、生命的寿夭这两种本质不同的事物进行机械的类比，甚至等同起来;把物质的化学性质、化学变化与人体的生命现象、生理活动也混同起来。因此，这种做法不可能取得预期的效果，以至于在上千年的实践中得以长生度世、如愿以偿者总无所见，而中毒损命者则屡见不鲜[④]。

对于古人的这种执著追求和失败历史，我们需要加以分析和反思。道士们追求长生不死，虽然不符合自然规律，但具有一定的积极意义。"道教超越普通生命观念，进而超越普通医学的努力，使它具备了对中国医学和科技发展产生可能推动作用的条件和自我励进的机制。"[⑤]道士们长期的身体炼养实践及探索活动，推动了古代医学及人体生命科学的发展;道士炼制外丹的长期实践，促进了对一些金石矿物性能及其化学反应的认识，对古代火药的发明和冶金技术的发展都起到了积极的推动作用。唐代末期，正是道士们在炼制外丹活动中，不自觉地发明了火药。

从认识观念上看，支配道士们孜孜不倦地进行炼丹活动的主要思想有两个

---

① 抱朴子内篇·致理.

② 黄庭内景经·第二十八章[M]//丛刊道藏辑要尾集.

③ 转引自:徐兆仁.道教与超越[M].北京:中国华侨出版公司,1991:240.

④ 赵匡华,周嘉华.中国科学技术史:化学卷[M].北京:科学出版社,1998:312.

⑤ 姜生,汤伟侠.中国道教科学技术史:汉魏两晋卷[M].北京:科学出版社,2002:9.

方面：一是"假求于外物以自坚固"的思想；另一是认为自然界的金石矿物随着时间的推移，会自然的从低级向高级进化，会由贱金属转化成黄金、白银之类的贵金属，会转化成食之即可长生的丹药，只是自然进化的速度缓慢，需要相当长的时间。

关于金石自然进化思想，比较早的明确表述见于《淮南子·地形训》，其中说："正土之气，御乎埃天。埃天五百岁生砅，砅五百岁生黄埃，黄埃五百岁生黄澒，黄澒五百岁生黄金。……偏土之气，御乎青天。青天八百岁生青曾，青曾八百岁生青澒，青澒八百岁生青金。……牡土之气，御乎赤天。赤天七百岁生赤丹，赤丹七百岁生赤澒，赤澒七百岁生赤金。……弱土之气，御乎白天。白天九百岁生白礜，白礜九百岁生白澒，白澒九百岁生白金。……牝土之气，御乎玄天，玄天六百岁生玄砥，玄砥六百岁生玄澒，玄澒六百岁生玄金。""正土"、"偏土"、"牡土"、"弱土"、"牝土"分别指中、东、南、西、北五方之土，五、八、七、九、六分别为土、木、火、金、水五行生成之数，"砅"指雄黄，"澒"指汞，"青曾"即曾青，"青金"即铅锡，"赤丹"即丹砂，"赤金"即红铜，"白礜"即硫砷铁矿，"白金"即银，"玄砥"指慈石，"玄金"即铁[①]。这是一套以五行理论为框架建构的五土→五气→五种矿物→五汞→五金的进化体系，反映了古人对矿物自然进化的想像，并不符合客观实际。《淮南子》中这种理想化的金石进化思想，被后代道士所继承和发展，用以指导炼丹活动。

唐代道士陈少微《大洞炼真宝经修伏灵砂妙诀》讨论丹砂进化时说："丹砂者自然之还丹也，世人莫测其源。只如玉座之砂世人总知之，如金座、天座是太上紫龙玄华之丹，非俗人丹夫之所见知也。其玉座，则俗流志士积功修炼，服之致仙。其金座，则素有仙骨，清虚炼神，隐之岩穴，则其神仙采与食之，便当日羽化升腾。其天座，则太上天仙真官而所收采、服饵，非下仙之药也。其玉座砂受得六千年阳灵之清精，则化为金座，……金座受一万六千年〔阳灵之清精〕化为天座。"[②]这里设想了服食不同矿物的效果及其进化的时间。

五代道士张元德在《丹论诀旨心鉴》中讨论自然还丹过程时说："自然还丹是流汞抱金公而孕也。有丹砂处皆有铅及银，四千三百二十年丹成，左雄右雌，上有丹砂下有曾青，抱持日月阴阳气，四千三百二十年故乃气足而成。"[③]自然还丹需要的时间太长，因此，道士们要人为地创造一种环境，加快这种自然进化的过程。他们

---

①　赵匡华，周嘉华.中国科学技术史：化学卷[M].北京：科学出版社，1998：324.

②　道藏·洞神部众术类，总第 586 册[M].涵芬楼影印本.

③　道藏·洞神部众术类，总第 596 册[M].涵芬楼影印本.

相信,把金石药物放入丹炉中,仿照天地造化的原理,辅之以水火相济的促进,即可加快还丹速度。

所以,在炼丹家看来,丹炉就是一个加速丹药进化过程的小宇宙,还丹物质在丹炉中炼制一年即四千三百二十个时辰,相当于在自然状态下经历四千三百二十年的进化效果。《丹论诀旨心鉴》以及成书于宋初的《大丹问答》等书对此都有明确的论述,如《大丹问答》说:"今用三年火象自然之气。今之仙人秘教,但火候依节符,斤两炭数应爻卦,乾坤用施行,运转逐日,火候自然相邀;……一年十二个月,得四千三百二十时。一时当一年,四千三百二十年,象自然之气。"①道士们在丹鼎中模拟自然之气,通过人为的作用以加速还丹过程。

这种以丹鼎水火炼制过程模拟想像中的宇宙自然进化情况,就是要夺天地之造化,超越自然进化的限制。这种思想虽然具有一定的想像成分,但有一定的合理性,因为无论是古代的炼丹实践还是现代的化学实验,都反复证明,通过化学方法确实可以制造出许多自然界不存在的物质。"中国炼丹家相信在丹鼎中能够仿造出自然界中存在的,而且更加完善的物质,这个基本想法无疑是正确的,已在现代化学实验中被千万次地证明了;而且通过'水火相济'(提高反应温度及通过熔液反应),也的确可以极大地加速这些过程。他们在烧炼过程中固然有不少观察上的偏差,但基本上没有什么迷信的成分。一些化学药剂的提纯和人工合成,以及火药的发明,表明中国炼丹家巧夺天工的抱负确实得到了某些实现。所以我们对他们的'金石自然进化'的见解,以及模拟宇宙的气魄和种种探索应该给予高度的评价,这正是中国原始化学思想和活动中的有创造性、有活力的积极部分。"②

李约瑟说:"道家哲学虽然含有政治集体主义、宗教神秘主义以及个人修炼成仙的各种因素,但它却发展了科学态度的许多最重要的特点,因而对中国科学史是有着头等重要性的。此外,道家又根据他们的原理而行动,由此之故,东亚的化学、矿物学、植物学、动物学和药物学都起源于道家,他们同希腊的前苏格拉底的和伊壁鸠鲁派的科学哲学家有很多相似之处。……道家深刻地意识到变化和转化的普遍性,这是他们最深刻的科学洞见之一。"③李约瑟所说的道家,实际上是指道教或道士。他对道教思想以及道教探索活动的科学价值的这种评价是有道理的。

---

① 道藏·洞神部众术类,总第 598 册[M].涵芬楼影印本.
② 赵匡华,周嘉华.中国科学技术史:化学卷[M].北京:科学出版社,1998:328.
③ 李约瑟.中国科学技术史:第二卷[M].北京:科学出版社,上海古籍出版社,1990:175—176.

小　　结

　　道家和道教的超越意识及其相关的探索活动,既有一定的合理性,产生了一些积极的作用,同时也有明显的局限性,造成了一定的不良后果。

　　其合理性主要有三个方面:

　　其一,道教的超越意识反映了古人的一种合理愿望。好生恶死是人类乃至整个动物界的本性。以促进身体健康和延长生命过程为目的的人体生命科学至今仍然是社会高度重视的一门重要学科,因此,尽管道教徒的一些追求长生的做法未必合理,但他们的愿望和目的是符合人类本性的,具有一定的合理性。突破自然界的限制,获取更多的自由,也同样是人的本性。人类形成独立的自我意识之后,无时无刻不在力图突破自身能力的局限和超越自然界的限制。这种对现实的超越意识或渴望获得更多自由的持续追求,促使人类努力认识周围的世界,积极探索自然界的规律,由此推动了科学技术的发展和人类文明的进步。人类超越自然界限制的能力是随着科技的进步而不断增强的,在科技不发达的古代,人们只能进行一些简单的探索和提出一些天真的设想,古代的道家和道教徒即是如此。

　　其二,道家和道教的超越意识表现出一种奋发有为的精神。超越意识引导人们积极探索、不断进取,是个人进步和人类发展的内在动力。《庄子》提出"取天地之精以佐五谷"、"合六气之精以育群生",《关尹子》相信"人之力可以夺天地造化",谭峭认为"天地可以别构、日月可以我作",道士们坚信"我命由己不由天",这些认识尽管有不少理想化的成分,但反映了一种与自然抗争、奋发有为的精神。在中国古代,无论是儒、墨、名、法、阴阳等诸子学派,还是其他宗教团体,似乎都没有充分表现出这种精神和气度。因此,作为一种传统精神文化,道家和道教的超越意识的可贵之处是显而易见的。

　　其三,道教徒的超越性探索活动带来了一系列积极的成果。众所周知,道教外丹活动不仅导致了火药的发明,而且对中国古代化学、矿物学等做出了积极的贡献,炼丹活动产生了一系列自然界不存在的合金、火药等化学物质;道教内丹活动对中国古代人体生命科学也做出了积极的贡献。这些成果的取得,都是道教徒在追求长生信念的指导下进行积极探索的结果。此外,《淮南万毕术》记载的夏造冰方法、冰镜取火方法、鸡蛋壳飞升实验、人造磁体方法等都是中国古代富有特色的物理探索活动,这些活动也与方士们的超越意识有一定关系。

道教探索活动的局限性及不良后果表现为:

其一,道教徒在超越生命有限性的探索过程中存在违背自然规律的蛮干行为。道士们在"假求于外物以自坚固"思想指导下,通过服食金属及其化合物以求长生的活动即属于这种行为。

其二,在长生欲望驱使下,一些人由于服食丹药而中毒丧生,由此造成了一定的社会危害。

在今天看来,这些都与古代的科学认识水平低下有关。由于对生命的本质缺乏正确的认识,道教徒为自己设定的超越生命有限性的目标本身就是不合理的,在追求长生过程中又不自觉地采取了一些违背客观规律的做法,从而产生了一些不良的后果。由此说明,积极的超越意识一定要与合理的超越目标结合起来,既要大胆超越、勇于突破,同时也要遵循客观规律。

第十四讲　先秦道家的技术观

李约瑟说:"道家思想乃是中国科学和技术的根本,但由于道家对知识的自相矛盾的态度,以致这一点往往不能为人所理解。"①李约瑟常常对于道家和道教不作区分,当他说道家对于古代科技有重要贡献时,其实是指道教活动对于古代科学技术的贡献;当他说道家"对知识的自相矛盾的态度"时,是指先秦道家对科技文明所持的否定态度。

有关文献表明,先秦道家对于人类社会的科技文明持否定态度,排斥技术的发明和应用。道家的这种观点很难为今人所理解,包括李约瑟在内的许多学者都认为道家对于科技文明的态度是"自相矛盾的"。

事实上,道家这种态度是与其"道法自然"和"无为而治"的哲学理念及政治主张一致的。毫无疑问,道家的这种观点具有明显的偏激性和局限性,不利于古代科技文明的发展。但是,今天当我们面对现代科技文明高度发达所产生的负面作用而进行反思时,就会发现,道家的技术观对于我们正确认识科技文明的社会价值具有一定的启发性。

古代的技术活动主要是手工业生产,从事技术活动者是工匠艺人,称为百工。战国时期的技术著作《考工记》把社会职业分为王公、士大夫、百工、商旅、农夫、妇功六类,"坐而论道,谓之王公;作而行之,谓之士大夫;审曲面埶,以饬五材,以辨民器,谓之百工;通四方之珍异以资之,谓之商旅;饬力以长地财,谓之农夫;治丝麻以成之,谓之妇功"。百工是国之"六职"之一,其职业是饬材成器。《周礼·天官》将王公及士大夫之外的民众职业分为"三农"、"园圃"、"虞衡"、"薮牧"、"百工"、"商贾"、"嫔妇"、"臣妾"、"闲民"九类,其中百工职业是"饬化八材"。"五材"及"八材"都是泛指土、木、金、石等各种制作器物的材料。工匠为社会提供各种技术服务,是古代社会不可缺少的一类专门人才,其技术水平是古代科技文明发达程度的重要标志。

所谓技术观,是对于技术活动的认识及看法。道家的技术观主要体现在以下

---

① 李约瑟.中国科学技术史:第二卷[M].北京:科学出版社,上海古籍出版社,1991:145.

几个方面。

一、技术应用使人丧失淳朴的天性

在中国古代文化中,技,指技能,技艺,巧技。《尚书·秦誓》说:"人之有技,冒嫉以恶之。"《庄子·天地》说:"能有所艺者,技也。"《韩非子·功名》说:"故人有余力易于应,而技有余巧便于事。"《说文》释"技,巧也,从手。"术,是途径,方法,技艺。孟子说:"观水有术,必观其澜;"[1]"矢人唯恐不伤人,函人唯恐伤人,巫匠亦然,故术不可不慎也。"[2]《说文》释"术,邑中道也。"《广韵》释"术,技术。"这些都说明,技术指人的专门技艺、才能。古代称具有某种专门技术的人为"工"或"匠"。

工匠的技术发明和运用,不仅可以解决人们生活中的一些具体问题,而且可以推动社会的进步。但是,道家认为,技术的应用会使人丧失淳朴的天性,对人类是有害的。

先秦诸子之学多以治国牧民为己任,以老子为代表的道家也不例外。老子提倡"道常无为,而无不为。"[3]他在《道德经》中提出了"无为而治"的政治主张。所谓"无为而治",就是摒弃一切圣智技巧之类的名利活动,使百姓见素抱朴,寡欲无争。《道德经》第五十七章说:"以正治国,以奇用兵,以无事取天下。……民多利器,国家滋昏;人多伎巧,奇物滋起;法令滋彰,盗贼多有。"这里"正",指清静无为,即《道德经》第四十五章所说的"清静为天下正";"奇",指奇异的谋略;"无事",即无为;"伎巧",即技巧。老子主张以清静之道治国,以奇异之谋用兵,以无为之道治天下。他认为,利器、技巧和法令都是"有为而治"的表现,社会愈是提倡这些东西,国家愈不安宁。

在老子看来,人类社会有了贤哲,人就有了尊卑之分;技巧之人创制了奇物异宝,物品就有了贵贱之别;这些都是引起人们争名夺利、造成社会不安定的因素;消除这些因素的办法就是:"不尚贤,使民不争。不贵难得之货,使民不为盗。不见可

---

① 孟子·尽心上.
② 孟子·公孙丑上.
③ 道德经·第三十七章.

欲,使民心不乱。"①人无尊卑之分,即无名可争;物无贵贱之别,则无可盗之物;百姓见不到自己希望得到的东西,心志就会安定。所以,老子认为,圣贤仁义、技术巧利都是对人类社会有害的,因此主张:"绝圣弃智,民利百倍;绝仁弃义,民复孝慈;绝巧弃利,盗贼无有;"②整个社会"使有什伯之器而不用","虽有舟舆,无所乘之","使民复结绳而用之"③。

老子主张弃绝"圣智"、"仁义"、"巧利",抛弃一切名利的诱惑,使百姓还朴归真,保持憨厚的天性。这样做,人民即可"甘其食,美其服,安其居,乐其俗。邻国相望,鸡犬之声相闻,民至老死不相往来。"④此即老子所推崇的"圣人之治",也即使百姓"虚其心,实其腹,弱其志,强其骨,常使民无知无欲。使夫智者不敢为也。为无为,则无不治"。⑤

显然,老子的"无为而治",是使百姓满足基本的物质生活需求,而没有争名夺利之心。他强调:"古之善为道者,非以明民,将以愚之。民之难治,以其智多。故以智治国,国之贼。不以智治国,国之福。"⑥《老子河上公章句》对此注释道:"古之善以道治身及治国者,不以道教民明智巧诈也,将以道德教民,使质朴不诈伪。"老子反对以智巧治国,认为这样会使人变得投机、巧诈,败坏淳朴的民风。他提倡"我无为而民自化,我好静而民自正,我无事而民自富,我无欲而民自朴。"⑦老子主张的理想社会是"小国寡民"⑧,民众"见素抱朴,少私寡欲"⑨。在他看来,一切有悖于这种理想社会的行为都是有害的,都应予以杜绝。

老子提倡"绝巧弃利",其中的"巧"和"利"是指古代的工匠技术活动。古代以"巧"表示工匠职业的特点。《考工记》指出:"智者创物,巧者述之,守之世,谓之工。"《庄子·徐无鬼》强调:"百工有器械之巧则壮。"荀子说:"百工以巧尽器械。"⑩韩非子说:"夫匠者,手巧也。"⑪《说文》释"工,巧饰也,像人有规矩也。"《汉书·食货志》亦称:"作巧成器曰工。"隋代萧吉在总结工匠职业的特点时说:"工人者,雕斲

---

① 道德经·第三章.
② 道德经·第十九章.
③ 道德经·第八十章.
④ 道德经·第八十章.
⑤ 道德经·第三章.
⑥ 道德经·第六十五章.
⑦ 道德经·第五十七章.
⑧ 道德经·第八十章.
⑨ 道德经·第十九章.
⑩ 荀子·荣辱.
⑪ 韩非子·定法.

伎巧,备诸器用,造新修故,以力货财,此曰工人。"①由此可见,古代工匠是制作各种器械的技术人员,其职业特点是"巧"。巧与拙是古代评价工匠技术水平高低的基本概念。另外,技术器械的应用可以获得一定的功利,因此"功利"是古人评价技术应用效果的基本概念。关于这方面,古人也有很多论述,如墨子认为,技术活动"用财少而为利多,是以民乐而利之;"②韩非子也说:"舟车机械之利,用力少,致功大。"③"巧"和"利"是指工匠技术活动及其社会效果。因此,老子主张"绝巧弃利",就是要杜绝技术的发明和运用。

老子在《道德经》中从哲学理念和政治主张方面强调了其反对技术应用的理由,庄子及其后学发展了老子的这种思想。

《庄子》对于老子提倡的理想社会作了进一步描述和发挥。该书《胠箧》篇描绘了伏牺氏、神农氏时代的"至德之世":"当是时也,民结绳而用之,甘其食,美其服,乐其俗,安其居,邻国相望,鸡狗之音相闻,民至老死而不相往来。若此之时,则至治矣。"意谓那时的社会虽然结绳记事,非常原始,但人民无欺无争,安居乐业。

同书《马蹄》篇也对理想化的"至德之世"加以赞美:"当是时也,山无蹊隧,泽无舟梁,万物群生,连属其乡,禽兽成群,草木遂长。是故禽兽可系羁而游,鸟鹊之巢可攀援而窥。夫至德之世,同与禽兽居,族与万物并,恶乎知君子小人哉,同乎无知,其德不离;同乎无欲,是谓素朴。素朴而民性得矣。"这种社会,人与禽兽共处,无君子与小人之分,无尊贵与卑贱之别,大家都无知无欲、见素抱朴。这是对老子所设想的理想社会的进一步发挥。

为了实现这种社会,庄子学派也主张"绝圣弃智"、"绝巧弃利"。《胠箧》篇对此论述说:"绝圣弃智,大盗乃止;掷玉毁珠,小盗不起;焚符破玺,而民朴鄙;掊斗折衡,而民不争。"这里"大盗"指窃国者,"小盗"指窃物者,"圣智"指圣人和智慧,"玉珠"指珍物异宝,"符玺"代表契约,"斗衡"代表度量衡器物。《胠箧》篇作者认为,弃绝和销毁这些东西,就可以使盗贼不起,民众不争,国家安宁。

对于美声美味的追求是人的本性,但老子认为,这些东西会破坏人的自然天性。他说:"五色令人目盲,五音令人耳聋,五味令人口爽,驰骋畋猎令人心发狂,难得之货令人行妨。是以圣人为腹不为目,故去彼取此。"④老子主张圣人只求安饱,不求声色愉悦。

---

① 萧吉.五行大义·卷五[M]//丛书集成初编·哲学类.
② 墨子·辞过.
③ 韩非子·难二.
④ 道德经·第十二章.

针对老子的这种观点,《庄子·天地》篇也强调:"五色乱目,使目不明";"五声乱耳,使耳不聪";"五味浊口,使口厉爽";"趣舍滑心,使性飞扬"。美色、美声、美味会使人丧失自然本性,这些东西"皆生之害也"。为了阻止人们对这些东西的追求,《胠箧》篇主张"擢乱六律,铄绝竽瑟,塞瞽旷之耳,而天下始人含其聪矣。灭文章,散五彩,胶离朱之目,而天下始人含其明矣"。瞽旷,又名师旷,春秋时晋平公的著名乐师;离朱,又名离娄,传说是黄帝时视力最好的人。道家认为,愉悦的声音和华丽的色彩,会使人丧失耳聪目明的天性,所以要铄绝竽瑟,散灭文彩。

老子说"大巧若拙"①。《胠箧》篇对之发挥说:"毁绝钩绳而弃规矩,攦工倕之指,而天下始人有其巧矣。故曰大巧若拙。"工倕是尧时著名的工匠,传说是他发明了规矩。

关于如何看待工匠技术活动的"巧"与"拙",先秦各个学派有不同的观点。例如墨家认为,"利于人谓之巧;不利于人谓之拙。"②人类发明和运用各种技术是为了省工获利,这是先秦诸子普遍的认识,唯独道家的观点不同。在他们看来,技术的应用会使人投机取巧,损害了人的淳朴天性,因此以工倕为代表的工匠所做的技术发明和创造并不是"巧",而是"拙",所以说"大巧若拙";只有毁坏工匠技艺,摒弃规矩准绳,人们无巧可用,无利可争,少私寡欲,才是真正的"巧"。

《庄子·天地》篇讲述的一个故事比较充分地反映了道家的这种观念。故事说,孔子的弟子子贡南游于楚,在从楚国返回晋国的途中,看见一位老人抱着陶罐取水浇田,他"凿隧而入井,抱瓮而出灌,搰搰然用力甚多而见功寡"。于是,子贡告诉老人,有一种机械名曰"槔",用其"挈水若抽,数如泆汤,"一日可以浇灌百畦,"用力甚寡而见功多"。然而,老人听了子贡的话后,"忿然作色而笑曰:'吾闻之吾师,有机械者必有机事,有机事者必有机心。机心存于胸中则纯白不备,纯白不备则神生不定,神生不定者,道之所不载也。吾非不知,羞而不为也。'"子贡听了老人的这番话后,"瞒然惭,俯而不对"。

槔是古人发明的一种符合杠杆原理的提水装置。"机心",即机巧、机变之心,或投机取巧心理。浇田老人的话,代表了道家对于机械技术的态度。机械可以使人"用力甚寡而见功多",但道家反对运用它。因为他们认为,"功利机巧必忘夫人之心","有机事者必有机心",使用机械技术会使人产生投机取巧的心理。

儒家批评道家的这种观点是"识其一,不知其二;治其内而不治其外。"③道家

---

① 道德经·第四十五章.

② 墨子·鲁问.

③ 庄子·天地.

只看到技术应用对人的心理产生的影响,而忽视了技术应用的功利价值和社会发展的现实需要;只知保持内心的淳朴天性,而不知适应外在世界的变化,这种认识显然是片面的。

这里子贡的言论代表了儒家对于工匠技术的态度。尽管历史上未必真正发生过这种事情,但这个故事描述的儒道两家对于机械技术的不同态度则是符合各自的思想认识的。荀子批评"庄子蔽於天而不知人……由天谓之道,尽因矣。"①这里,"天"表示自然;"因"是顺任自然。道家主张"道法自然",只知强调保持人的自然天性,而忽视了人的社会存在所具有的功利性。荀子的批评是合理的。

道家对于机械技巧的反对态度不仅仅表现在《道德经》及《庄子》中,《文子》和《淮南子》等反映道家思想的著作中也有所表现。《文子·道原》篇说:"机械之心藏于中,即纯白之不粹";同书《微明》篇说:"民知书则德衰,知数而仁衰,知券契而信衰,知机械而实衰";同书《下德》篇也强调:"与道化者为人,机械诈伪莫载乎心。"这些论述中的"机械",都是表示工匠技术或技术应用而产生的取巧心理。《淮南子》中也有这类内容,其中说:"怀机械巧故之心,而性失矣;"②"民知书而德衰,知数而厚衰,知卷契而信衰,知机械而实衰也。巧诈藏于胸中,则纯白不备,而神德不全矣。"③

道家提倡道法自然,主张人应排除一切后天干扰,实现返朴归真。《庄子》中有不少关于"真人"、"至人"的描述。要成为"真人"、"至人",需要经过一定的修炼。《文子·九守》篇对"真人"的修炼要求做了比较多的描述,其中说:"所谓真人者,性合乎道也。故有而若无,实而若虚,治其内不治其外,明白太素,无为而复朴。体本抱神,以游天地之根,芒然仿佯尘垢之外,逍遥乎无事之业。机械智巧,不载于心,审于无暇,不与物迁,见事之化而守其宗。心意专于内,通达祸福于一,居不知所为,行不知所之。不学而知,弗视而见,弗为而成,弗治而辩,感而应,迫而动,不得已而往,如光之耀,如影之效,以道为循,有待而然。廓然而虚,清静而无,以千生为一化,以万异为一宗……"这里提出了一系列修炼要求,其中之一是摒除机械智巧之心。道家认为,这种机巧之心就是来源于机械技术的运用。

老子提倡"绝圣弃智"、"绝巧弃利",反对智巧的运用,这种主张在一定程度上

---

① 荀子·解蔽.
② 淮南子·本经训.
③ 淮南子·泰族训.

被法家所接受。韩非子即认为，"圣人之道，去智与巧，智巧不去，难以为常。民人用之，其身多殃；主上用之，其国危亡。"①

在法家看来，民智巧必狡诈，狡诈则难以管理；民笨拙必质朴，质朴则易于统治。因此，韩非子虽然承认"舟车机械之利，用力少，致功大，"②但仍把工匠看作"五蠹之民"，认为"人主不除此五蠹之民"，国家将会灭亡；主张"明王治国之政，使其商工游食之民少而名卑，以寡趣本务而外末作。"③

法家主张国家以农战为本，以工商为末。商鞅认为，"国之所以兴者，农战也"，国家尊重"农战之士"，轻视"辩说技艺之民"，"事本而禁末"，即可富强④。商鞅所说的"本"，指农业，"末"指商业和手工业。他指出："末事不禁，则技巧之人利，而游食者众之谓也。故农之用力最苦而盈利少，不如商贾技巧之人。苟能令商贾技巧之人无繁，则欲国之无富，不可得也。"⑤由于从事手工业和商业活动获利大于从事农业生产，如果国家提倡工商行业，民众就会抛弃农业而经营工商，由此会导致田荒而国贫。

战国早期法家李悝也说："不禁技巧，则国贫民侈。国贫民侈则贫穷者为奸邪，而富足者为淫逸，则驱民而为邪也。"⑥

另外，商鞅还认为，引导民众务农，不仅是富国之道，而且可以使民众淳朴，易于管理。他说："技艺之士用，则民剽而易徙，"而民"农则朴，朴则安居而恶出"⑦；"圣人知治国之要，故令民归心于农；归心于农则民朴而可正也，纷纷则易使也，信可以守战也。"⑧这种观点被《吕氏春秋》所继承，其中《上农》篇也说："农非徒为地利也，贵其志也。民农则朴，朴则易用，易用则边境安，主位尊。民农则重，重则少私义，少私义则公法立，力专一。民农则其产复，其产复则重徙，重徙则死处而无二虑。"

法家出于国家治理的目的，提倡限制工匠技术的发展，而道家是从道法自然的理念出发，反对技术的运用，二者是有区别的。

---

① 韩非子·扬权.
② 韩非子·难二.
③ 韩非子·五蠹.
④ 商鞅.商君书·一言[M]//诸子集成.上海：上海书店出版社，1986.
⑤ 商鞅.商君书·外内[M]//诸子集成.上海：上海书店出版社，1986.
⑥ 刘向.说苑·反质[M]//四库全书·子部儒类.
⑦ 商鞅.商君书·算地[M]//诸子集成.上海：上海书店出版社，1986.
⑧ 商鞅.商君书·农战[M]//诸子集成.上海：上海书店出版社，1986.

二、技术创造是对事物自然本性的残害

道家认为,工匠技术活动不仅危害了人的淳朴天性,而且也是对事物自然本性的残害。

老子说:"朴散则为器。"①意谓工匠制作器物,是对器物原材料的自然本性加以破坏的结果。

《庄子·马蹄》篇借伯乐相马等事例说明人的技术活动损坏了事物的自然本性。"马,蹄可以践霜雪,毛可以御风寒,龁草饮水,翘足而陆。"这些都是"马之真性"。伯乐相马,给马带来了灾难。"伯乐曰:'我善治马。'烧之,剔之,刻之,雒之,连之以羁縶,编之以皂栈,马之死者十二三矣。饥之,渴之,驰之,骤之,整之,齐之,前有橛饰之患,而后有鞭筴之威,而马之死者已过半矣。"烧、剔、刻、雒等,表示伯乐在相马过程中所采取的各种调教手段。《马蹄》篇作者认为,伯乐相马过程就是对马的本性加以残害的过程。

同样,在道家看来,陶工制作陶器,木匠制造木器,也是对陶土和树木自然本性的残害。"陶者曰:'我善治埴。圆者中规,方者中矩。'匠人曰:'我善治木。曲者中钩,直者应绳。'夫埴木之性,岂欲中规矩钩绳哉。然且世世称之曰:'伯乐善治马,而陶匠善治埴木。'此亦治天下者之过也。""埴"是制作陶器的黏土。黏土不具有陶器的性能,树木也不具有木器的性能,让黏土和树木分别成为陶器和木器,是人为的结果,破坏了黏土和树木的自然本性。

道家认为,这些技术活动与伯乐相马一样,都是人的过错。因此,《马蹄》篇进一步指责道:"故纯朴不残,孰为牺尊! 白玉不毁,孰为珪璋! 道德不废,安取仁义! 性情不离,安用礼乐! 五色不乱,孰为文采! 五声不乱,孰应六律! 夫残朴以为器,工匠之罪也;毁道德以为仁义,圣人之过也!""尊"通"樽",樽是祭祀用的木制酒器;"珪"和"璋"都是古代玉制的礼器。在道家看来,制作木樽是残害树木自然本性的结果,雕琢珪璋是毁坏天然白玉的结果,倡导仁义是对人的纯真道德的破坏,以礼乐教化百姓是对人的淳朴天性的违背。同样,为了绘出色彩斑斓的图画,必须混杂五色,这是对自然色彩的破坏;为了谱写美妙的乐章,必须打乱五音,这是对自然声

---

① 道德经·第二十八章.

音的破坏。这些行为都违背了自然之道。所以道家认为,工匠的技术活动破坏了事物的自然本性,是工匠的罪过;圣人倡导的礼乐仁义改变了人的本性,是圣人的罪过。

《庄子·骈拇》篇也同样强调:人类应顺应自然,不必过分追求一些超越自然本性的东西。其中举例说:"骈于明者,乱五色,淫文章,青、黄、黼、黻之煌煌非乎?而离朱是已。多于聪者,乱五声,淫六律,金、石、丝、竹、黄钟、大吕之声非乎?而师旷是已。""骈"在这里是过分、多余的意思。这里是说,过分追求明,搅乱五色,迷滥文彩;过分追求聪,搅乱五音、混淆六律,这些都是不可取的,是"皆多骈旁枝之道,非天下之至正也"。

道家提倡的"至正"之道,是顺应事物的自然本性,不人为地加以改变,即"彼正正者,不失其性命之情。故合者不为骈,而枝者不为跂;长者不为有余,短者不为不足。是故凫胫虽短,续之则忧;鹤胫虽长,断之则悲。故性长非所断,性短非所续,无所去忧也。"①

工匠从事技术活动,用规矩制作方圆,用胶漆粘结物体,道家认为,这是对事物自然属性的破坏。《骈拇》篇说,"待钩绳规矩而正者,是削其性者也;待绳约胶漆而固者,是侵其德者也。"道家强调:"天下有常然。常然者,曲者不以钩,直者不以绳,圆者不以规,方者不以距,附离不以胶漆,约束不以纆索。"①所谓"常然"即自然之道。在道家看来,物体的曲直、方圆、离合等都是由其自然本性决定的,不需要人为地用工具去实现;人为地改变事物的自然状态,是违背自然之道的。

《列子》属于道家著作,其中保存了一些道家思想。《列子·说符》篇记载:"宋人有为其君以玉为楮叶者,三年而成。锋杀茎柯,毫芒繁泽,乱之楮叶中而不可别也。此人遂以巧食宋国。子列子闻之曰:'使天地之生物,三年而成一叶,则物之有叶者寡矣。故圣人恃道化,而不恃智巧。'"②这位匠人用玉石做成的楮叶可以乱真,足见其技艺之巧。但是,《说符》篇的作者并不欣赏这种人为的"智巧",而是提倡自然的"道化"。这是道家反对技巧思想的反映。

《列子·汤问》篇讲述了一个巧匠偃师制造机器人的故事,其中说:"周穆王西巡狩,越昆仑,不至弇山。反还,未及中国,道有献工人名偃师,穆王荐之,问曰:'若有何能?'偃师曰:'臣唯命所试。然臣已有所造,愿王先观之。'穆王曰:'日以俱来,吾与若俱观之。'翌日,偃师谒见王。王荐之,曰:'若与偕来者何人邪?'对曰:'臣之所造能倡者。'穆王惊视之,趋步俯仰,信人也。巧夫鎮其颐,则歌合律;捧其手,则

---

① 庄子·骈拇.

② 列子.列子·说符[M]//诸子集成.上海:上海书店出版社,1986.

舞应节。千变万化,惟意所适。王以为实人也,与盛姬内御并观之。技将终,倡者瞬其目而招王之左右侍妾。王大怒,立欲诛偃师。偃师大慑,立剖散倡者以示王,皆傅会革木胶漆、白黑丹青之所为。王谛料之,内则肝、胆、心、肺、脾、肾、肠、胃,外则筋骨、支节、皮毛、齿发,皆假物也,而无不毕具者。合会复如初见。王试废其心,则口不能言;废其肝,则目不能视;废其肾,则足不能步。穆王始悦而叹曰:'人之巧乃可与造化者同功乎?'诏二车载之以归。夫班输之云梯,墨翟之飞鸢,自谓能之极也。弟子东门贾、禽滑厘闻偃师之巧,以告二子,二子终身不敢语艺,而时执规矩。"

偃师用竹木、皮革、胶漆、丹青之类材料制成的机器人,不仅能"歌合律","舞应节","千变万化,惟意所适",而且还能向周穆王的侍妾"瞬其目"。现实中不可能有像偃师这样技术水平的巧匠,这显然是编造出来的故事。《汤问》篇作者的目的是用这个故事讽刺鲁班和墨子的技术水平。

据说,公输班不仅善于制作云梯,而且制作的木鸟可以在天上飞,制作的木车马可以用木人驱使而行;墨翟用竹木做成小鸟也可以在天上飞,三日不会落下来。前者是春秋时期的著名工匠,后者是战国早期的著名巧匠。这二人听到偃师制作机器人之巧后,"终身不敢语艺,而时执规矩"。偃师之巧"可与造化者同功",这是任何巧匠也无法达到的水平。

这个故事实质上是要说明,工匠的技术再巧也无法"与造化者同功",真正的巧是自然造化所成。在道家看来,自然之道"覆载天地、刻雕众形而不为巧"①,人之巧孰能相比。

《列子》中的这两个故事虽然没有象《庄子》那样指责工匠技术活动是对事物自然本性的残害,是一种罪过,但其所表达的仍然是对技术的否定态度。

三、技术活动的最高境界是达"道"

《庄子》一书在思想表达上,运用了寓言、重言、卮言三种方法,其中"以卮言为曼衍,以重言为真,以寓言为广。"②《庄子·寓意》篇说:"寓意十九,重言十七,卮言日出,和以天倪。"寓言,即寄寓之言,是借用他人之名以表达自己的思想,这种言论

---

① 庄子·大宗师.

② 庄子·天下.

在《庄子》中占了十分之九。重言也是借用他人的名义而立言,只不过借用的是长者、尊者、名人,而非一般的人物,这种表达方式在《庄子》寓言中占了十分之七。卮是古代装液体的器皿,也称敧器,具有"虚则敧、中则正、满则覆"的属性①,其空满任物,俯仰随人。因此,卮言是无心之言。无心之言,指不带主观偏见、合乎自然本义之言,是言者真实思想的自然流露,所以说"卮言日出,和以天倪。"

《庄子》中有大量寓意深刻的寓言故事,其中有不少内容属于对一些身怀绝技之人所达到的高超技艺境界的描述。这些内容反映了道家的一种技术观念:技术活动的最高境界是由技达道,这种"道"就是依乎"天理",顺其"自然",即老子强调的"道法自然",也就是庄子所说的:"顺物自然而无容私"②,"因是已,已而不知其然谓之道。"③从事一种技艺活动时,在不刻意而为的状态下达到了最好的效果,这就是由技达道的高超境界。

《庄子·养生主》说:"庖丁为文惠君解牛,手之所触,肩之所倚,足之所履,膝之所踦,砉然响然,奏刀騞然,莫不中音,合于桑林之舞,乃中经首之会。文惠君曰:嘻,善哉! 技盖至此乎! 庖丁释刀对曰:臣之所好者道也,进乎技矣。始臣之解牛之时,所见无非全牛者。三年之后,未尝见全牛也。方今之时,臣以神遇而不以目视,官知止而神欲行。依乎天理,批大郤,导大窾,因其固然,技经肯綮之未尝,而况大軱乎! 良庖岁更刀,割也;族庖月更刀,折也。今臣之刀十九年矣,所解数千牛矣,而刀刃若新发于硎。彼节者有间,而刀刃者无厚。以无厚入有间,恢恢乎其于游刃必有余地矣。是以十九年而刀刃若新发于硎。"

庖丁解牛的动作就像表演歌舞一样符合节奏,运刀的技术已达到"以神遇而不以目视,官知止而神欲行"的地步。庖丁说,自己之所以能如此,是"所好者道也,进乎技矣"。"进"是超过的意识。庖丁追求的是道,已经超过了技艺。这说明,庖丁已经掌握了解牛之道,这种"道",就是他所说的"依乎天理","因其固然"。这则寓言描述的是由技达道的境界。

《庄子·达生》篇讲述了"痀偻者承蜩"的故事。孔子到楚国去,走出树林时,看见一个痀偻丈人在用长竿子端上的胶粘捕树上的蝉。他捕蝉的技术如此高明,以至于就像从地上拣起蝉那样容易。孔子问他:"子巧乎! 有道邪?"那人答曰:"我有道也。五六月累丸二而不坠,则失者锱铢;累三而不坠,则失者十一;累五而不坠,犹掇之也。吾处身也,若厥株拘;吾执臂也,若槁木之枝;虽天地之大,万物之多,而

---

① 荀子·宥坐.
② 庄子·应帝王.
③ 庄子·齐物论.

唯蜩翼之知。吾不反不侧，不以万物易蜩之翼，何为而不得！"痀偻丈人捕蝉之前，经过了一番苦练功夫。开始时，他在竿子端顶上摞叠二个弹丸，经过五六个月的训练而不会坠下来，然后练习摞三个弹丸而不会坠下来，再练习摞五个弹丸也不会坠下来。当摞二个弹丸不坠时，粘捕蝉时失手的情况就比较少了；能做到摞三个弹丸不坠，粘蝉时十者失一；能做到摞五个弹丸不坠，粘蝉时就如同从地上捡起来一样容易了。粘蝉时，痀偻丈人身定神凝，体若枯木，臂若枯枝，目"唯蜩翼之知"。这些就是痀偻丈人所说的道。

孔子认为这位捕蝉人所说的"道"就是"用志不分，乃凝于神"。其实，仅仅"用志不分"是不够的，只有掌握了捕蝉的诀窍，做到得心应手，才能达到痀偻丈人的水平。这里面也有由技入道的境界，这是一种由凝练的心境与专精的技艺结合而成的境界。

《达生》篇还描述了孔子与蹈水者对话的故事："孔子观于吕梁，县水三十仞，流沫四十里，鼋鼍鱼鳖之所不能游也。见一丈夫游之，以为有苦而欲死也。使弟子并流而拯之。数百步而出，被发行歌而游于塘下。孔子从而问焉，曰：'吾以子为鬼，察子则人也。请问，蹈水有道乎？'曰：'亡，吾无道。吾始乎故，长乎性，成乎命。与齐俱入，与汩偕出，从水之道而不为私焉。此吾所以蹈之也。'孔子曰：'何谓始乎故，长乎性，成乎命？'曰：'吾生于陵而安于陵，故也；长于水而安于水，性也；不知吾所以然而然，命也。'"

一个人在鼋鼍鱼鳖所不能游的激流里游泳，游水的技艺达到了极高的水平。孔子以为此人掌握了游水之道。蹈水者不承认自己有道，只是说自己生长在水边，养成了水性，自然而然地长成了会水的命。随着漩涡没入水中，跟着涌流一同浮出，顺着水势游动，这就是自己蹈水的方法。蹈水者"从水之道而不为私"，"不知所以然而然"，即游水时顺应水的本性，不做任何主观的改变。这同样表达的是"道法自然"的境界。

《达生》篇还讲述了梓庆制作鐻的故事。"梓庆削木为鐻，鐻成，见者惊犹鬼神。""鐻"是一种悬挂钟磬等乐器的木架子，上面雕刻着鸟兽等装饰图案。梓庆说："臣将为鐻，未尝敢以耗气也，必斋以静心。斋三日，而不敢怀庆赏爵禄；斋五日，不敢怀非誉巧拙；斋七日，辄然忘吾有四枝形体也。当是时也，无公朝，其巧专而外骨消。然后入山林，观天性形躯至矣，然后成见鐻，然后加手焉，不然则已。"如此制作出来的鐻"以天合天，器之所以疑神者"。"以天合天"，其中前一个"天"指心性自然，"以天"是依乎天理，没有主观成见和矫揉造作，后一个"天"指鸟兽的天然形态，"合天"即雕刻成的鸟兽与其天然形态完全契合。这表明梓庆已经达到忘记自我，专注于合乎自然的境界。

　　《庄子·天道》篇讲述了轮扁与齐桓公对话的故事。轮扁是制作车轮的工匠。他描述自己制作车轮的经验时说："斲轮，徐则甘而不固，疾则苦而不入。不徐不疾，得之于手而应于心，口不能言，有数存焉于其间。臣不能以喻臣之子，臣之子亦不能受之于臣，是以行年七十而老斲轮。"制作车轮时，榫孔与榫头彼此的大小要吻合，做到"不徐不疾"才合适。轮扁说他制作了一辈子的车轮，能够做到"得心应手"，但无法说明如何才能"得心应手"、"不徐不疾"。轮扁说"有数存焉于其间"。唐代成玄英注疏说："数，术也。"数，指技艺、技术。如王充所说："使王良持辔，马无欲奔之心，御之有数也。"①轮扁制作车轮的技术，既有经验积累，也有自己的领悟。这种无法言传的高超水平，也是达到了道法自然的境界。

　　《庄子》这些寓言描述的身怀绝技者有一个共同的特点，即他们所达到的最高技艺境界，都是在顺乎自然的状态下将事情做到了恰到好处，既不感到刻意所为，也无法用语言说个究竟。这正是道家所主张的道法自然的境界，也是一种体道的境界。这种境界"纯粹是一种直觉性的内在经验，既无法复述，也无法与人交通"②。正所谓"道不可闻，闻而非也；道不可见，见而非也；道不可言，言而非也；"③"道之所以至妙者，父不能以教子，子亦不能受之於父。"④《庄子》所描述的这些身怀绝技的人，都掌握了自然之道。这是一种只可意会、不可言传的技艺境界。工匠技术活动的一般规范可以传授，但技艺的最高境界是无法传授的。由一般技艺达到"道法自然"的高超水平，需要匠人长期的实践探索和精神专一的体悟。

小　　结

　　道家认为，工匠技术活动是对事物自然本性的残害，是一种罪过；技术的运用会使人产生投机取巧心理，破坏了人的淳朴天性。所以，他们反对技术的发明和应用。道家提倡的"道法自然"的哲学理念和"无为而治"的政治主张是其对技术文明持否定态度的认识根据。道家这种技术观具有明显的消极性及片面性，但这种观

---

①　论衡·非韩.
②　陈鼓应.老庄新论[M].北京：商务印书馆，2008：395.
③　庄子·知北游.
④　文子.文子·上仁[M].上海：上海古籍出版社，1993.

念对于我们今天正确认识人类科技文明的价值具有一定的启发性。

技术的运用可以使人获得功利,满足社会发展的需要,因此,在先秦诸子中,除了道家之外,没有哪个学派对技术持彻底的反对态度。儒家虽然反对工匠制作奇技淫巧之物,但仍然提倡发展实用技术以满足社会的需要。墨家也是如此。法家虽然主张奖励耕战,抑制工商,但也承认工匠技术活动具有明显的功利效果,并非要完全杜绝它。独有道家彻底地反对技术的发明和应用。老子说:"俗人昭昭,我独昏昏;俗人察察,我独闷闷。……众人皆有以,而我独顽且鄙。我独异於人,而贵食母。"①汉代河上公《老子道德经注》说:"食,用也;母,道也。""食母"即修道,守道。

老子说,世人都明明白白,唯独他昏昏沉沉;世人都精察明辨,唯独他无所识别;众人都好像很有作为,唯独他愚昧而笨拙;他与世人不同,而是保持对道的遵守。在老子看来,与逐名夺利的芸芸众生相比,坚持对道的追求的人是大智若愚,头脑最为清醒。

在先秦社会中,道家之所以鹤立鸡群,特立独行,是因为他们认识到了包括技术在内的人类文明对人的异化作用,认识到了各种文明进步所造成的负面影响。虽然这种认识具有片面性,但道家对于技术文明所持的批判态度是发人深思的。

《庄子·胠箧》篇说:"上诚好知而无道,则天下大乱矣!何以知其然邪?夫弓弩、毕弋、机变之知多,则鸟乱于上矣;钩饵、罔罟、罾笱之知多,则鱼乱于水矣;削格、罗落、罝罘之知多,则兽乱于泽矣;知诈渐毒、颉滑坚白、解垢同异之变多,则俗惑于辩矣。故天下每每大乱,罪在于好知。故天下皆知求其所不知,而莫知求其所已知者;皆知非其所不善,而莫知非其所已善者,是以大乱。"弓弩、毕弋、机变是捕鸟的工具,钩饵、罔罟、罾笱是捕鱼的工具,削格、罗落、罝罘是捕兽的工具,这些工具的使用给鸟兽造成了危害。"知诈渐毒、颉滑坚白、解垢同异",指智巧诡诈、奸黠狡辩、玩弄曲词,这些行为多,世俗就被迷惑了。"已知者"和"已善者"指人类文明所取得的成绩,其中也包括技术文明。世人只知追求自己所不知的东西,却不知反思自己所已知的东西;只知否定自己所不喜欢的东西,而不知否定自己所喜欢的东西。

《胠箧》篇这段话寓有深意,体现了道家的洞察力和深层智慧。人类要做到"求其所已知者"和"非其所已善者"很难。以这种认识来反思那些对人类社会造成负面影响的现代技术,则是最恰当不过的了。人类已经取得的科技成果是"已知者"和"已善者",而它们的某些应用却产生了不善的后果,如环境污染和核武器威胁等等。因此,人类在前进的道路上应当时时审视已有的科技成果的合理性,在"求其

---

① 道德经·第二十章.

所不知"、"非其所不善"的同时，也要"求其所已知者"、"非其所已善者"。

老子曾经感叹道："吾言甚易知，甚易行。天下莫能知，莫能行……知我者希，则我者贵。"①如何看待道家学说的合理性？东晋葛洪曾经评价说："道家之言，高则高矣，用之则弊，辽落迂阔，譬犹干将不可以缝线，巨象不可使捕鼠，金舟不能凌阳侯之波，玉马不任骋千里之迹也。若行其言，则当燔桎梏，堕囹圄，罢有司，灭刑书，铸干戈，平城池，散府库，毁符节，撤关梁，掊衡量，胶离朱之目，塞子野之耳。泛然不系，反乎天牧；不训不营，相忘江湖。朝廷阒而若无人，民则至死不往来。可得而论，难得而行也。"②葛洪的评价是有一定道理的，如果完全按照道家的要求去做，将会产生许多社会问题。但是，道家提倡的生存智慧，对于我们今天物质文明高度发达的社会而言，是有启发意义的。我们并非要像道家那样彻底地抛弃科技文明，而是应以更加理智的态度对待它。

---

① 道德经·第七十章.
② 抱朴子外篇·用刑.

第十五讲　先秦儒家和墨家的技术观

《考工记》说："国有六职,百工与居一焉。"春秋战国时期,工匠作为六种职业之一,所从事的手工业技术活动对于推动社会发展具有重要作用,因而受到社会管理者的关注。先秦诸子"起于王道既微,诸侯力政"的时代,诸子"各引一端,崇其所善,以此驰说,取合诸侯"①。诸子各家虽然"从言异路",见解各不相同,但"同归而殊涂"②,主要目的都是为国家的治理献智献策。

司马谈认为,先秦诸子中"务为治者"有儒、墨、名、法、道、阴阳诸家,即这六家最为关心国家政治。诸子中的一些主要学派在论述自己的政治主张及学术观点时,都不同程度地表达了对于工匠技术活动的一定认识及管理主张。除道家之外,儒家、墨家和法家在论述自己的政治主张的重要性时,都运用了技术类比方法。各家都以技术规范对于工匠技术活动的重要性,比喻说明自己提出的政治主张对于国家治理的重要性,由此间接地反映了他们对于工匠技术活动的认识。

技术的发展离不开一定的社会环境、经济基础、政治条件和文化氛围,春秋战国时期的工匠技术活动也是如此。分析先秦一些主要学派对于工匠技术活动的基本看法,有助于我们正确认识这一时期工匠技术发展的社会文化背景以及诸子学派的技术思想。

儒家和墨家在战国时期并为显学,他们对于工匠技术活动的认识及相关思想,在先秦诸子中具有一定的代表性,以下分别作一讨论。

一、儒家的技术观

关于儒家在中国古代科学技术发展中的历史地位,一直是学术界关注的一个

---

①　班固.汉书·艺文志[M]//二十五史.上海:上海古籍出版社,上海书店出版社,1986.
②　司马迁.史记·太史公自序[M]//二十五史.上海:上海古籍出版社,上海书店出版社,1986.

问题。20世纪早期，一些学者在反思近代中国科学技术落后于西方的原因时，即有人认为是儒家阻碍了中国科技的发展。

李约瑟对儒家在中国古代科学技术发展中的地位一直持否定态度。1942年，他在《中国人对科学的人文主义的贡献》一文中即说：儒家"过于注重人文，它是排斥科学的。除人类社会之外，它干脆摒弃对世界的一切兴趣，并阻止人们对之进行研究。"①1956年，他在《中国科学技术史》第二卷中也说，儒家"对于科学的贡献几乎全是消极的"②。李约瑟始终认为，儒家对于中国古代科学技术的发展没有产生积极的作用。在"文革"后期的"评法批儒"运动中，许多人发表文章认为，以孔子为代表的儒家轻视科技活动，是阻碍古代科技发展的绊脚石。但是，从20世纪80年代开始，李约瑟等人的观点受到了不少学者的质疑和反对。一些学者认为，"文革"期间人们对儒家的评价是不客观的。

儒家的抱负是"修身、齐家、治国、平天下"，不直接从事科技活动。因此，要想从史料中发现先秦儒家对于古代科学技术的直接贡献是非常困难的。春秋战国时期，科学认识活动尚处于初期阶段，尚未成为社会关注的事情，而与国计民生息息相关的工匠技术活动已经成为一种重要的社会职业，引起了社会管理者的重视。儒家对于工匠技术活动也给予了一定的关注。通过对《论语》、《孟子》、《荀子》、《礼记》、《易传》等儒家经典的相关内容进行分析，可以看出先秦儒家对于工匠技术活动的基本认识及主张，具体内容有以下几个方面。

1. 运用技术事例论证治国之道

《礼记·中庸》指出，"仲尼主述尧舜，宪章文武。"先秦儒家推崇尧舜、文王、武王、周公等古代贤君，主张以礼制教化百姓，以仁政治理国家。他们在论述自己的治国之道的合理性时，经常运用一些技术事例进行类比。尽管他们这样做的目的不是要讨论技术活动，但由此也间接地反映了其对工匠技术活动的一定认识。

《论语·卫灵公》记载子贡向孔子请教在一个国家施行仁政的方法，孔子答曰："工欲善其事，必先利其器。居是邦也，事其大夫之贤者，友其士之仁者。"工匠要做好工作，必须先准备好工具，这是技术活动的基本常识。孔子由此说明施行仁政也需要有相应的"工具"。因此，要在一个国家推行仁政，需要在官吏中选择方正贤良之士交朋友，以其作为施政的工具。虽然孔子的目的不是论述工匠技术活动，但由此反映了其对工具对于技术活动重要性的基本认识。

孟子在论述仁政对于治国的重要性时说："离娄之明，公输子之巧，不以规矩不

---

① 潘吉星.李约瑟集［M］.天津：天津人民出版社，1998，11.

② 李约瑟.中国科学技术史：第二卷［M］.北京：科学出版社，上海古籍出版社，1991，1.

能成方圆；师旷之聪，不以六律不能正五音；尧舜之道，不以仁政不能平治天下。"①
离娄，又名离朱，传说是黄帝时视力最好的人，能于百步之外见秋毫之末；公输子即
春秋时期鲁国著名巧匠鲁班；师旷，又名瞽旷，春秋时期晋平公的著名乐师。孟子
认为，无论多么高明的巧匠，不运用规矩，则不能制成方圆；无论多么聪敏的乐师，
不根据律吕，则不能校正五音。因此，即便是推行尧舜之道，不施行仁政，亦不能平
治天下。

孟子继续论证说："圣人既竭目力焉，继之以规矩准绳以为方圆平直，不可胜用
也；既竭耳力焉，继之以六律正五音，不可胜用也；既竭心思焉，继之以不忍人之政，
而仁覆天下矣。"①工匠既要运用自己的目力，也要凭借规矩准绳才能创造出各种
器械；乐师既要运用自己的聪敏听觉，也要借助六律六吕才能谱写出各种乐章；同
样，圣明贤君既要发挥自己的才智，也要施行仁政才能平治天下。

孟子以规矩和六律对于工匠技术活动的重要性，比喻说明仁政对于治理国家
的重要性。他还强调说："规矩，方圆之至也；圣人，人伦之至也。"①圣人对于规范
人伦的表率作用，就像规矩对于制作方圆的重要作用一样。这些论述既表达了孟
子关于仁政对于治理国家重要性的强调，也反映了其关于技术规范对于工匠技术
活动重要性的认识。

在先秦儒家中，荀子运用工匠技术事例论证治国之道的言论最多。《荀子·儒
效》篇写道："造父者，天下之善御者也，无舆马，则无所见其能。羿者，天下之善射
者也，无弓矢，则无所见其巧。大儒者，善调一天下者也，无百里之地，则无所见其
功。舆固马选矣，而不能以至远一日而千里，则非造父也。弓调矢直矣，而不能射
远中微，则非羿也。用百里之地，而不能以调一天下，制强暴，则非大儒也。"无车
马，则造父无法一日行驶千里；无弓矢，则羿不能射远中微；同样，无百里之地的疆
域，宏才大儒不能施展自己治国安邦的才华。

《荀子·王霸》篇也说："羿、逢门者，善服射者也；王良、造父者，善服驭者也；聪
明君子者，善服人者也。……故人主欲得善射，射远中微，则莫若羿、逢门矣；欲得
善驭，及速致远，则莫若王良、造父矣；欲得调壹天下，制秦楚，则莫若聪明君子矣。"
逢门又名逢蒙，是上古时期的善射者；王良也称王梁，是春秋时期晋国著名的驭手。
荀子这里的论证方式，也是以技术活动类比治国的道理。

中国上古传说尧舜善于教化百姓，以仁政治理天下。因此，儒家十分推崇他们
的治国之道。有人说尧舜并非善于教化百姓，因为当时的社会仍然有一些嵬琐之
人并未被教化成合格的人。荀子反驳这种观点时说："羿、逢门者，天下之善射者

---

① 孟子·离娄上.

也,不能以拨弓曲矢中;王梁、造父者,天下之善驭者也,不能以辟马毁舆致远;尧舜者,天下之善教化者也,不能使嵬琐化。"①"嵬琐",指生性不良、品性不端的人。荀子强调,弓矢不良,羿和逢门不能以其射远中微;车马不良,王梁、造父无法驾驭其任重致远;同样,对于那些生性不良之人,尧舜也无法将其教化成品行端正的人。这是以技术活动类比社会教化活动。

此外,荀子在论述用兵之道时说:"凡用兵攻战之本,在乎壹民。弓矢不调,则羿不能以中微;六马不和,则造父不能以致远;士民不亲附,则汤武不能以必胜也。故善附民者,是乃善用兵者也。"②这是用技术事例论证用兵之道。

荀子在论述强军强国的道理时还说:"刑范正,金锡美,工冶巧,火齐得,剖刑而莫邪已。然而不剥脱,不砥厉,则不可以断绳;剥脱之,砥厉之,则劙盘盂、刎牛马,忽然耳。彼国者,亦强国之剖刑已。然而不教诲,不调一,则入不可以守,出不可以战;教诲之,调一之,则兵劲城固,敌国不敢婴也。"③这是说,型范规整,材料精良,火候适当,冶铸工巧,才能铸造出质量上乘的宝剑,即使如此,铸成的剑也须经过磨砺才能使其像莫邪剑一样锋利;同样的道理,一个强国,只有进行教育,各方面协调一致,才能使其在军事上强大,敌国不敢侵犯。这也是采用技术类比方式论述强军之道。

儒家提倡以礼制教化百姓。《礼记》强调:"夫礼者,所以定亲疏、决嫌疑、别同异、明是非也。……行修言道,礼之质也。"④荀子在自己的著作中反复用技术规范对于工匠活动的重要性来论证礼对于人的社会活动的重要性。《荀子·大略》篇指出:"礼之于正国家也,如权衡之於轻重也,如绳墨之于曲直也。故人无礼不生,事无礼不成,国家无礼不宁。"《荀子·王霸》篇也强调:"国无礼则不正。礼之所以正国也,譬之犹衡之于轻重也,犹绳墨之于曲直也,犹规矩之于方圆也,既错之而人莫之能诬之。"这些论述反映了荀子对于"礼"的重要性的强调,也反映了其对技术规范重要性的认识。

由上述可见,儒家以公输班、师旷、造父、王良、羿、逢门等能工巧匠与尧舜、大儒相提并论,以规矩、准绳、权衡、律吕等类比礼和仁政,以技术规范对于工匠技术活动的重要性类比说明礼对于人类社会活动的重要性,从而论证自己的政治主张。由此表明,他们认识到车固马良对于任重致远的重要性;认识到弓调矢直对于射远

---

① 荀子·正论.
② 荀子·议兵.
③ 荀子·强国.
④ 礼记·曲礼上.

中微的重要性;认识到规矩准绳对于工匠技术活动的重要性;认识到六律六吕对于校正五音的重要性。虽然这些认识对于从事专业技术活动的工匠艺人来说仅仅是基本常识,但对于不以这些活动为业的儒家来说,能够掌握这些常识,则表明他们对于工匠技术活动是有一定的了解和认识的。

2. 肯定工匠技术活动的社会价值

儒家不仅以技术活动论证治国之道,而且充分肯定工匠技术活动的社会价值,提倡运用技术手段提高工作效率,主张发展技术以满足国家的需要。

孔子主张:"君子谋道不谋食";"君子忧道不忧贫"[1]。儒家以"兴灭国,继绝世,举逸民"为己任[2],致力于探求治国大道。在他们看来,与治国平天下的大道相比,工匠技术活动需要掌握的则是技艺小道。尽管如此,儒家并不否定这种"小道"。孔子的学生子夏说:"虽小道,必有可观者焉;致远恐泥,是以君子不为也。"[3]朱熹注释说:"小道亦是道理,只是小。如农圃、医卜、百工之类,却有道理在。"[4]子夏认为,技艺小道也有可取之处,只是怕沉湎于它会妨碍治国大事,所以君子不从事这些活动。"百工居肆以成其事,君子学以致其道。"[5]工匠居住在作坊里从事自己的技术活动,君子通过学习获得治国之道,两者各有专攻。

儒家虽然自己不从事农业生产和工匠技术活动,但他们充分认识到各种职业都有其社会价值。孔子学问广博,志向远大,但并未得到社会的重用,当时有人为之感慨道:"大哉孔子! 博学而无所成名。"孔子闻之后对弟子说:"吾何执? 执御乎? 执射乎? 吾执御矣。"[6]御和射是儒家提倡的"六艺"教育中的两种。如果选择职业,孔子愿以驾驭车马为业。这说明他并不鄙视射御之类的技术工作。

荀子指出,社会各有分工,只有各种职业相互补充,才能实现"泽人足乎木,山人足乎鱼,农夫不斫削、不陶冶而足械用,工贾不耕田而足菽粟"。[7] 也只有这样,社会才能健康发展。他还强调,统治者只有施行仁政,才能充分调动社会各业的积极性,"仁人在上,则农以力尽田,贾以察尽财,百工以巧尽械器,士大夫以上至于公侯,莫不以仁厚知能尽官职。"[8]

---

① 论语·卫灵公.
② 论语·尧曰.
③ 论语·子张.
④ 朱子语类·卷四十九.
⑤ 论语·子张.
⑥ 论语·子罕.
⑦ 荀子·王制.
⑧ 荀子·荣辱.

此外，虽然儒家以治国兴邦的君子自居，但他们承认自己在许多方面并不比工匠、商贾和农民高明。《论语·子路》篇记载，樊迟向孔子请教种庄稼的学问，孔子说："吾不如老农"；又请教种蔬菜的学问，孔子说："吾不如老圃"。孔子承认自己在农业生产方面不如老农高明，这是一种实事求是的态度。

孔子不赞成樊迟学习农圃，因此说："小人哉，樊须也！上好礼，则民莫敢不敬；上好义，则民莫敢不服；上好信，则民莫敢不用情。夫如是，则四方之民襁负其子而至矣，焉用稼？""文革"期间，孔子的这番话曾被一些人认为是其鄙视劳动人民和轻视农业生产的证据。其实，孔子的话表明，他希望自己的弟子成为治国平天下的社会管理者，而不是从事农业生产的劳动者。孔子的这种要求是无可非议的。这番话并不能说明他对农业生产持轻视态度。

儒家承认术业各有专攻，"君子之所谓贤者，非能遍能人之所能之谓也；君子之所谓知者，非能遍知人之所知之谓也；君子之所谓辩者，非能遍辩人之所辩之谓也；君子之所谓察者，非能遍察人之所察之谓也；有所正矣。相高下，视墝肥，序五种，君子不如农人；通财货，相美恶，辩贵贱，君子不如贾人；设规矩，陈绳墨，便备用，君子不如工人。"[1]儒家认识到君子种地不如农民，经商不如贾人，做工不如匠人，这既是实事求是的态度，也表现了对这些行业的肯定和尊重。荀子主张，君子"于百官之事、技艺之人也，不与之争能，而致善用其功。"[2]"善用其功"就是充分发挥各行各业的作用，其中也包括工匠技术活动。

如本书第十四讲所述，《庄子·天地》篇讲述的子贡与浇田老人对话的故事，反映了儒家和道家对待技术的不同态度。子贡建议老人用桔槔浇田，这样"挈水若抽，数如泆汤"，"一日浸百畦，用力甚寡而见功多"。但这位老人反对这样做，并对儒家进行了讽刺挖苦。子贡听了老人的话后说："吾闻之夫子，事求可，功求成。用力少，见功多者，圣人之道。"子贡的言论代表了儒家对于技术应用的积极态度。战国时期，儒道两家相互辩难。道家明确反对工匠技术的发明及应用。《庄子·天地》篇这则讽刺子贡向浇田老人推荐桔槔的故事，恰好从另一个侧面证明先秦儒家对于技术的应用是持积极的肯定态度的。

机械技术具有"用力少、见功多"的效果，人类用其可以弥补自身的不足，提高工作效力。荀子称人类发明和利用各种技术是"善假于物"："假舆马者，非利足也，而致千里；假舟楫者，非能水也，而绝江河。君子生非异也，善假於物也。"[3]工匠发

---

① 荀子·儒效.
② 荀子·君道.
③ 荀子·劝学.

明的各种技术器物都是可假之物。荀子提倡君子"善假于物",就是要充分发挥各种技术发明的社会价值。

《礼记·中庸》篇是儒家的经典,相传为孔子之孙子思所作,其中提出九条治国方略:"凡为天下国家有九经,曰:修身也,尊贤也,亲亲也,敬大臣也,体群臣也,子庶民也,来百工也,柔远人也,怀诸侯也;"并且强调"来百工,则财用足"。"来",是招来,招致。这里提出的治国"九经"把发展工匠技术作为其中之一,而没有明确提到农业和商贾,足见对于工匠技术活动的重视。

《周易·系辞传》为孔子及其后学所作①,其中有一段关于技术发明历史的论述:"古者包牺氏……作结绳而为网罟,以佃以渔,盖取诸《离》。包牺氏没,神农氏作,斫木为耜,揉木为耒,耒耨之利以教天下,盖取诸《益》。……神农氏没,黄帝尧舜氏作,……刳木为舟,剡木为楫,舟楫之利以济不通,致远以利天下,盖取诸《涣》;服牛乘马,引重致远,以利天下,盖取诸《随》;重门击柝,以待暴客,盖取诸《豫》;断木为杵,掘地为臼,臼杵之利,万民以济,盖取诸《小过》;弦木为弧,剡木为矢,弧矢之利,以威天下,盖取诸《睽》。上古穴居而野处,后世圣人易之以宫室,上栋下宇,以待风雨,盖取诸《大壮》……"

这是认为,包牺氏受《易经》中《离》卦象的启发而发明了网罗;神农氏受《益》卦象的启发而发明了耜耒;黄帝尧舜受《涣》卦象的启发而发明了舟楫,受《随》卦象的启发而发明了车舆,受《小过》卦象的启发而发明了臼杵,受《睽》卦象的启发而发明了弓矢;圣人受《大壮》卦象的启发而发明了宫室,如此等等。这种根据《易经》卦象而创制器物的说法,即《系辞传》所说的"制器者尚其象"。《益》卦(☴☳)巽上震下:巽为风,为木;震为雷,为动;上有木而下动,故神农氏因其象而发明耒耜。《涣》卦(☴☵)巽上坎下:巽为风,为木;坎为水;木在水上,故黄帝因其象而制舟楫。《随》卦(☱☳)兑上震下:兑为泽,为悦;震为动;下动而上悦,故黄帝因其象而发明车舆②。《系辞传》这种根据《易经》卦象而创制器物的说法当然不可信,但其作者把网罟、耒耜、舟楫、车舆、杵臼、弓矢、宫室等技术发明归诸于包牺、神农、尧舜、圣人等,体现了其"备物致用,立成器以为天下利,莫大乎圣人"的观念③,也在一定程度上反映了对这些技术发明重要性的肯定。

上述表明,儒家充分肯定工匠技术活动的社会价值,提倡发展各种技术以满足社会的需要。

---

① 廖明春.《周易》经传十五讲[M].北京:北京大学出版社,2004:219—220.
② 冯友兰.中国哲学史:上[M].北京:三联书店,2008:434.
③ 周易·系辞传上.

3. 强调技术活动遵循规范的重要性和主张技术产品以功利实用为上

儒家不仅充分认识到工匠技术活动的社会价值，而且对于技术活动的职业特性有一定的认识，强调工匠技术活动遵循规范的重要性，主张工艺技术产品以功利实用为上。

中国古代以"巧"和"拙"评价工匠技术活动的水平高低。"巧"是工匠技术职业的基本特点，尚巧技是工匠技术活动追求的基本目标。至于"巧"的标准是什么，匠人如何才能获得巧技，古人并没有一致的认识。孟子指出："梓匠轮舆，能与人规矩，不能使人巧。"①宋代孙奭注疏道："梓匠轮舆之工，能与人规矩法度，而不能使人之巧。以其人之巧在心，如心拙，虽得规矩法度，亦不能成美器也。"②巧匠可以传授给徒弟技术规范和操作方法，但无法传授其技巧，因为技巧是在技术实践过程中逐步形成的，需要长期的经验积累和一定的智慧及悟性。尽管如此，而掌握技术规范仍然非常重要，因为掌握规范是具有技巧的基础。技术学习正所谓"可得其法，不可得其巧。舍规矩则无所求其巧矣。法在人，故必学；巧在己，故必悟。"③对于工匠技术活动而言，有法未必能成其巧，但无法则无以成其巧，所以掌握基本规范及方法是十分重要的。因此，孟子反复强调遵循规范的重要性："羿之教人射，必志于彀，学者亦必志于彀；大匠诲人必以规矩，学者亦必以规矩"④；"大匠不为拙工改废绳墨，羿不为拙射变其彀率。"⑤彀，是张弓，拉满弓。羿教人射箭，首先让其练习拉满弓。大匠向徒弟传授技艺，亦必遵循基本规范。孟子的这些论述，指出了工匠技术活动具有规范可以传授而巧技无法传授的特点，也强调了技术活动遵循规范的重要性。

荀子也指出，"绳墨诚陈矣，则不可欺以曲直；衡诚悬矣，则不可欺以轻重；规矩诚设矣，则不可欺以方圆；君子审於礼，则不可欺以诈伪。故绳者，直之至；衡者，平之至；规矩者，方圆之至；礼者，人道之极也。"⑥绳墨、权衡、规矩都是工匠技术活动需要遵守的规范，"礼"是人类社会活动需要遵守的规范，荀子将它们相提并论，也是强调其重要性。

工匠技术活动的价值在于解决各种关乎国计民生的实用问题。因此，儒家主张技术产品以功利实用为上，反对工匠制作各种无实用意义的"奇技淫巧"之物。

---

① 孟子·尽心下.
② 孙奭.孟子注疏[M]//十三经注疏.北京:中华书局影印,1980:2773.
③ 陈师道.后山谈丛[M]//四库全书·子部小说家类,杂事之属.
④ 孟子·告子上
⑤ 孟子·尽心上.
⑥ 荀子·礼论.

荀子在论述国家治理时指出,"论百工,审时事,辨功苦,尚完利,便备用,使雕琢文采不敢专造于家,工师之事也。"①"工师"是古代管理工匠技术活动的官员。荀子认为,工师的职责是评定百工的技术活动,明确工匠在不同季节的工作,辨别技术产品的优劣,保证产品坚固耐用,不许制作"雕琢文采"之类华美而不实用的东西。"尚完利,便备用"是各种技术活动的根本目的。雕刻花纹,涂饰文采,耗费人力物力而无实用价值,所以儒家主张禁止这类行为。

《荀子·王霸》篇在论述强国之道时,讨论了对于士农工商职业的管理,其中针对工匠技术活动写道:"百工将时斩伐,佻其期日,而利其巧任,如是,则百工莫不忠信而不楛矣";"百工忠信而不楛,则器用巧便而财不匮矣。""信"是遵守要求。《吕氏春秋·贵信》篇说:"百工不信,则器械苦伪,丹漆染色不贞。"让百工适时采伐物料,给予宽缓的工作时间,使其充分发挥技巧,他们就会恪守规范,制作的器物牢固耐用。

《礼记·月令》记述了一年十二个月的国家政令,其中对工匠和工师的工作内容做了明确规定:春季,"命工师,令百工,审五库之量,金、铁、皮、革、筋、角、齿、羽、箭、干、脂、胶、丹、漆,毋或不良。百工咸理,监工日号,毋悖于时,毋或作为淫巧以荡上心";冬季,"命工师效工,陈祭器,按度程,毋或作为淫巧以荡上心,必功致为上。物勒工名,以考其诚。功有不当,必行其罪,以穷其情。""功致为上",即制作的器物以功利实用为上。"淫巧"指过度巧饰而不实用的东西。春季,工匠准备各种做工的材料,在监工的督促下按时工作,不许制作奇巧无用而会使人玩物丧志的东西。经过夏秋两季制作,冬季工匠开始提交制成的产品,接受检验,在每个产品上刻写制作者的姓名,以备核查。工匠如果制作"淫巧"之物,则要受到相应的惩罚。

《礼记·王制》篇规定,有四类行为当治以杀头之罪,其中之一即是:"作淫声、异服、奇技、奇器以疑众,杀。""奇器"即指工匠制作的奇异器物,也即"淫巧"之物。凡是以淫秽之音、奇装异服、奇特技艺、奇巧器物扰乱民众视听者,处以死刑。

"雕琢文采"、制作"淫巧"、施展"奇技"都是明令禁止的行为,由此反映了儒家主张工匠技术产品以功利实用为上的明确态度。

中国古代有"奇技淫巧"一词。《尚书·泰誓》篇记载,周武王率兵讨伐商纣王,出师之前发表了一番讲话,指责纣王所犯的各种罪行,其中之一是"作奇技淫巧以悦妇人"。唐代孔颖达对此注疏道:"奇技,谓奇异技能;淫巧,谓过度工巧。二者大同,但技据人身,巧指器物为异耳。"②《泰誓》篇所说的"奇技淫巧",指商纣王的各

---

① 荀子·王制.

② 孔颖达.尚书正义[M]//十三经注疏.北京:中华书局,1980:182.

种荒淫暴虐行为,后来这个词被用来表示过分巧饰而无实用价值的技艺物品。"奇技淫巧"使人玩物丧志,因此为古代社会所鄙视,甚至禁止。

《尚书·旅獒》篇说,周武王克商后,西域有人献獒,召公奭借此作《旅獒》以教育武王,其中写道:"不役耳目,百度惟贞。玩人丧德,玩物丧志。志以道宁,言以道接。不作无益害有益,功乃成;不贵异物贱用物,民乃足。"不以声色取悦耳目,不玩物丧志,不作无益害有益,不贵奇巧之物,这些主张也都是儒家所提倡的。

据清初学者阎若璩等考证,在现存唐代流传下来的《十三经注疏》本《尚书》58篇文献中,有25篇属于魏晋时人的伪作,《泰誓》和《旅獒》也在伪作之列。如果这两篇文献属于魏晋时人的作品,那么上述两段引文也许在一定程度上反映了先秦儒家思想的影响。儒家反对工匠制作"奇技淫巧"之物,既是为了保证技术产品的功利实用性,也是出于社会教化的目的。

《国语》记载,春秋时期晋文公实行"工商食官"政策①,即百工官商由官府提供口粮。齐国也实行"处工,就官府"的政策②,即把工匠安置在官府附近。春秋时期,王和诸侯都有自己的工匠作坊,设工师等官吏进行管理。为了有利于术业专精,先秦社会主张工匠艺人不改变职业。儒家也有这种主张。荀子提倡业贵精一。他认为,"心枝则无知,倾则不精,二则疑惑……类不可两也,故知者择一而壹焉。""枝"是分散、分歧,"倾"是偏斜、不正,"类"指事物或事理,"壹"是专一。人的精力只有专注于一端,心无旁骛,才能精通一类事物。

荀子举例说:"好书者众矣,而仓颉独传者,壹也;好稼者众矣,而后稷独传者,壹也。好乐者众矣,而夔独传者,壹也;好义者众矣,而舜独传者,壹也。倕作弓,浮游作矢,而羿精于射;奚仲作车,乘杜作乘马,而造父精于御。自古及今,未尝有两而能精者也。"③在他看来,上古传说的这些人之所以能做出发明创造,是因为他们职业专一。

荀子说:"工匠之子莫不继事。"④子继父业,世代传承。这是工匠技术职业的特点。《礼记·王制》规定:"凡执技以事上者,祝、史、射、御、医、卜及百工。凡执技以事上者,不贰事,不移官,出乡不与士齿。""不贰事",即不许从事第二种职业。这里包含了为国家服务的七种专门职业,百工是其中之一。

不仅儒家,法家及管子学派也主张工匠艺人不改变职业。慎到早年学黄老道

① 国语·晋语四[M].上海:上海古籍出版社,1990.
② 国语·齐语[M].上海:上海古籍出版社,1990.
③ 荀子·解老.
④ 荀子·儒效.

德之术,后来成为法家,是战国中期法家学者。他说:"古者,工不兼事,士不兼官。工不兼事则事省,事省则易胜。……百工之子,不学而能者,非生巧也,言有常事也。"①"工不兼事"即专门从事一种技术职业。韩非子也说:"工人数变业则失其功,作者数摇徙则亡其功。"②工匠不改变职业,既有利于提高技艺,又有利于保持功效。

春秋初期,管子协助齐桓公治理齐国时,主张采取士、农、工、商分类而居的政策。管子认为,"士、农、工、商四民者,国之石民也。不可使杂处,杂处则其言咙,其事乱。是故圣王之处士必于闲燕,处农必就田野,处工必就官府,处商必就市井。"石,即柱石。士、农、工、商是国家的根本,需要认真管理,充分发挥其作用。"四民"杂处,"则其言咙,其事乱",不利于工作。因此,管子主张使其"群萃而州处"。管子说:"令夫工群萃而州处,相良材,审其四时,辨其功苦,权节其用,论比计,制断器,尚完利。相语以事,相示以功,相陈以巧,相高以知事。且昔从事于此,以教其子弟,少而习焉,其心安焉,不见异物而迁焉。是故其父兄之教不肃而成,其子弟之学不劳而能。夫是故工之子常为工。"③《国语·齐语》也有类似的记载。工匠集群居住,既有利于技术的传授和职业化教育,也可以避免其见异思迁,有利于职业的稳定。

二、墨家的技术观

在先秦诸子中,墨家是在数学、物理和逻辑学方面都做出过一定贡献的学派。他们对先秦时期形成的几何学知识进行了初步的总结,给出了一些数学概念的明确定义;他们运用初步的实验与观察方法研究物理现象,总结了一系列光学和力学知识;他们探讨了逻辑思维的形式和规律,提出了一些初步的逻辑理论。墨家以定义的形式揭示事物的性质,以命题的形式表达经验知识,开创了探究自然物理的科学研究之风。因此,梁启超说:"在吾国古籍中,欲求与今世所谓科学精神相悬契

---

① 慎子.慎子·威德[M]//诸子集成.上海书店,1986.

② 韩非子·解老.

③ 管子·小匡.

者，《墨经》而已！《墨经》而已矣！"①以墨翟为首的墨家学派主要是一些从事手工技术活动者，出身于"百工"阶层。他们不仅在自然科学和逻辑学方面做出过突出的成绩，而且对于工匠技术活动也有一些合理的认识。墨家主张各种技术发明以利民实用为上，技术活动以节俭实用为原则，技术行为应遵循基本规范，这些思想认识反映了墨家的技术观。

1. 利民实用是判别技术优劣的标准

作为一种社会职业，崇尚巧技是古代工匠技术活动的基本特点。至于"巧"的标准是什么，古人并未形成一致的认识。在先秦诸子中，只有墨家对于工匠技术产品的巧和拙给出过明确的判别标准。他们以技术产品是否有利于国计民生，或者是否具有实用价值作为评价其巧与拙的根据。

《墨子·鲁问》篇记载："公输子削竹木以为鹊，成而飞之，三日不下，公输子自以为至巧。子墨子谓公输子曰：'子之为鹊也，不如翟之为车辖，须臾斲三寸之木，而任五十石之重。故所为巧，利于人谓之巧，不利于人谓之拙。'"②

"车辖"是在车轴两端固定车轮的键，缺少它，车子即无法行驶。《淮南子·缪称训》说："故终年为车，无三寸之辖，不可以驱驰；"同书《人间训》篇也指出，"车之所以能转千里者，以其要在三寸之辖。"由此可见车辖的重要性。

公输子能以竹木制成鸟鹊在天上飞三日不下，足见其高超的技巧。公输子即鲁班。汉代有"鲁班巧，亡其母"之说。鲁班"为母作木车马，木人御者，机关备俱，载母其上，一驱不还，遂失其母。"③这种传说有很大的夸张成分，但鲁班确实是春秋时期的能工巧匠则是事实。显然，制作木鹊的技术水平远比制作车辖高明得多，但木鹊无实用价值，而车辖有实用意义，墨子认为前者拙而后者巧，足见其以有无实用价值作为评价技术活动巧与拙的标准。

《韩非子·外诸说上》记载："墨子为木鸢，三年而成，蜚一日而败。弟子曰：'先生之巧至能使木鸢飞。'墨子曰：'吾不如为车輗者巧也。用咫尺之木，不费一朝之事，而引三十石之任，致远力多，久于岁数。今我为木鸢，三年而成，蜚一日而败。'"惠施听说此事后评价说："墨子大巧，巧为輗，拙为鸢。""车輗"是大车辕端与衡梁连接的关键。《说文》释"輗，大车辕端持衡者。"用三年时间制成的木鸢飞一日而毁，这种费工费时的技术创作毫无实用价值，而用咫尺之木和一朝之功做成的车輗可

①　梁启超.墨经校释·自序[M].北京:中华书局,1941:2.

②　吴毓江.墨子校注·鲁问[M]//新编诸子集成.北京:中华书局,2006.(本书凡涉及《墨子校注》的引文,未作注释者均引自《新编诸子集成》中华书局 2006 年版。)

③　论衡·儒增.

以使车子任重致远,经久耐用,所以墨子提倡后者,而贬低前者,认为后者巧而前者拙。

关于鲁班和墨翟制作木鸢之事,古书多有记载,除上述《墨子》和《韩非子》之外,《列子·汤问》、《淮南子·齐俗训》、《论衡·儒增》和《论衡·乱龙》等篇章都有论述。《论衡·儒增》说:"儒书称,鲁班、墨子之巧,刻木为鸢,飞之三日而不集。夫言其以木为鸢,飞之可也;言其三日不集,增之也。"王充认为,说鲁班和墨子以木做成的鸟能在天上飞,是可信的,但说其能在天上飞三日而不会落下来,未免夸大其实。尽管各种古籍的记载互有出入,其中可能有夸大事实之处,但鲁班和墨翟能以竹木制作鸟鹊在天上飞,应属基本事实。

毫无疑问,制作车辖和车輗的技术远不如制作木鹊和木鸢的技术高明,但墨子认为前者巧而后者拙。这两个例子充分说明墨子持有实用至上的技术价值观。在他看来,具有实用价值的技术就是巧技,无助于国计民生的技术,无论多么精巧也是笨拙的。

对于墨家的实用至上思想,荀子评价说:"墨子蔽於用而不知文","故由用谓之道,尽利矣。"①荀子的评价是合理的。一般来说,各种技术活动产物都有一定的价值,或者具有功利实用价值,或者具有娱乐观赏价值,鲁班和墨翟以竹木制作的鸟雀即属于后者。无论是技术的实用价值还是观赏价值,都是人类社会生活所需要的。墨子提倡前者而否定后者,显然具有片面性。事实上,一味地强调技术的实用性,有时会限制其全面发展。

不过,墨子的这种主张具有一定的历史合理性。先秦时期,社会经济水平低下,一切技术活动都以解决国计民生的基本需求为要务,各种缺乏实用价值的技术活动都会受到一定程度的限制。不仅墨家持有实用主义的技术观,儒家、法家、管子学派等都有这种主张。提倡技术活动以利民实用为上,是先秦社会的普遍共识。在社会经济不够发达的古代,强调技术发明的实用性,符合社会发展的需要,具有一定的合理性。

2. 节俭实用是技术活动的基本原则

先秦诸子学派多数都有自己的政治主张,作为当时显学之一的墨家亦不例外。在政治上,他们主张,根据不同的国情采取不同的治国方略。墨子说:"凡入国,必择务而从事焉。国家昏乱,则语之尚贤、尚同;国家贫,则语之节用、节葬;国家憙音湛湎,则语之非乐、非命;国家淫僻无礼,则语之尊天、事鬼;国家务夺侵凌,即语之

---

① 荀子·解蔽.

兼爱、非攻。"①"尚贤"、"尚同"、"节用"、"节葬"、"非乐"、"非命"、"尊天"、"事鬼"、"兼爱"、"非攻"等都是墨家提出的政治主张，其中"节用"是增加国力的基本方略。墨家认为，如果国家厉行节俭，去除无用之费，则可使国力倍增，即所谓"圣人为政一国，一国可倍也；大之为政天下，天下可倍也。其倍之，非外取地也，因其国家，去其无用，足以倍之。"因此，墨子强调："圣王为政，其发令兴事、使民用财也，无不加用而为者。是故用财不费，民德不劳，其兴利多矣。"②

墨子要求，各种技术活动都应遵循节俭实用的原则，以用财少而兴利多为目的。他假古代圣王之口强调："古者圣王制为节用之法曰：'凡天下群百工，轮、车、鞼、匏、陶、冶、梓、匠，使各从事其所能。'曰：'凡足以奉给民用诸，加费不加民利则止。'"③"轮"、"车"、"梓"、"匠"为攻木之工，"陶"为搏埴之工，"冶"为攻金之工，"鞼"、"匏"为攻皮之工，凡此种种，代表各种工匠技术职业。墨家主张，各种技术活动只要能满足民众生活的基本需要就可以了，凡多费财物而不增加实用价值者，应予以禁止。《墨子·节用》篇和同书《辞过》篇以营造宫室、造作舟车、制作衣服等技术活动为例，反复论证了节俭实用的主张。

《节用中》篇指出，古者圣王"为宫室之法，……其旁可以圉风寒，上可以圉雪霜雨露，其中蠲洁，可以祭祀，宫墙足以为男女之别，则止。诸加费，不加民利者，圣王弗为。"《辞过》篇也强调："为宫室之法曰：高足以辟润湿，边足以圉风寒，上足以待雪霜雨露，宫墙之高足以别男女之礼，谨此则止。凡费财劳力不加利者，不为也。"墨家认为，房屋的基本作用是避风雨、御寒暑、祭先祖、别男女，建筑的宫室只要具备这些功能就足够了，不必追求奢华，浪费财物。

舟车是先民发明的重要交通工具。《辞过》篇说："古之民未知为舟车时，重任不移，远道不至。故圣王作为舟车，以便民之事。其为舟车也，完固轻利，可以任重致远。其为用财少而为利多，是以民乐而利之。"舟车可以载重致远，具有"用财少而为利多"的效果。出于节俭的目的，墨家反对对舟车做一些华丽而无实用价值的装饰。墨子指出，"饰车以文采，饰舟以刻镂。女子废其纺织而修文采，故民寒；男子离其耕稼而修刻镂，故民饥。"④

《节用上》篇也强调："车以行陵陆，舟以行川谷，以通四方之利。凡为舟车之道，加轻以利者，芊毦；不加者，去之。凡其为此物也，无不加用而为者，是故用财不

---

① 吴毓江.墨子校注·鲁问.
② 吴毓江.墨子校注·节用上.
③ 吴毓江.墨子校注·节用中.
④ 吴毓江.墨子校注·辞过.

费,民德不劳,其兴利多矣。"其中,"芊鉏"二字,现存各种《墨子》版本不一,释义亦不相同。吴毓江认为,"'芊'即'羊'字,羊借为尚";"'鉏'借为'诸'";"芊鉏"即"尚诸",亦即"尚之"之义①。本书从吴说。《节用中》篇也有与此类似的论述。墨家认为,制作舟车的基本要求是能够任重致远,不必做一些靡费财物而不增加功用的修饰,这是"为舟车之道"。

衣服是最基本的生活用品。墨家主张,制作的衣服冬可保暖、夏能避暑即可,不必作一些华美的装饰。《辞过》篇指出,"为衣服之法:冬则练帛之中,足以为轻且煖;夏则絺绤之中,足以为轻且清。谨此则止。故圣人为衣服,适身体、和肌肤而足矣,非荣耳目而观愚民也。"墨家反对统治者"暴夺民衣食之财,以为锦绣文采靡曼之衣,铸金以为钩,珠玉以为珮,女工作文采,男工作刻镂,以为身服。"他们认为,这种行为"单财劳力,毕归之于无用"。同书《节用上》篇也强调:"其为衣裘何以为?冬以圉寒,夏以圉暑。凡为衣裳之道,冬加温、夏加清者,芊鉏;不加者,去之。"《节用中》篇也有类似之说。

以上所述,反映了墨家主张技术活动应节俭实用的思想。在墨家看来,各种活动"去无用之费",是"圣王之道",是"天下之大利"②。

西汉司马谈在比较先秦儒、墨、名、法、道德、阴阳诸家的政治观点时指出,"墨者俭而难遵,是以其事不可遍循;然其强本节用,不可废也。……要曰强本节用,则人给家足之道也。此墨子之所长,虽百家弗能废也。"③强本节用是立国之本,是人类社会,尤其是物质生产水平不发达的社会需要遵守的基本原则。墨家反复强调这个原则,这无论在先秦诸子学说中,还是在中国历史上,都具有突出的意义。

墨家要求技术活动节俭实用,这种主张既有明显的合理性,也有一定的局限性。因为,在技术活动中,过于要求节俭,会限制某些技术的运用和水平的提高,如此即不利于技术自身的发展。当然,从春秋战国时期的社会经济水平来看,要求各种技术活动节俭实用是符合当时社会发展需要的。就普遍意义而言,大至立国,小到持家,作为一种行为理念,节俭在任何时候都应是人类社会需要遵守的基本原则,因为,无论社会如何发达,人类所能利用的物质财富总是有限的。

3. 技术活动须遵循基本规范

先秦古人已认识到,各种技术活动都有自己的规范。《管子·七法》篇说:"尺寸也,绳墨也,规矩也,衡石也,斗斛也,角量也,谓之法。"《墨子·经上》篇说:"法,

---

① 吴毓江.墨子校注·节用上.

② 吴毓江.墨子校注·节用上.

③ 司马迁.史记·太史公自序[M]//二十五史.上海:上海古籍出版社,上海书店出版社,1986.

所若而然也。"《管子·禁藏》篇说："法者,天下之仪也。"尺寸、绳墨、规矩等都是工匠从事各种技术活动需要遵守的法仪。《考工记》要求舆人制作的车轮"圆者中规,方者中矩,立者中县,衡者中水,"达到这种要求,即是合格的产品。墨家中有些人出身于工匠,他们对于工匠技术活动遵守规范的重要性有着深刻的认识。

《墨子·法仪》篇指出:"天下从事者,不可以无法仪。无法仪而其事能成者,无有也。虽至士之为将相者皆有法,虽至百工从事者亦皆有法。百工为方以矩,为圆以规,直以绳,衡以水,正以县。无巧工不巧工,皆以此五者为法。巧者能中之,不巧者虽不能中,放依以从事,犹逾己。故百工从事,皆有法所度。今大者治天下,其次治大国,而无法所度,此不若百工辩也。"

《法仪》篇的主旨是提倡君主"法天",认为"天之行广而无私,其施厚而不德,其明久而不衰,故圣王法之。"尽管该篇的主题不是讨论工匠技术活动,但其中以技术规范对于工匠活动的重要性类比说明政治规范对于治理国家的重要性,由此反映了墨家对于工匠技术活动遵守规范重要性的认识。墨子指出,各种技术活动都有自己的规范,高明的巧匠遵循规范行事,制作的器物符合标准;笨拙的工匠按照规范操作,也能弥补自己的不足。

墨家提倡圣王"法天",即顺应"天意","以天志为法"。《墨子·天志》篇专门论述了这种观点。墨家认为,"天之爱天下之百姓也","顺天意者,兼相爱,交相利,必得赏。反天意者,别相恶,交相贼,必得罚。"因此,他们以不违背天意为行事的原则,以符合"天志"为判断社会行为的标准。

《天志》篇把技术规范与"天志"类比,以规矩对于量度工匠技术活动的重要性比喻说明"天志"对于量度社会政治活动的重要性。

《天志上》篇记载:"子墨子言曰:我有天志,譬若轮人之有规,匠人之有矩。轮匠执其规矩,以度天下之方圆,曰:'中者是也,不中者非也。'"《天志中》篇进一步论述道:"是故子墨子之有天之(志),辟之无以异乎轮人之有规,匠人之有矩也。今夫轮人操其规,将以量度天下之圜与不圜也,曰:'中吾规者谓之圜,不中吾规者谓之不圜。'是以圜与不圜,皆可得而知也。此其故何? 则圜法明也。匠人亦操其矩,将以量度天下之方与不方也,曰:'中吾矩者谓之方,不中吾矩者谓之不方。'是以方与不方皆可得而知之。此其故何? 则方法明也。故子墨子之有天之意也,上将以度天下之王公大人之为刑政也,下将以量天下之万民为文学、出言谈也。"在墨家看来,规矩是度量工匠技术活动中的方圆之法,而"天志"是判别王公万民的言行之法。《天志下》篇也有类似的论述。墨家将天志与技术规范类比,同样体现了对技术规范重要性的认识。

梁启超说:"春秋战国间学派繁苗,卓然自树壁垒者,儒墨道法四家而已。"①儒、墨、道、法是先秦诸子中的四大学派。这四家中除了道家之外,其他三家都借用技术规范类比说明自己的政治主张,也在一定程度上强调了工匠技术活动遵循规范的重要性,儒墨两家已如上所述,法家亦不例外。

法家主张,凡事必依其法,大至国家治理,小到器械制作,都有其基本的法度。对于工匠技术活动,规矩准绳即是其法。战国后期的法家代表韩非子指出,"释法术而任心治,尧不能正一国;去规矩而妄意度,奚仲不能成一轮;废尺寸而差短长,王尔不能半中。使中主守法术,拙匠执规矩尺寸,则万不失矣。"②不遵守法则,即使圣明的君主尧也不能治理好一个国家;不运用规矩绳墨,即使高明的巧匠奚仲、王尔也不能制作出符合规范的器物;相反,遵守法术,不高明的君王也能治国;遵守规范,笨拙的工匠也能制作出符合要求的器物。

韩非子还强调:"巧匠目意中绳,然必先以规矩为度;上智捷举中事,必以先王之法为比。故绳直而枉木断,准夷而高科削,权衡悬而重益轻,斗石设而多益少。故以法治国,举措而已矣。法不阿贵,绳不挠曲。"③治国,以王法衡量是非。做工,以准绳量度曲直。"夫悬衡而知平,设规而知圆,万全之道也;……释规而任巧,释法而任智,惑乱之道也。"④韩非子的这些论述,都是强调法则对于治理国家的重要性,以及规范对于技术活动的重要性。

小　结

综上所述,儒家将历史上的一些能工巧匠与尧舜等先贤明君相提并论,以技术规范对于工匠技术活动的重要性论证礼制和仁政对于社会政治活动的重要性,对于工匠技术活动的基本性质有正确的认识;儒家充分肯定工匠技术活动的社会价值,提倡发展技术以满足国家的需要;儒家强调工匠技术活动遵循基本规范的重要性,主张技术产品以功利实用为上,反对"雕琢文采"和"奇技淫巧"之作。这些思想

---

① 　梁启超.先秦政治思想史[M].北京:东方出版社,1996:77.
② 　韩非子·用人.
③ 　韩非子·有度.
④ 　韩非子·饰邪.

认识和基本主张,对于促进古代工匠技术的发展和社会的进步具有积极的意义。因此,"文革"期间那种认为先秦儒家轻视科技活动,对古代科技的发展产生了阻碍作用的观点是不正确的[①]。

"儒学的目的是治国平天下,认识自然界的各种具体问题,不是它的任务。但是治国必须关注民众的物质生活,论证治国原则也需要各种各样的知识,所以儒学也不得不关注各种自然科学问题。"[②]

墨家基于匠作实践活动所形成的技术观念,符合当时社会发展的需要。墨家主张各种技术发明以利民实用为上,技术活动以节俭实用为原则,技术行为必须遵循基本规范,这些思想观念既具有历史的合理性,也有一定的现实启发和教育意义。

目前,人类社会已经进入技术高度发达的时代,各种技术的发明和运用,极大地推动了社会的发展,同时也带来了不少负面作用。面对着快速增长的各种技术发明,人类如何评价孰优孰劣?

墨家的名言"利于人谓之巧,不利于人谓之拙"仍然可以为我们提供启示:对人类有利的技术就是优质技术,对人类有害的技术就是劣质技术。这种评价不是以技术的水平高低为标准,而是以其是否对人类有利为标准。这是技术评价的基本原则和最高标准。

同样,随着社会物质财富的丰富,今天人类包括技术活动在内的许多行为都存在着日益严重的浪费现象,为了减少不必要的人力和物力消耗,墨家提倡的节俭实用思想仍然具有重要的现实教育意义。至于墨家强调一切技术活动必须遵循基本规范,则在任何时候都是合理的。

最后尚需说明,作为战国后期儒家的代表,荀子提出过限制工匠技术职业发展的主张。他认为"士大夫众则国贫,工商众则国贫"[③];主张"省工贾,众农夫"[④]。不过,以历史的观点看,荀子主张发展农业,适当限制工商业的发展,是符合当时社会经济发展状况的。

中国古代长期以农为本,农业生产水平决定国家的富强程度,商业和手工业处于次要地位,汉代以前的上古社会尤其如此。由于农业成为立国之本,因此尚农思想成为春秋战国时期的社会管理者和诸子学派的共同观念。

---

①　胡化凯.先秦儒家对于工匠技术活动的认识[J].孔子研究,2011(1):89—97.
②　李申.简明儒学史[M].北京:中国人民大学出版社,2006:15.
③　荀子·富国.
④　荀子·君道.

　　此外，由于从事商贾和工匠技术活动获利相对丰厚，而从事农业生产获利微薄，如果不对商工加以限制，民众就会抛弃农业，而经营商工，由此会导致田荒而国贫，因此，限制商业和手工业的发展成为先秦时期的普遍国策。不仅荀子有这种主张，商鞅、韩非子、管子等也都如此。如本书第十四讲所述，商鞅认为，"末事不禁，则技巧之人利，而游食者众之谓也。故农之用力最苦而赢利少，不如商贾技巧之人。苟能令商贾技巧之人无繁，则欲国之无富，不可得也。"①韩非子把商贾和工匠看作"五蠹之民"，认为"不除此五蠹之民"，国家将会灭亡。同样，管子也指出，"为末作奇巧者，一日作而五日食，农夫终岁之作，不足以自食也，然则民舍本事而事末作；舍本事而事末作，则田荒而国贫矣；"因而他主张"禁末作，止奇巧，而利农事。"②

　　在一定的历史阶段，根据社会经济的发展状况，适当限制手工业和商业的发展规模，使得社会各业相对平衡，这既是治理国家的必要手段，也是对工商业的一种适当保护。所以，管子、商鞅、荀子和韩非子关于限制工匠技术职业发展的主张是有一定的历史合理性的。当然，如果对工匠技术职业限制过苛，则会阻碍其应有的发展，以商鞅和韩非子为代表的法家则有这种倾向。先秦时期，儒、道、墨、法诸家对于工匠技术活动都有自己的认识，反映了不同的思想观念。相较而言，儒家和墨家的认识是比较客观、合理的。

　①　商鞅.商君书·外内[M]//诸子集成.上海：上海书店出版社，1986.
　②　管子·治国.

第十六讲 先秦时期的逻辑思想

人类文明史表明,一个民族创造的物质文化和精神文化的基本形式与这个民族的思维方式具有一定关系。古代希腊、印度及中国各有自己的逻辑理论。古希腊亚里士多德在苏格拉底、柏拉图等人的理论基础上建立了形式逻辑体系。古代印度的圣哲们建立了因明逻辑。中国先秦诸子则建立了名辩逻辑。这三种逻辑既表现出人类思维的一些共同特点,也反映出一些明显的差异。

1953 年,爱因斯坦在评价中西方科技文明的差异时说,西方科学的发展得益于两个条件,一是希腊哲学家发明的形式逻辑,二是文艺复兴时期发现通过系统的实验可以找出事物的因果关系;中国由于缺乏这两个条件而没有走上西方近代科学发展的道路。形式逻辑代表古希腊人的思维方式。

每个民族在长期的生活实践中都形成了自己的传统思维方式。在一定的社会条件和文化背景下,"当一定的思维方式经过原始选择,正式形成并且被普遍接受之后,它就具有相对稳定性,成为一种不变的思维结构模式、程式和思维定势,或形成所谓思维惯性,并由此决定着人们看待问题的方式和方法,决定着人们的社会实践和一切文化活动。这种稳定不变的思维结构模式和程式,就是传统思维方式。"①

中国古人也形成了自己的传统思维方式。有学者指出,中国传统思维是经验综合型的主体意向性思维,它和西方的理性分析思维具有明显的不同;它倾向于对感性经验作抽象的整体把握,而不是对经验事实作具体的概念分析;它重视对感性经验的直接超越,却又同经验保持着直接联系;它主张在主客体的统一中把握整体系统及其动态平衡,却忽视了主客体的对立及概念系统的逻辑化和形式化,因而缺乏概念的确定性和明晰性①。这是一种经验性、直觉型的天人合一思维模式。这种思维方式固然具有一些优点,但也有不可否认的缺点。它对于分析的、逻辑公理化的科学理论的建立帮助不大。

春秋战国时期,诸子学派在相互辩难中注意分析概念和命题的关系,考察名与实的一致性,探讨辩论的方法及思维的规律,提出了一系列以名辩为特征的逻辑理

---

① 蒙培元.中国哲学主体思维[M].北京:人民出版社,1997:182,183.

论,但是,战国之后,这类理论未能得到应有的继承和发展,未能形成一门独立的学问。尽管如此,先秦的逻辑思想仍然是中国传统文化中富有特色的内容,值得进行讨论。

人类认识发展的历史表明:人类最早的认识对象是大自然,随后才开始认识人类社会自身,只有等到抽象思维能力和自我意识发展到相当高的程度时,才会以思维为认识对象,对人的主观认识能力本身进行考察[①]。所以,先秦逻辑理论的出现,标志着先民们的抽象思维能力达到了相当高的水平。

以下对春秋战国时期的逻辑思想,以及明代西方逻辑学的传入情况,作一简单讨论。

一、名家的逻辑思想

以邓析、惠施和公孙龙为代表的先秦名家学派,重视对名的分析和名实关系的考察,善于进行辩说,提出了一系列具有逻辑学内涵的理论,对先秦逻辑学的发展做出了重要的贡献。

1. 邓析的"名"、"辩"思想和"两可"之说

邓析是春秋末期郑国人,约与子产、老子、孔子同时代,名家的创始人。关于邓析的著作,《汉书·艺文志》载"《邓析》二篇"。今本《邓析子》有《无厚》、《转辞》两篇,可以作为研究邓析思想的重要参考资料。另外,《荀子》、《韩非子》、《吕氏春秋》等书中也有一些关于邓析思想的记述。

邓析精于诉讼。他在郑国向民众传授有关诉讼的知识,"与民之有狱者约:大狱一衣,小狱襦袴。民之献衣襦袴而学讼者,不可胜数。"[②]子产任郑国宰相时,邓析对子产的政策不满。他巧妙地利用名与实的逻辑关系与子产的政策对抗。"郑国多相悬以书者。子产令无悬书,邓析致之。子产令无致书,邓析倚之。令无穷,则邓析应之亦无穷矣。"[②]"悬书"是把意见书张贴出来,公开揭露;"致书"是把意见书寄给官府;"倚之"是把意见书藏在物品里送给官府。邓析教民众以"悬书"的方式批评国家的政事,子产对这种方式予以制止;邓析则采取"致书"的方式继续向国

---

① 任继愈.中国哲学发展史:先秦[M].北京:人民出版社,1998:474.
② 吕不韦.吕氏春秋·离谓[M]//诸子集成.上海:上海书店出版社,1986.

家提意见,子产又对"致书"予以禁止;于是,邓析采取"倚书"的方式继续表达对国家的不满。"令无穷,邓析应之亦无穷",以至于"子产患之,于是杀邓析而戮之"①。从名与实的逻辑关系看,邓析的这些做法都不违反子产的禁令。

春秋末期,名实关系问题已受到人们的注意。邓析对名与实作了初步探讨。《邓析子·转辞》篇写道:"循名责实,实之极也。按实定名,名之极也。参以相平,转而相成。故得之形名。"意思是说,由名去寻找相应的实,即可认识这类实的全貌;由实去确定相应的名,这个名可以概括这一类实;名实相互参验,即可形成一个与实相符的名。这里涉及到名如何正确指称实的问题,也即如何对概念进行定义的问题。

关于名实关系,战国时期的尹文子作过比较好的论述,他说:"名者,名形者也;形者,应名者也。然形非正名也,名非正形也。则形之与名,居然别矣,不可相乱,亦不可相无。无名,故大道无称;有名,故名以正形。今万物具存,不以名正之则乱;万名俱列,不以形应之则乖。故形名者,不可不正也。"②名是概念,形是事物。名以正形,形以应名,只有名形相符,概念才能正确表达事物。

邓析是先秦谈辩之风的开创者,提出了谈辩的基本原则及方法。《邓析子·无厚》篇写道:"故谈者,别殊类使不相害,序异端使不相乱。谕志通意,非务相乖也。若饰词以相乱,匿词以相移,非古之辩也。""辩"的基本原则是通过"别殊类"、"序异端",达到"谕志通意"的目的。

邓析将"辩"分为"大辩"及"小辩"两类。《无厚》篇写道:"所谓大辩者,别天下之行,具天下之物,选善退恶,时措其宜,而功立德至矣。小辩则不然,别言异道,以言相射,以行相伐,使民不知其要。无他故焉,故浅知也。"大辩是关于客观事物和社会现象的讨论,可以达到定是非、别善恶的目的,而小辩是故意标新立异,玩弄言辞,"使民不知其要",这是由于辩者见识浅薄而造成的。

关于辩说的方法,《邓析子·转辞》篇写道:"夫言之术:与智者言,依于博;与博者言,依于辩;与辩者言,依于要;与贵者言,依于势;与富者言,依于豪;与贫者言,依于利;与勇者言,依于敢;与愚者言,依于说。"根据不同的辩说对象,采用不同的方法,侧重于不同的要点,这样才能辩胜对方。

《列子·力命》篇说邓析"操两可之说"。《吕氏春秋·离谓》篇对此有具体的说明。该篇说:"洧水甚大,郑之富人有溺者,人得其死者。富人请赎之,其人求金甚多,以告邓析。邓析曰:'安之,人必莫之卖矣。'得死者患之,以告邓析。邓析又答

---

① 吕不韦.吕氏春秋·离谓[M]//诸子集成.上海:上海书店出版社,1986.
② 尹文.尹文子·大道上[M]//诸子集成.上海:上海书店出版社,1986.

之曰：'安之,此必无所更买矣。'"两可之说的特点在于从两个相反的角度看待同一事物,使两个截然不同的结论均得以成立。得尸者与赎尸者追求的结果相反,邓析都以"安之"解答他们的问题。买者只要安于不买,则卖者无处可卖;同样,卖者只要安于不卖,则买者无处可买。最终,得尸者会降低赎金,赎尸者也会增加赎金,于是双方达成一致。

《吕氏春秋》说:邓析"以非为是,以是为非,是非无度,而可与不可因变。所欲胜,因胜;所欲罪,因罪。"①由此反映了其高超的辩说才能。

2. 惠施的"历物十事"

惠施是战国中期名家的重要代表,曾与庄子进行过多次辩论。据《庄子·天下》篇记载,"惠施多方,其书五车。"但,惠施的书早已亡佚,现在只能从《庄子》、《荀子》、《韩非子》、《吕氏春秋》的有些篇章中看到他的一些言论或思想。

《庄子·天下》篇记载了惠施提出的十个辩论命题,称为"历物十事"。这十个命题是:"至大无外,谓之大一;至小无内,谓之小一。无厚,不可积也,其大千里。天与地卑,山与泽平。日方中方睨,物方生方死。大同而与小同异,此谓之小同异;万物毕同毕异,此谓之大同异。南方无穷而有穷。今日适越而昔来。连环可解也。我知天下之中央,燕之北,越之南是也。氾爱万物,天地一体也。"惠施以这十个命题"观于天下而晓辩者,天下之辩者相与乐之。"这十个命题涉及空间、时间、物质运动、事物同异等内容,反映了惠施的辩论才能及逻辑思维水平。以下分别作一简单讨论。

(1)"至大无外,谓之大一;至小无内,谓之小一。"

这是讨论空间的大小概念。最大的大是"无外",即无限大;最小的小是"无内",即无限小。所以,"大一"是无限大,"小一"是无限小。《庄子·秋水》篇说:"至精无形,至大不可围。"同书《则阳》篇说:"精,至于无伦;大,至于不可围。"《管子·心术》篇说:"道在天地之间也,其大无外,其小无内。"《礼记·中庸》说:"语大,天下莫能载焉;语小,天下莫能破焉。"这些论述,表达的都是无限大及无限小概念。

(2)"无厚,不可积也,其大千里。"

冯友兰解释这个命题说:"无厚者,薄之至也。薄之至极,至于无厚,如几何学所谓'面'。无厚者不可有体积,然而有面积,故可'其大千里'也。"②

(3)"天与地卑,山与泽平。"

"卑"是低贱,低下之义。《周易·系辞传上》说:"天尊地卑,乾坤定矣。卑高以

① 吕不韦.吕氏春秋·离谓[M]//诸子集成.上海:上海书店出版社,1986.
② 冯友兰.中国哲学史:上[M].北京:三联书店,2009:224.

陈,贵贱位矣。""与"字训"如"①。"天与地卑",是说天如地一样低下。

"泽"是停水、止水。《玉篇》说:"水渟曰泽。""平"是"平坦"。《墨子·经上》说:"平,同高也。"《庄子·德充符》说:"平者,水停之盛也。""山与泽平",是说山如泽水一样平坦。

这个辩题与天高地卑、山凸泽平的事实相反,惠施如何在逻辑上自圆其说? 现今已不得而知。冯友兰引用《庄子·秋水》篇"以差观之,因其所大而大之,则万物莫不大;因其所小而小之,则万物莫不小"后说:"因其所高而高之,则万物莫不高;因其所低而低之,则万物莫不低。故'天与地卑,山与泽平'也。"②这是以庄子的观点解释惠施的命题。

(4)"日方中方睨,物方生方死。"

"睨"是偏斜。这是用发展和辩证的观点看待事物的运动变化过程。

(5)"大同而与小同异,此谓之小同异;万物毕同毕异,此谓之大同异。"

这是讨论同与异的差别。同类事物之间有同有异,属于小同异;异类事物之间有同有异,即是大同异。

(6)"南方无穷而有穷。"

惠施认为,南方既是无穷的,又是有穷的,两者并不矛盾。

(7)"今日适越而昔来。"

这是说,今天出发去越国,昨天就到达了。如何理解这一与常识相悖的论题。唐代成玄英认为,在惠施看来,"彼日犹此日","无昔无今"。

近年来,一些人开始利用现代科学知识解释这一命题。有人根据地球自转会引起异地时差现象,即认为"只要以超过地球自转的速度而往西行,必将会出现下列现象:在东方十时起程,到达西方时却是九时,"如此即符合"今日适越而昔来"的命题③。还有人根据现代物理学理论,认为"惠施的命题实指人们可能逆着时间走向过去,在时空图上即表示人们自甲地出发可沿着逆时世界线到达昔日之越",因而把这一命题看成惠施早在二千多年前即提出了逆时施行的预言④。

此外,根据狭义相对论原理,如果物体的运动速度超过真空中的光速,则会出现因果倒置现象,惠施的命题即符合超光速运动状态下的因果倒置关系。爱因斯坦的狭义相对论建立不久,一位物理学家写了一首小诗,诗曰:"有位太太从维特

---

① 裴学海.古书虚字集释[M].北京:中华书局,1954:4.

② 冯友兰.中国哲学史:上[M].北京:三联书店,2009:224.

③ 莫绍揆.逻辑学的兴起[J].百科知识,1982(7):65—68.

④ 刘辽."今日适越而昔来"新释[J].自然辩证法通讯,1995(5):20—21.

来,走得比光速还要快;她有一天出门早,沿着相反的方向跑,却在头天晚上回来了。"这首诗表达的就是超光速运动状态下的因果倒置现象。这与惠施的"今日适越而昔来"是完全一致的。

当然,这几种说法,都是以今释古,不能说明问题,而且都把这个辩题看作真命题。其实,惠施自己当然知道这是一个假命题。他提出这类命题,就是要把假的说成真的,以显示自己的辩论才能。

(8)"连环可解也。"

连环原本是不可解的。《淮南子·俶真训》有"辩解连环"之说。惠施通过辩论认为连环是可解的。《庄子·齐物论》说:万物"其分也,成也;其成也,毁也。"惠施"历物十事"也说"日方中方睨,物方生方死。"据此,冯友兰认为:"连环方成方毁;现为连环,忽焉而已非连环矣。故曰:'连环可解也。'"①意思说,等连环毁坏时就可解了。

(9)"我知天下之中央,燕之北,越之南是也。"

这个命题说明,空间的位置是相对的。现代有人以地球说进行解释。如果地是球形,则其上哪一点都可以作为地表的中央,但中国古代没有地球观念,所以此说不能成立。还有人认为,"燕之北"是指北极,"越之南"是指南极,此说同样是以地球观念为基础。

(10)"氾爱万物,天地一体也。"

泛爱万物,天地是一个整体。这是从事物的同一性方面看待万物。《庄子·德充符》说:"自其异者视之,肝胆楚越也;自其同者视之,万物皆一也。"据此,冯友兰认为,"'氾爱万物,天地一体',自万物之同者而视之也。"①

这十个命题,内容多与古代的经验认识相违背。惠施通过辩论,使它们成立,目的是显示自己的辩才。至于惠施是如何论证这些命题的,已不得而知。惠施"历物十事"的多数内容都是强调事物之间的同一性,即否认事物同异关系的绝对性,因此被称为"合同异"命题。

此外,《庄子·天下》还记载了辩者与惠施进行辩论的"二十一事":"卵有毛;鸡有三足;郢有天下;犬可以为羊;马有卵;丁子有尾;火不热;山出口;轮不蹍地;目不见;指不至,至不绝;龟长于蛇;矩不方,规不可以为圆;凿不围枘;飞鸟之景未尝动也;镞矢之疾而有不行不止之时;狗非犬;黄马骊牛三;白狗黑;孤驹未尝有母;一尺之棰,日取其半,万世不竭。辩者以此与惠施相应,终身无穷。"

这二十一事内容相当丰富,其中"卵有毛"、"郢有天下"、"犬可以为羊"、"马有

---

① 冯友兰.中国哲学史:上[M].北京:三联书店,2009:226—227.

卵"、"丁子有尾"、"山出口"、"龟长于蛇"、"白狗黑"这八个命题都是强调事物之间的同一性，属于"合同异"论题①。

二十一事中"飞鸟之景未尝动也"、"镞矢之疾而有不行不止之时"、"一尺之棰，日取其半，万世不竭"，反映了对物质运动及空间属性的辩证认识，揭示了事物的深层道理。

二十一事中"火不热"、"目不见"、"矩不方"等命题，说明了概念与其表达的事物之间的区别。概念是对事物的表达，但不等于事物本身。火所表达的实物无疑是热的，但火概念不能说是热的，因此可以说"火不热"。

《庄子·天下》评论惠施等人的辩论才能说："桓团、公孙龙辩者之徒，饰人之心，易人之意，能胜人之口，不能服人之心，辩者之囿也。惠施日以其知与人辩，特与天下之辩者为怪，此其柢也。……惠施不辞而应，不虑而对，遍为万物说。说而不休，多而无已，犹以为寡，益之以怪。以反人为实，而欲以胜人为名，是以与众不适也。……惜乎！惠施之才，骀荡而不得，逐万物而不反，是穷响以声，形与影竞走也，悲夫！"这里既对惠施等人的辩论才能加以赞叹，又对他们这种展示才华的方式表示可惜。

3. 公孙龙的"正名"理论

公孙龙是战国后期名家的重要代表。《庄子·秋水》篇说：公孙龙"少学先王之道，长而明仁义之行；合同异，离坚白；然不然，可不可；困百家之知，穷众口之辩。"

今本《公孙龙子》包含六篇著作，是由后人根据古旧书简编纂而成，大部分内容反映了公孙龙的思想，其中《迹府》为公孙龙传略，其余《白马论》、《指物论》、《通变论》、《坚白论》、《名实论》为其逻辑学理论。公孙龙的逻辑学思想主要体现在"指物论"、"坚白论"、"白马论"、"名实论"等方面。

（1）指物论

指物论讨论"指"与"物"的关系。"物"即事物。"指"作为动词是称谓或表达，作为名词是称谓或表达的内容，即概念的内涵。

《指物论》说："物莫非指，而指非指。天下无指，物无可以谓物。非指者，天下无物，可谓指乎？指也者，天下之所无也；物也者，天下之所有也。以天下之所有为天下之所无，未可。天下无指，而物不可谓指也。不可谓指者，非指也。非指者，物莫非指也。天下无指而物不可谓指者，非有非指也。非有非指者，物莫非指也。……"

---

①　冯友兰.中国哲学史：上[M].北京：三联书店，2009：243.

公孙龙认为,万物莫不可以称谓或表达,但称谓或表达并非"指"本身。如果无"指"存在,万物则无从表达。但是,如果没有物存在,只有"指"存在,这样的"指"也是无从表达的,这叫做"非指"。"指也者,天下之所无",概念不是实在之物。"物也者,天下之所有",事物才是客观存在的。学者们对《指物论》的理解历来不一,但各家都承认这是一篇纯粹逻辑学的论文。

(2) 坚白论

坚白之辩是战国时期有名的辩题,《庄子·秋水》篇称之为"离坚白",《墨经》中也有一些相关命题。《史记·平原君虞卿列传》说"公孙龙善为坚白之辩"。所谓坚白之辩,是讨论一块"坚白石"的坚性和白色能否同时感知的问题。

《坚白论》说:"坚、白、石三,可乎?曰:不可。曰:二可乎?曰:可。曰:何哉?曰:无坚得白,其举也二;无白得坚,其举也二。曰:得其所白,不可谓无白。得其所坚,不可谓无坚。而之石也,之于然也,非三也?曰:视不得其所坚,而得其所白者,无坚也。拊不得其所白,而得其所坚,得其坚也,无白也。……曰:于石,一也;坚、白,二也,而在于石。故有知焉,有不知焉;有见焉,有不见焉。故知与不知相与离,见与不见相与藏。藏故。孰谓之不离?曰:目不能坚,手不能白。不可谓无坚,不可谓无白。其异任也,其无以代也。坚白域于石,恶乎离?"

这是主与客两个人的辩论。主认为,不可把坚白石分析为三,可以分析为二;没有坚而得到白,以及没有白而得到坚,都是分析为二。

客反驳说,得到坚白石的白,不能说它没有白;得到坚白石的坚,不能说它没有坚;这块石有白有坚,不是分析为三吗?

主申辩说,目视只能得到白而不能得到坚,这就是得到白而没有坚;手拊只能得到坚而不能得到白,这就是得到坚而没有白。

主认为,坚和白是石的两个特性,在认识上不能统一,"故有知焉,有不知焉;有见焉,有不见焉。"这是从感觉上分为二,所以无论怎样分析都是二。

客说,目不能见到坚,手不能触到白,这不能说没有坚,没有白;目和手有不同的功能,两者不能相互取代。坚和白局限于石,怎能分离呢?

论主的主张代表了公孙龙的观点。这种讨论是对一个常识问题进行逻辑分析,具有认识论意义。

(3) 白马论

白马论命题反映了对于概念的内涵与外延关系的认识。《白马论》说:"白马非马,可乎?曰:可。曰:何哉?曰:马者,所以命形也;白者,所以命色也。命色者,非命形也。故曰白马非马。曰:有白马不可谓无马也。不可谓无马者,非马也?有白马为有马,白之,非马何也?曰:求马,黄、黑马皆可致。求白马,黄、黑马不可致。

使白马乃马也,是所求一也。所求一者,白者不异马也。所求不异,如黄黑马,有可有不可,何也? 可与不可,其相非明。故黄黑马一也,而可以应有马,而不可以应有白马。是白马之非马,审矣。……白马者,马与白也,白与马也,故曰白马非马也。……马者,无去取于色,故黄、黑马皆所以应;白马者,有去取于色,黄黑马皆所以色去。故唯白马独可以应耳。”

白马与马,是两个内涵与外延都不同的概念,所以两者不能等同。这里反映了对概念内涵与外延成反比关系的初步认识,是非常可贵的。

《迹府》篇对“白马非马”的道理以及公孙龙提出这一命题的目的,作了很好的说明,其中说:“公孙龙,六国时辩士也。疾名实之散乱,因资材之所长,为‘守白’之论。假物取譬,以‘守白’辩,谓白马为非马也。白马为非马者,言白所以名色,言马所以名形也;色非形,形非色也。夫言色则形不当与,言形则色不宜从。今合以为物,非也。如求白马于厩中,无有,而有骊色之马,然不可以应有白马也。不可以应有白马,则所求之马亡矣;亡则白马竟非马。欲推是辩,以正名实而化天下焉。”公孙龙忧虑于战国时期出现的名实混乱状态,借物作比,提出了白马非马之辩,企图通过这种辩论,以正名审实,教化天下。

(4) 名实论

司马谈《论六家之要指》说:“名家使人俭而善失真;然其正名实,不可不察也。”“正名实”也称“名实论”,讨论“名”与“实”的关系。

《名实论》说:“天地与其所产焉,物也。物以物其所物,而不过焉,实也。实以实其所实,而不旷焉,位也。出其所位非位,位其所位焉,正也。以其所正,正其所不正。疑其所正。其正者,正其所实也。正其所实者,正其名也。其名正,则唯乎其彼此焉。谓彼而彼不唯乎彼,则彼谓不行;谓此而此不唯乎此,则此谓不行。其以当不当也。不当而当,乱也。故彼彼当乎彼,则唯乎彼,其谓行彼;此此当乎此,则唯乎此,其谓行此。其以当而当也。以当而当,正也。故彼彼止于彼,此此止于此,可。彼此而彼且此,此彼而此且彼,不可。夫名,实谓也。知此之非此也,知此之不在此也,则不谓也。知彼之非彼也,知彼之不在彼也,则不谓也。至矣哉,古之明王! 审其名实,慎其所谓。”

以上后四个“唯”均训“独”。“名”是概念,“实”是概念所表达的事物,名实正,即概念与其表达的事物一致。其中关于“彼”“此”所作的论述,反映了形式逻辑的同一律思想。

公孙龙强调思维概念要明确,名词所指要固定,不能含糊其辞,不能两可,不能自相矛盾,并且认识到概念的内涵与外延具有反比关系。这些都是形式逻辑的基本内容。

《白马论》、《指物论》、《通变论》、《坚白论》、《名实论》都是纯粹的逻辑学论文，这在先秦诸子著作中是相当难得的。

二、墨家的逻辑思想

先秦墨家非常重视辩论的技巧和方法，对之进行了专门研究，形成了一套系统的理论。这些理论讨论了概念、判断、推理等思维形式，在先秦逻辑学中占有重要地位。《墨子》是墨家的主要著作，其中《墨经》上下、《经说》上下、《大取》及《小取》六篇属于逻辑学著作。

墨子认为，"谈辩"、"说书"、"从事"是墨家成员应具备的三种能力，"能谈辩者谈辩，能说书者说书，能从事者从事，然后义事成也。"[1]"谈辩"，指言谈和辩论。"说书"，即解释典籍。"从事"，是从事政治、军事等活动。

墨家相当重视辩论能力的培养。辩论的目的是明白是非，说服对方。《墨经》上篇说："辩，争彼也；辩胜，当也。"《墨经》下篇也说："谓辩无胜，必不当。"《经说》下篇说得更为明白："辩也者，或谓之是，或谓之非。当者胜也。"辩论需要运用一定的方法，只有方法得当，才可取胜。

墨家认为辩论有六大作用："夫辩者，将以明是非之分，审治乱之纪，明同异之处，察名实之理，处利害，决嫌疑。"[2]辩论具有重要作用，因而受到诸子的重视，形成了先秦时期的谈辩之风。

辩论是个论证过程，也是逻辑思维过程。墨家在探讨辩论的方法过程中，总结出一些规律性认识。《小取》篇说："以名举实，以辞抒意，以说出故。以类取，以类予。"这实际上是指出了概念、判断和推理等逻辑思维形式的作用。

1. "以名举实"

"名"是概念。"以名举实"，是用概念表达事物，即下定义。《经说》上篇指出："所以谓，名也。所谓，实也。名实耦，合也。"名实耦合，是对概念的基本要求。

概念应准确表达事物，即定义要明确、专一。墨家称下定义的原则为"正名"。《经说》下篇指出："正名者彼此。彼此可：彼彼止于彼，此此止于此。彼此不可：彼

---

① 墨子·耕柱.
② 墨子·小取.

且此也,(此且彼也)。"一个概念只能表示一种事物,只可"彼止于彼,此止于此",不可"彼且此"。

在先秦诸子中,墨家下定义的水平是比较高的。《墨经》上篇给出了许多概念的定义,其中有不少定义是相当准确的。如:"故,所得而后成也;""平,同高也;""中,同长也;""圜,一中同长也;""孝,利亲也;""力,刑之所以奋也;""法,所若而然也;""说,所以明也;""梦,卧而以为然也;""利,所得而喜也;""害,所得而恶也;""誉,明美也;""功,利民也;""赏,上报下之功也;""罚,上报下之罪也;""罪,犯禁也;""久,弥异时也;""宇,弥异所也;""尽,莫不然也;""始,当时也;""化,征易也。"一种事物有多方面的属性,可以从不同的角度给出定义。上述有的是从性质上进行定义,有的是从功能上进行定义,有的是从关系上进行定义,体现了墨家的认识水平。

概念是思维的基本形式,是组成理论的基本元素。概念是否清晰、准确,对于思维活动及理论表达都十分重要。概念的形成,既有赖于对事物的正确认识,也需要掌握下定义的方法,反映了基本的逻辑思维水平。

2. "以辞抒意"

这是指运用概念表达一种观点,形成一个判断。荀子说:"辞也者,兼异实之名以论一意也。"[1]荀子所说的"辞",即指一个命题或判断。《大取》篇提出了进行判断的基本原则:"夫辞以故生,以理长,以类行也者。立辞而不明于其所生,忘也。""故"是事物的成因、条件。在墨家看来,要保证一个判断或命题的成立及正确性,需要了解三方面的因素:一是其成立的原因("故"),二是其成立的普遍理由("理"),三是其有效的范围("类")。对事物作判断,应明确事物的成因,符合其道理,并且知道所作判断的适用范围。

3. "以说出故"

这是提出或说明"故"的过程。"故"是事物的成因。辩论中的"故"是立论的理由或根据,相当于推理的前提或立论的论据。提出前提并据之得出结论的过程是推理,提出论据并据之确立论题的过程是论证。因此,"以说出故"与逻辑学的推理或论证相当,是用推论说明得出结论的理由和根据。

《墨经》上篇称:"说,所以明也。"通过"说",可以明了事物的所以然之"故",可以"以往知来,以见知隐"[2]。在古代文献中,"说"作为推理形式,前提一般在前,结论一般在后,两者之间置以"故"或"是故",即"……,故……"。例如《管子·小匡》

---

① 荀子·正名.
② 墨子·非攻中.

篇论述工匠集中居住的优越性时说:"令夫工群萃而州处,相良材,审其四时,辨其功苦,权节其用,论比计,制断器,尚完利。相语以事,相示以功,相陈以巧,相高以知事。旦昔从事于此,以教其子弟,少而习焉,其心安焉,不见异物而迁焉。是故其父兄之教不肃而成,其子弟之学不劳而能。夫是故工之子常为工。"

"说"作为论证形式,论题一般在前,论据一般在后,两者之间置以"说在"一词,即"……,说在……"。例如《墨经》下篇有:"景不徙,说在改为;""假必悖,说在不然。"

在辩论中,持之有故非常重要。墨家将"故"分为"小故"与"大故",两者具有不同的性质和作用。《经说》上篇指出:"小故,有之不必然,无之必不然。……大故,有之必然,无之必不然。"可见,"小故"是必要条件,"大故"是充要条件。从命题之间的逻辑关系看,一个命题可以是另一命题的必要条件,是另一命题得出结论的诸多前提之一,此即"小故";一个命题也可以是另一命题的充要条件,如果此命题真,则彼命题必然真,此即"大故"。

4. "以类取,以类予"

《小取》篇说:"以类取,以类予。有诸己不非诸人,无诸己不求诸人。"这里,前一句给出了推理的原则,后一句是原则的运用。关于这个原则的含义,学术界有不同的理解。

有人认为,这里的意思是说:"甲与乙同类,那么,承认了甲就不得不承认乙,不承认甲就不能承认乙。这是'以类取'。甲与乙同类,那么,对方承认了甲我就可以把乙提出给他,看他是不是也承认,对方不承认甲我就无须这样作。这是'以类予'。甲与乙同类,那么我承认了甲,对方主张乙我就不能反对。这是'有诸己不非诸人',是'以类取,以类予'六字在积极方面的应用。甲与乙同类,那么我赞成甲,我就不能要求对方承认乙。我的论证在某一点不彻底我就不能要求对方的论证在某一点要彻底。这都是'无诸己不求诸人',这是'以类取,以类予'六字在消极方面的应用。"[①]

也有人认为,"以类取",指物以类聚,以同者取之,相当于归纳推理原则;"以类予",指同类相推,即基于同类所具有的共同原理,推予同类其他事物,相当于演绎推理原则。

还有人认为,"以类取"近似于归纳推理,"以类予"是类比推理,而"以说出故"是演绎推理。

《小取》篇还提出了其他一些论证方法,其中说:"或也者,不尽也。假者,今不

---

① 沈有鼎.《墨经》关于"辩"的思想[M]//中国逻辑思想论文选.北京:三联书店,1981:265—266.

然也。效者,为之法也;所效者,所以为之法也。故中效则是也,不中效则非也,此效也。辟也者,举他物而以明之也。侔也者,比辞而俱行也。援也者,曰:子然,我奚独不可以然也?推也者,以其所不取之,同于其所取者,予之也。是犹谓他者同也,吾岂谓他者异也。"

其中,"假"是故意违反现实的假设;"效"是在立论之前提供一个评判是非的标准;"辟"(譬)是比喻;"侔"是复构式的直接推论;"援"是援引对方的话作为类比推论的前提;"推"是归谬式的类比推论[1]。这些都是辩论的方法或形式。

上述墨家对于概念、判断及推理的讨论,属于形式逻辑的基本内容,由此反映了这个学派的逻辑认识水平。

三、儒家的逻辑思想

先秦儒家在逻辑学方面也做出了自己的贡献。孔子提出了"正名"思想。尽管孔子强调"正名"的目的是为了"正政",但"正名"本身具有一定的逻辑学意义。荀子继承了孔子的正名思想,在吸收墨家逻辑理论的基础上,提出了更为全面的逻辑学说。

1. 孔子的"正名"思想

孔子所处的春秋末期,是社会大变革的时代,诸侯侵伐,"礼崩乐坏"。孔子把社会混乱的根源归之为"名实相违",认为通过"正名"可以实现正实,使社会恢复正常的秩序。因此,他提出了"正名"的主张。

孔子在回答子路问政时说:"必也正名乎。……名不正,则言不顺;言不顺,则事不成;事不成,则礼乐不兴;礼乐不兴,则刑罚不中;刑罚不中,则民无所措手足。故君子名之必可言也,言之必可行也。君子于其言,无所苟而已矣。"[2]这段论述说明了"正名"的社会作用及逻辑学意义。

首先,孔子的"正名"是为了"正政"。在他看来,"政者,正也。"[3]"正名"是为了纠正当时混乱的社会秩序和政治局面。齐景公问政于孔子,孔子答曰:"君君,臣

---

① 沈有鼎.《墨经》关于"辩"的思想[M]//中国逻辑思想论文选.北京:三联书店,1981:266—272.
② 论语·子路.
③ 论语·颜渊.

臣,父父,子子。"①其中,前一个君、臣、父、子分别指为君、为臣、为父、为子之人,后一个君、臣、父、子分别表示为君、为臣、为父、为子应有的责任。要求为君之人必须尽"君"名应有之责,为臣之人必须履行"臣"名规定的任务,为父、为子也有其应尽的义务。否则,就会形成"君不君,臣不臣,父不父,子不子"的混乱局面。孔子的"正名",就是先明确"名"的正确涵义,再用"名"去规范现实,达到"正实"、"正政"的目的。

其次,孔子的"正名"理论具有一定的逻辑学意义。"名不正,则言不顺",说出了名与言的关系。"名"是概念,"言"是判断、推理或论证。概念不正确,则推理或论证就不可能顺畅、有力。

孔子的"正名"以"正政"思想,在战国时期产生了一定的影响。《管子》说:"名实当则治,不当则乱;"②"有名则治,无名则乱,乱之在名。"③《吕氏春秋》也说:"正名审分是治之辔已,故按其实而审其名,以求其情;听其言而察其类,无使放悖。"④这些论述都是"正名"以"正政"思想的表现。

另外,孔子在论述自己的为政及教育理念时,提出的一些命题包含了类推方法。推行仁政是孔子的一贯主张。他论述"仁"的涵义时说:"夫仁者,己欲立而立人,己欲达而达人,能近取譬,可谓仁之方也已;"⑤又说:"己所不欲,勿施于人。"⑥既然自己与别人都是人,即有共同的欲望及需求,因此,根据自己的喜与恶即能推知别人的喜与恶。"能近取譬"就是"推己及人"的类推方法。孔子在教育弟子时坚持的原则是:"不愤不启,不悱不发,举一隅不以三隅反,则不复也。"⑦孔子认为,如果对一个学生"举一隅",而他不能以"三隅反",就不必再教他了。"举一反三"具有类推的性质。

2. 荀子的"正名"思想

荀子也重视正名的作用,作《正名》篇对之进行了专门论述。他的正名学说也是为"正政"服务的,突出了正名的政治意义。同样,荀子的正名理论也包含了一些逻辑学思想。

荀子说:"故王者之制名,名定而实辨,道行而志通,则慎率民而一焉。故析辞

---

① 论语·颜渊.
② 管子·入国.
③ 管子·心术.
④ 吕不韦.吕氏春秋·审分[M]//诸子集成.上海:上海书店出版社:1986.
⑤ 论语·雍也.
⑥ 论语·颜渊.
⑦ 论语·述而.

擅作名以乱正名,使民疑惑,人多辨讼,则谓之大奸,其罪犹为符节、度量之罪也。故其民莫敢托为奇辞以乱正名,故其民悫,悫则易使,易使则公。其民莫敢托为奇辞以乱正名,故壹於道法而谨於循令矣,如是则其迹长矣。迹长功成,治之极也,是谨於守名约之功也。"①"悫"是诚实。名正,可以使"道行而志通";名不正,会使民生疑惑,起争端,造成社会混乱。所以,对乱名改作者要予以治罪。

《正名》篇有一段集中论述逻辑推理的文字。文曰:"实不喻然后命,命不喻然后期,期不喻然后说,说不喻然后辨。故期、命、辨、说也者,用之大文也,而王业之始也。名闻而实喻,名之用也。累而成文,名之丽也。用丽俱得,谓之知名。名也者,所以期累实也。辞也者,兼异实之名以论一意也。辩说也者,不异实名以喻动静之道也。期命也者,辨说之用也。辨说也者,心之象道也。心也者,道之工宰也。道也者,治之经理也。心合於道,说合於心,辞合於说。正名而期,质请而喻,辨异而不过,推类而不悖,听则合文,辨则尽故。以正道而辨奸,犹引绳以持曲直。是故邪说不能乱,百家无所窜。"荀子系统地说明了名、辞、辩说的基本性质及作用,论述了它们之间的关系,说明了辩说的原则和要求。以下分别予以讨论。

"名"是概念。荀子说:"名也者,所以期累实也。"意谓名要符实,即"名闻而实喻,名之用也。"名组合在一起而形成文章,既表达意思,又显示华美,此即"累而成文,名之丽也。用丽俱得,谓之知名。"

"辞"是由名组合起来表达完整的意思。荀子说:"辞也者,兼异实之名以论一意也。"又说:"彼正其名,当其辞,以务白其志义者也。"意即要运用正确的名及恰当的辞来表达自己的思想观点。

"辩说也者,不异实名以喻动静之道也。"辩说是在不改变思维对象和相应概念的条件下,明晓道理的论说过程。在辩说过程中,可以综合运用各种思维形式。荀子说:"实不喻然后命,命不喻然后期,期不喻然后说,说不喻然后辩。故期、命、辩、说也者,用之大文也,而王业之始也。""命",是下定义的思维活动;"期",指作判断的思维活动;"说",指解说、推理活动;"辩",指辩论、论证活动。期、命、说、辩反映了认识的不断深化过程。

荀子还提出了辩说或逻辑推理的六条原则,即"正名而期;质请(情)而喻;辨异而不过;推类而不悖;听则合文;辨则尽故。"这六条原则的意思是:概念必须与客观实际相符;表达判断的辞必须对事物作出明白的断定;由不同辞类推出的结论不能超出原有辞类的论域或限度;推类不能违反推类的规则;凡由听闻而来的东西须合

---

① 荀子·正名.

于逻辑的理解;辩说必须明辨其所以然之故①。

此外,荀子的学生韩非子在逻辑学上也做出了贡献。他继承了荀子的正名思想,将其作为论证刑名法术的工具。韩非子强调"审名以定位,明分以辩类;"认为"名正物定,名倚物徙。"②

韩非子还提出了著名的"矛盾之说"。《韩非子·难一》说:"楚人有鬻楯与矛者,誉之曰:'吾楯之坚,莫能陷也。'又誉其矛曰:'吾矛之利,於物无不陷也。'或曰:'以子之矛,陷子之楯,何如?'其人弗能应也。夫不可陷之楯,与无不陷之矛,不可同世而立。"《韩非子·难势》篇也说:"人有鬻矛与楯者,誉其楯之坚:'物莫能陷也。'俄而又誉其矛曰:'吾矛之利,物无不陷也。'人应之曰:'以子之矛,陷子之楯,何如?'其人弗能应也。夫以为不可陷之楯与无不陷之矛,为名不可两立也。"

现实中,相互矛盾的现象不能同时成立。从逻辑学上说,两个相互冲突的命题不能同时正确,因为其中包含着具有反对关系或矛盾关系的命题。韩非子的矛盾说,揭示了形式逻辑中矛盾律的精神实质。

古代一些学者在论述自己的观点时,偶尔会运用连珠式推理。韩非子也运用了这种推理方式。《韩非子·备内》在论述徭役多会对国家政权产生威胁时说:"徭役多则民苦,民苦则权势起,权势起则复除重,复除重则贵人富。苦民以富贵人,起势以藉人臣,非天下长利也。故曰:徭役少则民安,民安则下无重权,下无重权则权势灭,权势灭则德在上矣。"这段论述中运用了两个连珠式推理。南朝沈约说:"连珠,盖谓词语连续,互相发明,若珠之结绯也。"③连珠式推理是由一系列判断句构成层层推进关系的一种论述方式,具有较强的说服力。前述孔子论述"正名"的重要性时,运用的即是这种推理形式。

四、明代西方逻辑学的传入

在中国历史上,从国外传入的逻辑学有印度的因明逻辑和希腊的形式逻辑。

---

① 汪奠基.唯物论者荀况的逻辑思想研究[M]//中国逻辑思想论文选.北京:三联书店,1981:473—474.

② 韩非子·扬权.

③ 欧阳询.艺文类聚·卷五十七[M]//四库全书·子部类书类.

早在汉代,随着佛教的传入,因明逻辑即已传入我国,但没有产生多少影响。及至唐代,佛教高僧玄奘及其弟子对印度的《因明正理门论》和《因明入正理论》等著作进行翻译及疏解后,这一逻辑学说才在我国得以传播。

1582 年,意大利耶稣会教士利玛窦来华,随后有多位传教士相继来华。传教士们将欧洲文明的一些成果带到了中国,其中也包括形式逻辑。17 世纪初,在利玛窦和波兰籍传教士傅汎际的帮助下,徐光启翻译了欧几里德的《几何原本》,李之藻翻译了介绍亚里士多德逻辑学的著作《名理探》,至此,古希腊的形式逻辑理论得以传入我国。

《几何原本》是以公理化体系介绍几何学知识的巨著,也是成功运用形式逻辑于数学理论的典范。学习这本书的人,在接收几何学知识的同时,更重要的是受到了演绎推理方法的训练。1607 年,由利玛窦口授,徐光启笔述,完成了《几何原本》前六卷的翻译,次年刊刻印行。

徐光启极为推崇该书的学术应用价值。他在《刻几何原本序》中说:"《几何原本》者,度数之宗,所以穷方圆平直之情,尽规矩准绳之用也。既卒业而复之,由显入微,从疑得信。盖不用为用,众用所基。真可谓万象之形囿,百家之学海。"

徐光启在《几何原本杂议》中指出:"下学功夫,有理有事,此书为益。能令学理者祛其浮气,练其精心;学事者资其定法,发其巧思。故举世无一人不当学。……能精此书者,无一书不可精;好学此书者,无一事不可学。"他认为,读《几何原本》有"四不必":"不必疑,不必揣,不必试,不必改;"有"四不可得":"欲脱之不可得,欲驳之不可得,欲减之不可得,欲前后更置之不可得。"另外,此书有"三至三能":"似至晦,实至明,故能以其明明他物之至晦;似至繁,实至简,故能以其简简他物之至繁;似至难,实至易,故能以其易易他物之至难。"

徐光启在《几何原本杂议》中强调:"此书为用至广。在此时尤所急需。……欲公诸人人,令当世亟习焉。而习者盖寡。窃意百年之后,必人人习之,即又以为习之晚也。"

从徐光启对《几何原本》的极力推崇,可见此书对其产生的震撼作用。

《名理探》是 17 世纪初葡萄牙高因盘利大学耶稣会会士的逻辑学讲义,原名为《亚里士多德辩证法概论》,内容为亚里士多德关于判断、推理的形式逻辑理论,1611 年在德国印行。

李之藻热心于学习西学,与利玛窦等传教士交游甚密。他深以中国传统文化中缺少西方那种演绎逻辑理论为遗憾,决心把西方逻辑知识介绍到中国来。晚年,李之藻与傅汎际"结庐湖上","矢佐翻译",历经五个春秋,于 1628 年译成《名理探》。他们在书中反复强调了逻辑学的重要性:"名理乃人所赖以通贯众学之具,故须先熟此学;""无其具,犹可得其为;然而用其具,更易于得其为,是为便于有之须。如欲行路,虽走亦可,然而得车马,则更易也。"逻辑学是"通贯众学之具",用其具,如行路得乘车马,这种比喻是很贴切的。

形式逻辑不仅是训练思维的基本工具,更是论事说理、建立科学理论的重要工具。这门学问得以传入中国,是明末来华传教士的一大贡献。可惜的是,由于受各种因素的限制,西方逻辑学传入我国后,并未引起社会的足够重视,没有发挥应有的作用。

小　结

由上述内容可以得出以下几点认识①:

其一,先秦逻辑是中国本土文化产生的逻辑。

邓析、孔子和墨子是中国古代逻辑学的启蒙者。之后,惠施、公孙龙、后期墨家、荀子等对一些逻辑学问题进行了自觉的探讨,提出了一系列富有中国文化特色的逻辑理论。先秦诸子的逻辑学说,代表了中国传统逻辑的基本内容。从唐代开始,印度的因明学说系统地传入我国内地和西藏。明代末期,西方的形式逻辑也被介绍到中国来。从此,来自三种文化的不同逻辑理论在中国并存。先秦逻辑学说没有受到外域逻辑的影响,是中国古人自己创造的逻辑理论。

其二,先秦逻辑代表中国古代逻辑发展的最高水平。

先秦时期是中国古代逻辑学史上最辉煌的时代。秦代以后,随着百家争鸣局面的结束,逻辑学也逐渐衰微了。魏晋时期,虽然名辩思潮有所复兴,但在逻辑学上的成就并没有达到先秦水平。清代考据学兴起,学者们对先秦诸子的逻辑学著作进行了注释及研究,但并未做出多少创新性成果。所以,先秦之后,中国的逻辑学并未获得应有的发展。先秦诸子所形成的逻辑理论,代表了中国古代逻辑学的最高水平。

其三,先秦逻辑以名辩为中心。

先秦逻辑主要围绕着名、辞、说、辩几种思维形式进行讨论,相当于西方传统逻辑的概念、判断、推理和论证。西方亚里士多德逻辑重在推理,印度因明逻辑重在

---

① 周云之,刘培育.先秦逻辑史[M].北京:中国社会科学出版社,1984:310—312.

论证,先秦逻辑则以名辩为中心。从邓析、孔子,到荀子、韩非子等,先秦在逻辑学上有贡献的学者,几乎都讨论过名和辩的内容,正名和谈辩是这一时期所形成的逻辑学说的主要内容,或者说先秦的逻辑学是围绕着正名和谈辩展开的。这种特点的形成,与当时社会的政治形势及学术氛围具有很大的关系。

其四,先秦逻辑未形成一门独立的学科。

先秦时期,逻辑学被看作一种辩论的方法或技巧。一些学者虽然已认识到这门学问的重要性,但终究未能将其发展成一门独立的学科。西方形式逻辑在很早的时候即已成为一门独立的学科,在中世纪后期被列为学校教育的一门重要课程。任何一门学问,只有在确立了自己的独立地位之后,才有可能得到较快的发展。西方逻辑学作为一门独立的学科,专门研究思维的形式和规律,这样既有利于自身的发展,也有利于发挥其在社会文化及科学认识活动中的应有作用。

毋庸讳言,与同时期的西方相比,中国先秦的逻辑没有达到古希腊的逻辑认识水平。中国古人"由于重视整体思维,因而缺乏对于事物的分析研究。由于推崇直觉,因而特别忽视缜密论证的重要。中国传统之中,没有创造出欧几里德几何学那样的完整体系,也没有创造出亚里士多德的形式逻辑的严密体系。"[①]因而,中国传统文化未能像古希腊文化那样为自然科学的发展提供必需的逻辑工具,这或许是中国古代自然科学理论水平不高的原因之一。

杨振宁在分析西方近代科学产生的条件时说:"在近代科学产生以前,也可以说在牛顿以前,西方的思维方法也往往不引用逻辑。从牛顿开始,西方的学者才真正了解到这个逻辑推演方法的重要性,因而把这个重要性加到所谓自然哲学里头,由此产生了近代科学。可以说,这是近代科学精神诞生的一个重要标志。"[②]

西方科学发展的历史表明,形式逻辑在科学理论建立过程中发挥了不可或缺的作用。因此,中国传统文化中形式逻辑水平的相对落后,不能不对古代科学理论的发展产生制约作用。

---

① 张岱年.文化与哲学[M].北京:教育科学出版社,1988:208.
② 杨振宁,饶宗颐,等.中国文化与科学[M].南京:江苏教育出版社,2003:13.

第十七讲　宋明理学的格物致知学说

梁启超在评价中国科学文化的发展时说："吾中国之哲学、政治学、生计学、群学、心理学、伦理学、史学、文学等，自二三百年以前，皆无以远逊于欧西，而其所最缺者则格致学也。夫虚理非不可贵，然必藉实验而后得其真。我国学术迟滞不进之由，未始不坐是矣。"①

"格致学"是近代中国人对自然科学的总称。梁启超认为，我国的人文社会科学并不逊于欧洲，只是缺乏自然科学；科学落后的原因在于国人只求"虚理"，而不重视藉助实验以求其真。"格致"，即格物致知，是宋明理学家反复阐述及大力提倡的认识论概念。

中国学术的发展，按照历史阶段划分，主要有春秋战国时期的诸子之学、两汉经学、魏晋玄学、隋唐佛学、宋明理学、明清实学及清末新学。

唐朝是佛教、道教盛行的时代。宗教的盛行，使传统的儒家文化受到轻视，这种状况不利于国家的统一和政权的稳固。宋朝建立后，在学术上开始批判佛、道思想，复兴儒学传统。

佛学和道家学说都有比较完备的思辨体系和较高的理论思维水平，给人以空灵的智慧和玄妙的悟性。相对而言，儒学对天道变化、宇宙生成的解释，对君臣父子、纲常伦理的论证，都比较直观、通俗，缺乏系统的理论和高深的思辨。

宋代学者以传统的儒家思想为主体，吸收佛学及道家学说的理论思维精华，将佛道学说的本体论、认识论与儒家的政治哲学及伦理思想结合起来，以思辨的方式论证传统的道德纲常、等级秩序和专制集权的合理性、神圣性，形成了新的儒学理论即"理学"②。理学也称道学、性理之学或义理之学，兴起于北宋，明代末期趋于衰落。

理学认为，在自然现象及社会现象背后有一个统一的根本存在，这就是理，也称"天理"；对理的体认即"穷理尽性"，是为圣、为王的必要条件，是齐家、治国、平天下的基础。

---

① 梁启超. 饮冰室全集·卷二[M]. 大孚书局，2009：66.
② 张岂之. 中国思想史[M]. 西安：西北大学出版社，1989：633—634.

理学的代表人物有北宋的周敦颐、张载、邵雍、程颢、程颐,南宋的朱熹、陆九渊,明代的王守仁等。这一学说从产生到式微,历时约七个世纪,对宋明时期的学术文化及科学认识活动产生了广泛而持久的影响。

理学家认为,穷理的途径是"格物致知"。格物致知是理学的重要内容,体现了其认识论及方法论特点,对宋元明清时期的科学认识活动以及明清时期西方科学技术的传入都有过重要影响。

一、格物致知学说

"格物致知"概念出自先秦儒家经典《礼记·大学》。该篇说:"大学之道,在明明德,在亲民,在止于至善。……古之欲明明德于天下者,先治其国;欲治其国者,先齐其家;欲齐其家者,先修其身;欲修其身者,先正其心;欲正其心者,先诚其意;欲诚其意者,先致其知;致知在格物。格物而后知至,知至而后意诚,意诚而后心正,心正而后身修,身修而后家齐,家齐而后国治,国治而后平天下。"这里提出了儒家的"明明德"、"亲(即新)民"、"止于至善"的三纲领和"格物"、"致知"、"诚意"、"正心"、"修身"、"齐家"、"治国"、"平天下"的八条目。从内在的正心、修身,到外在的治国、平天下,这是一套完善自我修养的理论体系和施展政治抱负的实践路线,是"内圣外王"之学。

"三纲领"和"八条目"属于道德修养和社会政治。儒家认为,要实现修、齐、治、平的愿望,首先必须做到"格物致知"。所以,能否"格物致知",是能否实现这些抱负的基础。

由于《大学》中的"三纲领"、"八条目"反映了儒家的基本思想,因此唐代韩愈和李翱都主张将《大学》看作与《论语》、《孟子》等同样重要的儒家"经书"。北宋时期,程颢、程颐(合称"二程")也极力推崇《大学》在"经书"中的地位,将其看作教人立身处世的必读经典。二程并对《大学》中的格物致知概念作了阐释,著有《改正大学》。朱熹继承和发展了二程的格物致知学说,提出了更为完整的理论,从而确立了其在理学中的重要地位。宋明时期,许多学者都对格物致知作过讨论,其中以二程和朱熹的论述最具代表性。

1. 二程的格物致知学说

程颢、程颐兄弟的学术思想及理论阐述是一致的,因此学术界对他们的言论多不加区分,合称二程思想。二程对格物致知的阐述,主要有以下几个方面。

其一,格物致知的含义。

《尔雅·释诂》说:"格,至也。"《尔雅·释言》说:"格,来也。"因此,东汉郑玄在为《大学》作注时说:"格,来也;物,犹事也。"格,是来、至。格物,就是接触事物。

程颐认为,格物致知所说的"物",范围很广,不仅包括一切物质存在,也包括人所从事的活动,甚至包括人身内在的东西。他说:"今人欲致知,须要格物。物不必谓事物然后谓之物也,自一身之中,至万物之理,但理会得多,相次自然豁然有觉处。"①

有学生问:"如何是格物?"程颐回答:"格,至也,言穷至物理也。"②又说:"格犹穷也,物犹理也,犹曰穷其理而已也。穷其理,然后足以致之,不穷则不能致也。"③所以,"格物"就是穷究物理,穷理方可致知。

关于"致知",程颐说:"致知,尽知也。穷理格物,便是致知。"④所以,"致知",就是"尽知",即知无不尽。格物致知,就是穷究物理,达到尽知。

其二,格物致知的方法。

格物的目的是穷理,是穷究事物所以然之理。程颐说:"穷物理者,穷其所以然也。天之高,地之厚,鬼神之幽显,必有所以然者;"⑤"语其大,至天地之高厚;语其小,至一物之所以然,学者皆当理会。"⑥

宇宙间物物皆有理,如何尽穷其理? 有人问:"格物须物物格之,还是只格一物而万理皆知?"程颐回答说:"怎生便会该通! 若只格一物便通众理,虽颜子亦不敢如此道。须是今日格一件,明日又格一件,积习既多,然后脱然自有贯通处。"⑦"积习既多"是经验积累过程,"脱然贯通"是顿悟过程。

二程反复强调:"人要明理,若止一物上明之,亦未济事,须是集众理,然后脱然自有悟处;"⑧"自一身之中,至万物之理,但理会得多,相次自然豁然有觉处;"⑨"夫亦积习既久,则脱然自有该贯。所以然者,万物一理故也。"⑩二程认为,经验认识

---

① 河南程氏遗书·卷第十七.
② 河南程氏遗书·卷第二十二.
③ 河南程氏遗书·卷第二十五.
④ 河南程氏遗书·卷第十五.
⑤ 河南程氏粹言·卷第二[M]//二程集.
⑥ 河南程氏遗书·卷第十八.
⑦ 河南程氏遗书·卷十八.
⑧ 河南程氏遗书·卷十七.
⑨ 河南程氏遗书·第十八.
⑩ 河南程氏粹言·卷一[M]//二程集.

积累到一定程度,就会产生飞跃,实现顿悟,达到豁然贯通的效果,之所以如此,是因为万物遵循的是一个理。

二程认为,格物是为学之始,由是以进,可以成为圣人;只要诚意去做,人人都可格物,聪明的人格物速度快一些,愚笨的人速度慢一些。程颐说:"自格物而充之,然后可以至于圣人;不知格物而欲意诚、心正,而后身修者,未有能中于理者也;"①"但立诚意去格物,其迟速却在人明暗也。明者格物速,暗者格物迟。"②

在强调"脱然贯通"的同时,程颐还提出了类推方法。他说:"格物穷理,非是要尽穷天下之物,但于一事上穷尽,其他可以类推。……穷理如一事上穷不得,且别穷一理。或先其易者,或先其难者,各随人深浅。如千蹊万径,皆可适国,但得一道入得便可。所以能穷者,只为万物皆是一理。至如一物一事虽小,皆有是理。"③万物只是一理,此物之理即彼物之理。所以,穷得一物之理,即可推知万物之理。

事实上,二程一方面强调"若止一物上明理,亦未济事,须是集众理,然后脱然自有悟处",另一方面又强调"但于一事上穷尽,其他可以类推",这两种方法在逻辑上是不一致的。如果能于一事上穷理,其他可以类推,自然就不需要"今日格一件,明日格一件"了。

程颐还说:"穷理亦多端:或读书,讲明义理;或论古今人物,别其是非;或应事接物而处其当,皆穷理也。"④在他看来,不仅穷究天地万物之理,是穷理;读书,评古论今,应事接物,也都是在穷理。

其三,格物致知的目的。

格物在于穷理。二程所说的理,指"天理"。他们认为,"万物皆只是一个天理。"⑤天理存在于万物之中,决定万物的存在及变化,"实有是理,故实有是物;实有是物,故实有是用。"⑥在二程看来,先秦儒家强调的人伦之情、君臣之礼也都是天理的表现。程颐说:"人伦者,天理也;"⑦"父子君臣,天下之定理,无所逃于天地之间。"⑧又说:"礼者,理也,文也;"⑨"仁,理也。人,物也。以仁合在人身言之,乃

---

①　河南程氏粹言・卷一[M]//二程集.

②　河南程氏遗书・卷第二十二.

③　河南程氏遗书・卷十五.

④　河南程氏遗书・卷十八.

⑤　河南程氏遗书・卷二.

⑥　河南程氏经说・卷八[M]//二程集.

⑦　河南程氏外书・卷七[M]//二程集.

⑧　河南程氏遗书・卷五.

⑨　河南程氏遗书・卷十一.

是人之道也。"①二程所说的理,包括自然万物之理及人文社会之理。

虽然二程强调万物各有理,格物就是穷究物理,但他们认为,格物致知的目的并非是认识客观事物,而是恢复人内心的"天理",要推至心中固有之知。

程颢说:"人心莫不有知,惟蔽于人欲,则亡天德也。"②程颐说得更为明白:"致知在格物,非由外铄我也,我故有之也。因物有迁,迷而不知,则天理灭矣,故圣人欲格之。"③又说:"知者吾之所固有,然不致则不能得之,而致知必有道,故曰:'致知在格物'。"④在二程看来,格物致知就是认识人固有之"知","知"虽是心中所固有,但被各种欲望所遮蔽,须经格物而明之。

二程还认为,格物致知是为了"明善",或"止于至善"。程颐说:"要在明善,明善在乎格物穷理;"⑤"致知,但知止于至善,为人子止于孝,为人父止于慈之类。"⑥止,是至,达。达到至善,也是格物致知的目的。

《大学》提出"八条目",其中格物致知是根本。格物致知是为学,治国平天下是为用,为学是本,为用是末。对此,程颐强调说:"人之学莫大于知本末终始。致知在格物,则所谓本也,始也;治天下、国家,则所谓末也,终也。治天下国家,必本诸身,其身不正而能治天下国家者,无之。"⑦

二程的格物致知学说虽然不以认识自然物理为目的,但他们认为万物各有理,强调"积习既多",而后"脱然贯通",以及"类推"方法,这些都是有认识论意义的。

2. 朱熹的格物致知学说

在二程学说基础上,朱熹对格物致知进行了更为全面的阐述。淳熙元年,朱熹在给江德功书中第一次系统地说明了对格物致知的看法。他说:"格物之说,程子论之详矣。而其所谓'格,至也,格物而至于物则物理尽'者,章句俱到,不可移易。……夫天生烝民,有物有则。物者形也,则者理也,形者所谓形而下者也,理者所谓形而上者也。人之生也,固不能无是物矣,而不明其物之理,则无以顺性命之正而处事物之当。故必即是物以求之。知求其理矣,而不至夫物之极,则物之理有未穷,而吾之知亦未尽,故至其极而后已。此谓格物而至于物则物理尽者也。物理皆尽,则吾之知识廓然贯通,无有蔽碍,而意无不诚,心无不正矣。此《大学》本经之

---

① 河南程氏外书·卷六[M]//二程集.
② 河南程氏遗书·卷十一.
③ 河南程氏遗书·卷二十五.
④ 河南程氏遗书·卷二十五.
⑤ 河南程氏遗书·卷十五.
⑥ 河南程氏遗书·卷七.
⑦ 河南程氏遗书·卷二十五.

意，而程子之说然也。"①

后来，他在《大学补传》中对格物致知作了更为充分的论述，其中说："所谓致知在格物者，言欲致吾之知，在即物而穷其理也。盖人心之灵莫不有知，而天下之物莫不有理。惟于理有未穷，故其知有不尽也。是以大学始教，必使学者即凡天下之物，莫不因其已知之理而益穷之，以求至乎其极。至于用力之久，而一旦豁然贯通焉，则众物之表里精粗无不到，而吾心之全体大用无不明矣。此谓物格，此谓知之至也。"②

这两处是朱熹关于格物致知最集中的论述。他一生中在各种场合，尤其是在回答弟子的提问时，发表了大量关于格物致知的言论。

朱熹在《大学章句》中解释"格物"时说："格，至也。物，犹事也。穷至事物之理，欲其极处无不到也。"

《朱子语类》也说："格物者，欲穷极其物之理，使无不尽；""言格，是要见得理到尽处。若理有未格处，是于知之体尚有不尽；……凡万物万事之理皆要穷，但穷到底无复余蕴，方是格物；""若是穷得三两分，便未是格物，须是穷尽到十分，方是格物；"③"格物，谓于事物之理，各极其至，穷到尽头。若是里面核子未破，便是未极其至也。"④朱熹把格物的过程比喻为吃果子，"先去其皮壳，然后食其肉，又更和那中间核子都咬破始得。若不咬破，又恐里头别有多滋味在。若是不去其皮壳，固不可。若只去其皮壳了不管里面核子，亦不可。……格物，谓于事物之理各极其至，穷到尽头。"⑤

关于"致知"，朱熹在《大学章句》中说："致，推极也。知，犹识也。推及吾之知识，欲其所知无不尽也。""致知"即"知至"。

朱熹说："知至者，吾心之所知无不尽也；""知至，谓天下事物之理，知无不到之谓。若知一而不知二，知大而不知细，知高远而不知幽深，皆非知之至也。要须四至八到，无所不知，乃谓至耳。"⑥

这些论述表明，"格物"是探究事物，穷极事物之理；"致知"是扩展自己的知识，使之知无不尽。

关于格物致知的对象，朱熹说："天地之间，上是天，下是地，中间有许多日月星

---

① 朱熹.朱文公文集·卷四十四[M]//四部备要·子部儒家.

② 朱熹.大学章句[M]//四书五经.天津：天津古籍出版社,1988.

③ 朱子语类·卷十五.

④ 朱子语类·卷十八.

⑤ 朱子语类·卷十八.

⑥ 朱子语类·卷十五.

辰、山川草木、人物禽兽,此皆形而下之器也。然这形而下之器之中,便各自有个道理,此便是形而上之道。所谓格物,便是要就这形而下之器,穷得那形而上之道理而已。"①

他并且说:宇宙中"上而无极、太极,下而至于一草、一木、一昆虫之微,亦各有理。一书不读,则阙了一书道理;一事不穷,则阙了一事道理;一物不格,则阙了一物道理。须着逐一件与他理会过。"②

显然,朱熹强调通过对各种"形而下之器"的认识,达到对"形而上之道理"的把握。对"形而下之器"的认识,就是考察包括自然事物在内的万事万物。他还举例说:"如农圃、医卜、百工之类,却有道理在;"③"虽草木亦有理存焉。一草一木,岂不可以格。如麻、麦、稻、粱,甚时种,甚时收,地之肥,地之硗,厚薄不同,此宜植某物,亦皆有理。"④这些都是格物的对象,其中绝大部分属于自然科学认识的内容。

至于如何进行"格物致知",朱熹说:"用力之久,而一旦豁然贯通焉,则众物之表里精粗无不到,而吾心之全体大用无不明矣。"这是一个经过反复探索而达到豁然顿悟的认识过程。朱熹在《答王子合》书中说:"穷理之学,诚不可以顿进。然必穷之以渐,俟其积累之多,而廓然贯通,乃为识大体耳。"⑤

他在《答黄商伯书》中也说:"一日一件者,格物工夫次第也。脱然贯通者,知至效验极至也。不循其序而遽责其全,则为自罔。但求粗晓而不贯其通,则为自画。"他并且强调说:"积习既多,自当脱然有贯通处,乃零零碎碎凑合将来,不知不觉,自然醒悟。其始固须用力,及其得之也,又却不假用力。此个事不可欲速,欲速则不达,须是慢慢做将去。"⑥由这些论述可以看出,朱熹的格物致知方法与二程相同,也是认为"积习既多"就会"豁然贯通"。

二程主张用类推方法认识物理,朱熹也一样。他说:"格物非欲尽穷天下之物,但于一事上穷尽,其他可以类推;"⑦"今以十事言之,若理会得七、八件,则那两、三件触类可通。若四旁都理会得,则中间所未通者,其道理亦是如此;"⑧因为,"万物

① 朱子语类·卷六十二.
② 朱子语类·卷十五.
③ 朱子语类·卷四十九.
④ 朱子语类·卷十八.
⑤ 朱熹.朱子文集·卷四十九[M].北京:中华书局,1986.
⑥ 朱子语类·卷十八.
⑦ 朱熹.四书或问·卷二[M]//四库全书·经部四书类.
⑧ 朱子语类·卷十八.

各具一理,而万理同出一源,所以可推而无不通也。"①

朱熹认为,"人心之灵莫不有知,而天下之物莫不有理",由于"理有未穷"、"知有不尽",因而"大学始教,必使学者即凡天下之物,莫不因其已知之理而益穷之,以求至乎其极。"他强调:"夫格物可以致知,犹食所以为饱也。今不格物而自谓有知,则其知者妄也。"②

由上述可见,朱熹的格物致知理论主张通过对自然万物的考察以认识其道理,具有积极的科学认识论意义。

但是,朱熹还说:"'格'字、'致'字者,皆是为自家原有之物,但为他物所蔽耳。而今便要从那知处推开去,是因其所已知而推之,以至于无所不知也;"③又说:"大凡道理,皆是我自有之物,非从外得;"④"致知工夫亦只是据所已知者,玩索推广将去,具于心者本无不足也。"⑤这表明,朱熹认为,人本身即具有良知,事物的道理并非存在于人体之外,而是人"自有之物",只是为"他物所蔽",需要推展。"格物致知"是人之内在知识的推广过程,而不是去认识外界事物。

如此来看,朱熹的"格物致知"论具有两面性:一方面提倡认识事物,探索万物之理,这对于科学认识活动具有积极的意义;另一方面又强调致知是致心中固有之知,这就不具有科学认识意义了。

另外,先秦儒家提倡格物致知,目的是为了实现修、齐、治、平的政治抱负,朱熹提倡格物致知的目的也一样。他明确指出:"格物之论,伊川意虽谓眼前无非是物,然其格之也,亦须有先后缓急之序,岂遽以为存心于一草木器用之间,而忽然悬悟也哉? 今为学而不穷天理、明人伦、讲圣言、求世故,乃兀然存心于草木器用之间,此是何学问! 如此而望有所得,是炊沙而欲其成饭也。"⑥显然,朱熹主张格物致知要存心于"穷天理、明人伦、讲圣言、求世故",而不是存心于"草木器用之间"。

总之,与二程类似,朱熹的格物致知学说并不是要获得科学知识,不是为了认识客观世界,而是通过对物理的认识,实现心中"全体大用"的"无不明"。所以,二程及朱熹提倡格物致知学说,目的不是而且也不可能是为了推动科学认识的发展。后人把近代自然科学称作格致之学,是对格物致知学说作了科学认识论的理解。

---

① 朱熹.四书或问·卷二[M]//四库全书·经部四书类.
② 朱子语类·卷七十.
③ 朱子语类·卷十五.
④ 朱子语类·卷十七.
⑤ 朱子语类·卷十五.
⑥ 朱熹.朱文公文集·卷三十九[M]//四部备要·子部儒家.

3. 陆九渊和王守仁的格物致知学说

朱熹之后,格物致知理论向两个方向发展,一是以"致知"为主,强调向内反思;一是以"格物"为主,强调向外认知。前者发展的结果,出现了明代王守仁的"致良知"学说;后者发展的结果,出现了明末王夫之等人的"格物穷理"之说①。王守仁在哲学上继承了陆九渊的心学思想,属于明代心学的主要代表。

心学由南宋陆九渊创立,属于理学的一个派别。心学将"心"看作宇宙万物的本原,提出"心即理"和"心外无物"的命题。陆九渊一方面强调理的绝对性,认为"塞宇宙一理耳,……此理之大,岂有限量?"②"此理充塞宇宙,天地鬼神且不能违,况于人乎?"③另一方面又将客观的"理"主观化,强调"心"与"理"合一。他说:"心,一心也;理,一理也。至当归一,精义无二。此心此理,实不容有二;"④又说:"人皆有是心,心皆具是理,心即理也。"⑤心在人体内,理在万物中,"心即理"即把主体与客体、自我与外在融为了一体。

在"心"、"物"关系上,陆九渊认为宇宙万物都包含于我心中,"宇宙便是吾心,吾心便是宇宙。"⑥他说:"万物森然于方寸之间,满心而发,充塞宇宙无非此理而已。"⑦既然宇宙万物及其"理"都存在于"吾心"之中,人就不必到心外去认识事物,不必从外在世界获得知识,只要"发明本心"即可达到"知"。因此,陆九渊说:"心之体甚大,若能尽我之心,便与天同,为学只是理会此。"⑧

陆九渊与其学生有一段关于格物致知的对话:先生说:"欲正其心者,先诚其意,欲诚其意者,先致其知。致知在格物,格物是下手处。"学生问:"如何样格物?"先生答:"研究物理。"学生问:"天下万物,不胜其繁,如何尽研究得?"先生答:"万物皆备于我,只要明理。"⑨意即物理都在人心中,格物穷理只需明了心中之理即可。

有人问:"先生之学当自何处入?"陆九渊回答:"不过切己自反,改过迁善。"⑩"切己自反"是自我反省、自我认识的过程。由于"心"受物欲或偏见蒙蔽,以至于悖

　① 蒙培元. 理学范畴系统[M]. 北京:人民出版社,1998:352.
　② 陆九渊. 陆九渊集·卷十二[M]. 北京:中华书局,1980.(本书中凡涉及陆九渊的引文,未加注释者均引自《陆九渊集》中华书局 1980 年版。)
　③ 陆九渊集·卷十一.
　④ 陆九渊集·卷一.
　⑤ 陆九渊集·卷十一.
　⑥ 陆九渊集·卷二十二.
　⑦ 陆九渊集·卷三十四.
　⑧ 陆九渊集·卷三十五.
　⑨ 陆九渊集·卷三十五.
　⑩ 陆九渊集·卷三十四.

理违义,须要经过反省才可明理见性。

陆九渊说:"义理之在人心,实天之所为,而不可泯灭焉者也。彼其受蔽于物而至于悖理违义,盖亦弗思焉耳。诚能反而思之,则是非取舍,盖有隐然而动,判然而明,决然而无疑者也。"①他认为,人心之蔽有两类,"愚不肖者之蔽在于物欲,贤者智者之蔽在于意见,高下汙洁虽不同,其为蔽理溺心,不得其正则一也。"②所谓"不得其正",即"有所蒙蔽,有所夺移,有所陷溺,则此心为之不灵,此理为之不明,是谓不得其正,其见乃邪见,其说乃邪说。一溺于此,不由讲学,无自而复。"③心受蒙蔽,需要经过讲学的帮助,方可恢复。他把解除"心蔽"的过程看作不断"剥落"的过程,认为"人心有病,须是剥落,剥落得一番即一番清明,后随起来,又剥落又清明,须剥落得净尽方是。"④

明代王守仁年轻时非常推崇朱熹的学说。朱熹认为,能否格物致知,是区别凡人与圣人的关键。他说:"《大学》物格知至处便是凡圣之关。物未格,知未至,如何煞也是凡人。须是物格知至,方能循循不已,而入圣贤之域。"⑤

二程及朱熹在谈到格物的方法时,都说"用力既久"即会"豁然贯通"。但是,这种方法并未提供一个循序渐进的逻辑程序,究竟如何"用力"才能达到"豁然贯通"?两宋的理学家并未解决这个问题。格物致知无论多么重要,如果没有方法,则难以使人入其门径。

王守仁在格物实践中即遇到了这个问题。他回忆自己的认识经历时说:"众人只说格物要依晦翁(朱熹),何曾把他的说去用?我著实曾用来。初年与钱友同论做圣贤要格天下之物,如今安得这等大的力量,因指亭前竹子令去格看。钱子早夜去穷格竹子的道理,竭其心思,至于三日便致劳神成疾。当初说他这是精力不足,某因自去穷格,早夜不得其理,到七日,亦以劳思致疾。遂相与叹曰:圣贤是做不得的,无他大力量去格物了。"⑥

这件事发生在弘治五年(公元 1492 年)。"格竹子"实践的失败,王守仁产生了对朱熹理学的怀疑,由此使其转向陆九渊的心学。从格竹子的失败,使王守仁"乃

---

① 陆九渊集·卷三十二.
② 陆九渊集·卷一.
③ 陆九渊集·卷十一.
④ 陆九渊集·卷三十五.
⑤ 朱子语类·卷十三.
⑥ 王文成公全书·卷三[M]//四部备要·子部儒家.(本讲凡涉及王守仁的引文,未加注释者,均引自《王文成公全书》《四部备要》版。)

知天下之物本无可格者,其格物之功,只在身心上做。"①

格物致知是即物穷理。在致知过程中,外在的"理"如何转化为内心的"知"?二程和朱熹都未解决这个问题。陆九渊合心与理为一,提出"心即理"的主张。王守仁接受并发挥了这种观点。他说:"朱子所谓格物云者,在即物而穷其理也。即物穷理,是就事事物物上求其所谓定理也。是以吾心而求理于事事物物之中,析心与理为二矣。"②他认为,析心与理为二是错误的。

他举例论证说:"夫求理于事事物物者,如求孝之理于其亲之谓也;求孝之理于其亲,则孝之理其果在于吾之心邪? 抑果在于亲之身邪? 假而果在于亲之身,则亲没之后,吾心遂无孝之理欤。……以是例之,万事万物之理莫不皆然,是可以知析心与理为二之非矣。"③

因此,他认为,"我如今说个心即理,只为世人分心与理为二,便有许多病痛。"④王守仁不仅认为心即理,而且认为"心外无物,心外无事,心外无理,心外无义,心外无善。"⑤他论证说:"夫物理不外乎于吾心,外吾心而求物理,无物理矣;遗物理而求吾心,吾心又何物邪? 心之体,性也;性即理也。故有孝亲之心,即有孝之理;无孝亲之心,即无孝之理矣。"⑥

二程及朱熹训"格物"之"格"为"至",王守仁不同意这种解释。他认为,"格"当作"正"字解。"格者,正也,正其不正以归于正之谓也。正其不正者,去恶之谓也;归于正者,为善之谓也。夫是之谓格。"⑦如此,"格物"即成了去恶至善的"正心"活动。王守仁强调:"天下之物本无可格者,其格物之功只在身心上做;"⑧"夫正心诚意,致知格物,皆所以修身,而格物者,其所以用力实可见之地。故格物者,格其心之物也,格其意之物也,格其知之物也。正心者,正其物之心也;诚意者,诚其物之意也;致知者,致其物之知也,此岂有内外彼此之分哉?"⑨

针对朱熹的格物理论,他说:"先儒格物为格天下之物,天下之物如何格得? 且谓一草一木亦皆有理,今如何去格? 纵格得草木来,如何反来诚得自家意?"⑩他主

---

① 王成公全书·卷三.
② 王成公全书·卷二.
③ 王成公全书·卷二.
④ 王成公全书·卷三.
⑤ 王成公全书·卷四.
⑥ 王成公全书·卷二.
⑦ 王成公全书·卷二十六.
⑧ 王成公全书·卷三.
⑨ 王成公全书·卷二.
⑩ 王成公全书·卷三.

张,格物并非去格身外之物,而是格心中之物;致知也不必外求,而是致心中之"良知"。这种"良知"就是理学家强调的"天理"。

王守仁说:"夫心之本体,即天理也,天理之昭明灵觉,所谓良知也;"①"良知是天理之昭明灵觉处,故良知即是天理。"②由此他对格物致知的解释是:"若鄙人所谓'格物致知'者,致吾心之良知于事事物物也。吾心之良知即所谓'天理'也。致吾心良知之'天理'于事事物物,则事事物物皆得其理矣。致吾心之良知者,致知也。事事物物皆得其理者,格物也。是合心与理而为一者也。"③

与二程及朱熹一样,陆九渊和王守仁也是强调格物致知的目的是明心见性。王守仁说:"君子之学,以明其心。其心本无昧也,而欲为之蔽,习为之害,故去蔽与害而明复,非自外也。心犹水也,污入之而流浊;犹鉴也,垢积之而光昧。"④他批评二程、朱熹等"背孔孟之说,昧于《大学》格物之训,而徒务博乎其外,以求益乎其内,皆入污以求清,积垢以求明者也,弗可得已。"⑤

陆九渊和王守仁强调心物一理,主张格物致知是将心中之良知推至于外物,是发明本心的过程。这种格物致知学说不具有科学认识论意义。

4. 王夫之等人的格物致知学说

明代,罗钦顺、吴廷翰、方以智、王夫之等一批学者对王守仁的格物致知学说提出了批评,同时也提出了自己的观点,从而赋予了格物致知学说科学认识论内涵。

罗钦顺不同意王守仁的格物致知观点,与其展开过辩论。针对王守仁的格心说,罗钦顺指出:"格物之义,……当为万物无遗。人之有心,固亦是一物,然专以格物为格此心,则不可。"⑥他指出,如果像王守仁主张的那样,"致吾心之良知于事事物物,则是道理全在人安排出,事物无夫本然之则矣。"⑦意谓王守仁的"致良知"说是以主观安排客观,使事物失去了"本然之则"。罗钦顺认为,格物致知不是主观安排客观,而是实现主观与客观的统一。"格物之格,正是通彻无间之意。盖工夫至到,则通彻无间,物亦我,我亦物,浑然一致,虽合字亦不必用矣。"⑧要达到主体与客体的通彻无间、内外合一,就必须对客观事物进行认识,此即格物致知。所以,在

---

① 王守仁.与舒国用[M]∥明儒学案·卷十.
② 王成公全书·卷二.
③ 王成公全书·卷二.
④ 王成公全书·卷七.
⑤ 王成公全书·卷七.
⑥ 罗钦顺.困知记·附录(《答允恕弟》)[M]∥丛书集成初编·哲学类.
⑦ 罗钦顺.困知记·附录(《答欧阳少司成崇一》)[M]∥丛书集成初编·哲学类.
⑧ 罗钦顺.困知记·卷上[M]∥丛书集成初编·哲学类

他看来,格物致知,无论是由心推之于物,还是由物推之于心,只要两者不一致,就是不正确的,"察之于身,宜莫先于性情;即有见焉,推之于物而不通,非至理也。察之于物,固无分于鸟兽草木;即有见焉,反之于心而不合,非至理也。必灼然有见乎一致之妙,了无彼此之殊,而其分之殊者自森然其不可乱,斯为格致之极功。"①

吴廷翰也对王守仁的格物说提出了批评。针对王守仁的观点,他指出:"今人为格物之说者,谓'物理在心,不当求之于外;求之于外,为析心与理为二,是支离也。'此说谬也。"②吴廷翰认为,物理是客观的,人心是主观的,人心中之理应是外物之理的反映,"夫物理在心,物犹在外,物之理即心之理,心之物即物之物也。"格物致知是认识物理的过程,是主观合于客观的过程。吴廷翰强调说:"致知在格物,格物只是至物为当。分明使致知者一一都于物上见得理,才方是实。盖知已是心,致知只求于心,则是虚见虚闻,故必验之于物而得之于心,乃为真知。"②

明末方以智对格物致知也有所讨论。他说:"至理不测,因物则以征之;"③"舍物则理亦无所得矣,又何格哉?"④天地万物之"至理"只能由具体事物得以体现,离开具体事物,"至理"无从而知,"格物"也是空话。所以,方以智认为,"格物致知"就是通过对事物的认识而把握其"至理"。

明末清初,王夫之对于格物致知学说作了比较充分的阐述。他认为,统而论之,《大学》之"三纲领"、"八条目"只是一事,即成就内圣外王之事。如果分开说,格物是研究外物之理,致知包括由格外物之理而引发的道德理性彰显等内省活动。

王夫之认为,格物致知所获得的"知",包括道德方面的天理之知和认知方面的物理之知,两者有不同的获取机制。

对于道德理性知识的获得,格物是诱因,心中本有的理性是根据。王夫之说:"是故孝者不学而知,不虑而能;慈者不学养子而后嫁。意不因知,而知不因物,固矣。惟夫事亲之道,有在经为宜,在变为权者。……乃借格物以推致其理,使无纤毫之疑似,而后可用其诚。此则格致相因,而致知在格物者,但谓此也。"⑤他认为,人有本然之知,有现实之知。本然之知是不学而知,不虑而能的天赋道德意识。本然之知在现实中的落实,即成为现实之知。本然之知,人人有之,故"知不因物",如孝、慈之类。孝慈在人的行为中的落实,即现实之知,须经由人的格物活动而后得。格物活动的目的在于去除私意自用,使诚意显现。

---

① 罗钦顺.困知记·卷上[M]//丛书集成初编·哲学类
② 吴廷翰.吉斋漫录[M]//吴廷翰集.北京:中华书局,1984.
③ 方以智.物理小识·医药类[M].北京:商务印书馆,1937.
④ 方以智.物理小识·总论[M].北京:商务印书馆,1937.
⑤ 王夫之.读四书大全说·卷一[M]//船山遗书·民国本.

对于纯粹物理知识的获得,可以由格物实现。王夫之说:"天下之物无涯,吾之格之也有涯。吾之所知者有量,而及其致之也不复拘于量。颜子闻一知十,格一而致十也。子贡闻一知二,格一而致二也。必待格尽天下之物而后尽知万事之理,既必不可得之数。是以《大学补传》云:至于用力之久,而一旦豁然贯通焉。"①人无法格尽天下之物,要由有限的格物活动尽知万物之理,只有在"用力之久"的基础上达到"豁然贯通"。

关于格物致知的方法,王夫之认为是学、问、思、辨共用,感官认识与理性思维结合。他说:"大抵格物之功,心官与耳目均用,学问为主,而思辨辅之,所思所辨者,皆其所学问之事。致知之功,则惟在心官,思辨为主,而学问辅之,所学问者乃以决其思辨之疑。致知在格物,以耳目资心之用,而使有所循也,非耳目全操心之权,而心可废也。"①他还说:"致知之途有二,曰学曰思。学则不恃己之聪明,而一惟先觉之是效;思则不徇古人之陈迹,而任吾警悟之灵,乃二者不可偏废,而必相资以为功。"②这些论述,反映了王夫之对于格物致知方法的认识。

由上述可见,罗钦顺、方以智、王夫之等人的格物致知学说强调探究自然物理,具有明显的科学认识论内涵。

二程及朱熹等人强调格物致知在实现修身、齐家、治国、平天下过程中的基础作用,提倡通过格物穷理而达到致心中之良知。虽然理学家提倡格物致知的主观目的不是为了认识外在事物,但事实上格物致知观念仍然具有一定的认识论意义,对宋明时期古人探究自然物理具有号召与鼓励作用,王守仁格竹子即是典型的例子。

但是,由于受传统思维方式等因素的限制,理学家们始终未能解决格物致知的有效方法问题。二程和朱熹强调的用力既久即会"豁然贯通",类似于佛教的顿悟修行方法。这种方法没有逻辑程式,不具有可操作性,这正是王守仁格竹子失败的原因,也是他放弃程朱学说的原因。

二、格物致知观念对科学认识活动的影响

《大学》提出的格物致知理论经过理学家的发展,成为宋明时期备受知识分子

---

① 王夫之.读四书大全说·卷一[M]//船山遗书·民国本.
② 王夫之.四书训义·卷六[M]//船山遗书·民国本.

重视的思想观念,尽管二程及朱熹提倡这种理论的目的不是为了认识自然万物,但格物致知作为为学、为圣的基本途径,尤其是其中"格物"所具有的认识论涵义,对于宋代及其以后的科学认识活动还是产生了积极的影响。

李约瑟说:"宋代理学本质上是科学性的,伴随而来的是纯粹科学和应用科学本身的各种活动的史无前例的繁盛。"[①]李约瑟所说的理学的科学性,是指格物致知学说。日本物理学家、诺贝尔奖获得者汤川秀树也认为,格物致知是中国古代思想中最符合科学精神的观念[②]。不可否认,现代人对格物致知概念的理解与理学家的本意可能有所不同,不过,就字面含义来看,它确实属于科学认识论的范畴。

朱熹认为,《大学》是"教人之法,圣经贤传之指",因而将其列为《四书》之首。南宋末年,朱熹的学说受到社会的高度重视,其所注释的《四书》被奉为圣贤经典,由此也确立了理学在当时及以后相当长时间的思想统治地位。格物致知学说作为理学的重要内容之一,也受到了人们的重视。由于二程及朱熹都认为,进行格物致知是成为圣人的基本途径,因此,要想成为圣人,就要格物致知,而格物就要穷究物理,所以,这一学说在客观上对于人们认识自然、探讨物理具有一定的促进作用。宋代及其以后,人们多把各种探究自然物理的活动看作格物致知行为。

医学是被古人公认的格物致知之学。金代医家宋云公在《伤寒类证·序》中写道:"医不通道,无以知造化之机;道不通医,无以尽养生之理。然欲学此道者,必先立其志。立志则格物,格物则学专。"

金元本草学家刘祁认为,本草学也是格物穷理之学。他在《重修证类本草·跋》中写道:"余自幼多病,数与医者语,故于医家书颇常涉猎。在淮扬时,尝手节本草一帙,辨药性大纲,以为是书通天地间玉石草木禽兽虫鱼万物性味,在儒者不可不知。又饮食服饵禁忌,犹不可不察,亦穷理一事也。"

元代朱震亨在其医学名著《格致余论》自序中说:"古人以医为吾儒格物致知一事,故目其篇曰《格致余论》。"

明代李时珍认为,自己撰写的《本草纲目》也是格物致知之学。《本草纲目·凡例》说:"虽曰医家药用,其考释性理,实吾儒格物之学。"同书卷14"芎藭"也强调:"医者贵在格物。"李时珍认为,果蓏虫草各有自己的性味,辨别各自的药性差异,都是探究物理,属于"格物"。

① 李约瑟.中国科学技术史:第二卷[M].北京:科学出版社,上海古籍出版社,1990:527.
② 汤川秀树,薮内清.中国科学的特点[J].科学史译丛,1981(2):3.

明代王世贞赞扬《本草纲目》"实性理之精微，格物之通典"。明代医家吴有性也认为，医学研究是格物穷理，其《瘟疫论·自序》说："余虽固陋，静心穷理，格其所感之气，所入之门，所收之处，及其转变之体，平日所用历验方法，详述于左，已俟高明者正之。"

明代还有一些直接以格物致知命名的医书，如万全的《痘疹格致论》、王普贤的《医理直格》等。清代也有一些以"格物"为名的医书，如顾靖远的《格言汇纂》、胡大淏的《易医格物编》、翟绍衣的《医门格物论》、高应鳞的《格致医案》等等。

儒家提倡的"多识鸟兽草木之名"，应该属于生物学研究的内容。宋明时期，学者们认为，认识花鸟草木也是格物之学。宋代陈景沂《全芳备祖·序》说："《大学》立教，格物为先，而多识于鸟兽草木之名，亦学者之当务也。以此观物，庸非穷理之一事乎？"南宋罗愿所著《尔雅翼》是古代生物学的重要著作，王厚斋在该书序言中说："惟大学始教，格物致知。万物备于我，广大精微。一草木皆有理，可以类推。卓而先觉，即物精思，体用相涵，本末靡遗。"

天文历算主要是为朝廷服务的学问。明太祖朱元璋认为，探讨日月五星运动变化情况也属于"格物致知之学"。明代熊明遇将自己讨论宇宙论和五行说的著作名之为《格致草》。

宋人朱中有曾经研究潮汐现象，认为自己也是在格物致知，其在《潮颐》中说："物格知致，粗尝学焉。欲知潮之为物，必先识天地之间有元气、有阴阳。……"

博物学是一门比较古老的学问，晋代张华即著有《博物志》。成书于宋代的《格物粗谈》，托名苏轼所撰，属于博物学著作，全书分上下二卷，上卷有天时、地理、树木、花草、种植、培养、兽类、禽类、鱼类、虫类、果品、瓜蓏十二门；下卷有饮食、服饰、器用、药饵、居处、人事、韵藉、偶记八门。在该书作者看来，这些内容都属于格物致知的对象。明清时期，有不少博物学著作都以格物致知命名，如：清代曹昌言的《格物类纂》、陈元龙的《格致镜原》、屠守仁的《格致谱》等。

以上这些内容，包含医学、生物学、博物学、天文、潮汐等多个方面，古人认为它们都属于格物致知之学。由此已可看出格物致知观念对科学认识活动的影响。

另外，格物致知观念也为明清来华传教士传播西方宗教文化和科技知识提供了一定的帮助。明清时期，格物致知已经成为社会公认的求知行为。从 16 世纪后期开始，西方不断有传教士来华。来华的教士们为了实现传教的目的，必须设法迎合中国人的传统观念和文化心理，因此他们在传教的同时，也以"格物致知"之学的名义介绍一些西方的科学技术知识，并将介绍这类知识的著作以"格致"命名，如意大利传教士高一志的《空际格致》，日耳曼传教士汤若望的《坤舆格致》，还有英国艾约瑟翻译的《格致总学启蒙》、美国林乐知等翻译的《格致启蒙》、美国丁韪良编著的

《格致入门》、英国傅兰雅编译的《格致汇编》和《西学格致大全》、益智书会编译的《格致指南》等等。1861 年前后，李善兰与传教士伟烈亚力、傅兰雅合译了牛顿的力学名著《自然哲学的数学原理》，书名即译为《数理格致》。传教士这样做，就是利用了当时中国知识阶层对"格物致知"的普遍认同。

1607 年，徐光启与利玛窦合作翻译了欧几里德《几何原本》前六卷。利玛窦在《几何原本·序》中说："夫儒者之学，亟致其知，致其知当由明达物理耳。……吾西陬国虽偏小，而其庠校所业，格物穷理之法，视诸列邦为独备焉。……其所致之知且深固，则无有若几何一家者矣。"利玛窦认为几何学是最"深固"的格物致知之学。徐光启也说："几何之学，深有益于致知。明此，知向所揣摩造作而自诡为工巧者非也，一也。明此，知吾所已知不若吾所未知之多，而不可算计也，二也。明此，知向所想像之理，多虚浮而不可按也，三也。"[①]

他评价利玛窦传入的西学时说："顾惟（即利玛窦）先生之学，略有三种：大者修身事天，小者格物穷理，物理之一端别为象数，一一皆精实典要，洞无可疑。其分解擘析，亦能使人无疑。"[②]"修身事天"之学即指宗教，"格物穷理"之学即指自然科学，"象数"之学即指几何学之类。

徐光启在《泰西水法·序》中讨论西方学术时说："其余绪更有一种格物穷理之学。凡世间世外，万事万物之理，叩之无不河悬响答，丝分理解。……格物穷理之中，又复旁出一种象数之学。象数之学，大者为历法，为律吕，至其他有形、有质之物，有度、有数之事，无不赖以为用，用之无不尽巧极妙者。"[③]由此可见，徐光启把包括数学在内的各种自然科学知识都看作格物穷理之学，并对西方传入的这类知识给予了高度的评价。

清末洋务运动期间，一些守旧派反对向西方学习，认为学习西学是舍本逐末，辱没祖宗，负责统办洋务的大臣奕訢对守旧派的责难进行辩解时说："盖匠人习其事，儒者明其理，理明而用宏焉。今日之学，学其理也，乃儒者格物致知之事。"[④]奕訢将西学说成格物致知之学即可证明学习西学的合理性。由此也反映了格物致知观念的社会影响。

由于格物致知观念被社会普遍接受，到了清代末期和民国初年，人们已习惯于把西方传入的自然科学知识统称为"格致学"。1902 年，梁启超在《新民丛报》上发

---

① 徐光启.几何原本杂议[M]//徐光启全集：第四册.上海：上海古籍出版社，2010.
② 徐光启.刻几何原本序[M]//徐光启全集：第四册.上海：上海古籍出版社，2010.
③ 转引自：席泽宗.中国传统文化里的科学方法[M].上海：上海科技教育出版社，1999：51.
④ 朱有瓛.中国近代学制史料：第一辑上册[M].上海：华东师范大学出版社，1986：150.

表了《格致学沿革考略》。他在"导言"中把学问分为两类："其一,形而上学,即政治学、生计学、群学等是也。其二,形而下学,即质学、化学、天文学、地质学、全体学、动物学、植物学等是也。吾因近人通行名义,举凡属于形而下学者皆谓之格致。"①梁启超所说的"形而下学"包含了自然科学的各个方面。

清代末期,"格致学"已经成为社会知识阶层普遍使用的一个概念,概括起来有三种用义。一是泛指科学技术总体,如 1866 年由中西人士在上海创办了"格致书院",一位英国教师拟定的"格致大纲"即包括气学、水学、热学、光学、电学、化学、矿学等等;傅兰雅所拟的《格致书院西学课程纲目》也列有矿务、电学、测绘、工程、汽机、制造等内容。二是泛指自然科学总体,如丁韪良的《格物入门》即包括了数学、物理学、化学等内容;郑观应在《考试》一文中说"格致科,凡声学、光学、电学、化学之类皆属焉";1902 年京师大学堂在格致科下设天文、地质、高等算学、化学、物理学、动植物学六目;1903 年清政府颁布的《奏定大学堂章程》将大学堂分为 8 科 46门,在格致科下又分为 6 门:算学门、星学门、物理学门、化学门、动植物学门、地质学门,并对各学门的课程作了规定;1912 年京师大学堂改为北京大学,格致科改为理科,理科下设物理学、化学等门。三是专指物理学,如《清会典》载"凡格物之学有七:一曰力学,二曰水学,三曰声学,四曰气学,五曰火学,六曰光学,七曰电学。"这七门学科都属于物理学②。

各种史料表明,清末,"格致学"成为自然科学的代名词,格物致知观念在西方科技传入及其在中国兴起的过程中发挥了积极的作用。

小　　结

格物致知是儒家所认为的实现修、齐、治、平政治抱负的先决条件。二程和朱熹虽然赋予了格物致知一定的认识论意义,但他们提倡格物致知的目的并非是为了探究自然物理。陆九渊和王守仁从心即理观念出发,将格物致知看作"致良知"的过程。明代王夫之等对王守仁学说的批评,赋予了格物致知明确的科学认识论意义。格物致知所具有的认识论内涵,是宋明理学的重要思想成果。

---

① 梁启超.饮冰室文集:之十一[M].影印本.北京:中华书局,1989:4.
② 樊洪业.从"格致"到"科学"[J].自然辩证法通讯,1988(3):44—45.

　　格物致知对即物穷理的强调,是与科学认识活动的基本要求一致的。作为宋明时期学者们普遍重视的一种观念,格物致知对宋代及其以后的科学认识活动具有一定的推动作用,同时也为明清时期西方科学技术的传入提供了一定的帮助。

　　由于宋明理学家未能真正解决格物致知的方法问题,使得人们在这一学说鼓舞下探求物理时,会遇到像王守仁格竹子一样的困境。二程和朱熹主张在格物过程中,"用力既久"就会"豁然贯通",这与其说是一种方法的自觉,不如说是对方法的无知与无奈。事实上,缺乏合理的方法,仅凭人的悟性和勤奋,是不可能在科学意义上真正认识万物之理的。

第十八讲　明清时期的实学思潮

从明朝中叶至 1840 年鸦片战争爆发的 300 多年间,中国出现了一种影响广泛的社会思潮。这种思潮提倡崇实黜虚,强调经世致用,追求思想解放,富于批判精神,学术界称之为实学思潮。

社会思潮是在一定历史时期大多数社会成员的共同意识的反映。一种社会思潮是由一大批社会精英所推动的,对社会的影响是多方面的,明清实学思潮也是如此。实学思潮对明清社会的进步具有积极的推动作用,对这一时期科学技术的发展也有重要影响。分析这一思潮的基本表现及其对科学技术所产生的影响,对于正确认识明清社会发展的思想文化背景以及这一时期科学技术的基本特点都是有意义的。

一、实学思潮的主要表现

明清实学思潮的产生,有其社会政治经济背景及思想文化渊源。

明嘉靖年间,我国产生了资本主义生产关系的萌芽,其表现形式是商品经济的发展使得工商业大城市迅速增多,也使得新兴市民阶层、农村资本主义经营方式、钱庄、汇票以及市民文化快速出现。另外,明朝后期,政治腐败,各种社会矛盾日益突出。这些都是产生实学思潮的社会背景。

从思想渊源来看,实学思潮可以追溯到宋代理学。以二程和朱熹为代表的理学家认为,治经闻道即是为修、齐、治、平服务的实用之学。

程颐说:"治经,实学也;"[①]"经所以载道也,器所以适用也。学经而不知道,治

---

① 河南程氏遗书·卷一.

器而不适用,奚益哉?"①他举例说:"如《中庸》一卷书,自至理便推之于事。如国家有九经及历代圣人之迹,莫非实学也。"②程颐强调"穷经将以致用"③,治经是为了求得经书所载圣人治国之道,加以运用。南宋理学家吕祖谦也主张要"讲实理、育实才,而求实用。"④

朱熹也反复强调理学具有实学内涵。他在《中庸章句题解》中说:"始言一理,中散为万事,末复合为一理。放之则弥六合,卷之则退藏于密。其味无穷,皆实学也。"针对佛学崇"空"及道学尚"无"的特点,朱熹说:"释氏便只是说空,老氏便只是说无,却不知道莫实于理。"⑤他指出:"大抵今日之弊,务讲学者多阙于践履,……殊不知因践履之实,以致讲学之功,使所知益明,则所守日用,与彼区区口耳之间者,固不可同日而语矣。"⑥只讲学,不践行,即流于空泛,只有通过实践,才能收到讲学之功。所以,他强调:"学之之博,未若知之之要,知之之要,未若行之之实。"⑦

不过,程朱理学自身也存在矛盾,容易使后人产生不同的理解。朱熹之后,理学沿着两个方向发展,一些人强化了朱子学说中的"性命义理"思想,由此形成了脱离实际、空谈心性的理学末流;另一些人则发扬了朱子学说中的"实学"思想,经过发展演变,成为明清实学思潮的思想渊源。如明初理学大师薛瑄即认为,"读圣贤书,句句字字有实用处方为实学;若徒取以为口耳文辞之资,非实学也。"⑧这是对程朱理学"治经即实学"思想的继承和发展。

另外,西学的传入也对实学思潮的形成有促进作用。1582 年意大利传教士利玛窦来华之后,欧洲一些传教士先后来华。他们在传播宗教的同时,也将西方一些科技知识传入中国,并对中国传统的空疏学风提出了批评,这对实学思潮的形成也有推动作用。

明中叶至清中叶的 300 多年间,实学思潮的涌动、激荡,影响到当时社会的各个方面,培养和造就了一大批关心实事、注重事功、强调经世致用的思想家、哲学家、文学家及科学家,其中著名的有:罗钦顺、王廷相、黄绾、崔铣、王艮、杨慎、吴廷翰、陈建、高拱、何心隐、李时珍、徐渭、张居正、李贽、朱载堉、吕坤、唐鹤征、焦竑、陈

---

① 河南程氏遗书·卷六.
② 河南程氏遗书·卷一.
③ 河南程氏遗书·卷四.
④ 吕祖谦.吕东莱先生文集·大学策问[M]//丛书集成初编·文学类.
⑤ 朱子语类·卷九十五.
⑥ 朱熹.朱文公文集·卷四十六[M]//四部备要·子部儒家.
⑦ 朱子语类·卷十三.
⑧ 薛瑄.续读书录·卷三[M]//四库全书·子部儒家类.

弟、汤显祖、顾宪成、高攀龙、徐光启、袁宏道、孙奇逢、徐弘祖、宋应星、朱之瑜、张溥、傅山、陈子龙、黄宗羲、潘平格、方以智、陆世仪、张履祥、顾炎武、熊伯龙、王夫之、毛奇龄、魏僖、费密、李颙、王锡阐、吕留良、陆陇其、唐甄、梅文鼎、颜元、万斯同、全祖望、刘献廷、王源、李塨、袁枚、戴震、章学诚、汪中、洪亮吉、焦循、阮元、龚自珍、魏源等①。这些人的学说及言论,反映了实学思潮的基本内容及精神。

实学思潮的主要表现有以下几个方面②。

1. 批判精神

明清之际,地主阶级的革新派和新兴市民阶层的代表为了维护自己的利益和表达自己的思想,对陆王心学、程朱理学以及佛道学说中的不实之风进行了批评,对封建制度和封建礼教进行了批判,同时也对明清社会的腐朽黑暗以及统治阶级的昏庸无道进行了指责,形成了一股强大的批判思潮。由于这方面的内容很多,以下仅从思想文化及社会政治方面举一些例子。

明中期学者黄绾是王守仁的朋友,也曾以王为师,但他并不完全赞同王守仁的思想。陆王心学强调格物致知是致心中固有之良知,是心物合一。黄绾对此提出了批评。他说:"予昔年与海内一二君子讲习,有以致知为至极其良知,格物为格其非心者。又谓格者,正也,正其不正以归于正。致者,至也,至极其良知,使无亏缺障蔽。以身、心、意、知、物合为一物,而通为良知条理;格、致、诚、正、修合为一事,而通为致良知工夫。又云克己功夫全在格物上用,克其己私,即格其非心也。……予始未之信,既而信之,又久而验之,方知空虚之蔽,误人非细。"③程朱理学认为格物致知就是体认天理,黄绾对此也提出了批评。针对程颐所说"格者,至也。物者,事理也。此心感通天下之事理也。格之者,意心身皆至也,即随处体认天理也",黄绾批评说:"其学支离,不足以经世,乃伊川(程颐)、晦庵(朱熹)之为弊也。"③

明弘治进士罗钦顺,自称是"朱学后劲"。他从程朱理学出发,对陆九渊的心学提出了批评,认为"一言而贻后学无穷之祸,象山(陆九渊)其罪首哉。"④关于对格物致知的理解,他与王守仁进行过争论。王认为,意念所及便是物,"物者,意之用也"。罗钦顺不同意这种观点,认为"意"不能代替客观事物。他指出,王守仁夸大了主观意识的作用,其格物致知说"局于内而遗其外",犹如禅学把"心"当作"万法"的来源,是脱离实际的。

---

① 李甦平.中国日本朝鲜实学比较[M].合肥:安徽人民出版社,1995:69.

② 参考葛荣晋.中日实学史研究[M].北京:中国社会科学出版社,1992:10—13.

③ 黄绾.明道编·卷一[M].北京:中华书局,1959.

④ 罗钦顺.困知记·卷上[M]//丛书集成初篇·哲学类.

　　明弘治进士王廷相对佛学、老子学说以及理学的空疏学风都提出了批评。他指出，佛教以园觉清静之心为本原，以宇宙万象为幻化，企图通过修养遣除幻化，以还本心之清静，这是幻妄之论。对于道家学说，他指责说："老子之道，以退为主，而惟欲利己，及其蔽也害治。是故得其静修者，为方士之解形；得其吝啬者，为晏墨之苦俭；得其容忍者，为申韩之刑名；得其离圣去智者，为庄列之放达；得其不敢先事者，去持两端之奸；得其善为保持者，为避难之巧；得其合同而不绝俗者，为顽钝之鄙夫。夫是道也，其始也未尝不曰可以治天下，终也反以之坏天下。道慎乎哉！道慎乎哉！"①王廷相对老子学说的批评未免有失偏颇，但他认为"老子之道以退为主，""其蔽也害治"，则是有一定道理的。

　　王廷相提倡实学，反对理学末流空谈心性的学风。他指出："近世好高迂腐之儒，不知国家养贤育才将以辅治，乃倡为讲求良知、体认天理之说，使后生小子澄心白坐，聚首虚谈，终岁嚣嚣于心性之玄幽，求之兴道致治之术、达权应变之机，则暗然而不知。以是学也，用是人也，以之当天下国家之任，卒遇非常变故之来，气无素养，事无素练，心动色变，举措仓皇，其不误人家国之事者几希矣。"①这种批评既中肯，也切中要害，发人深省。

　　明正德进士吴廷翰对程朱理学及陆王心学也提出了批评。朱熹把理看作脱离物质的绝对存在，认为理先于气而存在，理决定气。吴廷翰指出，理以气为基础，不存在独立于气的理，"天地之初，一气而已矣。"②陆王心学提出格物致知"只求于心"，"心即理"。吴廷翰指出，"格物只是至物为当。分明使致知者一一都于物上见得理，才方是实"②。他认为，陆王主张向心求知，只是"虚见虚闻"，"必验之于物而得之于心，乃为真知"②。

　　《大学》是宋明理学的理论基础，受到理学家的普遍推崇。1654年，浙江海宁学者陈确作《大学辨》，则对其提出了全面批评。陈确认为，《大学》的旨趣不符合孔子的思想，不是先秦儒家的经典，其中的"三纲领"是"末学之夸词，伪士之肤说"，"八条目"的逻辑顺序及思想蕴含也有问题，其"言知不言行，必为禅学无疑"。

　　由于二程及朱熹的提倡，《大学》被宋明学者奉为圭臬，陈确认为，这种状况造成了不良的学风。他指出："自《大学》之教行，而学者皆舍座下功夫，争言格致。其卑者流为训诂之习，高者窜于佛老虚玄之学。道术分崩，圣教衰息，五百余年于此矣。而通时达务之士，则又群相惊惧危恐，蓄缩而莫敢出一言。"③为了消除这种状

①　王廷相.王廷相集[M].北京：中华书局，1989：844，873.

②　吴廷翰.吴廷翰集[M].北京：中华书局，1984：64，45.

③　陈确.陈确集[M].北京：中华书局，1979：574.

况,他作《大学辨》,以"还《大学》、《中庸》于《戴记》,删性理之支言,琢磨程朱,光复孔孟。出学人于重围之内,收良心于久锢之余。"①

以上内容反映了一些学者反对空疏学风、提倡求真务实的态度。

关于对社会政治的批评,由下述内容可见一斑。

明朝末期,宦官专权,政治腐败,社会矛盾日益突出,一些人对社会制度提出了尖锐的批评。

明神宗万历中期,被誉为"一堂师友,冷风热血,洗涤乾坤"的东林学派在江南崛起②。以顾宪成和高攀龙为首的东林学人,极力抨击宦官专权,力主革新朝政。针对科举舞弊现象严重的状况,东林学派提倡革新吏治,选贤不分贵贱,破格用人。被誉为"东林八君子"之一的钱一本,提出了"大破常格,公天下以选举"的主张③。顾宪成从"利国"、"益民"的政治原则出发,提出了"天下之是非,自当听之天下"的口号④。

明末山西大儒傅山也指出:"天下者,非一人之天下,天下人之天下也。"⑤

明清之际的启蒙思想家黄宗羲也说:"天子所是未必是,天子所非未必非。"⑥他认为,"古者以天下为主,君为客,凡君之毕生经营者,为天下也;今也以君为主,天下为客,凡天下而无得安宁者,为君也";今之君"视天下为莫大之产业,传之子孙,受享无穷";"敲剥天下之骨髓","奉我一人之淫乐"。因此,他大声疾呼:"为天下之大害者,君而已矣。"⑦

明清之际著名学者顾炎武也认为,"人君于天下,不能以独治也;独治之而刑繁矣,众人治之而刑措矣。"⑧他明确主张:"以天下之权,寄天下之人"⑨。

明末清初学者王夫之也指出:"以天下论者,必循天下之大公,天下非夷狄盗逆之所尸,而抑非一姓之私也;"⑩"一姓之兴亡,私也;而民生之生死,公也。"⑪

这些批评,直指皇权的合理性,具有强烈的反封建意识和时代精神。

①　陈确.陈确集[M].北京:中华书局,1979:559.
②　黄宗羲.明儒学案·东林学案[M]//四库全书·史部传记类.
③　东林书院志·卷三.
④　瞿九思.以俟录·自序[M].
⑤　傅山.霜红龛集·卷三二[M].
⑥　黄宗羲.明夷待访录·学校[M]//丛书集成初编·社会科学类.
⑦　黄宗羲.明夷待访录·原君[M]//丛书集成初编.社会科学类.
⑧　顾炎武.日知录·卷六[M]//四库全书·子部杂家类.
⑨　顾炎武.日知录·卷九[M]//四库全书.子部杂家类.
⑩　王夫之.读通鉴论·卷一[M]//船山遗书.民国本.
⑪　王夫之.读通鉴论·卷一七[M]//船山遗书.民国本.

此外，为了挽救明王朝的社会危机，罗饮顺、王廷相、崔铣、黄绾、陈建、高拱、张居正、吕坤、唐鹤征、陈第等对田制、水利、漕运、荒政、赋税、兵制、吏治、科举等方面存在的种种弊政提出了批评，同时也提出了一些改革主张。

由以上所述，已可看出这一时期整个社会的批判意识。

2. 求实学风

明清时期，学者们提出了一系列由实字组成的概念，如："实学"、"实知"、"实习"、"实念"、"实言"、"实心"、"实才"、"实验"、"实体"、"实用"、"实践"、"实行"、"实政"、"实事"、"实功"等等。这些概念的提出及运用，是求实学风的反映，其中不少概念至今仍在使用。另外，从一些学者的作述中也可以看出当时的求实风气。

王廷相针对一些人"专尚弥文、罔崇实学"的弊病指出，"士惟笃行可以振化矣，士惟实学可以经世矣。"①

泰州学派创始人王艮主张人身是"本"是"矩"，国家天下是"末"是"方"；提倡"百姓日用即道"，"即事是学，即事是道"②。

河南人高拱被称为"救时宰相"，"与诸贤共倡务实之风"，主张"救时"、"致用"，反对"空寂寡实之学"③。

东林学派高攀龙指出，"学问通不得百姓日用，便不是学问。"④东林学派认为，"学术之斜正，关系治乱甚大，"⑤"学术者，天下之大本也。学术正，政事焉有不正。"⑥

明万历进士徐光启主张："方今事势，实须真才；真才必须实学。一切用世之事，深宜究心。"⑦

顾炎武也反对"明心见性之空言"，大力提倡"修己治人之实学"，主张文须"有益于天下，有益于将来"⑧。他著《日知录》的目的即在于"明学术，正人心，拨乱世以兴太平之事"⑨。顾炎武把宋明理学的清谈之风与魏晋时期的玄谈之风进行比较，认为"今日之清谈，有甚于前代者；昔之清谈谈老庄，今之清谈谈孔孟，"这种学

---

① 王廷相.家藏集·卷二十二[M]//侯外庐，等.王廷相哲学选集.北京：中华书局，1965.

② 王心斋.王心斋先生遗集[M].袁承业重编本.

③ 高拱.高文襄公集·政府书答[M].

④ 东林书院会语.高子全书[M].

⑤ 东林书院志·卷二二[M].

⑥ 东林书院志·卷七[M].

⑦ 徐光启.徐光启集·卷十[M].上海古籍出版社，1984.

⑧ 顾炎武.日知录·卷七[M]//四库全书·子部杂家类.

⑨ 顾炎武.顾亭林诗文集·卷二[M]//四部备要·集部请别集.

风使得"股肱惰而万事荒,爪牙亡而四国乱,神州荡覆,宗社丘墟."①

明清之际,与孙奇逢、黄宗羲并称三大儒的李颙也认为,"道不虚谈,学贵实效,学而不足以开物成务,康济时艰,真拥衾之妇女耳,亦可羞已!"②他强调"真知乃有实行,实行乃为真知";主张以"酌古准今,明体适用"的实学取代"凭空蹈虚,高谈性命"的理学末流①。

清初学者陆陇其也指出:"须知吾人不可不敦者,实行;不可不务者,实学。若不从实行上着力,虽终日讲学与不学者何异?"③

3. 经世思想

经世思想强调经世致用。作为一种社会思潮,明清经世思想提倡一切学问应以经邦治国、经世济民为目的。

王廷相主张:"学者读书,当以经国济世为务;""君子为学,要之在具夫济世之资。"④他大力提倡"明道、稽政、志在天下"的"经世之学"⑤。

东林学派以关心国家大事、同情百姓疾苦为己任。他们"风声、雨声、读书声,声声入耳;家事、国事、天下事,事事关心。"顾宪成说:"士之号为有志者,未有不亟亟于救世者也。"⑥高攀龙说:"学者以天下为任"⑦;"居庙堂之上则忧其民,处江湖之远则忧其君,此士大夫实念也。居庙堂之上无事不为吾君,处江湖之远随事必为吾民,此士大夫实事也。"⑥

陈子龙等复社君子,"网罗本朝名卿巨公之文有涉世务国政"者编成《皇明经世文编》,"志在征实","以资后世之师法","通今者之龟鉴"⑧。复社成员顾炎武"感四国之多虞,耻经生之寡术"⑨,满怀救世激情编纂《天下郡国利病书》,还有黄宗羲所撰《明夷待访录》、王源所著《平书》等,都是一代"明道救世"之作,目的都是提供经世济民的良方。

以万斯同为代表的浙东学派,提倡"史学经世",认为"使古今之典章法制烂然于胸中,而经纬条贯实可建万世之长策,他日用则为帝王师,不用则著书名山为后

---

① 顾炎武.日知录·卷五[M]//四库全书·子部杂家类.
② 李颙.二曲全集·卷七[M].光绪本.
③ 陆陇其.松阳讲义·卷四[M]//四库全书·经部四书类.
④ 王廷相.慎言·君君[M]//侯外庐,等.王廷相哲学选集.北京:中华书局,1965.
⑤ 王廷相.家藏集·石龙集序[M]//侯外庐,等.王廷相哲学选集.北京:中华书局,1965.
⑥ 顾宪成.泾皋藏稿·卷八[M]//四库全书·集部别集类.
⑦ 高攀龙.高子遗书·卷八[M]//四库全书·集部别集类.
⑧ 陈子龙.陈忠裕全集·自撰年谱[M]//乾坤正气集.
⑨ 顾炎武.天下郡国利病书·序[M]//四部丛刊·三编史部.

世法,实乃儒者之实学。"①

清初思想家颜元反对理学末流"侈言性天,薄事功"的学风,主张"以七字富天下:垦荒、均田、兴水利;以六字强天下:人皆兵,官皆将;以九字安天下:举人才,正大经,兴礼兵。"②他认为,"人必能斡旋乾坤,利济苍生,方是圣贤,不然矫言性天,其见定静,终是释迦、庄周也。"③

清朝道、咸年间,龚自珍、魏源等进步思想家,针对当时激烈的社会矛盾也提出了一些社会改革的主张。

以上所述,都是提倡经世致用的思想表现。这些思想,对于推动社会进步具有积极的作用。

4. 启蒙意识

明清时期,一批学者在政治、经济、哲学、文艺等方面所提倡的思想观念,对于教育民众、推动社会进步,具有重要的启蒙作用。

在政治上,一些思想家以民本主义为武器,对封建宗法制度进行了抨击。黄宗羲在《明夷待访录》中提出了"公天下"的思想,主张"有治法而后有治人",指出臣非为君而设,"出而仕之,为天下,非为君也;为万民,非为一姓也。"④他并且指出,国家立的是天下之法,不立一家一姓之法,不以天子之是非为是非⑤。清初思想家唐甄也指出:"天下难治,人皆以为民难治,不知难治者,非民也,官也。"⑥他主张"位在十人之上者,必处十人之下;位在百人之上者,必处百人之下;位在天下人之上者,必处天下人之下。"⑦前述顾宪成等对封建政治的批判,也具有重要的启蒙作用。

在经济思想上,赵南星、黄宗羲、唐甄、王源等反对"重农轻商"、"崇本抑末"的传统观念,主张"工商皆本"。东林名士赵南星说:"士农工商,生人之本业;"⑧"农之服田,工之饰材,商贾之牵车牛而四方,其本业然也。"⑧黄宗羲也说:"世儒不察,以工商为末,妄议抑之。夫工固圣王之所欲来,商又使其愿出于途者,盖皆本也。"⑨这些思想,是明代商品经济发展和市民阶层社会地位提高的现实反映。中

---

① 石袁文集·与从子贞一书[M]//四明丛书·第四集.
② 颜元.存学编·卷三[M]//丛书集成初编·哲学类.
③ 颜元.颜习斋先生言行录·卷下[M]//丛书集成初编·哲学类.
④ 黄宗羲.明夷待访录·原君[M]//丛书集成初编·社会科学类.
⑤ 黄宗羲.明夷待访录·学校[M]//丛书集成初编·社会科学类.
⑥ 唐甄.潜书·苛政[M].北京:中华书局,1984.
⑦ 唐甄.潜书·抑尊[M].北京:中华书局,1984.
⑧ 赵南星.赵忠毅公文集·卷四[M]//乾坤正气集.
⑨ 黄宗羲.明夷待访录·则计[M]//丛书集成初编·社会科学类.

国古代经济以农业为主,农业生产以合理利用土地为基础。明代中期出现了严重的土地兼并现象,大量的农民没有土地,由此造成了严重的社会矛盾。虽然明王朝采取了一些解决办法,但始终没有取得理想的效果。基于这种社会状况,明清之际,一些思想家提出了"均田"思想。例如,颜元对"一人而数十百顷或数十百人而不一顷"的土地不均衡现象进行了抨击,提出了"天地间田,宜天地间人共享之"的土地分配原则。他说:"使予得君,第一义在均田,田不均,则教养诸政俱无措施处。"①

清初思想家李塨也认为:"非均田则贫富不均,不能人人有恒产。均田,第一仁政也。"②清初学者王源也主张:"不为农则无田,士商工且无田,况官乎。官无大小皆无可以有田,惟农为有田耳。"③这种"耕者有其田"思想,对于提高农民维护自己权宜的自觉性具有积极的意义。

在哲学上,以何心隐、李贽等为代表的启蒙思想家,除了大力宣传人的主体意识和社会价值、提倡个性解放和人文主义之外,还针对宋明理学"存天理,灭人欲"的说教,大力宣传理欲统一说,对禁欲主义提出了批评。明末学者何心隐反对禁欲、窒欲,认为人的一切欲望都是人之本性的表现,都有合理性,"性而味,性而色,性而声,性而安逸,性也;"④"声、色、臭、味、安逸,尽乎其性与命之至焉者也。"

明末思想家李贽也认为,"穿衣吃饭即是人伦物理。除却穿衣吃饭,无伦物矣。世间种种,皆衣与饭类耳。故举衣与饭,而世间种种自然在其中。"⑤李贽所说的"穿衣吃饭",实际上就是理学家讲的"人欲"。王夫之也指出,不能离开人而谈天理,"随处见人欲,即随处是天理;"⑥"人欲之各得,即天理之大同。"⑦

清代思想家戴震也说:"欲出于性,一人之欲,天下人之同欲也,故曰'性之欲';"⑧"人生而后有欲、有情、有知,三者血气之自然也;""喜怒哀乐之情,声色臭味之欲,是非美丑之知,皆根于性而原于天。"⑨

这些论述都是强调:人欲是人的本性表现,具有天经地义的合理性。此外,一些启蒙思想家也反对封建偶像崇拜,公开否定以孔子之是非为是非。同时,他们也

① 李塨.颜习斋先生年谱·卷上[M]//丛书集成初编·史地类.
② 李塨.拟太平策·卷二[M]//丛书集成初编·社会科学类.
③ 秦笃辉.平书·卷七[M]//丛书集成初编·总类.
④ 何心隐.何心隐集·寡欲[M].北京:中华书局,1984.
⑤ 李贽.焚书·卷一[M]//国粹丛书·第一集.
⑥ 王夫之.读四书大全说·孟子[M]//船山遗书·民国本.
⑦ 王夫之.读四书大全说·论语[M]//船山遗书·民国本.
⑧ 戴震.孟子字义疏证·理[M]//国粹丛书:第一集.
⑨ 戴震.戴震文集·绪言上[M].北京:中华书局,1980.

对传统的"三纲五常",尤其是对君为臣纲的政治说教提出了批评。

在文学艺术上,明清时期出现了一批鞭挞时弊、反映下层社会生活、表现人的本性的现实主义作品。在人类文明发展过程中,文学艺术对于解放民众思想、推动社会进步有着重要作用。

中国文学史表明,在每个历史时期,文学作品都有自己特定的表现形式和内容。周代之《诗经》、战国之《离骚》都是代表着一个时代的作品;汉赋、唐诗、宋词、元曲更是各有不同的风格。明清时期,在实学思潮影响下,产生了一种平民文学体裁——小说。

明清小说在反传统观念、反封建礼教方面发挥了重要作用。它鼓励人们在现实生活中勇于把握自己的命运,同时也对种种社会丑恶现象给予了辛辣的讽刺和批判。罗贯中的《三国演义》揭露了封建统治阶级的凶残与狡诈;施耐庵的《水浒传》同情与歌颂了农民起义;吴承恩的《西游记》借孙悟空这个叛逆形象颂扬了人民的造反精神;成书于16世纪末或17世纪初的《封神演义》反复宣扬"天下者,非一人之天下,乃天下人之天下也";成书于16世纪末的《金瓶梅》生动地展现了封建道德的腐朽性;汤显祖的《四梦》揭露了封建礼教与青年男女的爱情矛盾;冯梦龙的《三言》反映了封建地主阶级的衰落和新生市民阶层的兴起;凌蒙初的《二拍》表现了市民生活和宣扬经商的好处;蒲松龄的《聊斋志异》鞭笞了封建社会的种种丑恶现象,颂扬了平民百姓的优良品质;孔尚任的《桃花扇》通过爱情故事揭示了明朝灭亡的教训;吴敬梓的《儒林外史》揭露了封建统治阶级的伪善,以及形形色色无耻文人的种种丑态;曹雪芹的《红楼梦》通过荣国府的衰败揭露了封建社会腐朽没落的必然性[①]。

这些小说都表现出强烈的反封建意识和反礼教精神,特别是世情小说对传统的纲常伦理进行了无情的揭露和批判。另外,明清时期在戏曲方面也出现不少反映时代精神的杰作。从文艺创作理念上看,徐渭的"本色论"、李贽的"童心论"、汤显祖的"至情论",袁宏道的"性灵说"等等,都是对封建正统文艺观念的大胆超越。

比较近代中国和欧洲在文学艺术上所取得的成就及特点,可以发现两者具有一定的相似性。欧洲文艺复兴时期,在文学艺术上是群星璀璨的时代,涌现出一大批著名的诗人、文学家和艺术家,他们创作了许多代表时代精神的不朽作品。意大利文艺复兴先驱但丁(A. Dante)的《神曲》、彼特拉克(F. Petrach)的《歌集》、薄伽丘(G. Boccàccio)的《十日谈》,英国诗歌之父乔叟(G. Chaucer)的《坎特伯雷故事集》、剧作天才莎士比亚(W. Shakespeare)的《哈姆雷特》,法国人文主义作家拉伯

---

① 葛荣晋.中日实学史研究[M].北京:中国社会科学出版社,1992:25—28.

雷(F. Rabelais)的《巨人传》,西班牙现实主义作家塞万提斯(M. de Cervantes)的《堂吉诃德》、剧作家卡尔皮奥(V. Y Carpio)的《羊泉村》等等,都漾溢着强烈的反封建、反传统的人文主义精神。这一时期同样涌现了一大批著名的画家和雕塑家,他们的艺术作品所表现的人文主义精神比诗歌、小说和戏剧更具有直观性和战斗力。

欧洲文艺复兴时期的文艺作品,都以反映现实生活和时代潮流、歌颂人的自然本性和正当欲求、讽刺各种社会丑态为基本特征,具有强烈的反宗教神学和反封建意识的时代精神,对于西方近代思想解放和社会进步具有重要的推动作用。

著名物理学家杨振宁认为,文艺复兴时期西方"在艺术、建筑和文学方面的进展",比"技术领域的进展"对近代科学的产生"有更大的影响",因为"它们使欧洲文化迈入了新的时代"①。欧洲近代文学艺术所表现出的时代精神,不仅对人民大众有普遍的教育意义,而且培养造就了一大批思想家、政治家和科技精英,在思想观念和人才培养方面为近代科学的诞生创造了有利条件。

由此可见,中西方近代在文学艺术方面,都呈现出人文主义的时代特征,都具有反传统观念、反封建道德、对人民大众进行启蒙教育的作用。因此,撇开中西方近代文学艺术在文化传统及艺术风格上的差异不论,两者在思想内容和时代特征上具有明显的相似性。

以上是实学思潮的主要表现或基本内容。实学思潮是明清时期主流社会观念的反映,自身并不具有系统的理论体系。这种思潮对明清社会的许多方面都产生过一定的影响,对这一时期的科学技术发展也有明显的影响。

二、实学思潮对明清时期科技发展的影响

宋元时期是中国古代科学技术发展的辉煌时代,各个方面都取得了一系列重要的成就。数学有高次方程的数值解法及高阶等差级数的求和等,物理学有人工磁化方法的运用、指南针的发明及其在航海中的运用、地磁偏角的发现等,化学有火药配制的精确化、火器的发明及应用等,天文学有天象观测的精密化、历法的编制等,地学有水陆变迁思想的提出、立体地图的制作等,生物学有以罗愿《尔雅翼》和邢昺《尔雅注疏》为代表的关于生物形态及其分类的认识等,技术有活字印刷术

---

① 徐胜兰,孟东明.杨振宁传[M].长春:吉林科学技术出版社,1995:266.

的发明、水运仪象台的创制、灌钢技术的发展、湿法炼铜技术的发明及应用等等,这些都是中国科技史上的突出成果。

明清时期,我国虽然在科学技术方面也取得了不少成绩,但远不如宋代突出。

1. 明清时期科学技术的实用性特点

我国在明代及清代初期所取得的科技成就,具有明显的实用性特点[①]。

在数学方面,商业数学及珠算得到了很大发展。明代商业的空前繁荣,促进了商业数学的发展。1450 年,浙江学者吴敬积 20 年之功,完成了一部应用数学巨著《九章算法比类大全》,全书共解出 1329 个应用题,其中包括不少商业数学的内容,如计算利息、合伙经营、就物抽分等。

元代,中国人发明了珠算方法。明代,随着商业的发展,珠算术得到普及,相关著作也应运而生。1592 年,徽州学者程大位著成《算法统宗》17 卷。该书是运用珠算方法计算各种数学问题的大全,全书 595 个应用数学问题,全用珠算盘演算,其中包含了用珠算方法开平方和开立方。这一时期,其他的数学成就则相当贫乏。

徐光启在总结明代数学衰落的原因时说:"算术之学特废于近代数百年耳。废之缘有二:其一为明理之儒土苴天下之实事;其一为妖妄之术谬言数有神理,能知来藏往,靡所不效。率于神者无一效,而实者无一存。"[②]徐光启认为,理学末流空谈性理,不务实学,是明代数学得不到发展的重要原因。

在物理学方面,典型的成就是明王子朱载堉积几十年的研究,发明了十二平均律,解决了以传统的三分损益法计算音律所产生的音差问题。

朱载堉作有《乐律全书》、《律吕正论》、《律吕质疑辩惑》、《嘉量算经》等书。他在总结前人运用三分损益法失败原因的基础上,另创"密率新法",通过精确计算和反复实验,于 1584 年前后提出了十二平均律。朱载堉的十二平均律,是把一个八度音分成十二个音程相等的半音。这样即可用十二律中的任何一律作为主音组成各调音阶,它们的音程都是一样的。相邻各律之间的等程性,使其对于任何曲调都能应用,转调自如,十分有利于曲调的创作和乐器的制作,具有很高的科学性和实用价值。

十二平均律是现今世界各国乐器设计所通用的音律学原理,被称为"标准音律",其首创之功属于朱载堉。十二平均律是明代一项重大的科学发现,可惜它未受到当时社会的应有重视,在明代未获得推广应用。朱载堉将十二平均律的著作献给皇帝后,被束之高阁,一直冷落了二百余年之久。因此,这一重要成就未能及

---

① 参考杜石然.中国科学技术史:通史卷,第八章[M].北京:科学出版社,2003.
② 徐光启.徐光启集·刻《同文算指》序[M].北京:中华书局,1984.

时发挥其对人类音乐活动的应有推动作用。

明代在物理学上的另一项重要工作是对地磁偏角的测量。指南针发明后,堪舆家在用其观测地理方位过程中发现了地磁偏角。北宋杨维德在《茔原总录》中已有对地磁偏角的记载,沈括在《梦溪笔谈》中记载得更为明确。明代朱载堉和徐光启都对地磁偏角进行了测量。朱载堉在《律历融通》中写道:"《本草衍义》曰:'磁石磨针锋则能指南,然常微偏东,不全南也。盖丙午为大火,庚金受其制,古如此。'尝以正方案之一,规均为百刻,而以日景与指南针相较,果指午正之东一刻零三分刻之一。然世俗多不解,考日景以正方向,而惟凭指南针以为正南,岂不误哉。"①朱载堉指出,根据日影得出的南北方向才是正确的方向,人们以指南针所指的方向为南北方向是错误的。他将圆周 360 度划分为 100 个刻度,利用这种方法测得磁针指向南偏东"一刻零三分刻之一",用现代数学方法表示即为 4.8° 或 4 度 48 分。

徐光启也对地磁偏角进行过测量。他在《新法算书》中写道:"指南针者,今术人恒用此以定南北,凡辨方正位,皆取则焉。然所得子午,非真子午。向来言阴阳者,多云泊于丙午之间。今以法考之,实各处不同,在京师则偏东五度四十分。"②

在天文学方面,一些学者编制了《时宪历》及《崇祯历书》,研制了一些观测天文的仪器。明代初期,国家明令禁止民间私习天文历法,"国初学天文有历禁,习历者遣戍,造历者殊死"③。这种政策对天文学的发展产生了消极的作用。康熙在《数理精蕴》序中也写道:"天文算术之学,吾中土讲明而切究者,代不乏人。自明季空谈性命,不务实学,而此业遂微。"康熙认为,空疏的学风也是对天文学发展产生消极影响的原因之一。

明代前期使用的《大统历》实际上是沿用了元代的《授时历》。明代后期,在吸收西方传入的天文知识基础上,于 1645 年编成较以前准确的《时宪历》。明末,徐光启和传教士等编译了《崇祯历书》。此外,邢云路于 1607 年完成了《古今律历考》,王锡阐于 1663 年写成《晓庵新法》等。明代后期国人编写的天文历法著作,已吸收了一些由传教士引入的西方有关知识。

在地学方面,《徐霞客游记》是最高成就。明末徐霞客花费了 30 多年时间广游全国名山大川,行踪遍及大半个中国,考察纪录了所到之处的地理地貌、自然资源、人文物产等状况,历尽艰辛,留下大量笔记资料,后人据之辑成《徐霞客游记》。该书 60 多万字,内容涉及地貌、地质、水文、气候、生物、人文地理、民族、风俗等。其

---

① 朱载堉.律历融通・卷四[M]//四库全书・子部天文算法类.
② 徐光启,等.新法算书・卷一[M]//四库全书・子部天文算法类.
③ 沈德符.万历野获编[M]//元明史料笔记丛刊.北京:中华书局,1959.

中地貌学内容包括岩溶地貌、山岳地貌、红层地貌、流水地貌、火山地貌、冰缘地貌及应用地貌 7 个方面;水文学内容包括大小河流 500 余条,湖泊 59 个,潭、塘、池、坑 130 余个,沼泽 8 个,海 2 个;记载的河流水文包括流域范围、水系、河流大小、河水流速、河水水质与水文的关系;记载的植物约 150 余种,分布范围包括云南、广西、贵州、湖南、湖北、河南、山西、安徽、福建,并且描述了一些植物的形态及其与地理环境的关系;纪录了各地的手工业、矿产业、农业、交通运输、商业贸易、城镇聚落的分布和兴衰更替情况,以及少数民族地区的风土人情等。

农学"为生民率育之源,国家富强之本。"①明清时期是中国传统农学最为发达的时期,在土地的利用、甘薯和玉米等新作物的引进、"一岁数收"技术的推广、耕作栽培技术的完善等方面都取得了重要的成绩,同时也编纂了一系列内容丰富的农书,除徐光启的《农政全书》之外,还有袁黄的《宝坻劝农书》、沈氏的《沈氏农书》、张履祥的《补农书》、蒲松龄的《农桑经》、刘应棠的《梭山农谱》、祁俊藻的《马首农言》等地方性农书。

《农政全书》是继元代王贞《农书》之后,又一部大型综合性农书。徐光启"尝躬执耒耜之器,亲尝草木之味,随时采集,兼之访问,缀而成书"。全书共分农本、田制、农事、水利、农器、树艺、蚕桑、蚕桑广类、种植、牧养、制造、荒政 12 门,50 余万言。书中既有对前代及同时代农业知识的总结,也有一些作者自己的研究成果与见解。例如关于甘薯推广种植技术的摸索与总结,即是徐光启的一项重要贡献。

甘薯原产于美洲,明万历年间经不同的途径传入我国福建和广东,后逐渐传入长江和黄河流域。要使甘薯在我国获得普遍推广,就必须解决其越冬藏种问题。徐光启对于甘薯留种越冬技术进行了反复试验,曾三次向福建求得种子,经过摸索,总结出几种有效的藏种方法,成功地解决了将其从华南引种至长江流域的关键问题。除藏种之外,他还总结了甘薯育苗和插种的方法。这些在《农政全书》中都有记载。

在医药学方面,出现了一批重要著作,其中以李时珍的《本草纲目》为代表,此外还有缪希雍的《神农本草经疏》、王纶的《本草集要》、陈嘉谟的《本草蒙筌》、皇甫嵩的《本草发明》、汪机的《本草会编》、张介宾的《本草正》等。

《本草纲目》是继汉代《神农本草经》、南北朝《本草经集注》、唐代《新修本草》、宋代《证类本草》之后,对药物本草的一次全面总结和空前补充。该书 190 万字,收载药物 1892 种,附药方 11096 则,插图 1160 幅,对于各种药物进行了分类介绍,说明其名称、产地、形态、采集方法、性味、功能、炮制方法等等,并且指出了前人本草

---

① 陈子龙.农政全书·凡例[M]//四库全书·子部农家类.

书中的一些错误。

生物学以草木、鸟兽、鱼虫为研究对象,向来与古人的日常生活密切相关。明清时期的生物学也是如此。这一时期出现了一批富有特色的生物学著作,如明太祖朱元璋第五子朱橚组织编写的食用植物著作《救荒本草》、明代王象晋编撰的植物学著作《群芳谱》、清代陈淏子所著观赏植物著作《花镜》,此外还有《兽经》、《鸽经》、《蚕经》等等。

为了编写《救荒本草》,朱橚让人从民间广泛调查各种可食植物,了解它们的分布状况及生长环境,将从各地采集到的四百多种植物"植于一圃"种植,观察它们的生长过程及形态变化,并选择"滋长成熟"者图画出其形状。《救荒本草》记载植物414种,以简洁通俗的语言描述了各自的形态特征及食用制备方法,并配有插图,使人能够按图索骥,便于使用①。该书不仅在救荒方面有重要实用价值,而且对于开展野生食用植物研究也有重要意义。

在技术方面,直至明末以前,我国在采矿、冶铁、制钢、铸造、锻造、炼锌等方面,一直处于世界领先水平。宋应星编著的《天工开物》,集中代表了明代在技术上的理论成就。在参加五次会试落榜后,宋应星放弃科举之途,转向与功名进取无关的经世实学研究,经过广泛的调查和钻研,作成《天工开物》。全书包括谷物及其加工、纺织、染色、食盐、制糖、砖瓦瓷器烧制、金属冶铸、车船制造、金属加工、采煤及烧制石灰、食油、造纸、金属器物制造、兵器、矿物颜料、酒曲、珠宝玉器等十八章内容,涵盖了当时工农业生产的各方面技术,并且给出了不少技术数据,富有实用价值。

在我国科技史上,16、17世纪仍然是群星灿烂的时代,朱载堉、李时珍、徐光启、宋应星、徐霞客等是典型的代表。这一时期所取得的科技成就都是与国计民生密切相关的实用知识,以上列举的主要内容已充分说明了这种情况。明清科学技术的实用性特征,既是实学思潮的反映,也是实学思潮对于科技活动影响的结果。

2. 如何看待实学思潮对明清科技发展的影响

从学术地位而言,明清实学是从宋明理学通往近代新学(西学)的中间环节,是中国传统学术文化发展的最后阶段和最终形式。从社会历史价值而言,实学思潮反对封建专制,提倡民主,主张工商皆本、经世致用,强调实学、实习、实效、实功的求实学风,注重实验、实测、实证的科学方法,这些对于打破旧道德、旧礼教,解放民众思想,提高社会生产能力,促进科技发展,推动社会进步,都有重要作用。

社会思潮是在一定的历史阶段,对人们的思想观念和行为规范有重要影响的思想潮流。从世界文明史来看,近代前期,欧洲的社会思潮有文艺复兴运动,中国

---

① 罗桂环,汪子春.中国科学技术史:生物学卷[M].北京:科学出版社,2005:293—295.

则有实学思潮。这两者就解放思想、促进社会进步而言,具有相似的作用。

文艺复兴运动从 14 世纪开始至 17 世纪结束,是欧洲从中世纪封建社会向近代资本主义社会转变时期反封建、反教会神权统治的一场伟大的思想解放运动。它以复兴古希腊文化为手段,以建立新兴资产阶级的新文化为目的,标志着封建文化的没落和资本主义文化的诞生。文艺复兴时期形成了一种与宗教神学相对立的人文主义思潮。这种思潮提倡尊重人的权利和自由,反对教会以神性扼杀人性,提倡世俗文化和个性解放,主张认识自然、造福人类。文艺复兴时期涌现出一大批各类杰出人才,为欧洲近代科学技术的全面繁荣创造了有利条件。

虽然文艺复兴运动与实学思潮在反封建、反传统、思想解放、启蒙教育和推动社会进步方面具有一定的相似性,但就社会思潮对近代科学认识活动的影响来说,两者却有很大的差异。文艺复兴运动重视对古希腊的语言、文学、哲学、自然科学等文化遗产的发掘和研究,而古希腊的哲学和自然科学具有崇尚理性、讲究逻辑和注重探索事物的原因等基本特征,这些正是近代科学认识活动需要发扬的精神。

所以,文艺复兴运动为近代西方培养了一种科学的研究风格,也培养了人们认识自然、探索万物奥秘的兴趣。正因如此,欧洲人在努力解决各种日常应用技术问题的同时,也开始认真研究各种自然现象的原因和规律,使近代科学探索活动走上了正确的发展道路。

中国明清时期实学思潮的盛行,以经世致用为时尚,"君子为学,要之在具夫济世之资"①。在这种观念影响下,很难有人会对诸如自由落体、圆周运动、光的传播路径之类的自然现象产生兴趣并认真钻研,只能以研究可以切实解决国计民生实际问题的知识为己任。

梁启超在总结中国近代三百年学术思想的特点时指出,其主流是"厌倦主观的冥想而倾向于客观的考察",其支流是"排斥理论,提倡实践"②。梁启超所说的特点,正是实学思潮的表现。中国古代的科学认识活动一直具有注重实用的倾向,明清之际的实学思潮加重了这种倾向,以至于这一时期所取得的科学成果多为实用知识,而少有理论建树。一意追求实用,会抑制人们对于自然现象一般规律的探索,造成不究原理、忽视理论的倾向。

因此,实学思潮虽然有其注重实际应用的历史合理性,但也有其轻视理论探索的明显狭隘性。如果人类的认识活动都以其是否具有实用价值来决定该不该做,那么,自然科学将永远不可能建立起来,因为,许多有关自然规律的初期探索,是看

---

① 王廷相.慎言·君君[M]//侯外庐,等.王廷相哲学选集.北京:中华书局,1965.

② 梁启超.中国近三百年学术史[M].北京:中国书店,1985:2.

不出有什么实用价值的。伽利略研究自由落体运动、笛卡尔探讨运动量守恒、牛顿证明万有引力定律等等，在当时都没有什么直接应用价值，但这些工作却是建立近代科学的重要基础。"科学的核心是关于世界处于什么样的状态以及世界如何运作的系统理论知识。科学是相对于技艺的认识，它具有思辨性，它总是猜想新实体、新过程和新机制的存在；""科学与如何描述、解释和思考这个世界相关，而不是与如何使劳动更容易或如何控制自然相关。"[1]所以，实学思潮虽然对明清时期实用科技的发展有一定的促进作用，但不利于科学理论的发展。

小　　结

明清实学思潮是古代学术思想发展的一个明显进步，反映了时代精神。实学思潮提倡的批判精神、求实学风、经世思想和启蒙意识，对于推动社会进步和科技发展具有积极的作用。明清科学技术的实用性特点既是古代实用性传统的延续，也是实学思潮影响的体现，或者说实学思潮强化了明清科技的实用化倾向，这对于促进实用知识的发展固然具有合理性，但不利于理论自然科学的成长。

李约瑟说，自公元前1世纪至公元15世纪，在将自然知识应用于实际的社会需求方面，中国文明比西方文明更为有效。李约瑟所言，指的是实用技术知识。

当代美国社会学家托比·胡弗在探讨中国没有产生近代科学的原因时说："技术发明几乎总是缺乏哲学和形而上学的蕴涵，而这些蕴涵却是科学研究的固有成分。因此，这或许表明，中国人的发明创造力是缺乏科学研究（探究世界本质的行业）的自由以及将精力和智识好奇心设置在形而上学问题不会被提及的智识安全区的结果。"[2]

胡弗指出了技术知识与科学理论的本质区别，认为中国古代强于前者而弱于后者，这些都是有道理的，但他认为中国古人缺乏进行科学研究的自由则是不符合实际的。造成中国古代实用知识发达而科学理论不足的原因是多方面的，社会的价值取向、知识精英的研究兴趣、传统的思维习惯及研究方法等等，都是造成这种状况的原因。

①　托比·胡弗.近代科学为什么诞生在西方[M].周程,于霞译.北京大学出版社,2010:229.
②　托比·胡弗.近代科学为什么诞生在西方[M].周程,于霞译.北京大学出版社,2010:230.

第十九讲　中国古代的认识方法

人类要有效地进行各种认识活动,需要运用一定的方法。认识事物的性质及规律需要有方法,建立科学理论也需要运用相应的方法。法国物理学家拉普拉斯说:"认识一位天才的研究方法,对于科学的进步,甚至对于他本人的荣誉,并不比发现本身更少用处。"①观察方法,实验方法,逻辑方法,非逻辑方法,这些都是从事科学研究的一般方法。

1952 年 12 月,胡适在台湾大学做《治学方法》的演讲时说:"我们研究西方的科学思想,科学发展的历史,再看看中国两千五百年来凡是合于科学方法的种种思想家的历史,知道古今中外凡是在做学问、做研究上有成绩的人,他们的方法都是一样的。古今中外治学的方法都是一样的。"

他认为,"做学问就是研究,研究就是求得问题的解决。所有的学问,做研究的动机是一样的,目标是一样的,所以方法也是一样的。"因此,他把做学问的方法概括为:"大胆的假设,小心的求证"。"假设",是对问题提出猜测性答案;"求证",是对答案进行确定性证实。他进一步指出:"做学问有没有成绩,并不在于读了逻辑学没有,而在于有没有养成'勤、谨、和、缓'的良好习惯;""材料可以帮助方法,材料的不足,可以限制做学问的方法;材料的不同,又可以使做学问的结果与成绩不同;""有新材料才可以使你研究有成绩、有结果、有进步。"所以,胡适说:"我们要上穷碧落下黄泉,动手动脚找东西(材料)。"②对于研究工作来说,材料起决定作用,这是正确的,但这并不是说方法不重要。没有可供研究的材料当然做不出成绩,但有了材料而不运用合理的研究方法,同样做不出成绩。

1915 年,任鸿隽在《科学》杂志上撰文探讨中国近代科学落后的原因时写道:"今试与人盱衡而论吾国贫弱之病,则必以无科学为其重要原因之一矣。然则吾国无科学之原因又安在乎?是问也,吾怀之数年而未能答,且以为苟得其答,是犹治病而抉其根,于以引针施砭,荣养滋补,奏霍然之功而收起死之效不难也。"他认为,

---

① 拉普拉斯.宇宙体系论[M].上海:上海译文出版社,1978:445.
② 姚鹏,范桥.胡适讲演[M].北京:中国广播电视出版社,1992:3、4、35、43.

"秦汉以后,人心梏于时学,其察物也,知其当然而不求其所以然;其择术也,骛于空虚而引避乎实际,此之不能有科学不待言矣!"中国古代的科学认识活动,"沉沉千年,无复平旦之望","一言以蔽之,曰:未得研究科学之方法而已。"①任鸿隽的这种认识,在一定程度上符合中国古代的实际情况。

中国古人在各种认识活动中运用了哪些方法? 对方法有何认识或达到了什么样的认识水平? 以下对之作一初步讨论。

一、知行观念

中国古人对于知与行的关系进行过长期的讨论,其中涉及对如何知,即认识方法的讨论。

"知"是认识,了解,获得知识;"行"是行动,践行,实践。知与行属于认识论范畴。荀子说:"凡以知,人之性也。可以知,物之理也。"②人本性上具有认识事物的能力,事物有道理存在,是可以被认识的。人类认识各种事物,是为了指导自己的行动,获得尽可能多的自由。

从认识论来看,人类的各种活动可以分为知和行两类。知与行孰重孰轻? 如何知? 如何行? 这是中国古代学者长期讨论的问题。古代关于知与行的论述,比较早的文献见于《左传·昭公十年》载:"非知之实难,将在行之。"意谓知并不难,难的是付诸行动。伪古文《尚书·说命中》篇也说:"非知之艰,行之惟艰。"意思与《左传》类同。

1. 先秦儒家的知行观念

先秦儒家对于知和行以及如何知,进行了比较多的讨论。

孔子提倡好学以知和言行一致。他把人获得知识的途径分为"生而知之"和"学而知之"两类,认为"生而知之者,上也;学而知之者,次也;困而学之,又其次也;困而不学,民斯为下矣。"③孔子所说的"生而知之"是先天之知,具有这种知识的人

---

① 任鸿隽.说中国无科学之原因[J].科学,1915,1(1).

② 荀子·解蔽.

③ 论语·季氏.

是上等人。他认为自己并"非生而知之者",而是"好古,敏以求之者也"。① 孔子承认自己的知识是通过后天学习得来的。《论语》中有不少关于孔子好学的记载,如孔子说:"十室之邑,必有忠信如丘者焉,不如丘之好学也;"②"若圣与仁,则吾岂敢? 抑为之不厌,诲人不倦,则可谓云尔已矣;"③"吾尝终日不食,终夜不寝,以思,无益,不如学也。"④

孔子曾对子路说:"好仁不好学,其蔽也愚;好知不好学,其蔽也荡;好信不好学,其蔽也贼;好直不好学,其蔽也绞;好勇不好学,其蔽也乱;好刚不好学,其蔽也狂。"⑤这里强调了学习的重要性。仁、知、信、直、勇、刚,是人所信守的规范,如果不经过学习以明白各自的道理,只是简单地去做,则会造成各种偏差。

孔子所说的"学",主要指学习做人的道理,学习《诗》、《书》、《礼》、《乐》、《易》、《春秋》"六经"的书本知识,同时也向别人学习。孔子说:"三人行,必有我师焉,择其善者而从之,其不善者而改之。"⑥"择善而从"是学习,向别人求问也是学习。《论语》中"问"字凡121见,"问"的内容与"学"的内容是一致的,如"问政"、"问仁"、"问智"、"问孝"等等。"子入太庙,每事必问。"⑦孔子提倡:"敏而好学,不耻下问。"⑧同时,他也提倡"多闻"、"多见",直接获得经验知识。孔子说:"盖有不知而作之者,我无是也。多闻,择其善者而从之,多见而识之,知之次也;"⑨"多闻阙疑,慎言其余,则寡尤;多见阙殆,慎行其余,则寡悔。"⑩

孔子所说的"学"、"问"、"闻"、"见"都是求知的方式。他还指出,要正确处理"学"与"思"的关系,"学而不思则罔,思而不学则殆。"⑪学而不思,则心惘然无所得;思而不学,则必困殆而无益。学思并用,才能更好地获得知识。孔子要求学习时做到:"温故而知新"⑫;"告诸往而知来者"⑬;"举一隅而以三隅反"⑭;"闻一以知

---

① 论语·述而.
② 论语·公冶长.
③ 论语·述而.
④ 论语·卫灵公.
⑤ 论语·阳货.
⑥ 论语·述而.
⑦ 论语·八佾.
⑧ 论语·公冶长.
⑨ 论语·述而.
⑩ 论语·为政.
⑪ 论语·为政.
⑫ 论语·为政.
⑬ 论语·学而.
⑭ 论语·述而.

二";"闻一以知十"①。这其中包含了通过简单的类推而求知的方法。

此外,孔子还主张言行一致。他说:"君子耻其言而过其行;"②"古者言之不出,耻躬之不逮也;""君子欲讷于言,而敏于行;"③"君子名之必可言也,言之必可行也。"④这些言论都反映了孔子的言行一致思想。

孟子主张"致良知"和"求其故"。他认为,人具有"良能"、"良知"。"人之所不学而能者,其良能也;所不虑而知者,其良知也。孩提之童无不知爱其亲者,及其长也,无不知敬其兄也。亲亲,仁也;敬长,义也。"⑤不学而能,属于本能;不学而知,属于本然之知。在孟子看来,人亲其亲,敬其长,即属于先天具有的"良能"、"良知"。他认为,人的本性是善良的,由于受后天因素的影响,使其善良之心丧失了,人接受教化、追求学问的目的就是把那丧失的良心找回来,所以他说:"学问之道无他,求其放心而已矣;""放其心而不知求,哀哉!"⑥"放",是走失,丢失。

孟子提倡的"学问之道",在很大程度上代表了古代绝大多数人的求学目的。中国古人为学,目的是为做人,为学的主要功用是知书达理、提升个人的心性境界。从先秦至明清,这种状况始终存在。

此外,孟子还认为,认识事物要"求其故"。他举例说:"天之高也,星辰之远也,苟求其故,千岁之日至,可坐而致也。"⑦"故",是事物的原因或条件,知其故,即知其所以然。"凡物之然也必有故;而不知其故,虽当与不知同。"⑧"求故"是认识事物的原因和道理,符合科学认识的要求。

先秦儒家的后期代表荀子主张"学至於行之而止"。他论述人的认知与能力的关系时说:"所以知之在人者,谓之知;知有所合,谓之智。智所以能之在人者,谓之能;能有所合,谓之能。"⑨"所以知之在人者谓之知",是说人具有认识的能力,即所谓"凡以知,人之性也。"事物是可以被认识的,人的主观认识与事物的道理相符合,即"知有所合",才叫做"智",才算是真正获得了知识。同样,人掌握了知识即具有从事活动的能力,这种能力必须与客观实际相符合,即"能有所合",才算是具有真

---

① 论语·公冶长.

② 论语·宪问.

③ 论语·里仁.

④ 论语·子路.

⑤ 孟子·尽心上.

⑥ 孟子·告子上.

⑦ 孟子·离娄下.

⑧ 吕不韦.吕氏春秋·审已[M]//诸子集成.上海书店,1986.

⑨ 荀子·正名.

正的能力。

荀子把认识活动分为"闻"、"见"、"知"、"行"不同的等级,认为"闻之不若见之,见之不若知之,知之不若行之,学至於行之而止矣。行之,明也;明之,为圣人。圣人也者,本仁义,当是非,齐言行,不失豪厘,无它道焉,已乎行之矣。故闻之而不见,虽博必谬;见之而不知,虽识必妄;知之而不行,虽敦必困。"①"闻之"所得到的是间接经验,"见之"所得到的是直接经验,"知之"是超越经验认识而达到了理性认识,只有"行之"才能检验其所知是否符合客观实际。"行之"既是对认识结果的检验,也是"知之"的最终目的,所以荀子说"学至於行之而止矣"。

儒家经典《礼记·中庸》篇提出了学、问、思、辨、行五种为学的方法,其中说:"博学之,审问之,慎思之,明辨之,笃行之。有弗学,学之弗能弗措也;有弗问,问之弗知弗措也;有弗思,思之弗得弗措也;有弗辨,辨之弗明弗措也;有弗行,行之弗笃弗措也。人一能之,己百之;人十能之,己千之;果能此道矣,虽愚必明,虽柔必强。""措",是置,放弃。博学、审问、慎思、明辨、笃行,既是为学的方法,也是对为学的要求。学要广博,问要审慎,思要缜密,辨要明澈,行要笃实,达不到这些要求,就不要放弃,一直坚持下去。

《大戴礼记》也说:"君子既学之,患其不博也;既博之,患其不习也;既习之,患其无知也;既知之,患其不能行也;既能行之,贵其能让也。君子之学,致此五者而已矣。"②学之,习之,知之,行之,学至于行即达到了目的。至于"能让",则是儒家提倡的君子德性要求,即荀子所说的"不知则问,不能则学,虽能必让,然后为德。"

2. 先秦墨家及道家的知行观念

先秦墨家也讨论了一些与知和行相关的认识论问题。墨翟说:"是与天下之所以察知有与无之道者,必以众之耳目之实知有与亡为仪者也。请惑闻之见之,则必以为有;莫闻莫见,则必以为无。"③众人的耳闻目睹是判断事物有无的标准,闻之见之则为有,未闻未见则为无。这是以感官经验为基础的认识论。此外,墨子还提出了检验言论或学说正误的标准,即"言必有三表"。

《墨子·非命上》说:"言必立仪。言而毋仪,譬犹运钧之上而立朝夕者也,是非利害之辨,不可得而明知也。故言必有三表。何谓三表?子墨子言曰:有本之者,有原之者,有用之者。于何本之?上本之于古者圣王之事。于何原之?下原

---

① 荀子·儒效.

② 大戴礼记·曾子立事[M]//四库全书·经部礼类.

③ 墨子·明鬼下.

察百姓耳目之实。于何用之？废以为刑政，观其中国家百姓人民之利。此所谓言有三表也。"墨家认为，如果没有判断言论是非的客观标准（即"仪"、"表"），就像要在旋转的陶轮上立竿测量朝夕的日影一样，是不可能得到正确结果的。"三表"是判断言论的三个标准，即前人的历史经验、现实百姓的直接经验以及社会政治的实际效果，如果一种言论或主张能在这三个方面都符合，就可以判定它是正确的。

《墨经》是战国后期墨家的重要著作，其中以命题的形式讨论了一些认识论问题。《经上》说："知，材也。"知，是人的才能。《经说上》进一步论述道："知也者，所以知也，而不必知。若明。"意谓人有认识事物的能力，但有能力而不用，则未必认识事物；正如眼睛可以观物，而不用则无以见物。《经上》还说："知，接也。"《经说上》解释道："知也者，以其知遇物，而能貌之。若见。""接"，是接触。人的认识能力与事物接触，即可对其进行认识、反映、摹写；就像眼睛看见了物体一样。《经上》又说："恕，明也。"《经说上》说："恕也者，以其知论物，而其知之也著。若明。""恕"即智，指心智、理性知识。以理性知识分析事物，可以对事物达到更为透彻、明了的认识。

《墨经》还把知识分为"闻知"、"说知"、"亲知"三类。《经上》说："知：闻、说、亲。"《经说上》解释道："知：传受之，闻也。方不障，说也。身观焉，亲也。""闻"，指听闻所知；"说"，指阐释推论之知；"亲"，指亲自观察所知。

此外，《墨经》还讨论了名与实的关系以及知与行的关系。《经上》说："名，实，合，为。"《经说上》解释道："所以谓，名也。所谓，实也。名实耦，合也。志行，为也。""名"是概念，"实"是概念所表达的内容。名与实符合，这种知才是正确的；将这种知识运用于实际活动即是"为"。

在认识论上，道家庄子主张"齐物我"，"齐是非"，提出相对主义的是非判别标准。《庄子·齐物论》以两个人辩论的方式表达了这种观点，其中说："既使我与若辩矣，若胜我，我不若胜，若果是也，我果非也邪？我胜若，若不吾胜，我果是也，而（尔）果非也邪？其或是也，其或非也邪？其俱是也，其俱非也邪？我与若不能相知也。则人固受其黮闇，吾谁使正之？使同乎若者正之，既与若同矣，恶能正之？使同乎我者正之，既同乎我矣，恶能正之？使异乎我与若者正之，既异乎我与若矣，恶能正之？使同乎我与若者正之，既同乎我与若矣，恶能正之？然则我与若与人，俱不能相知也，而待彼也邪？"

庄子认为，两人辩论，无法由第三者判断孰是孰非，因为事物的是非标准是相对的。这里讨论的虽然不是如何知的问题，但涉及到如何判别知识的正确性问题。庄子主张以相对的观点看待事物，这有一定的合理性。但如果夸大了事物的差异性,将其绝对化,否认是非标准的统一性及客观性,就会走向不可知论。

　　3. 宋明学者的知行观念

　　宋明时期,许多学者都对知行关系进行过讨论。

　　关于知与行,程颐认为,行以知为本,行难知亦难。他说:"故人力行,先须要知,非特行难,知亦难也。"①他论证说:"自古非无美材能力行者,然鲜能明道,以此见知之亦难也。"②在他看来,自古以来,能够知道的人很少,这说明知也是很难的。

　　程颐还从三个方面论证了知的重要性:一是知先行后。他举例论证说:"人欲往京师,必知出那门,行那路,然后可往。如不知,虽有欲往之心,其将何之?"③"须是识在所行之先。"④二是以知为本。程颐说:"君子以知为本,行次之。今有人焉,力能行之,而识不足以知之,则有异端者出,彼将流宕而不知反。"⑤知是行的根据,知不足而盲目行动,就会出现问题。所以,程颐强调"须是知了方行得"⑥。三是知之深,行必至。程颐说:"知之深,则行之必至,无有知之而不能行者。知之而不能行,只是知得浅;"⑦"学者须是真知,才知得是,便泰然行将去也。"⑧知得深刻、真切,即容易行;知得浅显,即难以行。

　　程颐把知识分为"闻见之知"和"德性之知"两类。他说:"闻见之知,非德性之知,物交物则知之,非内也,今之所谓博物多能者是也。德性之知,不假闻见。"⑨"德性之知"指道德知识。程颐认为,这种知识不是从与外物的接触中得来的,而是主体自生的。"闻见之知"是由感官与外界事物的接触中获得的,属于感性认识。

　　朱熹认为,"大抵学问只有两途,致知、力行而已。"⑩朱熹主张行重于知。他说:"学之之博,未若知之之要;知之之要,未若行之之实;"⑪"致知力行。论其先

---

　　① 河南程氏遗书·卷十八.
　　② 河南程氏遗书·卷十八.
　　③ 河南程氏遗书·卷十八.
　　④ 河南程氏遗书·卷三.
　　⑤ 河南程氏遗书·卷十八.
　　⑥ 河南程氏遗书·卷十八.
　　⑦ 河南程氏遗书·卷二十五.
　　⑧ 河南程氏遗书·卷十八.
　　⑨ 河南程氏遗书·卷二十五.
　　⑩ 朱熹.朱子文集·卷四十八[M]//丛书集成初编·文学类.
　　⑪ 朱子语类·卷十三.

后,固当以致知为先;然论其轻重,则当以力行为重;"①"知行常相须,如目无足不行,足无目不见。论先后,知为先;论轻重,行为重。"②

南宋陆九渊也主张知在先,行在后。他说:"博学、审问、慎思、明辨、笃行。博学在先,力行在后。吾友学未博,焉知所行者是当为,是不当为?"③

明代王守仁不赞成把知与行分为两个过程,认为知行是同一活动的两个方面,提出了"知行合一"论。他论证说:"知是行的主意,行是知的工夫;知是行之始,行是知之成。若会得时,只说一个知,已自有行在;只说一个行,已自有知在;"④"行之明觉精察处便是知,知之真切笃实处便是行。"⑤行的过程包含知,知的实现即是行,知和行是不可分离的。《中庸》提出"博学、审问、慎思、明辨、笃行",一般认为,前四个范畴属于"知",第五个范畴属于"行"。王守仁认为,这五个方面只是人们细分的结果,事实上它们都是知与行的合一,"以求能其事而言,谓之学;以求解其惑而言,谓之问;以求通其说而言,谓之思;以求精其察而言,谓之辨;以求履其实而言,谓之行。盖析其功而言则有五,合其事而言则一而已。此区区心理合一之体、知行并进之功,所以异于后世之说者,正在于是。是故知不行之不可以为学,则知不行之不可以为穷理矣;知不行之不可以为穷理,则知知行之合一并进而不可以分为两节事矣。"⑥人的现实活动是知行合一的,无法把知与行截然分开。所以,王守仁认为知与行相互包含。

王廷相主张通过践行获得真知。他认为,"讲得一事即行一事,行得一事即知一事,所谓真知矣。徒讲而不行,则遇事终有眩惑。"⑦讲,是理论;行,是实践;理论只有经过实践检验才能知其是否符合实际,才能成为真知。王廷相说:"练事之知,行乃中几;讲论之知,行尚有疑。何也? 知,在我者也;几,在事者也。"⑧"几",指事物的机理,道理。知是主观的行为,只有主观合于客观,认识符合实际,获得的才是真知。他认为,只有在实践中历练而得到的知识才是符合实际的真知。他强调说:"凡万物万事之知,皆因习,因悟,因过,因疑而然。"⑨意即只有经过练习、领悟、践

① 朱熹.朱子文集·卷五十[M]//丛书集成初编·文学类.
② 朱子语类·卷九.
③ 陆九渊集·卷三十五.
④ 王文正公全书·卷一.
⑤ 王文正公全书·卷六.
⑥ 王文正公全书·卷二.
⑦ 王廷相.家藏集·与薛君采[M]//侯外庐,等.王廷相哲学选集.北京:中华书局,1965.
⑧ 王廷相.慎言·小宗篇[M]//侯外庐,等.王廷相哲学选集.北京:中华书局,1965.
⑨ 王廷相.雅述·上篇[M]//侯外庐,等.王廷相哲学选集.北京:中华书局,1965.

行、疑惑之后，才能对事物有真正的认识。

王夫之认为，知行无复先后，二者相资以为用。他说："知非先，行非后，行有余力而求知；"①"知行相资以为用。惟其各有致功，而亦各有其效，故相资以互用。"②知和行各有自己的功效，但二者相互为用，知需要行的帮助，行需要知的指导。王夫之还指出："夫知也者，固以行为功者也；""行焉，可以得知之效也"①。意即知的目的是行，行可以检验知。他还认识到，知可以不以行为条件，但行必以知为条件，包含了知，"凡知者或未能行，而行者则无不知；""是故知有不统行，而行必统知也。"③所以，王夫之强调："纸上得来总觉浅，绝知此事须躬行。"

由上述内容可以看出，中国古人对知与行进行了长期的讨论，论述了二者的关系，强调了知和行的重要性，提出了一套学、问、思、辨、行的要求，这些对于指导古人的认识活动都是有意义的。

但是，由上述内容也可以看出，中国古人并不太重视认识事物的方法问题，甚至没有意识到认识事物还需要有专门的方法。《中庸》虽然提出"博学之，审问之，慎思之，明辨之，笃行之，"但是，事实上，进行学、问、思、辨、行活动本身也需要有方法，如何学？如何问？如何思？如何辨？如何行？古人在这方面讨论得很少。《中庸》这五条，实际上只是提出了做学问的要求。孔子要求学生"举一反三"，至于如何才能做到"举一反三"，他并没有说明。二程和朱熹提倡格物致知，强调格物是下手处，只要今日格一物，明日格一物，积习渐多，用力既久，就会"豁然贯通"。这其实是主张下笨功夫。

中国古人做学问，强调个人的天资是否聪颖，功夫下得够不够，而很少思考能否找到一种人人都适用的方法。西方则不然，西方人很早即发明了形式逻辑，为各种认识活动提供了一种普遍适用的方法，运用这种方法，人人都可以做学问，都有可能取得成功。事实上，运用有效的方法，再加上个人天资聪明，又肯用功，那就容易在认识活动中取得成功。

所谓方法，是人人都可以运用的一种思维程序或操作程序，如逻辑推理方法、实验操作方法等。在中国古代各种认识活动中，古人也运用了一些简单的推理方法和实验方法。尽管这些方法都很粗浅，但仍然值得作一讨论。

---

① 王夫之.尚书引义·说命中二[M]//船山遗书·民国本.
② 王夫之.礼记章句·卷三十一[M]//船山遗书·民国本.
③ 王夫之.读四库大全说·卷六[M]//船山遗书·民国本.

二、推理方法

中国古人在论述事理和建立某些理论体系(如数学)过程中,运用了一些推理方法,这些方法具有一定程度的类比、归纳、演绎推理的性质,但逻辑程序、推理步骤不够清晰,而且古人对这些方法本身的认识也相当肤浅。

《墨子·小取》篇说:"以类取,以类予。""类"是对事物的区别或分类。"以类取",是依照类而选取理由;"以类予",是依照类而推出结论。前者类似于归纳推理或类比推理,后者类似于演绎推理。

荀子说:"圣人者,以己度者也。故以人度人,以情度情,以类度类,以说度功,以道观尽,古今一度也。类不悖,虽久同理。"①只要是同类事物,就有相同的道理,就可以"以类度类"。荀子这里说的是类比推理。

《吕氏春秋》对推理方法作过一些论述。其中《察今》篇说:"有道之士,贵以近知远,以今知古,以益所见知所不见。故审堂下之阴,而知日月之行、阴阳之变;见瓶水之冰,而知天下之寒、鱼鳖之藏也;尝一脬肉而知一镬之味、一鼎之调。"这里以举例的形式说明,人可以从结果推知原因,从部分推断整体等等。这些认识活动含有归纳推理的性质。

要保证推理的正确性,须要对事物有正确的认识。《吕氏春秋·别类》篇指出,人的认识是有限的,"目固有不见也,智固有不知也,数固有不及也",因而会存在"不知其所以然而然"的状况,在这种情况下做出的推理就可能是错误的;另外,从事物自身的复杂性而言,"物多类然而不然"者,书中举例说:"夫草有莘有藟,独食之则杀人,合而食之则益寿;""金柔锡柔,合两柔则为刚;"莘和藟都是毒草,但合食之可以益寿;纯铜和纯锡硬度都比较低,但按一定比例混合的铜锡合金硬度则相当高;由此书中得出结论:"类固不必可推知也。"

《别类》篇还举例说:"小方,大方之类也;小马,大马之类也;小智,非大智之类也。"小方与大方同类,小马与大马同类,但由此推不出小智与大智同类。

《淮南子》对于推理方法进行过比较多的讨论。其中《氾论训》以举例的形式说明了推理在认识活动中的作用:"未尝灼而不敢握火者,见其有所烧也;未尝伤而不

---

① 荀子·非相.

敢握刃者,见其有所害也。由此观之,见者可以论未发也。"这两个例子具有演绎推理的性质。

《淮南子》中运用了一些"以类取"的推理方法。该书《说林训》说:"视书上有'酒'者,下必有'肉';上有'年'者,下必有'月'。以类而取之。"看到书上写"酒"字的,下面的字必有"肉";上面写有"年"字的,下面必有"月"字。这里表达的是类推。

该书《说山训》说:"见觉木浮而知为舟,见飞蓬转而知为车,见鸟迹而知著书,以类取之。"这里说的也是类比推理。

推理要明类、知类,同类事物才可以相推,如果不知类,就会出现错误。《说林训》举例说:"尝被甲而免射者,被而入水;尝抱壶而度水者,抱而蒙火;可谓不知类矣。"

《淮南子》还指出,"类不可必推"。《说山训》说:"物固有似然而似不然者。故决指而身死,或断臂而顾活;类不可必推。"《说林训》也说:"人食礜石而死,蚕食之而不饥;鱼食巴菽而死,鼠食之而肥;类不可必推。"

《淮南子·人间训》还指出了对事物进行辨类的困难,其中说:"物类之相摩,近而异门户者,众而难识也;故或类之而非,或不类之而是;或若然而不然者,或不然而然者。……物类相似若然,而不可从外论者,众而难识矣。"事物复杂多样,难以识别,有些看似同类而非同类,有些看似不同而实即同类,不能仅从外表上判别。

宋代二程和朱熹都提倡以类推方法格物穷理。程颐说:"格物穷理,非是要穷尽天下之物,但于一事上穷尽,其他可以类推。"[1]朱熹认为,"大凡为学者有两样,一者是自下面做上去,一者是自上面做下来。自下面做上者,便是就事上旋寻个道理凑合将去,得到上面极处,亦只一理。自上面做下者,先见得个大体,却自此而观事物,见其莫不有个当然之理,此所谓自大本而推之达道也。"[2]显然,"自下面做上去",是归纳过程。"自上面做下来",是演绎过程。朱熹已初步总结了归纳及演绎两种认识方法,可惜未能把道理讲清楚。

他还说:"格物非欲尽穷天下之物,但于一事上穷尽,其他可以类推。"如何穷尽一物,而后推及万物?他说:"自其一物之中,莫不有以见其所当然而不容已,与其所以然而不可易者,必其表里精粗无所不尽,而又益推其类以通之,至于一日脱然而贯通焉,则于天下之物皆有以穷其义理精微之所极,而吾之聪明睿智亦皆有以极其正之本体而无不尽矣。"[3]先在一物上明白其表里精粗的道理,再类推至他物,然

---

① 河南程氏遗书·卷十五.
② 朱子语类·卷一百一十四.
③ 朱熹.四书或问·大学或问[M]//四库全书·经部四书类.

后"脱然贯通",以至于天下之物皆可"穷其义理精微之所极"。之所以可以这样做，因为朱熹相信"万物各具一理，而万理同出一源，所以可推而无不通也"。①事实上，朱熹的这一套认识路线或类推方法是难以实行的，因为事物的道理以及人对事物的认识过程远比朱熹所认为的要复杂得多。

中国古代数学运用了一些推理方法。《周髀算经》中陈子对荣方说："子之于数未能通类，是智有所不及，而神有所穷。夫道术，言约而用博者，智类之明；问一类而以万事达者，谓之知道。今子所学算数之术，是用智矣。而尚有所难，是子之智类单。夫道术所以难通者，既学矣患其不博，既博矣患其不习，既习矣患其不能知。故同术相学，同事相观，此列士之愚智，贤不肖之所分。是故能类以合类，此贤者业精习智之质也。"

陈子这番话强调，要通道术，需要相当高的智力；算术也一样，如果智力不够，学习起来就会感到困难。其中说"问一类而以万事达"，"类以合类"，含有类推等逻辑推理方法。

《九章算术》是中国古代数学的重要经典，此书的编纂运用了归纳推理方法。在西汉之前，古人已积累了许多应用数学方面的知识，形成了一些初步的理论。西汉初期，北平侯张苍在已有理论基础上，把 246 个数学问题及其解法归为 9 类，编成《九章算术》。如《方田》、《粟米》、《商功》等章是按照问题的性质分类的，《盈不足》、《方程》等章是按照解题方法分类的。在该书中，列出一系列同类型的例题，给出同类问题的统一解法。这种一般解法，显然是由个别例题的解法归纳出来的。其中比较著名的解法有："约分术(最大公约数的求法)"、"今有术(比例算法)"、"方程术(联立一次方程解法)"、"正负术(正负数的加减法则)"等。

三国时，魏国刘徽作《九章算术注》，对《九章算术》的数学成就作了进一步发挥。刘徽在序文中介绍自己的研究方法时写道："事类相推，各有攸归，故枝条虽分而同本干知，发其一端而已。又所析理以辞，解体用图，庶亦约而能周，通而不黩，览之者思过半矣。"刘徽的《九章算术注》"不仅使用了举一反三、告往知来、触类而长等类比方法扩充数学知识，而且在论述中普遍使用了形式逻辑。他不仅使用了归纳推理，而且主要使用了演绎推理。"②我国著名数学家吴文俊认为，有两个中心思想贯穿于整个数学发展的历史过程，一是公理化思想，另一是机械化思想。前者贯穿于西方数学发展过程中，以欧几里得几何学为代表；后者贯穿于整个中国古代数学中。所谓数学的机械化，就是在"运算或证明过程中，每前进一步之后，都有一

---

① 朱熹.四书或问·大学或问[M]//四库全书·经部四书类.
② 郭书春.九章算术译注[M].上海:上海古籍出版社,2009,前言38.

个确定的、必须选择的下一步,这样沿着一条有规律的、刻板的道路,一直达到结论。"①中国古代数学具有自己的完整理论体系,而一个理论体系的建立必然需要运用一些逻辑思维形式及推理方法,这些方法既具有中国人思维的特点,也含有一些人类思维活动共同的东西。

由上述可见,中国古人运用了多种形式的推理方法,尽管这些方法比较简单,但本质上仍然具有类比、归纳、演绎的性质。这些方法"一方面表现为类比推理与所谓同异推论式的形式;另一方面既有由常理以推证各事例的演绎法,亦有由个别事变的观察以论一般公例的归纳法。"②不过,总体而言,古人对这些方法的认识是比较模糊的。

三、实验方法

观察是最基本、最普遍的经验认识方法。人目所及,都是在观察,只不过有时是有意识的行为,有时是无意识的行为;有时是在自然状态下观察,有时是利用仪器设备在人为状态下观察。

《周易·系辞传下》在说明八卦起源时写道:"古者包牺氏之王天下也,仰则观象于天,俯则观法于地,观鸟兽之文与地之宜,近取诸身,远取诸物,于是始作八卦,以通神明之德,以类万物之情。"

《周易·贲卦》彖传也说:"观乎天文,以察时变;观乎人文,以化成天下。"

古人仰观俯察,认识各种事物,绝大多数认识活动都是在自然状态下进行的观察活动,只有少量活动是在人为条件下进行的观察。在人为创造的条件下进行有目的的观察,即是实验认识活动。

实验作为一种科学研究方法,是以认识事物为目的。实验所认识的现象不是自然界呈现出来的,而是人为创造条件使之呈现出来的,因此弗兰西斯·培根说实验是"考问"自然的过程。中国古人在各种认识活动中运用了不少实验方法,以物理认识活动为例,《墨经》中对各种成像现象的考察、《淮南万毕术》记载的一些富于创新精神的探索活动、宋元明清学者对月相变化原因的探讨、赵友钦对小孔成像规

---

① 吴文俊.数学的机械化[M]//吴文俊.吴文俊论数学机械化.济南:山东教育出版社,1995:358—365.
② 汪奠基.略谈中国古代"推类"与"连珠式"[M]//中国逻辑思想论文选.北京:三联书店,1981:89.

律的研究、朱载堉对十二平均律律管的校正等等，都运用了实验方法。

《墨经》中有一部分内容讨论几何光学现象，包括影的形成、光形影的关系、光的直线传播、小孔成像、反射光成像、平面镜成像、凹面镜成像、凸面镜成像等。关于小孔成像，《经下》说："景到，在午有端，与景长，说在端。"《经说下》解释道："光之人，煦若射；下者之人也高，高者之人也下。足敝下光，故成影于上，首敝上光，故成影于下。在远近有端与于光，故景库内也。"其中，"景"，即影；"到"，即倒；"午"，表示纵横交错；"端"，即端点。《墨经》对于小孔成像的描述不仅形象，而且也相当准确。

关于凹面镜成像，《经下》说："鉴洼，景一小而易，一大而正，说在中之外内。"《经说下》解释道："鉴，中之内：鉴者近中，则所鉴大，景亦大；远中，则所鉴小，景亦小而必正；起于中缘正而长其直也。中之外：鉴者近中，则所鉴大，景亦大；远中，则所鉴小，景亦小而必易，合于中而长其直也。""鉴洼"即凹面镜，"易"是倒，"中"是指凹面镜球心与焦点之间的一段距离，近似于焦点。"中之内"一句描述的是物体位于焦点以内时，成大而正立的虚像；"中之外"一句描述的是物体位于凹面的球心以外时，成小而倒立的实像。这里描述的物像变化过程是正确的。

关于凸面镜成像，《经下》说："鉴团，景一。"《经说下》解释道："鉴：鉴者近，则所鉴大，景亦大；其远，所鉴小，景亦小；一而必正。""鉴团"指凸面镜。凸面镜反射成像，所成的像总是正立、缩小的虚像。物体接近镜面，像大一些；物体远离镜面，像小一些。

《墨经》中这些关于镜面成像情况的描述，相当详细，一些成像变化情况，不经过反复的实验观察是不可能看到的。这说明，《墨经》中镜面成像知识的获得，运用了实验观察方法。

在本书第十三讲中已经讨论，西汉《淮南万毕术》描述了以沸水造冰、使鸡蛋壳飞升、用冰镜取火等有趣的活动，这些都是探索性的实验活动。这些实验构思新颖，设计巧妙，反映了古人的探索精神。

夏天，雨后斜阳，雨雾对日光进行反射和折射时即形成彩虹。唐代道士张志和做过人造彩虹的模拟实验。他在《玄真子》外篇中写道："背日喷乎水，成虹霓之壮；而不可直者，齐乎影也。"张志和指出，人背着太阳所在的方向向空中喷水，即可观察到虹霓现象。人造彩虹实验证实了虹霓是日光照射雨滴所形成的。唐代以后，人造彩虹方法已经成为相当普遍的常识。五代道士谭峭说："饮水雨日，所以化虹霓也；"[①]宋代陆佃说："以水噀日，自侧视之则晕为虹霓；"[②]明代方以智说："人于回

---

① 谭峭. 化书·卷二[M]//四库全书·子部杂家类.
② 陆佃. 埤雅·卷二十[M]//丛书集成初编·语文学类.

墙间向日喷水,亦成五色。"①这些人所说的都是人造彩虹实验。

关于月光的成因和月相变化现象是古人长期探讨的一个问题。西汉《周髀算经》认为:"日兆(照)月,月光乃出,故成明月。"东汉京房引述前人的认识说:"先师以为,日似弹丸,月似镜体,或以为月似弹丸,日照处则明,不照处则暗。"②东汉张衡在《灵宪》中也说:"夫日譬犹火,月譬犹水,火则外光,水则含景。故月光生于日之所照,魄生于日之所蔽,当日则光盈,就日则光尽也。"这些论述,都是对月光成因的猜测,没有充分的证据。

北宋时期,沈括开始用模拟实验方法探讨月体形状及月相变化问题。他在《梦溪笔谈》中写道:"日月之形如丸。何以知之?以月盈亏可验也。月本无光,犹银丸,日耀之乃光耳。光之初生,日在其旁,故光侧而所见才如钩;日渐远,则斜照,而光稍满。如一弹丸,以粉涂其半,侧视之,则粉处如钩;对视之,则正圆,此有以知其如丸也。"以弹丸代替月球,以白粉涂其半表示受日光照射,处于不同的方位观察粉丸,即可看到其呈现不同的"月相"变化。通过这个模拟实验,沈括解释了月相变化的道理,得出月体"如丸"的结论。

南宋程大昌对沈括的认识作了进一步论证:"(沈)括之言曰:月如银圜,圜本无光,日耀之乃有光矣。用其银圜之说而思之,则其魄也,是银圜之背日而暗者也,故暗昧无睹也;其明也,则是其圜得日而银彩焕滥者也。月十五日两耀相当,银圜也者,通身皆受日景,故全轮皆白而人以为满也。过望,则月轮转与日远,为之圜者,但能偏侧受照而光彩不全,故其暗处遂名为魄也。魄者,暗也。"由此他指出,月相变化,"究其实质,则是日光所及有全有不全,而月质本无圆缺也。"③

元代赵友钦也用模拟实验方法探讨过这个问题。他在《革象新书》中写道:"以黑漆球于檐下映日,则其球必有光可以转射安壁。太阴圆体,即黑漆球也,得日映处则有光,常是一边光而一边暗。若遇望夜,则日月躔度相对,一边光处全向于地,普照人间;一边暗处全向于天,人所不见。以后渐向近而侧相映,则向地之边,光渐少矣。"到了晦溯日,"日月同径,为其日与天相近,月与天相远。故一边光处全向天,一边暗处却全向于地。"以后日月"渐相远,而侧相映,则向地之边光渐多矣。"

明代朱载堉也做过观察月相变化的模拟实验,其方法与前人有所不同,他以灯光代替日光。朱载堉在《律历融通》中描述道:"尝作泥丸,中穿一索,外以粉涂之,悬于暗室中。以灯照其侧,则半明半暗;照其前,则全明;照其后,则全暗。此弦望

① 方以智.物理小识·卷八[M].北京:商务印书馆,1937.
② 礼记正义·月令[M]//十三经注疏.北京:中华书局,1980.
③ 程大昌.演繁露·卷八[M]//四库全书·子部杂家类.

晦朔之象也。"①

沈括、赵友钦、朱载堉所用的方法虽然各有不同,但都是采用了模拟实验手段。通过这种方法,他们正确地认识了月相变化的道理。

赵友钦在《革象新书》中描述了自己所做的大型光学成像实验②。关于实验设备及布置,书中描述道:"假如两间楼下各穿圆阱于当中,径皆四尺余:右阱深四尺,左阱深八尺。置桌案于左阱内,案高四尺,如此则虽深八尺,只如右阱之浅。作两圆板,径广四尺,俱以蜡烛千余支密插于上,放置阱内而燃之,比其形于日月。更作两圆板,径广五尺,覆于阱口地上。板心各开方窍,所以方其窍者,表其窍小而景必圆也。左窍方广寸许,右窍方广寸半许。所以一宽一窄者,表其宽者浓而窄者淡也。"

赵友钦说,他在屋内地面上左右两边各挖一圆阱,阱径四尺余,左阱深八尺,右阱深四尺;左阱内放置一木桌,其高四尺。在左阱的桌子上和右阱底部各放置一直径四尺的圆板,板上密置蜡烛千余支。将其点燃,左右两阱圆形的烛光代表日月之形。做两个直径五尺的圆形木板,分别覆盖在两个阱口之上,在左阱口木板上开一个边长一寸的方孔,在右阱口木板上开一个边长一寸半的方孔。然后,在两个阱口的正上方悬吊两个木板作为成像屏。

实验分为五个步骤:首先是观察覆盖在两个阱口上的木板所开小孔口径大小对成像的影响,发现当光源相同时,像的浓淡与小孔口径的大小成正比。然后,改变光源的大小和强度,发现当发光体小于小孔的尺寸时,所成的像与小孔形状一致;当光源的强度变化时,所成像的浓淡亦随之而变化。接着,改变像屏的距离,观察成像变化情况,发现像屏距离光源或小孔愈远,所成的像愈大;反之,像屏距光源愈近,所成的像愈小。再接着,改变光源的距离,观察成像变化情况,发现光源距小孔愈远,所成的像愈小亦愈淡。最后,改变阱口木板上小孔的大小及形状,观察成像变化情况,发现小孔成像时,所成的像与光源的形状相同;大孔成像时,所成的像与大孔的形状相同。

在这些实验认识基础上,他对影响成像的各种因素做了分析和总结,得出了一些一般性结论。

赵友钦所做的这一光学实验,其规模之大、过程之多、观察之细致、分析之透彻,在中国古代物理认识活动中是绝无仅有的;无论从实验设备的安排、实验程序的设计、对实验结果的定量及定性分析,还是对实验结论的概括和总结,都堪称历史上同时期中国乃至欧洲最出色的光学实验。

---

① 朱载堉.律历融通·卷四[M]//四库全书·子部天算法类.
② 赵友钦.革象新书·小罅光景[M]//四库全书·子部天算法类.

明代朱载堉发明的十二平均律,代表了中国古代声学及音律学的最高成就。这一成就的取得,固然与朱载堉的聪明才智及刻苦钻研有重要关系,但也与正确研究方法的运用有很大关系。中国古代音律学的研究方法是将乐器演奏实验与数理分析(计算)相结合,并且进行反复的计算与验证,这是一种实验与数学相结合的研究方法。正是运用这种方法,从战国开始,经过多少代人的不懈努力,到了明代,朱载堉继续钻研,最终提出了十二平均律,解决了音律学上的重大难题。为了与十二平均律的要求一致,经过反复实验,朱载堉制作了"新制准器"和一套含三个八度音程的三十六支律管,并总结了管口校正的方法。

以上是古人在物理学认识领域运用实验方法的例子。在其他认识领域,古人也运用了各种实验方法,尤其是古代的炼丹活动运用了大量的实验研究方法。此外,古人在认识花鸟鱼虫以及一些观赏植物和食用植物的习性时,也运用了各种实验方法。例如,明太祖朱元璋之子朱橚为了编写《救荒本草》,组织人将几百种食用植物集中种植在一个园圃内,观察其生长情况及形态特征,分类绘制出图谱,此举可谓开实验生物学之先河①。

由上述内容可以看出,中国古人在各种认识活动中,运用了不少实验方法。美国科学史家萨顿在分析东西方近代科学发展道路的不同时说:"直到14世纪末,东方人和西方人是在企图解决同样性质的问题时共同工作的。从16世纪开始,他们走上不同的道路。分歧的基本原因,虽然不是唯一的原因,是西方科学家领悟了实验的方法并加以利用,而东方的科学家却未能领悟它。"②萨顿的说法不无一定的道理。中国古人虽然运用了不少实验方法,但直到近代也没有人意识到它作为一种认识手段的重要性。而在西方,13世纪英国学者罗吉尔·培根即大力强调实验科学的重要性,近代伽利略、波义耳、牛顿等许多科学家更是将实验作为自己研究工作中不可缺少的重要手段。

小　结

知与行的关系是古代学者长期讨论的一个问题。关于知和行的方法,古人也

---

① 罗桂环,汪子春.中国科学技术史:生物学卷[M].北京:科学出版社,2005:294.
② 萨顿.科学的历史研究[M].刘兵,等,译.上海:上海交通大学出版社,2007:8.

进行过一些讨论。《中庸》提出的学、问、思、辨、行，成为古人做学问的基本规范。

中国古人在认识活动中运用了一些推理方法，这些方法本质上与西方的类比、归纳、演绎等逻辑方法具有相同的性质。在物理、炼丹等认识活动中，古人运用了一系列实验方法，包括模拟实验方法。因此，可以说，中国古人既运用了逻辑推理方法，也运用了实验操作方法，只是对于这些方法的认识水平、方法本身的完善程度以及运用方法的自觉意识都不够高。利玛窦曾经评价中国的学术研究时说："在学理方面，他们（中国人）对伦理学了解最深，但因他们没有任何辩证法则，所以无论是讲或写的时候，都不按科学方法，而是想直觉能力之所及，毫无条理可言，提出了一些格言和论述。"①这是利玛窦以西方逻辑学方法观察中国学术文化所形成的印象，尽管有一定程度的误解，但也并非全无道理。

总体来说，中国古人在认识自然现象过程中，虽然运用了一些推理方法和实验方法，但工具意识不强，没有自觉地就方法本身进行研究，使之成为各种认识活动的普遍工具。这种状况，对于科学认识活动是不利的。

尽管科学研究没有普遍有效的方法，或者说科学研究方法不是一门死学问，但科学认识活动还是具有一些共同规律的。通过对大量个别事物的考察，可以得出一般结论；掌握了一般结论，可以推知个别事物的结果。这种由个别到一般，以及由一般到个别的推理过程，是各种认识活动所普遍遵循的。无论哪个民族的思维活动，都不大可能超出这种程式，只可能是这种程式的某种变体或不同表现形式。同样，要观察或探索一些特定的事物或现象，就必须借助于相应的实验手段，在人为创造的条件下进行研究，这也是人们普遍采用的基本方法。上述中国古人对推理方法及实验方法的运用情况也证明了这一点。

---

① 转引自：张学智.明代哲学史[M].北京：北京大学出版社，2003：723.

第二十讲　中国未产生近代科学的原因

　　李约瑟认为,在公元前1世纪至公元15世纪之间,中国人在运用自然知识解决社会实际需要方面比西方人更为有效,而自17世纪伽利略时代以来的近代科学却没有在中国产生,这是令人奇怪的。李约瑟提出的这个问题被科学史界称为"李约瑟难题"。

　　事实上,在李约瑟之前,一些西方学者和中国学者已经对中国近代科学落后的原因进行过讨论。从1915年任鸿隽在《科学》杂志创刊号上发表文章探讨这一问题以来,这类讨论已历时约一个世纪,国内外许多著名学者都发表过自己的见解。尽管学术界至今对这一问题尚未得出一致的认识,但已经形成了一些具有代表性的观点。

　　对于历史上没有发生的事情,很难从逻辑上说清楚其没有发生的原因,李约瑟难题所涉及的问题也是如此。但是,探讨中国为什么没有产生近代科学,或者说探讨中国近代科学为什么落后于西方这一问题,仍然是有意义的。至少它可以促使人们对中国传统科学文化进行认真反思,从中得出一些有价值的认识。

一、问题的提出

　　中国从明代中期开始,在科学技术方面已经落后于西方世界。这种现象在17世纪即引起了西方人的注意。

　　17、18世纪,法国耶稣会士巴多明(D. Parrenin)、启蒙思想家伏尔泰(F. Voltaire)、重农学派代表人物奎奈(F. Quesnay)、哲学家狄德罗(D. Diderot)、德国哲学家莱布尼兹(G. W. Leibniz)和英国哲学家休谟(D. Hume)等都对中国科学、文化的特点,以及中国无法产生近代科学的原因进行过不同程度的讨论①。

---

　　①　参见:韩琦.中国科学技术的西传及其影响[M].石家庄:河北人民出版社,1999:176—203.

　　17 世纪末，莱布尼兹通过与耶稣会士闵明我（P. M. Grimaldi）及白晋（J. Bouvet）的交谈及通信，对中国有一定的了解。1697 年，他出版了《中国近事》一书，在书中将中国与欧洲作了比较，并对中国的科学技术水平及其特点进行了评价。他认为，中国的手工艺技能与欧洲相比不分上下，而在思辨科学方面比欧洲逊色，但在实践哲学方面即在生活与伦理、治国等方面远比欧洲进步。基于对中国的有限认识，他评论说："看来中国人缺乏心智的伟大之光，对证明的艺术一无所知，而满足于靠实际经验而获得的数学，如同我们的工匠所掌握的那种数学。"尽管这种评价具有一定的片面性，但中国数学一直不重视逻辑证明则是不争的事实。

　　莱布尼兹认为，"研究数学不应看作工匠们的事情，而应作为哲学家的事务"，"中国人尽管几千年来发展着自己的学问，并奇迹般地用于实际应用，他们的学者可以得到很高的奖赏，然而他们在科学方面并没有达到极高的造诣。简单的原因是，他们缺少欧洲人的慧眼之一，即数学。"这表明，在莱布尼兹看来，中国科学不能进步的原因之一，是数学研究只注重于实用，而缺乏证明的知识[①]。

　　1698 年，巴多明随白晋来华。从 18 世纪 20 年代开始，他与法国科学家德梅朗（D. de Mairan）以通信的方式讨论中国近代科学"停滞不前"的原因。1730 年 8 月 13 日，他在致德梅朗的信中写道："中国人很久以来就致力于所谓思辨科学，却无一人将之稍稍深化。我和您一样，都认为这是难以令人置信的；但是我并不归咎于中国人的精神才智，说他们缺少格物致知的智慧及活力，因为人们可以看到他们在别的学科中所取得的成就，其所需的才华及洞察力并不比天文及几何学所需的少。许多原因会合在一道起阻碍的作用，使科学至今不能得到应有的进步。"

　　哥白尼的天文学奠定了近代科学的基础，欧几里德几何学的公理化方法是近代科学理论得以建立的重要工具，这使得近代一些西方学者认识到了天文学及欧几里德几何学在科学进步中的重要性，巴多明也如此。由此他认为，中国在天文学和几何学方面没有获得像欧洲一样的发展是科学方面的重要缺憾。

　　他并且认为，中国能在科学方面取得成功的人"得不到任何饱尝"，数学家得不到重视，天文学只满足于现实的需要，在科学研究方面缺乏"刺激与竞争"的氛围，这些都是科学停滞不前的原因。他还评论说："中国人只为自己而学。虽然他们研究天文学比所有的国家都早，但他们只是做到他们自认为需要的那一步。他们总是按照他们开始时那一套走；老是固步自封，不想腾飞，不仅是因为就如你们所说，他们没有那种促使科学进步的远见、紧迫感，而且因为他们局限于单纯的需要。"[②]

　　① 韩琦.关于 17、18 世纪欧洲人对中国科学落后原因的论述[J].自然科学史研究,1992(4).
　　② 韩琦.中国科学技术的西传及其影响[M].石家庄:河北人民出版社,1999:180—183.

伏尔泰对中国的了解是通过传教士的著作获得的。他认为，对祖先的崇拜导致中国人缺乏胆识，这种崇拜阻碍了中国物理学、几何学及天文学的进步；并且认为，中国没有好的数学家，这与教育制度有很大关系①。

他在《风俗论》中写道："人们要问，既然在如此遥远的古代，中国人便已如此先进，为什么他们又一直停留在这个阶段？为什么在中国，天文学如此古老，但其成就却又如此有限？为什么在音乐方面他们还不知道半音？这些与我们迥然不同的人，似乎大自然赋予他们的器官可以轻而易举地发现他们所需要的一切，却无法有所前进。我们则相反，获得知识很晚，但却迅速使一切臻于完善；""如果要问，中国既然不间断地致力于各种技艺和科学已有如此悠久的历史，为什么进步却微乎其微？这可能有两个原因：一是中国人对祖先流传下来的东西有一种不可思议的崇敬心，认为一切古老的东西都尽善尽美；另一原因在于他们的语言的性质——语言是一切知识的第一要素。"②伏尔泰认为，对于前人成就的崇拜是科学进步的一种约束因素，此外，中国的表意文字也不利于科学的发展。

法国重农学派代表人物奎奈认为，中国人重视实用知识的获得，而在抽象思辨方面却很少进步。他说："虽然中国人很好学，且很容易在所有的学问上成功，但是他们在思辨上很少进步，因为他们重视实利，所以他们在天文、地理、自然哲学、物理学及很多实用的学科上有很好的构想，他们的研究倾向应用科学、文法、伦理、历史、法律、政治等看来有益于指导人类行为及增进社会福利的学问。"③

以上几位西方学者认为，中国的数学、天文学、几何学不够发达，抽象思辨水平不高，思想守旧，重视实用知识，文字不是符号文字，这些都是不利于科学发展的因素。

国内学者系统地讨论中国近代科学落后的问题，首推中国科学社的创始人任鸿隽④。1915 年，他在《科学》杂志创刊号上发表了《说中国之无科学的原因》。他在文中认为，中国古代"无归纳法为无科学之大原因"。

1920 年，梁启超在《清代学术概论》一书中认为，清代朴学研究方法已接近于西方近代科学的研究方法，而中国自然科学不发达是因为中国长期受"德成而上，艺成而下"价值观念的束缚，人们"对于自然界物象之研究，素乏趣味"，加之中国近代没有学校、学会、报馆之类的建制，致使科学发明不能传播和交流。

① 韩琦.中国科学技术的西传及其影响[M].石家庄：河北人民出版社,1999：186.
② 伏尔泰.风俗论：上[M].北京：商务印书馆,1995：215.
③ 转引自：韩琦.中国科学技术的西传及其影响[M].石家庄：河北人民出版社,1999：188.
④ 以下参考：范岱年.关于中国近代科学落后原因的讨论[J].二十一世纪,1997(12).

1922 年,王琎在《科学》杂志上发表了《中国之科学思想》一文,在任鸿隽文章的基础上进一步讨论了中国科学落后的原因。他认为,原因不仅是我国学者"不知归纳法",此外还如古代"鄙视物质科学"、政府的专制、《易经》及阴阳五行的文化专制等,这些对科学的发展都有阻碍作用。

1922 年,在美国哥伦比亚大学学习哲学的冯友兰,在《为什么中国没有科学》一文中指出,"中国没有科学,是因为按照她自己的价值标准,她毫不需要";探讨中国没有自然科学的原因,主要不能归之于地理、气候、经济诸因素,而主要归之于中国人的价值观及哲学。他认为,先秦哲学演变成宋明理学之后,强调存天理,灭人欲,不寻求控制外部物质世界,只求控制内在心性世界,这种状况不利于科学的发展。他说:"总之一句话,中国没有科学,是因为在一切哲学中,中国哲学是最讲人伦日用的。"由此造成社会的价值取向是注重人伦实用,而忽视对外部世界作深入的探讨。

1924 年,梁启超发表《中国近三百年来学术史》,书中认为,中国近代科学未能获得发展的最大障碍是八股取士的科举制度。

以上几位中国学者将近代中国科学落后的原因,归之于研究方法、哲学思想、价值观念、社会制度等几个方面。

20 世纪 30、40 年代,国内知识界对于近代中国科学落后的原因一直有所讨论。1931 年,德国学者魏特夫(K. A. Wittfogel)出版了《中国的经济与社会》。该书被认为是阐述马克思关于亚细亚生产方式的最好著作。魏特夫早期曾是马克思主义者,李约瑟说自己"还是职业生物化学家时",受到过魏特夫这本书的"很大影响"[①]。后来,有人据此书中的相关内容摘编成一篇题为《中国为什么没有产生自然科学》的文章,发表于 1944 年 10 月的《科学时报》上。该文对中国近代的政治制度及生产方式进行了简单的分析,并与欧洲近代的资本主义制度以及其他方面进行了比较,但并没有给出明确的结论[②]。

1944 年,国内学术界对于中国近代科学落后原因的讨论达到高潮。是年 7月,浙江大学心理学教授陈立讨论了我国科学不发达的心理因素,认为拟人思想的泛生论、缺乏工具意识的直觉方法、没有逻辑、没有分工、理智的不诚实等等,都不利于科学的发展。与此同时,浙江大学教授、数学史家钱宝琮则把"吾国自然科学不发达"归因于社会过于注重实用的价值取向。他认为,这种价值观是由中国的大陆文化以及自给自足的经济条件造成的。

---

① 潘吉星.李约瑟集[M].天津:天津人民出版社,1998:76.
② 刘钝,王扬宗.中国科学与科学革命[M].沈阳:辽宁教育出版社,2002:36—44.

　　同年 10 月 24 至 25 日,迁至贵州湄潭的浙江大学举行了中国科学社湄潭区年会。时任中英科学合作馆馆长的李约瑟在会上作了题为《中国之科学与文化》的讲演。在讲演中,他驳斥了有人提出的"中国自来无科学"的观点,指出:"古代之中国哲学颇合科学之理解,而后世继续发扬之技术上发明与创获亦予举世文化以深切有力之影响。问题之症结乃为现代实验科学与科学之理论体系,何以发生于西方而不于中国也。"这是关于"李约瑟难题"的最早表述。

　　对于这个问题,他认为:"此当于坚实物质因素中求答。……中国之经济制度,迥不同于欧洲。继封建制度之后者为亚洲之官僚封建制度,而不为资本主义。……大商人之未尝产生,此科学之所以不发达也。"李约瑟从社会制度方面看问题,认为中国近代缺乏资本主义制度及大商人,是科学不发达的主要原因。

　　时任浙江大学校长的竺可桢也参加了这次讲演会。他在当天的日记中纪录了李约瑟对中国近代科学不发达的原因的回答,即"由于环境,即四个抑制因素,为地理、气候、经济与社会。后二者乃由中国之无商人阶级。地理方面,中国为大陆国,故闭关自守,固步自封,与希腊、罗马、埃及之海洋文化不同。天气方面因雨量无一定,故不得不有灌溉制度……"

　　1945 年,竺可桢发表了《为什么中国古代没有产生自然科学》一文。他在文中指出:"中国人讲好德如好色,而绝不说爱智爱天。古西方人说爱智爱天,而绝不说好德如好色。"他认为,中西文化这种价值观上的差异,也是由于中国社会一直以农业为核心而造成的。中国古代长期实行重农抑商政策,认为"民农则朴,朴则易用","好智者多诈",因而不利于求知欲的发展。他的结论是:"中国农业社会的机构和封建思想,使中国古代不能产生自然科学。"

　　1961 年 7 月,李约瑟在牛津大学举行的科学史讨论会上作了题为《中国科学传统的贫困与成就》的报告。他在报告中提出:"为什么近代科学——对关于自然的假说的数学化,并具有着对于当代技术的全部推论——只是在伽利略的时代倏然出现于西方? ……为什么从公元前 2 世纪到公元 15 世纪期间,东方亚洲的文化在把人类关于自然的知识应用于有用的目的方面远比欧洲的西方更卓有成效呢?"[①]李约瑟所说的亚洲,主要指中国及印度。这里提出的问题已经包含了"李约瑟难题"的基本内容。

　　1964 年,李约瑟在《科学与社会》杂志上发表了《东西方的科学与社会》一文,文章开头即说:"大约 1938 年,当我首次想写一部关于中国文化区科学、科学思想和技术史的客观而可信的著作时,我认为主要的问题是,自 17 世纪伽利略时代以

---

① 李约瑟.中国科学传统的贫困与成就[J].科学与哲学,1982(1):6.

来的近代科学为什么没有在中国(或印度)发展,而只是在欧洲发展? 随着时间的流逝,我开始发现至少与中国科学和社会有关的某些东西。我注意到至少还有第二个具有同样重要性的问题,即为什么在公元前 1 世纪及公元 15 世纪之间,中国文明在将自然知识应用于人类实践需要方面比西方更有效得多? 我现在相信,所有这些问题的答案首先应从不同文明的社会、知识和经济结构中寻找。"①这篇文章的发表,标志着"李约瑟难题"的正式提出。

二、学术界对问题的讨论与解答

李约瑟难题可以表述为:为什么中国没有产生近代科学? 或者为什么近代中国在科学上比西方落后了? 如上所述,在李约瑟没有提出这个问题之前,国内外一些学者已经开始关注这个问题,对之作了不少讨论。近一个世纪以来,尤其是 20 世纪 70 年代以来,国内外学术界关于中国未产生近代科学的原因的讨论很多,归纳起来,学者们认为主要原因有以下几个方面。

1. 科学研究方法和自然哲学理论的缺乏

一些自然科学家倾向于从科学研究方法和自然哲学理论等方面找原因。他们认为,中国古代的科技及文化虽然取得了许多世界性的成就,但同时也存在着一些缺陷,正是这些缺陷决定了她不可能孕育出近代科学。爱因斯坦(A. Einstein)、汤川秀树(Yukawa Hideki)和杨振宁等世界著名的物理学家、诺贝尔奖得主,都对科学发展的内在规律有深入的理解。他们对于中国没有产生近代科学的原因的分析和思考,具有特殊的意义。

(1)爱因斯坦:中国古代缺乏形式逻辑理论和科学实验方法

1953 年,爱因斯坦在给美国加利福尼亚州圣马托的斯威策(J. E. Switzer)的复信中说:"西方科学的发展是以两个伟大的成就为基础,那就是:希腊哲学家发明形式逻辑体系(在欧几里得几何学中)以及(在文艺复兴时期)发现通过系统的实验可以找出因果关系。在我看来,中国的贤哲没有走上这两步,那是用不着惊奇的。要是这些发现果然都作出了,那倒是令人惊奇的事。"②从信的语气和内容看,斯威策

---

① 潘吉星. 李约瑟集[M]. 天津:天津人民出版社,1998:73—74.
② 爱因斯坦. 爱因斯坦文集:第一卷[M]. 许良英,等编译. 北京:商务印书馆,1976:574.

可能曾向爱因斯坦提出过关于西方和中国科学的起源问题,此信是爱因斯坦的回答。

爱因斯坦的信包含两层意思。第一,他认为近代科学的产生需要两个基本条件,即形式逻辑理论和科学实验方法;前者提供了构造科学理论体系的基本方法,后者提供了探求事物因果关系的基本手段。第二,他认为中国传统科学文化缺乏形式逻辑理论和科学实验方法,因而根本不可能像西方一样产生近代科学。科学的产生和发展是多种因素共同作用的结果。显然,爱因斯坦这封信是从科学研究方法方面考虑问题的。

科学发展的历史表明,形式逻辑是整理经验材料、构造理论体系所必不可少的重要工具。当一门科学的经验知识积累到一定数量时,能否运用形式逻辑方法对之进行整理概括,建立一个初步的理论体系,这对其进一步的发展至关重要。亚里士多德等人创立的形式逻辑为西方人建立科学理论提供了这种工具。代表古希腊数学最高成就的欧几里得几何学和标志近代科学诞生的牛顿力学,都充分运用了形式逻辑方法。逻辑方法在西方近代科学理论建立过程中发挥了举足轻重的作用。同样,关于实验方法在科学认识活动中的重要性,也是有目共睹的。缺乏实验研究,近代科学也是不可能建立的。因此爱因斯坦强调逻辑和实验在近代科学建立过程中的重要性,是正确的。

牛顿曾指出:“进行哲学研究的最好和最可靠的方法,看来第一是勤恳地去探索事物的属性,并用实验来证明这些属性,然后进而建立一些假说,用以解释事物本身。”[1]假说的建立需要进行逻辑推理和论证。牛顿所说的哲学是指自然科学,他在这段话中强调的正是实验与逻辑相结合的研究方法。可见,爱因斯坦的“中国的贤哲”没有发明形式逻辑理论和科学实验方法的评价和牛顿的说法是一致的。如本书第16讲所述,虽然我国在先秦时期即已形成了一些初步的逻辑理论,但始终没有得到很好的发展,也很少有人将其看作一种重要的理论思维工具。同样,由于种种原因,与定量分析相结合的系统实验方法也未在我国近代获得广泛运用和发展。在认识自然事物方面,中国古人长期缺乏工具意识,这可能是逻辑及实验方法不发达的主要原因。

爱因斯坦的上述观点被一些人不恰当地用以宣传西方中心论。对此,李约瑟曾提出过批评[2]。他指出,爱因斯坦对于包括中国在内的古代东方科学文化知之

---

① 塞耶.牛顿自然哲学著作选[M].上海:上海人民出版社,1974:6.
② 李约瑟.中国科学传统的贫困与成就[J].科学与哲学,1982(1):35.

甚少,因此在裁判欧洲文明与亚洲文明孰优孰劣的法庭上,他不应被看成权威。李约瑟表示,自己完全不同意爱因斯坦的观点。

(2) 汤川秀树:中国古代缺乏原子论和欧氏几何

汤川秀树是日本现代著名物理学家,对庄子的学说具有浓厚的兴趣。1974年12月12日,他与日本著名科学史家薮内清举行了一次关于"中国科学特点"的谈话。当谈到中西方传统科学文化的差异和中国未产生近代科学的原因时,汤川秀树认为,中西方古代科学文化的"显著区别是:在希腊产生了原子论,而在中国则没有产生原子(atom)之类的思想,与此相对应,一谈到自然界的实体便使用了'气'这个词。……另一个区别是,虽然中国数学早已很发达,但始终没有出现欧几里得几何一类的东西。由于这两点就产生了很大的不同。……总括起来说,原子论和欧几里得几何这两者都是希腊所仅有,而且是其他古代文明所无的。作为结论是否可以这么说:从中国式的自然哲学向我们所知道的近代科学或精密科学转化,不能不产生很大的困难。"[①]在汤川秀树看来,中国与西方传统科学文化的最大差别是中国缺少原子论思想和欧氏几何学,因而很难产生近代科学。

汤川秀树强调欧氏几何学,意在强调其所显示的逻辑证明方法和公理体系,也就是爱因斯坦所强调的形式逻辑。

原子论是古希腊自然哲学的重要理论之一,对西方科学文化的发展产生了重要而深远的影响。汤川秀树认为,正是"在欧几里得几何和原子论的延长线上",伽利略和牛顿等人做出了划时代的科学成就。这种评价是正确的。原子论确实是牛顿科学研究工作的重要思想基础。不仅如此,原子论更是近代化学的基石。整个近代化学的发展过程,可以说就是对古代原子论思想的具体运用。随着近代科学的建立,原子论观念培养了西方科学研究的一种重要传统,爱因斯坦称之为"粒子研究纲领"。这种纲领统治西方科学长达几个世纪,即使在现代科学中,它仍然作为与"场研究纲领"互补的一种重要纲领而被广泛运用。

那么,中国传统文化中究竟有没有原子论? 这是科学史界曾经争论过的问题,一部分人对此持否定态度,另一部分人则持肯定态度。主张中国古代有原子论者的主要认识根据是两个古代命题:其一是《庄子·天下》篇所说:"至大无外,谓之大一;至小无内,谓之小一。"其二是《墨经》所说:"非半弗斫则不动,说在端;""端,体之无序而最前者也。"一些人认为,命题一的"小一"即是"原子";命题二的"端"具有与原子相同的不可分割性,是典型的原子概念。

---

① 汤川秀树.中国科学的特点[J].科学史译丛,1981(2):2.

其实,持这种观点的人是对西方原子论作了片面的理解。原子论作为古希腊哲学本体论之一,所要解决的是宇宙本原问题,它不但假定原子是形体上不可分割的最小物质微粒,而且更强调原子是构成宇宙万物的基本物质元素。这是原子论的两个主要判据,两者缺一不可。在西方古代原子论者看来,世间万象都是由原子和虚空按照不同的方式组合而成。上述两个中国古代命题都只是讨论物体的最小尺寸问题,"小一"是几何点,"端"是几何点或面,虽然它们具有类似于"原子"的不可分割性,但不具有万物元素的本体论意义。人们并未在中国古代文献中发现明确论述"小一"或"端"是宇宙万物共同本原的资料。因此,说它们是"原子",理由并不充分。

李约瑟也认为,"中国古代思想家停顿在原子论的大门口,而从来没有进去过。"[①]这种评价是比较公允的。中国古代确实没有形成具有原子论内涵的自然哲学理论。所以,汤川秀树认为中国由于缺乏原子论而影响了近代科学的产生。

(3)杨振宁:有多种因素阻碍中国产生近代科学

杨振宁对中国传统科学文化的了解比爱因斯坦和汤川秀树都要全面和深刻得多,因此对中国为何未产生近代科学这个问题思考得也更为全面。

1993年4月27日,杨振宁在香港大学作了一场题为《近代科学进入中国的回顾与前瞻》的讲演。他在讲演中说:"阻碍中国萌生近代科学的多种原因有:缺乏独立的中产阶层,学问就只是人文哲学的观念,教育制度里缺匮'自然哲学'这一项,束缚人们思想的科举制度,以及缺少准确的逻辑推论的传统。"[②]这段话包含了五个方面的原因,下面略作分析。

其一,中国近代缺乏资本主义。杨振宁所说的"中产阶层"是指"资产阶级"。新生的资产阶级为了发展工业生产,获得利润,会积极利用各种科学技术,由此推动了科技的快速发展。所以,资本主义制度首先在近代欧洲产生,为其科技腾飞创造了重要的社会条件。相比之下,中国经济发展到16、17世纪,虽然也出现了一些资本主义萌芽,但在明清政权更替过程中,许多孕育资本主义的工商业基地毁于兵燹,使资本主义的幼芽受到极大的摧残。此后虽然经济有所恢复,但始终未能改变落后保守的封建主义经济形式,整个社会生产力水平低下,缺乏对科学技术的巨大需求。

其二,中国传统学术偏重于人文哲学。科学的产生和发展需要一定的思想文化基础。春秋战国时期,诸子百家争鸣,人文哲学、自然哲学、农医天算、文学艺术

---

① 李约瑟.中国科学技术史:第二卷[M].北京:科学出版社,上海古籍出版社,1990:215.

② 徐胜兰,孟东明.杨振宁传[M].长春:吉林科学技术出版社,1995:266.

等都获得了全面的繁荣和发展。但汉代实行"罢黜百家，独尊儒术"政策之后，结束了百家争鸣的学术繁荣局面，儒学被作为官方哲学为历代统治阶层所推崇，其他学术均被视为支流末节，得不到应有的重视和发展。自汉代以后的近两千年中，中国始终把以"孔孟之道"、"四书五经"为代表的人文哲学作为最高学问，有关探索自然奥秘的各种理论、思想和方法，未获得社会的足够重视和充分发展。这种文化不利于科学的发展。

其三，中国古代教育缺乏"自然哲学"内容。教育是培养人才的重要手段。中国从春秋末期开始就有各类规模不等的官私学校，它们为发展古代文化和推动社会进步培养了大批人才。汉代以后，各类学校多以教授儒家经典、伦理纲常之类的人文哲学为主，很少有自然哲学或自然科学方面的内容。杨振宁认为，从对近代科学的影响程度来说，"自然哲学的进展恐怕是最重要的，因为它为近代科学的萌芽准备了肥沃的土壤。"[①]

其四，中国古代的科举制度束缚了人们的思想。我国科举制度的正式产生，以隋炀帝创设进士科为标志，唐代获得全面发展。元代开始规定科举考试的经义科目从《四书》中选题，答案以朱熹的《四书集注》为准。明清两朝科考非但专取《四书》、《五经》命题，而且答题要求严格按照八股程式。这种形式单一、内容固定的科举制度，在明清几百年里束缚了知识分子的思想，不利于学术文化的繁荣和科学技术的发展。

其五，中国古代缺乏严密的逻辑推理传统。这与爱因斯坦和汤川秀树的认识是一致的。

2004年，杨振宁在一次关于"《易经》对中华文化的影响"的讲演中说，近代科学没有在中国萌生的原因有五个方面：古人注重实际而不重视抽象的理论、实行科举制度、视技术为"奇技淫巧"、无演绎推理方法、注重天人合一[②]。这五个方面虽然与上述五种原因不完全相同，但多数还是一致的。

以上三位物理学家的认识有同有异，他们都认为形式逻辑对于近代科学的建立具有重要作用，同时分别认为科学实验方法、原子论思想以及自然哲学理论对于近代科学的建立也是有重要作用的。

2. 社会制度和经济条件的限制

原子论和形式逻辑理论早在古希腊既已有之，而欧洲在古代和中世纪都未能产生近代科学，只有在文艺复兴之后的资本主义制度兴起时代科学才得以产生。

① 徐胜兰，孟东明.杨振宁传[M].长春：吉林科学技术出版社，1995：269.
② 杨振宁.曙光集[M].北京：三联书店，2008：346.

这说明,原子论等自然哲学理论和形式逻辑研究方法只是近代科学产生的必要条件,而不是充分条件。因此,一些学者认为,"近代科学之所以不能在中国产生,不能单纯地从中国古代科学技术体系的内部去寻找原因,这个问题归根结底是和资本主义何以在中国始终得不到发展紧密联系在一起的。换言之,即不能不对中国的封建社会对中国科学技术发展的影响进行一定的分析。"①许多科学史家认为,在影响近代科学产生的诸多因素中,社会制度和经济条件最为重要,起决定作用。在这些科学史家中,李约瑟的观点最为典型。

李约瑟虽然承认社会制度、经济条件和思想文化对促进科技的发展都很重要,但强调更多的是社会制度和经济因素的决定性作用。早在 1942 年,他在《中国人对科学的人文主义的贡献》一文中即说:"如果说近代科学整个起源或发展于西方的话,那么这在很大程度上应归功于那里适当的社会和经济条件,这是中国所不具备的。"②1961 年 7 月,他在牛津大学科学史讨论会上所做题为《中国科学传统的贫困与成就》的报告中指出:"无论是谁想要解释中国社会未能发展出近代科学的原因,那他最好是从解释中国社会为何未能发展商业的以及后来的工业的资本主义入手。"③他相信:"如果中国社会曾可能出现类似于西方的社会和经济的变革的话,那么在那里也许本来是会出现某种形式的近代科学的。"③

针对有人认为中国的汉字是表意文字,对于近代科学的产生是"一个强大的障碍因素",李约瑟指出:"我们强烈地倾向于相信,假如中国社会的社会经济因素也像在欧洲那样允许或有利于近代科学在中国诞生的话,那么,早在三百年以前,中国文字也许就会变得适合于科学的表述了。"③

在为纪念贝尔纳的《科学的社会功能》出版 25 周年而写的论文中,李约瑟同样表示:要回答近代科学为何不在中国产生而产生于欧洲这一问题,"首先要到不同文明的社会结构中去寻找,到知识分子结构和经济结构里去寻找。"④后来在《东西方的科学与社会》一文中他又明确表示:相信"经过对中国与西欧之间社会与经济类型之差异的分析,当事实材料完备之时,我们终会说明早期中国科学技术之先进以及现代科学仅在欧洲之后起的原因。"⑤李约瑟表述这类观点的言论很多,由上述几例已充分显示出其所主张的社会制度与经济条件决定论思想。

日本科学史家薮内清也强调社会因素的决定作用。他在与汤川秀树关于中国

① 杜石然,等.中国科学技术史稿:下册[M].北京:科学出版社,1981:331.
② 潘吉星.李约瑟集[M].天津:天津人民出版社,1998:11.
③ 李约瑟.中国科学传统的贫困与成就[J].科学与哲学,1982(1):31,29.
④ 转引自:沈铭贤.李约瑟与爱因斯坦[J].学术月刊,1996(4):26.
⑤ 李约瑟.东西方的科学与社会[J].自然杂志,1990(12):827.

科学的特点的对话中指出："中国科学,由于政治情况以及各种社会情况而未能产生近代科学。通观中国全体,我想这是否和西方的中世纪相同,但又和西方不完全相同。在中国没有产生足以动摇中世纪的力量。这不正是没有产生近代科学的原因吗。"[①]近代西方"动摇中世纪的力量"是文艺复兴运动、宗教改革运动和资产阶级革命,因此薮内清的意思是说,中国近代未能产生类似于西方的那种足以动摇长期处于统治地位的封建主义思想观念和社会制度的力量,因而也就不可能产生近代科学。日本学者汤浅光朝也同样认为,中国没有产生近代科学,是由中国社会庞大的官僚机构和窒息在其中的中国工商业的特点所造成的。

国内的科学史家,多数也是主张从科学发展的社会制度方面考察问题。由杜石然等一些学者撰写的《中国科学技术史稿》即明确指出:"近代中国科学技术长期落后的根本原因是由中国长期的封建制度束缚所造成的,而近代科学之所以能在欧洲产生,其根本原因也是由于新兴的资本主义社会制度首先在欧洲兴起的结果。"[②]可以说,这种观点代表了国内科学史界绝大多数人的看法,许多讨论中国近代科技落后原因的文章都阐述了这种观点。

社会的需要是推动科技进步的强大动力。15 至 17 世纪,欧洲逐步由封建社会进入了资本主义社会。新兴资产阶级产生后,除了必须在思想文化、意识形态等方面与封建主义和宗教势力展开抗争之外,还必须大力发展工商业生产,以增强自己的经济实力。因此,他们对于发展科学技术具有空前的需求,在科学研究和人才培养方面花费了相当大的精力,为科技的发展提供了有利的条件。由此说明,资本主义生产对近代科学的产生具有很大推动作用。

中国近代的社会状况远不如西欧对于发展科学技术有利。15 至 17 世纪,中国虽然有资本主义萌芽,但始终未得到应有的发展,整个社会仍然是保守落后的封建社会。由于中国近代仍处于经济增长缓慢、思想僵化保守的封建社会,缺乏西方资本主义社会那种因发展经济而对发展科技的巨大需求,因而不可能像欧洲那样为自然科学的发展提供必要的物质基础和有效的研究手段。在这种社会环境下,近代科学是不可能产生的。因此,一些科学史家认为中国近代落后的社会制度及经济条件是妨碍近代科学产生的根本原因,这是有道理的。

毫无疑问,强调社会制度及经济因素对科学发展的决定作用是必要的。但过分地强调科学发展的外在因素,则容易使人忽视科学成长的内在逻辑。

---

① 汤川秀树,薮内清.中国科学的特点[J].科学史译丛,1981(2):6.
② 杜石然,等.中国科学技术史稿:下册[M].北京:科学出版社,1981:330.

3. 近代现实条件的不足

在关于中国未产生近代科学的原因的讨论中,有学者认为:"近代科学产生在欧洲并得到迅速的发展是由当时当地的条件决定的,不必到 1400 多年以前的希腊去找原因。自 16 世纪以来,中国科学开始落后,也要从当时当地找原因,不必把板子打在孔子、孟子身上。"①

从"当时当地找原因",一切以时间、地点和条件为根据,这种观点具有一定的合理性。事实上,前述社会制度和经济条件决定论也是从近代现实条件考虑问题的。不过现实条件是多方面的,并非只有社会政治、经济两个方面。近代科学的产生需要一定的社会条件和学术文化背景。立足于当时当地找原因,对近代科学产生之前(即 14 至 16 世纪)中西方的社会制度、经济条件、思想文化背景和科学技术的特点等作一番分析比较,不难看出中国未能产生近代科学的一些具体原因。

首先,从中西方近代政治经济条件来看,如前所述,西方近代已逐步发展成资本主义社会,而中国却仍处于落后保守的封建社会。中西方社会制度和经济条件的不同,决定了对发展科学技术的不同要求。

其次,从对中西方近代各自的社会产生巨大影响的社会思潮来看,西方有文艺复兴运动,中国有明清实学思潮,如本书第 18 讲所述,这两者虽然有一些相似之处,但它们对于科学技术发展的影响则是很不相同的。

再次,从中西方近代哲学对自然科学认识活动的影响来看,两者的差距也很明显。爱因斯坦说过,科学如果缺乏哲学认识论的帮助,就会成为一堆原始的混乱的东西。哲学可以为自然科学的发展提供认识论和方法论的帮助。西方近代哲学以认识论为主要研究对象,以培根为代表的经验论学派和以笛卡尔为代表的唯理论学派,在古希腊形式逻辑理论基础上解决了科学认识的方法论问题,为近代科学认识活动提供了方法论指导。

然而,中国古代哲学对认识论的研究一直不够充分。明清哲学以理气之辩、心物之辩、格物致知、知行关系等问题为研究对象,虽然这些研究具有重要的认识论意义,但却未能解决"格物"的方法问题。中国传统哲学始终未能对诸如感性经验和理性思维的作用、认识活动的基本程序、建立理论的一般方法等内容进行深入的研究,因而未能形成一种对自然科学认识活动有切实帮助的哲学理论,这同样不利于近代科学的产生。

最后,从中西方近代科学发展的趋势来看,两者的差距更为明显。1543 年,哥白尼的《天体运行论》和维萨留斯的《人体结构》的出版,标志着近代科学的兴起;

---

① 席泽宗.关于李约瑟难题和近代科学源于希腊的对话[J].科学,1996(4):34.

1687 年,牛顿的《自然哲学的数学原理》的出版,标志着近代科学的诞生。在这期间,西方人取得了一系列关于自然规律的认识成果,如哥白尼的日心说、开普勒的行星运动三定律、费玛的极值原理、伽利略的自由落体定律和惯性运动定律、惠更斯的向心力定律、笛卡尔的动量守恒原理、波义耳的气体运动定律、牛顿的万有引力定律等等,这些成果为近代科学的建立奠定了重要的理论基础。这说明,近代西方人重视探讨自然现象的规律问题。与此不同,中国这一时期仍然热衷于发展实用知识,很少进行关于自然现象的理论研究。关于这一时期中国科学技术的实用性特点已如本书第十八讲所述。这种实用知识虽然能较好地解决社会现实问题,但却无法为近代科学的产生建立必要的理论基础。所以,文艺复兴之后,西方的科学探索之路已接近于近代科学的门槛,而中国在明末清初的科学认识水平离近代科学还相差很远,不可能产生以逻辑公理化表示和精确定量化描述为特征的近代自然科学。

事实表明,"在传统与现实之间,现实的需要和提供的条件才是科学发展的更重要的动力"①。

不过,我们在强调近代现实条件对自然科学具有重要影响的同时,仍然不应忽视古代科学文化等传统因素的影响。因为,科学的发展毕竟具有一定的继承性。如前所述,古希腊的原子论思想和形式逻辑方法对近代科学的建立有过重要帮助。如果仅从西方近代当时当地的情况看问题,就会忽视古代科学文化成就对近代科学的贡献。同样,对于中国未产生近代科学的原因,也应既要作横向的静态考察,又要作纵向的动态分析,只有纵横结合,才能全面地说明问题。

4. 多种因素的影响

以上所述,都是强调了影响科学发展的某些方面的原因。美国科学史家席文(N. Sivin)主张,对于中国未产生近代科学的原因应从多方面考察,作深层次的分析。

席文把近代科学的产生称为科学革命,因而把"为什么中国未产生近代科学"这一问题表述为"为什么中国在科学革命上未能领先于欧洲"。其实,不论怎样称谓,问题的性质并未改变。席文认为,许多科学史家的认识方法是有问题的。他在《为什么中国没有发生科学革命》一文中对于科学史界一些流行的观点提出了批评,内容可以概括为几个方面:

其一,不能不加批判地认为欧洲是近代科学的根本发祥地,因为如果看不到亚洲文明与欧洲文明之间长期不断的交流,如果忽视外来技术和资料对欧洲经验的

---

① 席泽宗.关于李约瑟难题和近代科学源于希腊的对话[J].科学,1996(4):34.

影响,将会在最根本的问题上产生误解。

其二,在分析科学革命问题时,如果仅仅根据非欧文明缺乏欧洲科学革命的某一个重要方面,就认为一切根本变革就不可能在那里发生,这只是一种"武断的假设",因为这种观点并未提供令人信服的证明。

其三,科学史界在评判非欧文明的历史成就时,总是以其是否领先或接近于欧洲早期科学或者近代科学的某些方面为试金石,这是一种"误人不浅的观点",因为这样做会促使人们只着眼于对近代科学的直接渊源进行探索而忽视对其他文明的应有探索,从而妨碍人们下功夫按照那些科学探索本身的价值理解其意义。

其四,科学史家以为单就智力(思想文化)或社会经济两个因素之一进行考察,就可说明科学革命问题,这只是一种谬论。如果认为中国未能在近代科学上胜过欧洲是智力因素造成的,或者把中国科学的落后看成是社会或经济落后造成的,这两种绝对化的解释都是不恰当的,因为智力因素和社会因素的区别或者内部因素和外部因素的区别,并不表现在科学史事件中,而是只表现在科学史家的思维习惯和专业性联想中。

席文警告说,如果不能深入细致地研究与某种文明有关的各种传统,真正了解科学与文化、科学与社会、科学与个人意识之间的普遍关系,科学史家将会被自己狭隘的思想观念所束缚①。

应当承认,席文指出的这些现象,科学史界在不同程度上都是存在的。事实上,许多科学史家都或多或少地犯有席文所指出的上述错误。尽管席文的言辞有点激烈,但批评得还是合理的、深刻的。按照他的观点,前述几位物理学家从中国传统科学文化方面找原因和李约瑟等一批科学史家所强调的社会制度及经济因素决定论,都有片面性。席文认为,不应简单地区分"智力因素"和"社会因素"、"内部因素"和"外部因素",而应全面综合地考察科学史事件的各种具体情况。

关于如何回答中国未能产生近代科学这一问题,席文认为,只要深入完整地了解中国历史上从事科学技术工作的人们的情况,就可能使问题得到突破。具体而言,应深入研究这样一些问题:欧洲的技术思想与中国的一些思想有何关系? 中国历史上有些什么样的"科学共同体"? 这些共同体对哪些认识对象感兴趣? 他们合理地解答了哪些问题? 哪些事物尚未得到解释? 这些共同体与社会其他人员的关系如何? 各种学科为哪些社会目标服务? 知识分子对同事的责任怎样同自己对社会的责任一致起来? 如此等等。他相信,一旦对这些问题认识清楚之后,人们就不会再问:"为什么向近代科学转变没有最先在中国发生?"①不过,即使席文的这种

---

① N·席文.为什么中国没有发生科学革命[J].科学与哲学,1984(1):5—34.

设想付诸实施,是否真的会使人们不再被"李约瑟难题"所困惑,结果仍然值得怀疑。

尽管如此,他的观点对于探讨中国未产生近代科学的原因以及其他科学史问题,还是具有启发性的。尤其是他对科学史研究中的欧洲中心论和简单化倾向的批评,是相当深刻的。席文主张,研究"科学革命问题",目的不是局限于辨明其内在的是非曲直,而是促使人们对文明史中科学技术现象作全面的研究,在未做深入具体的综合分析之前,任何急于做出结论的作法都是武断的。

事实上,李约瑟和薮内清等人在强调社会制度及经济因素的同时,也未完全忽视影响科学发展的其他因素。

李约瑟在《中国科学传统的贫困与成就》一文中即指出:"只有对东方文化和西方文化的社会的和经济的结构进行分析,并且不要忘记思想体系的重大作用,才能最终对这两个问题做出解释。"[1] 1977 年 8 月 11 日,李约瑟在第 15 届国际科学史会议开幕式上的讲话中也表示:"相信不同社会的社会和经济结构必须和它们之间的知识差异的各种因素一起来考虑",才有可能解决不同文化背景下科学发展的差异问题[2]。

薮内清也承认:要回答为什么中国没有产生近代科学这个问题,是不容易的,"因为其原因不是单一的"[3]。

同样,国内一些科学史家在强调社会制度这一阻碍中国产生近代科学的"根本原因"的同时,也主张"从社会的经济、政治、文化、思想等各方面进行综合考虑。"[4] 这些都反映了学者们对多种因素综合影响的强调。

西方近代科学的产生是个极其复杂的历史过程,是多种因素共同作用的结果。社会制度、经济条件、现实的需求、人才的培养、经验知识的积累、科学思想的启发、形式逻辑理论的帮助、科学实验方法的运用、哲学认识论的引导、文艺复兴运动的推动、科学理论研究兴趣的培育、数学表示方法的发明等等,这些都是促进近代科学在欧洲诞生的基本因素。因此,我们在探讨中国未产生近代科学的原因时,也应从多个方面作综合分析。

在一定程度上可以说,中国古代社会具有这样一些倾向:在价值观上,重政治,轻学术;重实用,轻理论;重人文,轻科技。在科技观上,重技术应用,轻理论探索。

---

① 李约瑟.中国科学传统的贫困与成就[J].科学与哲学,1982(1):6.
② 李约瑟.近代科技史作者纵横谈[J].社会科学战线,1979(3):190.
③ 薮内清.中国科学文明[M].北京:中国社会科学出版社,1987:3.
④ 杜石然,等.中国科学技术史稿:下册[M].北京:科学出版社,1981:330.

在宇宙观上,强调天人合一,忽视主客对立。在认识论上,强调知和行的重要,忽视知与行的方法。在科学认识活动中,习惯于对事物作综合的、直观的把握,不善于作分析的、抽象的认识;习惯于对事物作定性描述,不注意作定量表达;习惯于对事物作经验性总结,不善于作理论性论证;对于自然现象,"但言其所当然,而不复强求其所以然。"这些倾向,都不利于科学认识水平的提高和科学理论的发展。

学术界关于中国未产生近代科学的原因的讨论,除了以上所述之外,还有人从汉字结构、地理环境、传统思维方式、古人研究兴趣等方面进行过探讨。这些工作都是有意义的。

小　结

关于中国未产生近代科学的原因的探讨,或者说对于"李约瑟难题"的思考,学术意义不在于是否找到了满意的答案,而在于对中国古代文明的认真反思,以及在对中西方历史文明进行比较中获得的启示。如上所述,就是否有利于自然科学的产生与发展而言,与欧洲相比,中国在明清时期无论是社会制度还是经济条件,无论是科学思想还是研究方法,都存在着明显的不足。这对于我们正确认识中国传统文明的优点与不足是有帮助的。

从学理上说,对于"李约瑟难题"的任何解答,都无法验证,都属于猜测,因而这是一个没有答案的伪命题。由于这个难题所包含的内容十分复杂,因此关于其答案的猜测只能是仁者见仁,智者见智,不可能形成一致的认识,而且几乎任何答案,也都有受到质疑的可能性。在上个世纪后期,"李约瑟难题"受到国内外科学史界相当大的关注,不少人都对之进行过探讨。出现这种状况的原因不仅是由于这个难题本身富有挑战性,而且也因为李约瑟在科学史界的重要地位及影响。李约瑟对于中国科技史研究的贡献主要体现在三个方面:其一,他以一个西方学者的身份向西方世界宣布了中国古代科技文明的辉煌,起到了中国人难以起到的宣传作用;其二,他树立起一面研究中国古代科技文明的旗帜,引起了国际学术界对中国古代科技文明研究的兴趣;其三,他以自己的成就树立了一根研究中国科技史的标杆,引导后来者不断地超越他。